于寒冰　方　芳　孙志文　主编

鸡蛋质量安全检测标准与方法

中国农业科学技术出版社

图书在版编目（CIP）数据

鸡蛋质量安全检测标准与方法 / 于寒冰，方芳，孙志文主编. --北京：中国农业科学技术出版社，2023.7
ISBN 978-7-5116-6284-2

Ⅰ.①鸡… Ⅱ.①于… ②方… ③孙… Ⅲ.①鸡蛋-质量管理-安全管理-标准 Ⅳ.①S879.3-65

中国国家版本馆 CIP 数据核字（2023）第 089451 号

责任编辑 张国锋
责任校对 贾若妍 李向荣
责任印制 姜义伟 王思文

出 版 者 中国农业科学技术出版社
北京市中关村南大街 12 号 邮编：100081
电 话 （010）82105169（编辑室） （010）82109702（发行部）
（010）82109709（读者服务部）
网 址 https://castp.caas.cn
经 销 者 各地新华书店
印 刷 者 北京建宏印刷有限公司
开 本 210 mm×297 mm 1/16
印 张 30
字 数 970 千字
版 次 2023 年 7 月第 1 版 2023 年 7 月第 1 次印刷
定 价 198.00 元

《鸡蛋质量安全检测标准与方法》

编　委　会

主　编：于寒冰　方　芳　孙志文

副主编：魏紫嫣　张晶晶　赵雅妮　倪香艳

张国光

编　者：（按照姓氏笔画排序）

王乐宜　卢春香　杨红菊　李文辉

怀文辉　郑君杰　赵　营　贾　晨

黄培鑫

前　　言

鸡蛋是人们生活中重要的营养源，以其营养丰富、食用方便、价格便宜等优点受到广大消费者的喜爱。鸡蛋还是天然食物中最理想的蛋白质源，鸡蛋蛋白质的氨基酸比例很适合人体生理需要、易为机体吸收，利用率高达98%以上，是所有动物蛋白中消化率最高的。据统计，我国年人均消费鸡蛋约20kg，与日本并驾齐驱，排在世界最前列。在畜禽产品中仅次于猪肉和牛奶，位居第三，其质量安全受到广泛关注。特别是前些年苏丹红、氟虫腈等事件的发生，使鸡蛋的质量安全日益受到各级政府主管部门和全社会的高度重视。

为帮助广大农产品、食品等质量安全检测技术人员及时了解和掌握鸡蛋质量安全检测技术标准化情况，更好地组织标准的制修订、宣传贯彻、实施及有效监督，提升鸡蛋质量安全检测工作水平，北京市农产品质量安全中心结合蛋鸡产业集群《鸡蛋质量安全监测项目》的实施，组织编写了这本《鸡蛋质量安全检测标准与方法》。本书收载了截至2022年3月31日之前的有关鸡蛋检测标准和方法共49项。

由于时间仓促，本书在编写过程中难免有疏漏之处，敬请广大读者批评指正。书中如有与标准单行本不一致的，均以标准单行本为准。

编　者

2023年4月

目　　录

第一章　限量标准 …… 1
第一节　兽药残留限量标准及禁用公告 …… 1
食品安全国家标准　食品中兽药最大残留限量 …… 2
食品安全国家标准　食品中41种兽药最大残留限量 …… 28
中华人民共和国农业农村部公告　第250号 …… 38
第二节　鸡蛋中农药残留限量标准 …… 39
第三节　污染物限量 …… 45
食品安全国家标准　食品中污染物限量 …… 46
第二章　方法标准 …… 63
第一节　兽药残留检测方法标准 …… 63
动物源性食品中14种喹诺酮药物残留检测方法　液相色谱-质谱/质谱法 …… 64
动物源产品中喹诺酮类残留量的测定　液相色谱-串联质谱法 …… 82
鸡蛋中氟喹诺酮类药物残留量的测定　高效液相色谱法 …… 93
食品安全国家标准　动物性食品中四环素类药物残留量的测定　高效液相色谱法 …… 99
食品安全国家标准　禽蛋、奶和奶粉中多西环素残留量的测定　液相色谱-串联质谱法 …… 106
动物源性食品中头孢匹林、头孢噻呋残留量检测方法　液相色谱-质谱/质谱法 …… 113
动物源性食品中青霉素族抗生素残留量检测方法　液相色谱-质谱/质谱法 …… 120
动物性食品中泰乐菌素残留检测　高效液相色谱法 …… 130
食品安全国家标准　猪、鸡可食性组织中泰万菌素和3-乙酰泰乐菌素残留量的测定
液相色谱-串联质谱法 …… 137
动物组织中氨基糖苷类药物残留量的测定　高效液相色谱-质谱/质谱法 …… 144
动物性食品中林可霉素和大观霉素残留检测　气相色谱法 …… 155
食品安全国家标准　动物性食品中林可霉素、克林霉素和大观霉素多残留的测定
气相色谱-质谱法 …… 164
食品安全国家标准　动物性食品中金刚烷胺残留量的测定　液相色谱-串联质谱法 …… 170
食品安全国家标准　动物性食品中酰胺醇类药物及其代谢物残留量的测定　液相色谱-
串联质谱法 …… 176
动物源性食品中氯霉素类药物残留量测定 …… 184
动物源性食品中硝基呋喃类药物代谢物残留量检测方法　高效液相色谱/串联质谱法 …… 198
动物源食品中硝基呋喃类代谢物残留量的测定　高效液相色谱-串联质谱法 …… 208
动物源食品中磺胺类药物残留检测　液相色谱-串联质谱法 …… 217
鸡蛋中磺胺喹噁啉残留检测　高效液相色谱法 …… 235
鸡蛋中氯羟吡啶残留量的检测方法　高效液相色谱法 …… 240
食品安全国家标准　动物性食品中尼卡巴嗪残留标志物残留量的测定　液相色谱-串联质
谱法 …… 246
食品安全国家标准　动物源食品中五氯酚残留量的测定　液相色谱-质谱法 …… 254
第二节　农药残留检测方法标准 …… 263
食品安全国家标准　食品中噻虫嗪及其代谢物噻虫胺残留量的测定　液相色谱-质谱/质谱法 …… 264

食品安全国家标准　食品中二硝基苯胺类农药残留量的测定　液相色谱-质谱/质谱法 …………… 274
食品安全国家标准　鸡蛋中氟虫腈及其代谢物残留量的测定　液相色谱-质谱联用法 …………… 288
食品中有机氯农药多组分残留量的测定 …………… 295
动物性食品中有机磷农药多组分残留量的测定 …………… 304
动物性食品中有机氯农药和拟除虫菊酯农药多组分残留量的测定 …………… 310
第三节　重金属元素检测方法标准 …………… 326
食品安全国家标准　食品中钙的测定 …………… 327
食品安全国家标准　食品中镉的测定 …………… 335
食品安全国家标准　食品中铬的测定 …………… 340
食品安全国家标准　食品中铅的测定 …………… 345
食品安全国家标准　食品中铁的测定 …………… 355
食品安全国家标准　食品中硒的测定 …………… 361
食品安全国家标准　食品中锌的测定 …………… 369
食品安全国家标准　食品中总汞及有机汞的测定 …………… 377
食品安全国家标准　食品中总砷及无机砷的测定 …………… 399
食品安全国家标准　食品中多元素的测定 …………… 418
第四节　微生物的检验方法标准 …………… 432
食品安全国家标准　食品微生物学检验总则 …………… 433
食品安全国家标准　食品微生物学检验　大肠菌群计数 …………… 439
食品安全国家标准　食品微生物学检验　沙门氏菌检验 …………… 447
食品卫生微生物学检验　蛋与蛋制品检验 …………… 467

第一章　限量标准

第一节　兽药残留限量标准及禁用公告

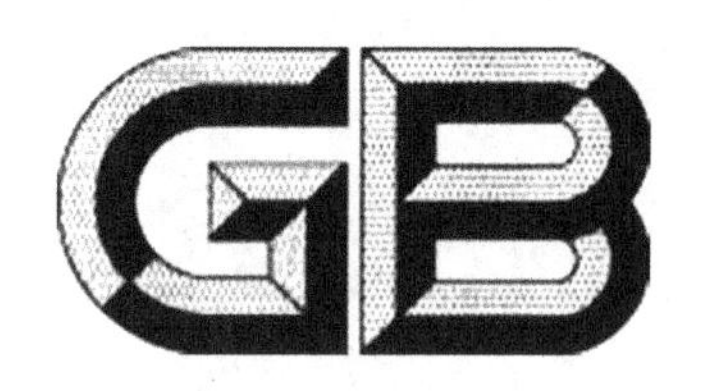

中华人民共和国国家标准

GB 31650—2019

食品安全国家标准
食品中兽药最大残留限量

National food safety standard—
Maximum residue limits for veterinary drugs in foods

2019-09-06 发布　　　　2020-04-01 实施

中华人民共和国农业农村部
中华人民共和国国家卫生健康委员会　发布
国家市场监督管理总局

前　言

本标准按照 GB/T 1. 1—2009 给出的规则起草

本标准代替农业部公告第 235 号《动物性食品中兽药最高残留限量》相关部分。与农业部公告第 235 号相比，除编辑性修改外主要变化如下：

——增加了“可食下水”和“其他食品动物”的术语定义；

——增加了阿维拉霉素等 13 种兽药及残留限量；

——增加了阿苯达唑等 28 种兽药的残留限量；

——增加了阿莫西林等 15 种兽药的日允许摄入量；

——增加了醋酸等 73 种允许用于食品动物，但不需要制定残留限量的兽药；

——修订了乙酰异戊酰泰乐菌素等 17 种兽药的中文名称或英文名称；

——修订了安普霉素等 9 种兽药的日允许摄入量；

——修订了阿苯达唑等 15 种兽药的残留标志物；

——修订了阿维菌素等 29 种兽药的靶组织和残留限量；

——修订了阿莫西林等 23 种兽药的使用规定；

——删除了蝇毒磷的残留限量；

——删除了氨丙啉等 6 种允许用于食品动物，但不需要制定残留限量的兽药；

——不再收载禁止药物及化合物清单。

食品安全国家标准　食品中兽药最大残留限量

1　范围

本标准规定了动物性食品中阿苯达唑等104种（类）兽药的最大残留限量；规定了醋酸等154种允许用于食品动物，但不需要制定残留限量的兽药；规定了氯丙嗪等9种允许作治疗用，但不得在动物性食品中检出的兽药。

本标准适用于与最大残留限量相关的动物性食品。

2　规范性引用文件

下列文件对于本文件的应用是必不可少的，凡是注日期的引用文件，仅注日期的版本适用于本文件。凡是不注日期的引用文件，其最新版本（包括所有的修改单）适用于本文件。

3　术语和定义

下列术语和定义适用于本文件。

3.1　兽药残留 veterinary drug residue

对食品动物用药后，动物产品的任何可食用部分中所有与药物有关的物质的残留，包括药物原型或/和其代谢产物。

3.2　总残留 total residue

对食品动物用药后，动物产品的任何可食用部分中药物原型或/和其所有代谢产物的总和。

3.3　日允许摄入量 acceptable daily intake（ADI）

人的一生中每日从食物或饮水中摄取某种物质而对其健康没有明显危害的量，以人体重为基础计算，单位：μg/kg bw。

3.4　最大残留限量 maximum residue limit（MRL）

对食品动物用药后，允许存在于食物表面或内部的该兽药残留的最高量/浓度（以鲜重计，单位：μg/kg）。

3.5　食品动物 food-producing animal

各种供人食用或其产品供人食用的动物。

3.6　鱼 fish

包括鱼纲（pisce）、软骨鱼（elasmobranch）和圆口鱼（cyclostomc）的水生冷血动物，不包括水生哺乳动物、无脊椎动物和两栖动物。

注：此定义可适用于某些无脊椎动物，特别是头足动物（cephalopod）。

3.7　家禽 poultry

包括鸡、火鸡、鸭、鹅、鸽和鹌鹑等在内的家养的禽。

3.8　动物性食品 animal derived food

供人食用的动物组织以及蛋、奶和蜂蜜等初级动物性产品。

3.9　可食性组织 edible tissues

全部可食用的动物组织，包括肌肉、脂肪以及肝、肾等脏器。

3.10　皮+脂 skin with fat

带脂肪的可食皮肤。

3.11　皮+肉 muscle with skin

一般特指鱼的带皮肌肉组织。

3.12　副产品 byproducts

除肌肉、脂肪以外的所有可食组织，包括肝、肾等。

3.13　可食下水 edible offal

除肌肉、脂肪、肝、肾以外的可食部分。

3.14　肌肉 muscle

仅指肌肉组织。

3.15　蛋 egg

家养母禽所产的带壳蛋。

3.16　奶 milk

由正常乳房分泌而得，经一次或多次挤奶，既无加入也未经提取的奶。

注：此术语可用于处理过但未改变其组分的奶，或根据国家立法已将脂肪含量标准化处理过的奶。

3.17　其他食品动物 all other food-producing species

各品种项下明确规定的动物种类以外的其他所有食品动物。

4　技术要求

4.1　已批准动物性食品中最大残留限量规定的兽药

4.1.1　阿莫西林（amoxicillin）

4.1.1.1　兽药分类：β-内酰胺类抗生素。

4.1.1.2　ADI：0~2μg/kg bw，微生物学 ADI。

4.1.1.3　残留标志物：阿莫西林（amoxicillin）。

4.1.1.4　最大残留限量：应符合表 1 的规定。

表 1

动物种类	靶组织	残留限量，μg/kg
所有食品动物（产蛋期禁用）	肌肉	50
	脂肪	50
	肝	50
	肾	50
	奶	4
鱼	皮+肉	50

4.1.2　氨苄西林（ampicillin）

4.1.2.1　兽药分类：β-内酰胺类抗生素。

4.1.2.2　ADI：0~3μg/kg bw，微生物学 ADI。

4.1.2.3　残留标志物：氨苄西林（ampicillin）。

4.1.2.4　最大残留限量：应符合表 2 的规定。

表 2

动物种类	靶组织	残留限量，μg/kg
所有食品动物（产蛋期禁用）	肌肉	50
	脂肪	50
	肝	50
	肾	50
	奶	4
鱼	皮+肉	50

4.1.3　氨丙啉（amprolium）

4.1.3.1　兽药分类：抗球虫药。

4.1.3.2　ADI：0~100μg/kg bw。

4.1.3.3　残留标志物：氨丙啉（amprolium）。

4.1.3.4　最大残留限量：应符合表3的规定。

表3

动物种类	靶组织	残留限量，μg/kg
牛	肌肉	500
	脂肪	2 000
	肝	500
	肾	500
鸡、火鸡	肌肉	500
	肝	1 000
	肾	1 000
	蛋	4 000

4.1.4　氨苯胂酸、洛克沙胂（arsanilic acid，roxarsone）

4.1.4.1　兽药分类：合成抗菌药。

4.1.4.2　残留标志物：总胂计。

4.1.4.3　最大残留限量：应符合表4的规定。

表4

动物种类	靶组织	残留限量，μg/kg
猪	肌肉	500
	肝	2 000
	肾	2 000
	副产品	500
鸡、火鸡	肌肉	500
	副产品	500
	蛋	500

4.1.5　阿维拉霉素（avilamycin）

4.1.5.1　兽药分类：寡糖类抗生素。

4.1.5.2　ADI：0~2 000μg/kg bw。

4.1.5.3　残留标志物：二氯异苔酸［dichloroisocverninic acid（DIA）］。

4.1.5.4　最大残留限量：应符合表5的规定。

表5

动物种类	靶组织	残留限量，μg/kg
猪、兔	肌肉	200
	脂肪	200
	肝	300
	肾	200

（续表）

动物种类	靶组织	残留限量，μg/kg
鸡、火鸡（产蛋期禁用）	肌肉	200
	皮+脂	200
	肝	300
	肾	200

4.1.6　杆菌肽（bacitracin）

4.1.6.1　兽药分类：多肽类抗生素。

4.1.6.2　ADI：0~50μg/kg bw。

4.1.6.3　残留标志物：杆菌肽 A、杆菌肽 B 和杆菌肽 C 之和（sum of bacitracin A，bacitracin B and bacitracin C）。

4.1.6.4　最大残留限最：应符合表 6 的规定。

表 6

动物种类	靶组织	残留限量，μg/kg
牛、猪、家禽	可食组织	500
牛	奶	500
家禽	蛋	500

4.1.7　青霉素、普鲁卡因青霉素（benzylpenicillin，procaine benzylpenicillin）

4.1.7.1　兽药分类：β-内酰胺类抗生素。

4.1.7.2　ADI：0~30μg penicillin/（人·d）。

4.1.7.3　残留标志物：青霉素（benzylpenicillin）。

4.1.7.4　最大残留限量：应符合表 7 的规定。

表 7

动物种类	靶组织	残留限量，μg/kg
牛、猪、家禽（产蛋期禁用）	肌肉	50
	肝	50
	肾	50
牛	奶	4
鱼	皮+肉	50

4.1.8　氯唑西林（cloxacillin）

4.1.8.1　兽药分类：β-内酰胺类抗生素。

4.1.8.2　ADI：0~200μg/kg bw。

4.1.8.3　残留标志物：氯唑西林（cloxacillin）。

4.1.8.4　最大残留限量：应符合表 8 的规定。

表 8

动物种类	靶组织	残留限量，μg/kg
所有食品动物（产蛋期禁用）	肌肉	300
	脂肪	300
	肝	300
	肾	300
	奶	30
鱼	皮+肉	300

4.1.9 黏菌素（colistin）

4.1.9.1 兽药分类：多肽类抗生素。

4.1.9.2 ADI：0~7μg/kg bw。

4.1.9.3 残留标志物：黏菌素 A 与黏菌素 B 之和（sum of colistin A and colistin B）。

4.1.9.4 最大残留限量：应符合表 9 的规定。

表 9

动物种类	靶组织	残留限量，μg/kg
牛、羊、猪、兔	肌肉	150
	脂肪	150
	肝	150
	肾	200
鸡、火鸡	肌肉	150
	皮+脂	150
	肝	150
	肾	200
鸡	蛋	300
牛、羊	奶	50

4.1.10 环丙氨嗪（cyromazine）

4.1.10.1 兽药分类：杀虫药。

4.1.10.2 ADI：0~20μg/kg bw。

4.1.10.3 残留标志物：环丙氨嗪（cyromazine）。

4.1.10.4 最大残留限量：应符合表 10 的规定。

表 10

动物种类	靶组织	残留限量，μg/kg
羊（泌乳期禁用）	肌肉	300
	脂肪	300
	肝	300
	肾	300
家禽	肌肉	50
	脂肪	50
	副产品	50

4.1.11 达氟沙星（danofloxacin）

4.1.11.1 兽药分类：喹诺酮类合成抗菌药。

4.1.11.2　ADI：0~20μg/kg bw。
4.1.11.3　残留标志物：达氟沙星（danofloxacin）。
4.1.11.4　最大残留限量：应符合表 11 的规定。

表 11

动物种类	靶组织	残留限量，μg/kg
牛、羊	肌肉	200
	脂肪	100
	肝	400
	肾	400
	奶	30
家禽（产蛋期禁用）	肌肉	200
	脂肪	100
	肝	400
	肾	400
猪	肌肉	100
	脂肪	100
	肝	50
	肾	200
鱼	皮+肉	100

4.1.12　癸氧喹酯（decoquinate）
4.1.12.1　兽药分类：抗球虫药。
4.1.12.2　ADI：0~75μg/kg bw。
4.1.12.3　残留标志物：癸氧喹酯（decoquinate）。
4.1.12.4　最大残留限量：应符合表 12 的规定。

表 12

动物种类	靶组织	残留限量，μg/kg
鸡	肌肉	1 000
	可食组织	2 000

4.1.13　溴氰菊酯（deltamethrin）
4.1.13.1　兽药分类：杀虫药。
4.1.13.2　ADI：0~10μg/kg bw。
4.1.13.3　残留标志物：溴氰菊酯（deltamethrin）。
4.1.13.4　最大残留限量：应符合表 13 的规定。

表 13

动物种类	靶组织	残留限量，μg/kg
牛、羊	肌肉	30
	脂肪	500
	肝	50
	肾	50
牛	奶	30

（续表）

动物种类	靶组织	残留限量，μg/kg
鸡	肌肉	30
	皮+脂	500
	肝	50
	肾	50
	蛋	30
鱼	皮+肉	30

4.1.14　越霉素 A（destomycin A）

4.1.14.1　兽药分类：抗线虫药。

4.1.14.2　残留标志物：越霉素 A（destomycin A）。

4.1.14.3　最大残留限量：应符合表 14 的规定。

表 14

动物种类	靶组织	残留限量，μg/kg
猪、鸡	可食组织	2 000

4.1.15　地克珠利（diclazuril）

4.1.15.1　兽药分类：抗球虫药。

4.1.15.2　ADI：0~30μg/kg bw。

4.1.15.3　残留标志物：地克珠利（diclazuril）。

4.1.15.4　最大残留限量：应符合表 15 的规定。

表 15

动物种类	靶组织	残留限量，μg/kg
绵羊、兔	肌肉	500
	脂肪	1 000
	肝	3 000
	肾	2 000
家禽（产蛋期禁用）	肌肉	500
	皮+脂	1 000
	肝	3 000
	肾	2 000

4.1.16　二氟沙星（difloxacin）

4.1.16.1　兽药分类：喹诺酮类合成抗菌药。

4.1.16.2　ADI：0~10μg/kg bw。

4.1.16.3　残留标志物：二氟沙星（difloxacin）。

4.1.16.4　最大残留限量：应符合表 16 的规定。

表 16

动物种类	靶组织	残留限量，μg/kg
牛、羊（泌乳期禁用）	肌肉	400
	脂肪	100
	肝	1 400
	肾	800
猪	肌肉	400
	脂肪	100
	肝	800
	肾	800
家禽（产蛋期禁用）	肌肉	300
	皮+脂	400
	肝	1 900
	肾	600
其他动物	肌肉	300
	脂肪	100
	肝	800
	肾	600
鱼	皮+肉	300

4.1.17　多西环素（doxycycline）

4.1.17.1　兽药分类：四环素类抗生素。

4.1.17.2　ADI：0~3μg/kg bw。

4.1.17.3　残留标志物：多西环素（doxycycline）。

4.1.17.4　最大残留限量：应符合表 17 的规定。

表 17

动物种类	靶组织	残留限量，μg/kg
牛（泌乳期禁用）	肌肉	100
	脂肪	300
	肝	300
	肾	600
猪	肌肉	100
	皮+脂	300
	肝	300
	肾	600
家禽（产蛋期禁用）	肌肉	100
	皮+脂	300
	肝	300
	肾	600
鱼	皮+肉	100

4.1.18　恩诺沙星（enrofloxacin）

4.1.18.1　兽药分类：喹诺酮类合成抗菌药。

4.1.18.2　ADI：0~6.2μg/kg bw。

4.1.18.3　残留标志物：恩诺沙星与环丙沙星之和（sum of enrofloxacin and ciprofloxacin）。

4.1.18.4　最大残留限量：应符合表 18 的规定。

表 18

动物种类	靶组织	残留限量，μg/kg
牛、羊	肌肉	100
	脂肪	100
	肝	300
	肾	200
	奶	100
猪、兔	肌肉	100
	脂肪	100
	肝	200
	肾	300
家禽（产蛋期禁用）	肌肉	100
	皮+脂	100
	肝	200
	肾	300
其他动物	肌肉	100
	脂肪	100
	肝	200
	肾	200
鱼	皮+肉	100

4.1.19　红霉素（erythromycin）

4.1.19.1　兽药分类：大环内酯类抗生素。

4.1.19.2　ADI：0~0.7μg/kg bw。

4.1.19.3　残留标志物：红霉素 A（erythromycin A）。

4.1.19.4　最大残留限量：应符合表 19 的规定。

表 19

动物种类	靶组织	残留限量，μg/kg
鸡、火鸡	肌肉	100
	脂肪	100
	肝	100
	肾	100
鸡	蛋	50
其他动物	肌肉	200
	脂肪	200
	肝	200
	肾	200
	奶	40
	蛋	150
鱼	皮+肉	200

4.1.20　非班太尔、芬苯达唑、奥芬达唑（febantel，fenbendazole，oxfendazole）

4.1.20.1　兽药分类：抗线虫药。

4.1.20.2　ADI：0~7μg/kg bw。

4.1.20.3　残留标志物：芬苯达唑、奥芬达唑和奥芬达唑砜的总和，以奥芬达唑砜等效物表示（sum of fenbendazole，oxfendazole and oxfendazole suphone，expressed as oxfendazole sulphone equivalents）。

4.1.20.4 最大残留限量：应符合表 20 的规定。

表 20

动物种类	靶组织	残留限量，μg/kg
牛、羊、猪、马	肌肉	100
	脂肪	100
	肝	500
	肾	100
牛、羊	奶	100
家禽	肌肉	50（仅芬苯达唑）
	皮+脂	50（仅芬苯达唑）
	肝	500（仅芬苯达唑）
	肾	50（仅芬苯达唑）
	蛋	1 300（仅芬苯达唑）

4.1.21 倍硫磷（fenthion）

4.1.21.1 兽药分类：杀虫药。

4.1.21.2 ADI：0~7μg/kg bw。

4.1.21.3 残留标志物：倍硫磷及代谢产物（fenthion and metabolites）。

4.1.21.4 最大残留限量：应符合表 21 的规定。

表 21

动物种类	靶组织	残留限量，μg/kg
牛、猪、家禽	肌肉	100
	脂肪	100
	副产品	100

4.1.22 氟苯尼考（florfenicol）

4.1.22.1 兽药分类：酰胺醇类抗生素。

4.1.22.2 ADI：0~3μg/kg bw。

4.1.22.3 残留标志物：氟苯尼考与氟苯尼考胺之和（sum of florfenicol and florfenicol-amine）。

4.1.22.4 最大残留限量：应符合表 22 的规定。

表 22

动物种类	靶组织	残留限量，μg/kg
牛、羊（泌乳期禁用）	肌肉	200
	肝	3 000
	肾	300
猪	肌肉	300
	皮+脂	500
	肝	2 000
	肾	500
家禽（产蛋期禁用）	肌肉	100
	皮+脂	200
	肝	2 500
	肾	750

（续表）

动物种类	靶组织	残留限量，μg/kg
其他动物	肌肉	100
	脂肪	200
	肝	2 000
	肾	300
鱼	皮+肉	1 000

4.1.23　氟苯达唑（flubendazole）

4.1.23.1　兽药分类：抗线虫药。

4.1.23.2　ADI：0~12μg/kg bw。

4.1.23.3　残留标志物：氟苯达唑（flubendazole）。

4.1.23.4　最大残留限量：应符合表 23 的规定。

表 23

动物种类	靶组织	残留限量，μg/kg
猪	肌肉	10
	肝	10
家禽	肌肉	200
	肝	500
	蛋	400

4.1.24　氟甲喹（flumequine）

4.1.24.1　兽药分类：喹诺酮类合成抗菌药。

4.1.24.2　ADI：0~30μg/kg bw。

4.1.24.3　残留标志物：氟甲喹（flumequine）。

4.1.24.4　最大残留限量：应符合表 24 的规定。

表 24

动物种类	靶组织	残留限量，μg/kg
牛、羊、猪	肌肉	500
	脂肪	1 000
	肝	500
	肾	3 000
牛、羊	奶	50
鸡（产蛋期禁用）	肌肉	500
	皮+脂	1 000
	肝	500
	肾	3 000
鱼	皮+肉	500

4.1.25　氟胺氰菊酯（fluvalinate）

4.1.25.1　兽药分类：杀虫药。

4.1.25.2　ADI：0~0.5μg/kg bw。

4.1.25.3　残留标志物：氟胺氰菊酯（fluvalinate）。

4. 1. 25. 4　最大残留限量：应符合表 25 的规定。

表 25

动物种类	靶组织	残留限量，μg/kg
所有食品动物	肌肉	10
	脂肪	10
	副产品	10
蜜蜂	蜂蜜	50

4. 1. 26　庆大霉素（gentamicin）

4. 1. 26. 1　兽药分类：氨基糖苷类抗生素。

4. 1. 26. 2　ADI：0～20μg/kg bw，微生物学 ADI。

4. 1. 26. 3　残留标志物：庆大霉素（gentamicin）。

4. 1. 26. 4　最大残留限量：应符合表 26 的规定。

表 26

动物种类	靶组织	残留限量，μg/kg
牛、猪	肌肉	100
	脂肪	100
	肝	2 000
	肾	5 000
牛	奶	200
鸡、火鸡	可食组织	100

4. 1. 27　卡那霉素（kanamycin）

4. 1. 27. 1　兽药分类：氨基糖苷类抗生素。

4. 1. 27. 2　ADI：0～8μg/kg bw，微生物学 ADI。

4. 1. 27. 3　残留标志物：卡那霉素 A（kanamycin A）。

4. 1. 27. 4　最大残留限量：应符合表 27 的规定。

表 27

动物种类	靶组织	残留限量，μg/kg
所有食品动物（产蛋期禁用，不包括鱼）	肌肉	100
	皮+脂	100
	肝	600
	肾	2 500
	奶	150

4. 1. 28　左旋咪唑（levamisole）

4. 1. 28. 1　兽药分类：抗线虫药。

4. 1. 28. 2　ADI：0～6μg/kg bw。

4. 1. 28. 3　残留标志物：左旋咪唑（levamisole）。

4. 1. 28. 4　最大残留限量：应符合表 28 的规定。

表 28

动物种类	靶组织	残留限量，μg/kg
牛、羊、猪、家禽（泌乳期禁用、产蛋期禁用）	肌肉	10
	脂肪	10
	肝	100
	肾	10

4.1.29　林可霉素（lincomycin）

4.1.29.1　兽药分类：林可胺类抗生素。

4.1.29.2　ADI：0～30μg/kg bw。

4.1.29.3　残留标志物：林可霉素（lincomycin）。

4.1.29.4　最大残留限量：应符合表 29 的规定。

表 29

动物种类	靶组织	残留限量，μg/kg
牛、羊	肌肉	100
	脂肪	50
	肝	500
	肾	1 500
	奶	150
猪	肌肉	200
	脂肪	100
	肝	500
	肾	1 500
家禽	肌肉	200
	脂肪	100
	肝	500
	肾	500
鸡	蛋	50
鱼	皮+肉	100

4.1.30　马拉硫磷（malathion）

4.1.30.1　兽药分类：杀虫药。

4.1.30.2　ADI：0～300μg/kg bw。

4.1.30.3　残留标志物：马拉硫磷（malathion）。

4.1.30.4　最大残留限量：应符合表 30 的规定。

表 30

动物种类	靶组织	残留限量，μg/kg
牛、羊、猪、家禽、马	肌肉	4 000
	脂肪	4 000
	副产品	4 000

4.1.31　新霉素（neomycin）

4.1.31.1　兽药分类：氨基糖苷类抗生素。

4.1.31.2　ADI：0~60μg/kg bw。

4.1.31.3　残留标志物：新霉素 B（neomycin B）。

4.1.31.4　最大残留限量：应符合表 31 的规定。

表 31

动物种类	靶组织	残留限量，μg/kg
所有食品动物	肌肉	500
	脂肪	500
	肝	5 500
	肾	9 000
	奶	1 500
	蛋	500
鱼	皮+肉	500

4.1.32　苯唑西林（oxacillin）

4.1.32.1　兽药分类：β-内酰胺类抗生素。

4.1.32.2　残留标志物：苯唑西林（oxacillin）。

4.1.32.3　最大残留限量：应符合表 32 的规定。

表 32

动物种类	靶组织	残留限量，μg/kg
所有食品动物（产蛋期禁用）	肌肉	300
	脂肪	300
	肝	300
	肾	300
	奶	30
鱼	皮+肉	300

4.1.33　噁喹酸（oxolinic acid）

4.1.33.1　兽药分类：喹诺酮类合成抗菌药。

4.1.33.2　ADI：0~2.5μg/kg bw。

4.1.33.3　残留标志物：噁喹酸（oxolinic acid）。

4.1.33.4　最大残留限量：应符合表 33 的规定。

表 33

动物种类	靶组织	残留限量，μg/kg
牛、猪、鸡（产蛋期禁用）	肌肉	100
	脂肪	50
	肝	150
	肾	150
鱼	皮+肉	100

4.1.34　土霉素、金霉素、四环素（oxytetracycline，chlortetracycline，tetracycline）

4.1.34.1　兽药分类：四环素类抗生素。

4. 1. 34. 2　ADI：0～30μg/kg bw。
4. 1. 34. 3　残留标志物：土霉素、金霉素、四环素单个或组合（oxytetracycline，chlortetracycline，tetracycline，parent drugs，singly or in combination）。
4. 1. 34. 4　最大残留限量：应符合表 34 的规定。

表 34

动物种类	靶组织	残留限量，μg/kg
牛、羊、猪、家禽	肌肉	200
	肝	600
	肾	1 200
牛、羊	奶	100
家禽	蛋	400
鱼	皮+肉	200
虾	肌肉	200

4. 1. 35　哌嗪（piperazine）
4. 1. 35. 1　兽药分类：抗线虫药。
4. 1. 35. 2　ADI：0～250μg/kg bw。
4. 1. 35. 3　残留标志物：哌嗪（piperazine）。
4. 1. 35. 4　最大残留限量：应符合表 35 的规定。

表 35

动物种类	靶组织	残留限量，μg/kg
猪	肌肉	400
	皮+脂	800
	肝	2 000
	肾	1 000
鸡	蛋	2 000

4. 1. 36　氯苯胍（robenidine）
4. 1. 36. 1　兽药分类：抗球虫药。
4. 1. 36. 2　ADI：0～5μg/kg bw。
4. 1. 36. 3　残留标志物：氯苯胍（robenidine）。
4. 1. 36. 4　最大残留限量：应符合表 36 的规定。

表 36

动物种类	靶组织	残留限量，μg/kg
鸡	皮+脂	200
	其他可食组织	100

4. 1. 37　沙拉沙星（sarafloxacin）
4. 1. 37. 1　兽药分类：喹诺酮类合成抗菌药。
4. 1. 37. 2　ADI：0～0. 3μg/kg bw。
4. 1. 37. 3　残留标志物：沙拉沙星（sarafloxacin）。
4. 1. 37. 4　最大残留限量：应符合表 37 的规定。

表 37

动物种类	靶组织	残留限量，μg/kg
鸡、火鸡（产蛋期禁用）	肌肉	10
	脂肪	20
	肝	80
	肾	80
鱼	皮+肉	30

4.1.38　大观霉素（spectinomycin）

4.1.38.1　兽药分类：氨基糖苷类抗生素。

4.1.38.2　ADI：0~40μg/kg bw。

4.1.38.3　残留标志物：大观霉素（spectinomycin）。

4.1.38.4　最大残留限量：应符合表 38 的规定。

表 38

动物种类	靶组织	残留限量，μg/kg
牛、羊、猪、鸡	肌肉	500
	脂肪	2 000
	肝	2 000
	肾	5 000
牛	奶	200
鸡	蛋	2 000

4.1.39　磺胺二甲嘧啶（sulfadimidine）

4.1.39.1　兽药分类：磺胺类合成抗菌药。

4.1.39.2　ADI：0~50μg/kg bw。

4.1.39.3　残留标志物：磺胺二甲嘧啶（sulfadimidine）。

4.1.39.4　最大残留限量：应符合表 39 的规定。

表 39

动物种类	靶组织	残留限量，μg/kg
所有食品动物（产蛋期禁用）	肌肉	100
	脂肪	100
	肝	100
	肾	100
牛	奶	25

4.1.40　磺胺类（sulfonamides）

4.1.40.1　兽药分类：磺胺类合成抗菌药。

4.1.40.2　ADI：0~50μg/kg bw。

4.1.40.3 残留标志物：兽药原型之和（sum of parent drug）。

4.1.40.4 最大残留限量：应符合表40的规定。

表 40

动物种类	靶组织	残留限量，μg/kg
所有食品动物（产蛋期禁用）	肌肉	100
	脂肪	100
	肝	100
	肾	100
牛、羊	奶	100（除磺胺二甲嘧啶）
鱼	皮+肉	100

4.1.41 甲砜霉素（thiamphenicol）

4.1.41.1 兽药分类：酰胺醇类抗生素。

4.1.41.2 ADI：0~5μg/kg bw。

4.1.41.3 残留标志物：甲砜霉素（thiamphenicol）。

4.1.41.4 最大残留限量：应符合表41的规定。

表 41

动物种类	靶组织	残留限量，μg/kg
牛、羊、猪	肌肉	50
	脂肪	50
	肝	50
	肾	50
牛	奶	50
家禽（产蛋期禁用）	肌肉	50
	皮+脂	50
	肝	50
	肾	50
鱼	皮+肉	50

4.1.42 泰妙菌素（tiamulin）

4.1.42.1 兽药分类：抗生素。

4.1.42.2 ADI：0~30μg/kg bw。

4.1.42.3 残留标志物：可被水解为8-α-羟基妙林的代谢物总和（sum of metabolites that may be hydrolysed to 8-α-hydroxymutilin）；鸡蛋为泰妙菌素（tiamulin）。

4.1.42.4 最大残留限量：应符合表42的规定。

表 42

动物种类	靶组织	残留限量，μg/kg
猪、兔	肌肉	100
	肝	500
鸡	肌肉	100
	皮+脂	100
	肝	1 000
	蛋	1 000

（续表）

动物种类	靶组织	残留限量，μg/kg
火鸡	肌肉	100
	皮+脂	100
	肝	300

4.1.43　替米考星（tilmicosin）

4.1.43.1　兽药分类：大环内酯类抗生素。

4.1.43.2　ADI：0~40μg/kg bw。

4.1.43.3　残留标志物：替米考星（tilmicosin）。

4.1.43.4　最大残留限量：应符合表43的规定。

表 43

动物种类	靶组织	残留限量，μg/kg
牛、羊	肌肉	100
	脂肪	100
	肝	1 000
	肾	300
	奶	50
猪	肌肉	100
	脂肪	100
	肝	1 500
	肾	1 000
鸡（产蛋期禁用）	肌肉	150
	皮+脂	250
	肝	2 400
	肾	600
火鸡	肌肉	100
	皮+脂	250
	肝	1 400
	肾	1 200

4.1.44　托曲珠利（toltrazuril）

4.1.44.1　兽药分类：抗球虫药。

4.1.44.2　ADI：0~2μg/kg bw。

4.1.44.3　残留标志物：托曲珠利（toltrazuril）。

4.1.44.4　最大残留限量：应符合表44的规定。

表 44

动物种类	靶组织	残留限量，μg/kg
家禽（产蛋期禁用）	肌肉	100
	皮+脂	200
	肝	600
	肾	400

（续表）

动物种类	靶组织	残留限量，μg/kg
所有哺乳类食品动物（泌乳期禁用）	肌肉	100
	脂肪	150
	肝	500
	肾	250

4.1.45　甲氧苄啶（trimethoprim）

4.1.45.1　兽药分类：抗菌增效剂。

4.1.45.2　ADI：0~4.2μg/kg bw。

4.1.45.3　残留标志物：甲氧苄啶（trimethoprim）。

4.1.45.4　最大残留限量：应符合表45的规定。

表45

动物种类	靶组织	残留限量，μg/kg
牛	肌肉	50
	脂肪	50
	肝	50
	肾	50
	奶	50
猪、家禽（产蛋期禁用）	肌肉	50
	皮+脂	50
	肝	50
	肾	50
马	肌肉	100
	脂肪	100
	肝	100
	肾	100
鱼	皮+肉	50

4.1.46　泰乐菌素（tylosin）

4.1.46.1　兽药分类：大环内酯类抗生素。

4.1.46.2　ADI：0~30μg/kg bw。

4.1.46.3　残留标志物：泰乐菌素A（tylosin A）。

4.1.46.4　最大残留限量：应符合表46的规定。

表46

动物种类	靶组织	残留限量，μg/kg
牛、猪、鸡、火鸡	肌肉	100
	脂肪	100
	肝	100
	肾	100
牛	奶	100
鸡	蛋	300

4.1.47　泰万菌素（tylvalosin）

4.1.47.1　兽药分类：大环内酯类抗生素。

4.1.47.2　ADI：0~2.07μg/kg bw。

4.1.47.3　残留标志物：泰万菌素（tylvalosin）。

4.1.47.4　最大残留限量：应符合表47的规定。

表47

动物种类	靶组织	残留限量，μg/kg
猪	肌肉	50
	皮+脂	50
	肝	50
	肾	50
家禽	皮+脂	50
	肝	50
	蛋	200

4.2　允许用于食品动物，但不需要制定残留限量的兽药

4.2.1　氢氧化铝（aluminium hydroxide）

动物种类：所有食品动物。

4.2.2　安普霉素（apramycin）

4.2.2.1　动物种类：仅作口服用时为兔、绵羊、猪、鸡。

4.2.2.2　其他规定：绵羊为泌乳期禁用，鸡为产蛋期禁用。

4.2.3　阿司匹林（aspirin）

4.2.3.1　动物种类：牛、猪、鸡、马、羊。

4.2.3.2　其他规定：泌乳期禁用，产蛋期禁用。

4.2.4　阿托品（atropine）动物种类：所有食品动物

4.2.5　苯扎溴铵（benzalkonium bromide）动物种类：所有食品动物。

4.2.6　甜菜碱（betaine）动物种类：所有食品动物。

4.2.7　碱式碳酸铋（bismuth subcarbonate）

4.2.7.1　动物种类：所有食品动物。

4.2.7.2　其他规定：仅作口服用。

4.2.8　碱式硝酸铋（bismuth subnitrate）

4.2.8.1　动物种类：所有食品动物。

4.2.8.2　其他规定：仅作口服用。

4.2.9　硼砂（borax）动物种类：所有食品动物。

4.2.10　硼酸及其盐（boric acid and borates）动物种类：所有食品动物。

4.2.11　咖啡因（caffeine）动物种类：所有食品动物。

4.2.12　硼葡萄糖酸钙（calcium borogluconate）动物种类：所有食品动物。

4.2.13　碳酸钙（calcium carbonate）动物种类：所有食品动物。

4.2.14　氯化钙（calcium chloride）动物种类：所有食品动物。

4.2.15　葡萄糖酸钙（calcium gluconate）动物种类：所有食品动物。

4.2.16　次氯酸钙（calcium hypochlorite）动物种类：所有食品动物。

4.2.17　泛酸钙（calcium pantothenate）动物种类：所有食品动物。

4.2.18　磷酸钙（calcium phosphate）动物种类；所有食品动物。

4.2.19 硫酸钙（calcium sulphate）动物种类：所有食品动物。
4.2.20 樟脑（camphor）
4.2.20.1 动物种类：所有食品动物。
4.2.20.2 其他规定：仅作外用。
4.2.21 氯己定（chlorhexidine）
4.2.21.1 动物种类：所有食品动物。
4.2.21.2 其他规定：仅作外用。
4.2.22 含氯石灰（chlorinated lime）
4.2.22.1 动物种类：所有食品动物。
4.2.22.2 其他规定：仅作外用。
4.2.23 亚氯酸钠（chlorite sodium）动物种类：所有食品动物。
4.2.24 氯甲酚（chlorocresol）动物种类：所有食品动物。
4.2.25 胆碱（choline）动物种类：所有食品动物。
4.2.26 枸橼酸（citrate）动物种类：所有食品动物。
4.2.27 硫酸铜（copper sulfate）动物种类：所有食品动物。
4.2.28 甲酚（cresol）动物种类：所有食品动物。
4.2.29 癸甲溴铵（deciquam）动物种类：所有食品动物。
4.2.30 度米芬（domiphen）
4.2.30.1 动物种类：所有食品动物。
4.2.30.2 其他规定：仅作外用。
4.2.31 肾上腺素（epinephrine）动物种类：所有食品动物。
4.2.32 乙醇（ethanol）
4.2.32.1 动物种类：所有食品动物。
4.2.32.2 其他规定：仅作赋型剂用。
4.2.33 硫酸亚铁（ferrous sulphate）动物种类：所有食品动物。
4.2.34 氟轻松（fluocinonide）动物种类：所有食品动物。
4.2.35 叶酸（folic acid）动物种类：所有食品动物。
4.2.36 促卵泡激素（各种动物天然 FSH 及其化学合成类似物）[follicle stimulating hormone（natural FSH from all species and their synthetic analogues）] 动物种类：所有食品动物。
4.2.37 甲醛（formaldehyde）动物种类：所有食品动物。
4.2.38 甲酸（formic acid）动物种类：所有食品动物。
4.2.39 明胶（gelatin）动物种类：所有食品动物。
4.2.40 戊二醛（glutaraldehyde）动物种类：所有食品动物。
4.2.41 甘油（glycerol）动物种类：所有食品动物。
4.2.42 垂体促性腺激素释放激素（gonadotrophin releasing hormone）动物种类：所有食品动物。
4.2.43 月苄三甲氯铵（halimide）动物种类：所有食品动物。
4.2.44 绒促性素（human chorion gonadotrophin）动物种类：所有食品动物。
4.2.45 盐酸（hydrochloric acid）
4.2.45.1 动物种类：所有食品动物。
4.2.45.2 其他规定：仅作赋型剂用。
4.2.46 氢化可的松（hydrocortisone）
4.2.46.1 动物种类：所有食品动物。
4.2.46.2 其他规定：仅作外用。

4.2.47　过氧化氢（hydrogen peroxide）动物种类：所有食品动物。
4.2.48　鱼石脂（ichthammol）动物种类：所有食品动物。
4.2.49　碘和碘无机化合物　包括：碘化钠和钾、碘酸钠和钾（iodine and iodine inorganic compounds including：sodium and potassiumiodide，sodium and potassium-iodate）动物种类：所有食品动物。
4.2.50　右旋糖酐铁（iron dextran）动物种类：所有食品动物。
4.2.51　氯胺酮（ketamine）动物种类：所有食品动物。
4.2.52　乳酸（lactic acid）动物种类：所有食品动物。
4.2.53　促黄体激素（各种动物天然 LH 及其化学合成类似物）［luteinising hormone（natural LH from all species and their synthetic analogues）］动物种类：所有食品动物。
4.2.54　氯化镁（magnesium chloride）动物种类：所有食品动物。
4.2.55　氧化镁（magnesium oxide）动物种类：所有食品动物。
4.2.56　甘露醇（mannitol）动物种类：所有食品动物。
4.2.57　甲萘醌（menadione）动物种类：所有食品动物。
4.2.58　蛋氨酸碘（methionine iodine）动物种类：所有食品动物。
4.2.59　新斯的明（neostigmine）动物种类：所有食品动物。
4.2.60　中性电解氧化水（neutralized eletrolyzed oxidized water）动物种类：所有食品动物。
4.2.61　辛氨乙甘酸（octicine）动物种类：所有食品动物。
4.2.62　胃蛋白酶（pepsin）动物种类：所有食品动物。
4.2.63　过氧乙酸（peracetic acid）动物种类：所有食品动物。
4.2.64　苯酚（phenol）动物种类：所有食品动物。
4.2.65　聚乙二醇（分子量为 200～10 000）［polyethylene glycols（molecular weight ranging from 200 to 1 000）］动物种类：所有食品动物。
4.2.66　吐温-80（polysorbate 80）动物种类：所有食品动物。
4.2.67　氯化钾（potassium chloride）动物种类：所有食品动物。
4.2.68　高锰酸钾（potassium permanganate）动物种类：所有食品动物。
4.2.69　过硫酸氢钾（potassium peroxymonosulphate）动物种类：所有食品动物。
4.2.70　聚维酮碘（povidone iodine）动物种类：所有食品动物。
4.2.71　普鲁卡因（procaine）动物种类：所有食品动物。
4.2.72　水杨酸（salicylic acid）
4.2.72.1　动物种类：除鱼外所有食品动物。
4.2.72.2　其他规定：仅作外用。
4.2.73　氯化钠（sodium chloride）动物种类：所有食品动物。
4.2.74　氢氧化钠（sodium hydroxide）动物种类：所有食品动物。
4.2.75　高碘酸钠（sodium periodate）
4.2.75.1　动物种类：所有食品动物。
4.2.75.2　其他规定：仅作外用。
4.2.76　焦亚硫酸钠（sodium pyrosulphite）动物种类：所有食品动物。
4.2.77　水杨酸钠（sodium salicylate）
4.2.77.1　动物种类：除鱼外所有食品动物。
4.2.77.2　其他规定：仅作外用，泌乳期禁用。
4.2.78　亚硒酸钠（sodium selenite）动物种类：所有食品动物。
4.2.79　硬脂酸钠（sodium stearate）动物种类：所有食品动物。
4.2.80　硫代硫酸钠（sodium thiosulphate）动物种类：所有食品动物。

4.2.81 软皂（soft soap）动物种类：所有食品动物。
4.2.82 脱水山梨醇三油酸酯（司盘85）（sorbitan trioleate）动物种类：所有食品动物。
4.2.83 愈创木酚磺酸钠（sulfogaiacol）动物种类：所有食品动物。
4.2.84 丁卡因（tetracaine）
4.2.84.1 动物种类：所有食品动物。
4.2.84.2 其他规定：仅作麻醉剂用。
4.2.85 硫喷妥钠（thiopental sodium）
4.2.85.1 动物种类：所有食品动物。
4.2.85.2 其他规定：仅作静脉注射用。
4.2.86 维生素A（vitamin A）动物种类：所有食品动物。
4.2.87 维生素 B_1（vitamin B_1）动物种类：所有食品动物。
4.2.88 维生素 B_{12}（vitamin B_{12}）动物种类：所有食品动物。
4.2.89 维生素 B_2（vitamin B_2）动物种类：所有食品动物。
4.2.90 维生素 B_6（vitamin B_6）动物种类：所有食品动物。
4.2.91 维生素C（vitamin C）动物种类：所有食品动物。
4.2.92 维生素D（vitamin D）动物种类：所有食品动物。
4.2.93 维生素E（vitamin E）动物种类：所有食品动物。
4.2.94 氧化锌（zinc oxide）动物种类：所有食品动物。
4.2.95 硫酸锌（zinc sulphate）动物种类：所有食品动物。

4.3 允许作治疗用，但不得在动物性食品中检出的兽药

4.3.1 氯丙嗪（chlorpmmazine）
4.3.1.1 残留标志物：氯丙嗪（chlorpromazine）。
4.3.1.2 动物种类：所有食品动物。
4.3.1.3 靶组织：所有可食组织。
4.3.2 地西泮（安定）（diazepam）
4.3.2.1 残留标志物：地西泮（diazepam）。
4.3.2.2 动物种类：所有食品动物。
4.3.2.3 靶组织：所有可食组织。
4.3.3 地美硝唑（dimetridazole）
4.3.3.1 残留标志物：地美硝唑（dimetridazole）。
4.3.3.2 动物种类：所有食品动物。
4.3.3.3 靶组织：所有可食组织。
4.3.4 苯甲酸雌二醇（estradiol benzoate）
4.3.4.1 残留标志物：雌二醇（estradiol）。
4.3.4.2 动物种类：所有食品动物。
4.3.4.3 靶组织：所有可食组织。
4.3.5 潮霉素B（hygromycin B）
4.3.5.1 残留标志物：潮霉素B（hygromycin B）。
4.3.5.2 动物种类：猪、鸡。
4.3.5.3 靶组织：可食组织、鸡蛋。
4.3.6 甲硝唑（metronidazole）
4.3.6.1 残留标志物：甲硝唑（metronidazole）。
4.3.6.2 动物种类：所有食品动物。

4.3.6.3　靶组织：所有可食组织。

4.3.7　苯丙酸诺龙（nadrolone phenylpropionate）

4.3.7.1　残留标志物：诺龙（nadrolone）

4.3.7.2　动物种类：所有食品动物。

4.3.7.3　靶组织：所有可食组织。

4.3.8　丙酸睾酮（testosterone propinate）

4.3.8.1　残留标志物：睾酮（testosterone）。

4.3.8.2　动物种类：所有食品动物。

4.3.8.3　靶组织：所有可食组织。

ICS 67.050
CCS X 04

中华人民共和国国家标准

GB 31650.1—2022

食品安全国家标准
食品中41种兽药最大残留限量

National food safety standard—
Maximum residue limits for 41 veterinary drugs in foods

2022-09-20 发布　　2023-02-01 实施

中华人民共和国农业农村部
中华人民共和国国家卫生健康委员会　发布
国家市场监督管理总局

前　言

本文件按照 GB/T 1.1—2020《标准化工作导则　第 1 部分：标准化文件的结构和起草规则》的规定起草。

本文件是 GB 31650—2019《食品安全国家标准　食品中兽药最大残留限量》的增补版，与 GB 31650—2019《食品安全国家标准　食品中兽药最大残留限量》配套使用。

食品安全国家标准　食品中41种兽药最大残留限量

1　范围

本标准规定了动物性食品中得曲恩特等41种兽药的最大残留限量。

本标准适用于与最大残留限量相关的动物性食品。

2　规范性引用文件

下列文件对于本文件的应用是必不可少的，凡是注日期的引用文件，仅注日期的版本适用于本文件。凡是不注日期的引用文件，其最新版本（包括所有的修改单）适用于本文件。

GB 31650—2019 食品安全国家标准　食品中兽药最大残留限量

3　术语和定义

GB 31650—2019 界定的以及下列术语和定义适用于本文件。

残留标志物 marker residue

动物用药后在靶组织中与总残留物有明确相关性的残留物，可以是药物原形、相关代谢物，也可以是原形与代谢物的加和，或者是可转为单一衍生物或药物分子片段的残留物总量。

4　技术要求

4.1　阿莫西林（amoxicillin）

4.1.1　兽药分类：β-内酰胺类抗生素。

4.1.2　ADI：0~2μg/kg bw，微生物学 ADI。

4.1.3　残留标志物：阿莫西林（amoxicillin）。

4.1.4　最大残留限量：应符合表1的规定。

表1

动物种类	靶组织	残留限量，μg/kg
家禽	蛋	4

4.2　氨苄西林（ampicillin）

4.2.1　兽药分类：β-内酰胺类抗生素。

4.2.2　ADI：0~3μg/kg bw，微生物学 ADI。

4.2.3　残留标志物：氨苄西林（ampicillin）。

4.2.4　最大残留限量：应符合表2的规定。

表2

动物种类	靶组织	残留限量，μg/kg
家禽	蛋	4

4.3　安普霉素（apramycin）

4.3.1　兽药分类：氨基糖苷类抗生素。

4.3.2　ADI：0~25μg/kg bw。

4.3.3　残留标志物：安普霉素（apramycin）。

4.3.4　最大残留限量：应符合表3的规定。

表 3

动物种类	靶组织	残留限量，μg/kg
鸡	蛋	10

4.4 阿司匹林（aspirin）

4.4.1 兽药分类：解热镇痛抗炎药。

4.4.2 残留标志物：阿司匹林（aspirin）。

4.4.3 最大残留限量：应符合表 4 的规定。

表 4

动物种类	靶组织	残留限量，μg/kg
鸡	蛋	10

4.5 阿维拉霉素（avilamycin）

4.5.1 兽药分类：寡糖类抗生素。

4.5.2 ADI：0~2 000μg/kg bw。

4.5.3 残留标志物：二氯异苔酸［dichloroisocverninic acid（DIA）］。

4.5.4 最大残留限量：应符合表 5 的规定。

表 5

动物种类	靶组织	残留限量，μg/kg
鸡/火鸡	蛋	10

4.6 青霉素、普鲁卡因青霉素（benzylpenicillin，procaine benzylpenicillin）

4.6.1 兽药分类：β-内酰胺类抗生素。

4.6.2 ADI：0~30μg penicillin/（人·d）。

4.6.3 残留标志物：青霉素（benzylpenicillin）。

4.6.4 最大残留限量：应符合表 6 的规定。

表 6

动物种类	靶组织	残留限量，μg/kg
家禽	蛋	4

4.7 氯唑西林（cloxacillin）

4.7.1 兽药分类：β-内酰胺类抗生素。

4.7.2 ADI：0~200μg/kg bw。

4.7.3 残留标志物：氯唑西林（cloxacillin）。

4.7.4 最大残留限量：应符合表 7 的规定。

表 7

动物种类	靶组织	残留限量，μg/kg
家禽	蛋	4

4.8 达氟沙星（danofloxacin）

4.8.1 兽药分类：喹诺酮类合成抗菌药。

4.8.2 ADI：0~20μg/kg bw。

4.8.3 残留标志物：达氟沙星（danofloxacin）。

4.8.4 最大残留限量：应符合表8的规定。

表8

动物种类	靶组织	残留限量，μg/kg
家禽	蛋	10

4.9 地克珠利（diclazuril）

4.9.1 兽药分类：抗球虫药。

4.9.2 ADI：0~30μg/kg bw。

4.9.3 残留标志物：地克珠利（diclazuril）。

4.9.4 最大残留限量：应符合表9的规定。

表9

动物种类	靶组织	残留限量，μg/kg
家禽	蛋	10

4.10 二氟沙星（difloxacin）

4.10.1 兽药分类：喹诺酮类合成抗菌药。

4.10.2 ADI：0~10μg/kg bw。

4.10.3 残留标志物：二氟沙星（difloxacin）。

4.10.4 最大残留限量：应符合表10的规定。

表10

动物种类	靶组织	残留限量，μg/kg
家禽	蛋	10

4.11 多西环素（doxycycline）

4.11.1 兽药分类：四环素类抗生素。

4.11.2 ADI：0~3μg/kg bw。

4.11.3 残留标志物：多西环素（doxycycline）。

4.11.4 最大残留限量：应符合表11的规定。

表11

动物种类	靶组织	残留限量，μg/kg
家禽	蛋	10

4.12 恩诺沙星（enrofloxacin）

4.12.1 兽药分类：喹诺酮类合成抗菌药。

4.12.2 ADI：0~6.2μg/kg bw。

4.12.3　残留标志物：恩诺沙星与环丙沙星之和（sum of enrofloxacin and ciprofloxacin）。
4.12.4　最大残留限量：应符合表 12 的规定。

表 12

动物种类	靶组织	残留限量，μg/kg
家禽	蛋	10

4.13　氟苯尼考（florfenicol）

4.13.1　兽药分类：酰胺醇类抗生素。
4.13.2　ADI：0~3μg/kg bw。
4.13.3　残留标志物：氟苯尼考与氟苯尼考胺之和（sum of florfenicol and florfenicol-amine）。
4.13.4　最大残留限量：应符合表 13 的规定。

表 13

动物种类	靶组织	残留限量，μg/kg
家禽	蛋	10

4.14　氟甲喹（flumequine）

4.14.1　兽药分类：喹诺酮类合成抗菌药。
4.14.2　ADI：0~30μg/kg bw。
4.14.3　残留标志物：氟甲喹（flumequine）。
4.14.4　最大残留限量：应符合表 14 的规定。

表 14

动物种类	靶组织	残留限量，μg/kg
鸡	蛋	10

4.15　卡那霉素（kanamycin）

4.15.1　兽药分类：氨基糖苷类抗生素。
4.15.2　ADI：0~8μg/kg bw，微生物学 ADI。
4.15.3　残留标志物：卡那霉素 A（kanamycin A）。
4.15.4　最大残留限量：应符合表 15 的规定。

表 15

动物种类	靶组织	残留限量，μg/kg
家禽	蛋	10

4.16　左旋咪唑（levamisole）

4.16.1　兽药分类：抗线虫药。
4.16.2　ADI：0~6μg/kg bw。
4.16.3　残留标志物：左旋咪唑（levamisole）。
4.16.4　最大残留限量：应符合表 16 的规定。

表 16

动物种类	靶组织	残留限量，μg/kg
家禽	蛋	5

4.17 洛美沙星（lumefloxacin）

4.17.1 兽药分类：喹诺酮类合成抗菌药。

4.17.2 ADI：0~25μg/kg bw。

4.17.3 残留标志物：洛美沙星（lumefloxacin）。

4.17.4 最大残留限量：应符合表 17 的规定。

表 17

动物种类	靶组织	残留限量，μg/kg
所有食品动物	肌肉	2
	肝	2
	肾	2
	奶	2
	蛋	2
鱼	皮+肉	2
蜜蜂	蜂蜜	5

4.18 诺氟沙星（norfloxacin）

4.18.1 兽药分类：喹诺酮类合成抗菌药。

4.18.2 ADI：0~14μg/kg bw。

4.18.3 残留标志物：诺氟沙星（norfloxacin）。

4.18.4 最大残留限量：应符合表 18 的规定。

表 18

动物种类	靶组织	残留限量，μg/kg
所有食品动物	肌肉	2
	肝	2
	肾	2
	奶	2
	蛋	2
鱼	皮+肉	2
蜜蜂	蜂蜜	5

4.19 氧氟沙星（ofloxacin）

4.19.1 兽药分类：喹诺酮类合成抗菌药。

4.19.2 ADI：0~5μg/kg bw。

4.19.3 残留标志物：诺氟沙星（ofloxacin）。

4.19.4　最大残留限量：应符合表19的规定。

表19

动物种类	靶组织	残留限量，μg/kg
所有食品动物	肌肉	2
	肝	2
	肾	2
	奶	2
	蛋	2
鱼	皮+肉	2
蜜蜂	蜂蜜	5

4.20　苯唑西林（oxacillin）

4.20.1　兽药分类：β-内酰胺类抗生素。

4.20.2　残留标志物：苯唑西林（oxacillin）。

4.20.3　最大残留限量：应符合表20的规定。

表20

动物种类	靶组织	残留限量，μg/kg
家禽	蛋	4

4.21　噁喹酸（oxolinic acid）

4.21.1　兽药分类：喹诺酮类合成抗菌药。

4.21.2　ADI：0~2.5μg/kg bw。

4.21.3　残留标志物：噁喹酸（oxolinic acid）。

4.21.4　最大残留限量：应符合表21的规定。

表21

动物种类	靶组织	残留限量，μg/kg
家禽	蛋	10

4.22　培氟沙星（pefloxacin）

4.22.1　兽药分类：喹诺酮类合成抗菌药。

4.22.2　残留标志物：培氟沙星（pefloxacin）。

4.22.3　最大残留限量：应符合表22的规定。

表22

动物种类	靶组织	残留限量，μg/kg
所有食品动物	肌肉	2
	肝	2
	肾	2
	奶	2
	蛋	2
鱼	皮+肉	2
蜜蜂	蜂蜜	5

4.23 沙拉沙星（sarafloxacin）

4.23.1 兽药分类：喹诺酮类合成抗菌药。

4.23.2 ADI：0~0.3μg/kg bw。

4.23.3 残留标志物：沙拉沙星（sarafloxacin）。

4.23.4 最大残留限量：应符合表23的规定。

表 23

动物种类	靶组织	残留限量，μg/kg
鸡/火鸡	蛋	5

4.24 磺胺二甲嘧啶（sulfadimidine）

4.24.1 兽药分类：磺胺类合成抗菌药。

4.24.2 ADI：0~50μg/kg bw。

4.24.3 残留标志物：磺胺二甲嘧啶（sulfadimidine）。

4.24.4 最大残留限量：应符合表24的规定。

表 24

动物种类	靶组织	残留限量，μg/kg
家禽	蛋	10

4.25 磺胺类（sulfonamides）

4.25.1 兽药分类：磺胺类合成抗菌药。

4.25.2 ADI：0~50μg/kg bw。

4.25.3 残留标志物：兽药原型之和（sum of parent drug）。

4.25.4 最大残留限量：应符合表25的规定。

表 25

动物种类	靶组织	残留限量，μg/kg
家禽	蛋	10

4.26 甲砜霉素（thiamphenicol）

4.26.1 兽药分类：酰胺醇类抗生素。

4.26.2 ADI：0~5μg/kg bw。

4.26.3 残留标志物：甲砜霉素（thiamphenicol）。

4.26.4 最大残留限量：应符合表26的规定。

表 26

动物种类	靶组织	残留限量，μg/kg
家禽	蛋	10

4.27 替米考星（tilmicosin）

4.27.1 兽药分类：大环内酯类抗生素。

4.27.2 ADI：0~40μg/kg bw。

4. 27. 3　残留标志物：替米考星（tilmicosin）。
4. 27. 4　最大残留限量：应符合表 27 的规定。

表 27

动物种类	靶组织	残留限量，μg/kg
鸡	蛋	10

4. 28　托曲珠利（toltrazuril）

4. 28. 1　兽药分类：抗球虫药。
4. 28. 2　ADI：0~2μg/kg bw。
4. 28. 3　残留标志物：托曲珠利（toltrazuril）。
4. 28. 4　最大残留限量：应符合表 28 的规定。

表 28

动物种类	靶组织	残留限量，μg/kg
家禽	蛋	10

4. 29　甲氧苄啶（trimethoprim）

4. 29. 1　兽药分类：抗菌增效剂。
4. 29. 2　ADI：0~4. 2μg/kg bw。
4. 29. 3　残留标志物：甲氧苄啶（trimethoprim）。
4. 29. 4　最大残留限量：应符合表 29 的规定。

表 29

动物种类	靶组织	残留限量，μg/kg
家禽	蛋	10

中华人民共和国农业农村部公告　第 250 号

为进一步规范养殖用药行为，保障动物源性食品安全，根据《兽药管理条例》有关规定，我部修订了食品动物中禁止使用的药品及其他化合物清单，现予以发布，自发布之日起施行。食品动物中禁止使用的药品及其他化合物以本清单为准，原农业部公告第 193 号、235 号、560 号等文件中的相关内容同时废止。

附件：食品动物中禁止使用的药品及其他化合物清单

农业农村部

2019 年 12 月 27 日

附件

食品动物中禁止使用的药品及其他化合物清单

序号	药品及其他化合物名称
1	酒石酸锑钾（Antimony potassium tartrate）
2	β-兴奋剂（β-agonists）类及其盐、酯
3	汞制剂：氯化亚汞（甘汞）（Calomel）、醋酸汞（Mercurous acetate）、硝酸亚汞（Mercurous nitrate）、吡啶基醋酸汞（Pyridyl mercurous acetate）
4	毒杀芬（氯化烯）（Camahechlor）
5	卡巴氧（Carbadox）及其盐、酯
6	呋喃丹（克百威）（Carbofuran）
7	氯霉素（Chloramphenicol）及其盐、酯
8	杀虫脒（克死螨）（Chlordimeform）
9	氨苯砜（Dapsone）
10	硝基呋喃类：呋喃西林（Furacilinum）、呋喃妥因（Furadantin）、呋喃它酮（Furaltadone）、呋喃唑酮（Furazolidone）、呋喃苯烯酸钠（Nifurstyrenate sodium）
11	林丹（Lindane）
12	孔雀石绿（Malachite green）
13	类固醇激素：醋酸美仑孕酮（Melengestrol Acetate）、甲基睾丸酮（Methyltestosterone）、群勃龙（去甲雄三烯醇酮）（Trenbolone）、玉米赤霉醇（Zeranal）
14	安眠酮（Methaqualone）
15	硝呋烯腙（Nitrovin）
16	五氯酚酸钠（Pentachlorophenol sodium）
17	硝基咪唑类：洛硝达唑（Ronidazole）、替硝唑（Tinidazole）
18	硝基酚钠（Sodium nitrophenolate）
19	己二烯雌酚（Dienoestrol）、己烯雌酚（Diethylstilbestrol）、己烷雌酚（Hexoestrol）及其盐、酯
20	锥虫砷胺（Tryparsamile）
21	万古霉素（Vancomycin）及其盐、酯

第二节　鸡蛋中农药残留限量标准

本节内容依据 GB 2763—2021、GB 2763. 1—2022 标准文本编制，并根据 GB 2763—2021 标准附录中的食品分类表中蛋类、鸡蛋的规定的最大残留量进行了数据处理。本文不可能及时准确地提供查询信息，结果仅供参考，具体以 GB 2763—2021、GB 2763. 1—2022 标准文本为准。

序号	农药中文名称	农药英文名称	功能	残留限量（mg/kg）	残留物	备注
1	二嗪磷	diazinon	杀虫剂	0. 02 *	二嗪磷	* 该限量为临时限量
2	2,4-滴和 2,4-滴钠盐	2,4-D and 2,4-D Na	除草剂	0. 01 *	2,4-滴	* 该限量为临时限量
3	2 甲 4 氯（钠）	MCPA（sodium）	除草剂	0. 05	2 甲 4 氯	
4	矮壮素	chlormequat	植物生长调节剂	0. 1 *	矮壮素阳离子，以氯化物表示	* 该限量为临时限量
5	百草枯	paraquat	除草剂	0. 005 *	百草枯阳离子，以二氯百草枯表示	* 该限量为临时限量
6	苯并烯氟菌唑	benzovindiflupyr	杀菌剂	0. 01 *	苯并烯氟菌唑	* 该限量为临时限量
7	苯丁锡	fenbutatin oxide	杀螨剂	0. 05	苯丁锡	
8	苯菌酮	metrafenone	杀菌剂	0. 01 *	苯菌酮	* 该限量为临时限量
9	苯醚甲环唑	difenoconazole	杀菌剂	0. 03	动物源性食品为苯醚甲环唑与 1-[2-氯-4-(4-氯苯氧基）-苯基] -2- （1,2,4-三唑）-1-基-乙醇的总和，以苯醚甲环唑表示	
10	苯嘧磺草胺	saflufenacil	除草剂	0. 01 *	苯嘧磺草胺	* 该限量为临时限量
11	苯线磷	fenamiphos	杀虫剂	0. 01 *	苯线磷及其氧类似物（亚砜、砜化合物）之和，以苯线磷表示	* 该限量为临时限量
12	吡虫啉	imidacloprid	杀虫剂	0. 02 *	动物源性食品为吡虫啉及其含 6-氯-吡啶基的代谢物之和，以吡虫啉表示	* 该限量为临时限量
13	吡噻菌胺	penthiopyrad	杀菌剂	0. 03 *	动物源性食品为吡噻菌胺与代谢物 1-甲基-3-(三氟甲基)-1H-吡唑-4-甲酰胺之和，以吡噻菌胺表示	* 该限量为临时限量
14	吡唑醚菌酯	pyraclostrobin	杀菌剂	0. 05 *	吡唑醚菌酯	* 该限量为临时限量
15	吡唑萘菌胺	isopyrazam	杀菌剂	0. 01 *	吡唑萘菌胺（异构体之和）	* 该限量为临时限量
16	丙环唑	propiconazole	杀菌剂	0. 01	丙环唑	
17	丙炔氟草胺	flumioxazin	除草剂	0. 02	丙炔氟草胺	
18	丙溴磷	profenofos	杀虫剂	0. 02	丙溴磷	
19	草铵膦	glufosinate - ammonium	除草剂	0. 05 *	植物源性食品为草铵膦；动物源性食品为草铵膦母体及其代谢物 N-乙酰基草铵膦、3-（甲基膦基）丙酸的总和	* 该限量为临时限量
20	虫酰肼	tebufenozide	杀虫剂	0. 02	虫酰肼	
21	除虫脲	diflubenzuron	杀虫剂	0. 05 *	除虫脲	* 该限量为临时限量
22	敌草腈	dichlobenil	除草剂	0. 03	2,6-二氯苯甲酰胺	

（续表）

序号	农药中文名称	农药英文名称	功能	残留限量(mg/kg)	残留物	备注
23	敌草快	diquat	除草剂	0.05*	敌草快阳离子，以二溴化合物表示	*该限量为临时限量
24	敌敌畏	dichlorvos	杀虫剂	0.01*	敌敌畏	*该限量为临时限量
25	丁苯吗啉	fenpropimorph	杀菌剂	0.01	丁苯吗啉	
26	丁硫克百威	carbosulfan	杀虫剂	0.05	丁硫克百威	
27	啶虫脒	acetamiprid	杀虫剂	0.01	啶虫脒	
28	啶酰菌胺	boscalid	杀菌剂	0.02	啶酰菌胺	
29	毒死蜱	chlorpyrifos	杀虫剂	0.01	毒死蜱	
30	多菌灵	carbendazim	杀菌剂	0.05	多菌灵	
31	多杀霉素	spinosad	杀虫剂	0.01*	多杀霉素A和多杀霉素D之和	*该限量为临时限量
32	噁唑菌酮	famoxadone	杀菌剂	0.01*	噁唑菌酮	*该限量为临时限量
33	二甲戊灵	pendimethalin	除草剂	0.01	二甲戊灵	
34	粉唑醇	flutriafol	杀菌剂	0.01*	粉唑醇	*该限量为临时限量
35	呋虫胺	dinotefuran	杀虫剂	0.02	动物源性食品为呋虫胺与1-甲基-3-（四氢-3-呋喃甲基）脲之和，以呋虫胺表示	
36	氟苯脲	teflubenzuron	杀虫剂	0.01*	氟苯脲	*该限量为临时限量
37	氟吡呋喃酮	flupyradifurone	杀虫剂	0.7*	氟吡呋喃酮	*该限量为临时限量
38	氟吡菌胺	fluopicolide	杀菌剂	0.01*	氟吡菌胺	*该限量为临时限量
39	氟吡菌酰胺	fluopyram	杀菌剂	2*	氟吡菌酰胺	*该限量为临时限量
40	氟虫腈	fipronil	杀虫剂	0.02	氟虫腈、氟甲腈、氟虫腈砜、氟虫腈硫醚之和，以氟虫腈表示	
41	氟啶虫胺腈	sulfoxaflor	杀虫剂	0.1*	氟啶虫胺腈	*该限量为临时限量
42	氟硅唑	flusilazole	杀菌剂	0.1	氟硅唑	
43	氟氯氰菊酯和高效氟氯氰菊酯	cyfluthrin and beta-cyfluthrin	杀虫剂	0.01*	氟氯氰菊酯（异构体之和）	*该限量为临时限量
44	氟烯线砜	fluensulfone	杀线虫剂	0.01*	氟烯线砜及其代谢物3,4,4-三氟-3-烯-1-磺酸（BSA）之和，以氟烯线砜表示	*该限量为临时限量
45	氟噻唑吡乙酮	oxathiapiprolin	杀菌剂	0.01*	氟噻唑吡乙酮	*该限量为临时限量
46	氟酰脲	Novaluron	杀虫剂	0.1	氟酰脲	
47	活化酯	acibenzolar-S-methyl	杀菌剂	0.02*	活化酯和其代谢物阿拉酸式苯之和，以活化酯表示	*该限量为临时限量
48	甲胺膦	methamidophos	杀虫剂	0.01	甲胺膦	
49	甲拌磷	phorate	杀虫剂	0.05	甲拌磷及其氧类似物（亚砜、砜）之和，以甲拌磷表示	

（续表）

序号	农药中文名称	农药英文名称	功能	残留限量（mg/kg）	残留物	备注
50	甲基毒死蜱	chlorpyrifos-methyl	杀虫剂	0.01	甲基毒死蜱	
51	甲基嘧啶磷	pirimiphos-methyl	杀虫剂	0.01	甲基嘧啶磷	
52	甲氰菊酯	fenpropathrin	杀虫剂	0.01	甲氰菊酯	
53	甲氧咪草烟	imazamox	除草剂	0.01 *	甲氧咪草烟	* 该限量为临时限量
54	腈菌唑	myclobutanil	杀菌剂	0.01	腈菌唑	
55	喹氧灵	quinoxyfen	杀菌剂	0.01	喹氧灵	
56	乐果	dimethoate	杀虫剂	0.05	乐果	
57	联苯吡菌胺	bixafen	杀菌剂	0.05 *	联苯吡菌胺	* 该限量为临时限量
58	联苯肼酯	bifenazate	杀螨剂	0.01 *	动物源性食品为联苯肼酯和联苯肼酯-二氮烯｛二氮烯羧酸，2-[4-甲氧基-(1,1′-联苯基-3-基)]-1-甲基乙酯｝之和，以联苯肼酯表示	* 该限量为临时限量
59	联苯三唑醇	bitertanol	杀菌剂	0.01	联苯三唑醇	
60	硫丹	endosulfan	杀虫剂	0.03	α-硫丹和β-硫丹及硫丹硫酸酯之和	
61	螺虫乙酯	spirotetramat	杀虫剂	0.01 *	螺虫乙酯及其代谢物顺式-3-（2,5-二甲基苯基）-4-羰基-8-甲氧基-1-氮杂螺［4,5］癸-3-烯-2-酮之和，以螺虫乙酯表示	* 该限量为临时限量
62	螺甲螨酯	spiromesifen	杀螨剂	0.02 *	螺甲螨酯与代谢物4-羟基-3-均三甲苯基-1-氧杂螺［4,4］壬-3-烯-2-酮之和，以螺甲螨酯表示	* 该限量为临时限量
63	氯氨吡啶酸	aminopyralid	除草剂	0.01 *	氯氨吡啶酸及其能被水解的共轭物，以氯氨吡啶酸表示	* 该限量为临时限量
64	氯虫苯甲酰胺	chlorantraniliprole	杀虫剂	0.2 *	氯虫苯甲酰胺	* 该限量为临时限量
65	氯菊酯	permethrin	杀虫剂	0.1	氯菊酯（异构体之和）	
66	氯氰菊酯和高效氯氰菊酯	cypermethrin and beta-cypermethrin	杀虫剂	0.01	氯氰菊酯（异构体之和）	
67	麦草畏	dicamba	除草剂	0.01 *	动物源性食品为麦草畏和3,6-二氯水杨酸之和，以麦草畏表示	* 该限量为临时限量
68	咪唑烟酸	imazapyr	除草剂	0.01 *	咪唑烟酸	* 该限量为临时限量
69	咪鲜胺和咪鲜胺锰盐	prochloraz and prochloraz-manganese chloride complex	杀菌剂	0.1 *	咪鲜胺及其含有2,4,6-三氯苯酚部分的代谢产物之和，以咪鲜胺表示	* 该限量为临时限量

（续表）

序号	农药中文名称	农药英文名称	功能	残留限量（mg/kg）	残留物	备注
70	咪唑菌酮	fenamidone	杀菌剂	0.01 *	咪唑菌酮	* 该限量为临时限量
71	咪唑乙烟酸	imazethapyr	除草剂	0.01 *	咪唑乙烟酸	* 该限量为临时限量
72	醚菊酯	etofenprox	杀虫剂	0.01 *	醚菊酯	* 该限量为临时限量
73	嘧菌环胺	cyprodinil	杀菌剂	0.01 *	嘧菌环胺	* 该限量为临时限量
74	嘧菌酯	azoxystrobin	杀菌剂	0.01 *	嘧菌酯	* 该限量为临时限量
75	灭草松	bentazone	除草剂	0.01 *	动物源性食品为灭草松	* 该限量为临时限量
76	灭多威	methomyl	杀虫剂	0.02 *	灭多威	* 该限量为临时限量
77	灭蝇胺	cyromazine	杀虫剂	0.3 *	灭蝇胺	* 该限量为临时限量
78	氰戊菊酯和 S-氰戊菊酯	fenvalerate and esfenvalerate	杀虫剂	0.01	氰戊菊酯（异构体之和）	
79	炔螨特	propargite	杀螨剂	0.1	炔螨特	
80	噻草酮	cycloxydim	除草剂	0.15 *	噻草酮及其可以被氧化成 3-（3-磺酰基-四氢噻喃基）-戊二酸-S-二氧化物和 3-羟基-3-（3-磺酰基-四氢噻喃基）-戊二酸-S-二氧化物的代谢物和降解产物，以噻草酮表示	* 该限量为临时限量
81	噻虫胺	clothianidin	杀虫剂	0.01	噻虫胺	
82	噻虫啉	thiacloprid	杀虫剂	0.02 *	噻虫啉	* 该限量为临时限量
83	噻虫嗪	thiamethoxam	杀虫剂	0.01	噻虫嗪	
84	噻节因	dimethipin	植物生长调节剂	0.01	噻节因	
85	噻菌灵	thiabendazole	杀菌剂	0.1	动物源性食品为噻菌灵与 5-羟基噻菌灵之和	
86	噻螨酮	hexythiazox	杀螨剂	0.05 *	动物源性食品为噻螨酮和反式-5-（4-氯苯基）-4-甲基-2-四氢噻唑-3-氨基脲、反式-5-（4-氯苯基）-4-甲基-2-四氢噻唑、反式-5-（4-氯苯基1）-N-（顺式-3-羟基环己基）-4-甲基-2-四氢噻唑-3-氨基脲、反式-5-（4-氯苯基）-N-（反式-3-羟基环己基1）-4-甲基-2-四氢噻唑-3-氨基脲、反式-5-（4-氯苯基）-N-（顺式-4-羟基环己基）-4-甲基1-2-四氢噻唑-3-氨基脲、反式-5-（4-氯苯基）-N-（反式-4-羟基环己基）-4-甲基1	* 该限量为临时限量
87	三唑醇	triadimenol	杀菌剂	0.01 *	三唑醇	* 该限量为临时限量
88	三唑酮	triadimefon	杀菌剂	0.01 *	三唑酮和三唑醇之和	* 该限量为临时限量
89	杀螟硫磷	fenitrothion	杀虫剂	0.05	杀螟硫磷	

（续表）

序号	农药中文名称	农药英文名称	功能	残留限量（mg/kg）	残留物	备注
90	杀扑磷	methidathion	杀虫剂	0.02	杀扑磷	
91	杀线威	oxamyl	杀虫剂	0.02 *	杀线威和杀线威肟之和，以杀线威表示	* 该限量为临时限量
92	霜霉威和霜霉威盐酸盐	propamocarb and propamocarb hydrochloride	杀菌剂	0.01	霜霉威	
93	四螨嗪	clofentezine	杀螨剂	0.05 *	动物源性食品为四螨嗪和含2-氯苯基结构的所有代谢物，以四螨嗪表示	* 该限量为临时限量
94	特丁硫磷	terbufos	杀虫剂	0.01 *	特丁硫磷及其氧类似物（亚砜、砜）之和，以特丁硫磷表示	* 该限量为临时限量
95	五氯硝基苯	quintozene	杀菌剂	0.03	动物源性食品为五氯硝基苯、五氯苯胺和五氯苯醚之和	
96	戊菌唑	penconazole	杀菌剂	0.05 *	戊菌唑	* 该限量为临时限量
97	硝磺草酮	mesotrione	除草剂	0.01	硝磺草酮	
98	溴氰虫酰胺	cyantraniliprole	杀虫剂	0.15 *	溴氰虫酰胺	* 该限量为临时限量
99	乙烯利	ethephon	植物生长调节剂	0.01	乙烯利	
100	异丙噻菌胺	isofetamid	杀菌剂	0.01 *	异丙噻菌胺	* 该限量为临时限量
101	唑啉草酯	pinoxaden	除草剂	0.02 *	唑啉草酯	* 该限量为临时限量
102	艾氏剂	aldrin	杀虫剂	0.1	艾氏剂	
103	滴滴涕	DDT	杀虫剂	0.1	p,p′-滴滴涕、o,p′-滴滴涕、p,p′-滴滴伊和p,p′-滴滴滴之和	
104	狄氏剂	dieldrin	杀虫剂	0.1	狄氏剂	
105	林丹	lindane	杀虫剂	0.1	林丹	
106	六六六	HCH	杀虫剂	0.1	α-六六六、β-六六六、γ-六六六和δ-六六六之和	
107	氯丹	chlordane	杀虫剂	0.02	动物源性食品为顺式氯丹、反式氯丹与氧氯丹之和	
108	七氯	heptachlor	杀虫剂	0.05	七氯与环氧七氯之和	

第三节　污染物限量

中华人民共和国国家标准

GB 2762—2022

食品安全国家标准
食品中污染物限量

2022-06-30 发布　　　　2023-06-30 实施

中华人民共和国国家卫生健康委员会
国家市场监督管理总局　发布

前　言

本标准代替GB2762—2017《食品安全国家标准　食品中污染物限量》及第1号修改单。本标准与GB2762—2017相比，主要变化如下：

——修改了术语和定义；

——修改了应用原则；

——修改了部分食品中铅限量要求；

——修改了部分食品中镉限量要求；

——修改了部分食品中砷限量要求；

——修改了部分食品中汞限量要求；

——修改了表5中注释用词及标注的位置；

——修改了谷物及其制品中苯并［a］芘限量要求；

——修改了食品中多氯联苯限量要求；

——修改了包装饮用水中污染物限量饮用的检验方法；

——增加了液态婴幼儿配方食品的折算比例；

——修改了附录A。

食品安全国家标准　食品中污染物限量

1　范围

本标准规定了食品中铅、镉、汞、砷、锡、镍、铬、亚硝酸盐、硝酸盐、苯并［a］芘、N-二甲基亚硝胺、多氯联苯、3-氯-1,2-丙二醇的限量指标。

2　术语和定义

2.1　污染物

食品在从生产（包括农作物种植、动物饲养和兽医用药）、加工、包装、贮存、运输、销售，直至食用等过程中产生的或由环境污染带入的、非有意加入的化学性危害物质。

本标准所规定的污染物是指除农药残留、兽药残留、生物毒素和放射性物质以外的污染物。

2.2　可食用部分

食品原料经过机械手段（如谷物碾磨、水果剥皮、坚果去壳、肉去骨、鱼去刺、贝去壳等）去除非食用部分后，所得到的用于食用的部分。

2.3　限量

污染物在食品原料和（或）食品成品可食用部分中允许的最大含量水平。

3　应用原则

3.1　无论是否制定污染物限量，食品生产和加工者均应采取控制措施，使食品中污染物的含量达到最低水平。

3.2　本标准列出了可能对公众健康构成较大风险的污染物，制定限量值的食品是对消费者膳食暴露量产生较大影响的食品。

3.3　食品类别（名称）说明（见附录A）用于界定污染物限量的适用范围，仅适用于本标准。当某种污染物限量应用于某一食品类别（名称）时，则该食品类别（名称）内的所有类别食品均适用。有特别规定的除外。

3.4　食品中污染物限量以食品通常的可食用部分计算。有特别规定的除外。

3.5　对于肉类干制品、干制水产品、干制食用菌，限量指标对新鲜食品和相应制品都有要求的情况下，干制品中污染物限量应以相应新鲜食品中污染物限量结合其脱水率或浓缩率折算。如果干制品中污染物含量低于其新鲜原料的污染物限量要求，可判定符合限量要求。脱水率或浓缩率可通过对食品的分析、生产者提供的信息以及其他可获得的数据信息等确定。有特别规定的除外。

4　指标要求

4.1　铅

4.1.1　食品中铅限量指标见表1。

表1　食品中铅限量指标

食品类别（名称）	限量（以Pb计），mg/kg
谷物及其制品[a]［麦片、面筋、粥类罐头、带馅（料）面米制品除外］	0.2
麦片、面筋、粥类罐头、带馅（料）面米制品	0.5

（续表）

食品类别（名称）	限量（以 Pb 计），mg/kg
蔬菜及其制品	
新鲜蔬菜（芸薹类蔬菜、叶菜蔬菜、豆类蔬菜、生姜、薯类除外）	0.1
叶菜蔬菜	0.3
芸薹类蔬菜、豆类蔬菜、生姜、薯类	0.2
蔬菜制品（酱腌菜、干制蔬菜除外）	0.3
酱腌菜	0.5
干制蔬菜	0.8
水果及其制品	
新鲜水果（蔓越莓、醋栗除外）	0.1
蔓越莓、醋栗	0.2
水果制品［果酱（泥）、蜜饯、水果干类除外］	0.2
果酱（泥）	0.4
蜜饯	0.8
水果干类	0.5
食用菌及其制品（双孢菇、平菇、香菇、榛蘑、牛肝菌、松茸、松露、青头菌、鸡枞、鸡油菌、多汁乳菇、木耳、银耳及以上食用菌的制品除外）	0.5
双孢菇、平菇、香菇、榛蘑及以上食用菌的制品	0.3
牛肝菌、松茸、松露、青头菌、鸡枞、鸡油菌、多汁乳菇及以上食用菌的制品	1.0
木耳及其制品、银耳及其制品	1.0（干重计）
豆类及其制品	
豆类	0.2
豆类制品（豆浆除外）	0.3
豆浆	0.05
藻类及其制品	
新鲜藻类（螺旋藻除外）	0.5
螺旋藻	2.0（干重计）
藻类制品（螺旋藻制品除外）	1.0
螺旋藻制品	2.0（干重计）
坚果及籽类（生咖啡豆及烘焙咖啡豆除外）	0.2
生咖啡豆及烘焙咖啡豆	0.5
肉及肉制品	
肉类（畜禽内脏除外）	0.2
畜禽内脏	0.5
肉制品（畜禽内脏制品除外）	0.3
畜禽内脏制品	0.5
水产动物及其制品	
鲜、冻水产动物（鱼类、甲壳类、双壳贝类除外）	1.0（去除内脏）
鱼类、甲壳类	0.5
双壳贝类	1.5
水产制品（鱼类制品、海蜇制品除外）	1.0
鱼类制品	0.5
海蜇制品	2.0
乳及乳制品（生乳、巴氏杀菌乳、灭菌乳、调制乳、发酵乳除外）	0.2
生乳、巴氏杀菌乳、灭菌乳	0.02
调制乳、发酵乳	0.04
蛋及蛋制品	0.2
油脂及其制品	0.08

（续表）

食品类别（名称）	限量（以 Pb 计），mg/kg
调味品（香辛料类除外）	1.0
香辛料类[b]［花椒、桂皮（肉桂）、多种香辛料混合的香辛料除外］	1.5
花椒、桂皮（肉桂）、多种香辛料混合的香辛料	3.0
食糖及淀粉糖	0.5
淀粉及淀粉制品	
食用淀粉	0.2
淀粉制品	0.5
焙烤食品	0.5
饮料类（包装饮用水、果蔬汁类及其饮料、含乳饮料、固体饮料除外）	0.3
包装饮用水	0.01mg/L
含乳饮料	0.05
果蔬汁类及其饮料［含浆果及小粒水果的果蔬汁类及其饮料、浓缩果蔬汁（浆）除外］	0.03
含浆果及小粒水果的果蔬汁类及其饮料（葡萄汁除外）	0.05
葡萄汁	0.04
浓缩果蔬汁（浆）	0.5
固体饮料	1.0
酒类（白酒、黄酒除外）	0.2
白酒、黄酒	0.5
可可制品、巧克力和巧克力制品以及糖果	0.5
冷冻饮品	0.3
特殊膳食用食品	
婴幼儿配方食品[c]	0.08（以固态产品计）
婴幼儿辅助食品	0.2
特殊医学用途配方食品（特殊医学用途婴儿配方食品涉及的品种除外）	0.5（以固态产品计）
10 岁以上人群的产品	0.15（以固态产品计）
1~10 岁人群的产品	0.5
辅食营养补充品	
运动营养食品	
固态、半固态或粉状	0.5
液态	0.05
孕妇及乳母营养补充食品	0.5
其他类	
果冻	0.4
膨化食品	0.5
茶叶	5.0
干菊花	5.0
苦丁茶	2.0
蜂蜜	0.5
花粉（松花粉、油菜花粉除外）	0.5
油菜花粉	1.0
松花粉	1.5

[a] 稻谷以糙米计。
[b] 新鲜香辛料（如姜、葱、蒜等）应按对应的新鲜蔬菜（或新鲜水果）类别执行。
[c] 液态婴幼儿配方食品根据 8 : 1 的比例折算其限量。

4.1.2 检验方法：包装饮用水按 GB 8538 规定的方法测定，其他食品按 GB 5009.12 规定的方法测定。

4.2　镉

4.2.1　食品中镉限量指标见表2。

表2　食品中镉限量指标

食品类别（名称）	限量（以Cd计），mg/kg
谷物及其制品	
谷物（稻谷[a]除外）	0.1
谷物碾磨加工品［糙米、大米（粉）除外］	0.1
稻谷[a]、糙米、大米（粉）	0.2
蔬菜及其制品	
新鲜蔬菜（叶菜蔬菜、豆类蔬菜、块根和块茎蔬菜、茎类蔬菜、黄花菜除外）	0.05
叶菜蔬菜	0.2
豆类蔬菜、块根和块茎蔬菜、茎类蔬菜（芹菜除外）	0.1
芹菜、黄花菜	0.2
水果及其制品	
新鲜水果	0.05
食用菌及其制品（香菇、羊肚菌、獐头菌、青头菌、鸡油菌、榛蘑、松茸、牛肝菌、鸡枞、多汁乳菇、松露、姬松茸、木耳、银耳及以上食用菌的制品除外）	0.2
香菇及其制品	0.5
羊肚菌、獐头菌、青头菌、鸡油菌、榛蘑及以上食用菌的制品	0.6
松茸、牛肝菌、鸡枞、多汁乳菇及以上食用菌的制品	1.0
松露、姬松茸及以上食用菌的制品	2.0
木耳及其制品、银耳及其制品	0.5（干重计）
豆类及其制品	
豆类	0.2
坚果及籽类	
花生	0.5
肉及肉制品（畜禽内脏及其制品除外）	0.1
畜禽肝脏及其制品	0.5
畜禽肾脏及其制品	1.0
水产动物及其制品	
鲜、冻水产动物	
鱼类	0.1
甲壳类（海蟹、虾蛄除外）	0.5
海蟹、虾蛄	3.0
双壳贝类、腹足类、头足类、棘皮类	2.0（去除内脏）
水产制品	
鱼类罐头	0.2
其他鱼类制品	0.1
蛋及蛋制品	0.05
调味品	
食用盐	0.5
鱼类调味品	0.1
饮料类	
包装饮用水（饮用天然矿泉水除外）	0.005mg/L
饮用天然矿泉水	0.003mg/L
特殊膳食用食品	
婴幼儿谷类辅助食品	0.06

[a] 稻谷以糙米计。

4.2.2　检验方法：包装饮用水按 GB 8538 规定的方法测定，其他食品按 GB 5009.15 规定的方法测定。

4.3　汞

4.3.1　食品中汞限量指标见表3。

表3　食品中汞限量指标

食品类别（名称）	限量（以 Hg 计），mg/kg	
	总汞	甲基汞[a]
水产动物及其制品（肉食性鱼类及其制品除外）	—	0.5
肉食性鱼类及其制品（金枪鱼、金目鲷、枪鱼、鲨鱼及以上鱼类的制品除外）	—	1.0
金枪鱼及其制品	—	1.2
金目鲷及其制品	—	1.5
枪鱼及其制品	—	1.7
鲨鱼及其制品	—	1.6
谷物及其制品		
稻谷[b]、糙米、大米（粉）、玉米、玉米粉、玉米糁（渣）、小麦、小麦粉	0.02	—
蔬菜及其制品		
新鲜蔬菜	0.01	—
食用菌及其制品（木耳及其制品、银耳及其制品除外）	—	0.1
木耳及其制品、银耳及其制品	—	0.1（干重计）
肉及肉制品		
肉类	0.05	—
乳及乳制品		
生乳、巴氏杀菌乳、灭菌乳、调制乳、发酵乳	0.01	—
蛋及蛋制品		
鲜蛋	0.05	—
调味品		
食用盐	0.1	—
饮料类		
饮用天然矿泉水	0.001mg/L	—
特殊膳食用食品		
婴幼儿罐装辅助食品	0.02	—
注：画“—”者指无相应限量要求。		

[a] 对于制定甲基汞限量的食品可先测定总汞，当总汞含量不超过甲基汞限量值时，可判定符合限量要求而不必测定甲基汞；否则，需测定甲基汞含量再作判定。

[b] 稻谷以糙米计。

4.3.2　检验方法：饮用天然矿泉水按 GB 8538 规定的方法测定，其他食品按 GB 5009.17 规定的方法测定。

4.4　砷

4.4.1　食品中砷限量指标见表4。

表4　食品中砷限量指标

食品类别（名称）	限量（以 As 计），mg/kg	
	总砷	无机砷[b]
谷物及其制品		
谷物（稻谷[a] 除外）	0.5	—
稻谷[a]	—	0.35
谷物碾磨加工品［糙米、大米（粉）除外］	0.5	—
糙米	—	0.35
大米（粉）	—	0.2

（续表）

食品类别（名称）	限量（以 As 计），mg/kg	
	总砷	无机砷[b]
水产动物及其制品（鱼类及其制品除外）	—	0.5
鱼类及其制品	—	0.1
蔬菜及其制品		
新鲜蔬菜	0.5	—
食用菌及其制品（松茸及其制品、木耳及其制品、银耳及其制品除外）	—	0.5
松茸及其制品	—	0.8
木耳及其制品、银耳及其制品	—	0.5（干重计）
肉及肉制品	0.5	—
乳及乳制品		
生乳、巴氏杀菌乳、灭菌乳、调制乳、发酵乳	0.1	—
乳粉和调制乳粉	0.5	—
油脂及其制品（鱼油及其制品、磷虾油及其制品除外）	0.1	—
鱼油及其制品、磷虾油及其制品	—	0.1
调味品（水产调味品、复合调味料和香辛料类除外）	0.5	—
水产调味品（鱼类调味品除外）	—	0.5
鱼类调味品	—	0.1
复合调味料	—	0.1
食糖及淀粉糖	0.5	—
饮料类		
包装饮用水	0.01mg/L	—
可可制品、巧克力和巧克力制品以及糖果		
可可制品、巧克力和巧克力制品	0.5	—
特殊膳食用食品		
婴幼儿辅助食品		
婴幼儿谷类辅助食品（添加藻类的产品除外）	—	0.2
添加藻类的产品	—	0.3
婴幼儿罐装辅助食品（以水产及动物肝脏为原料的产品除外）	—	0.1
以水产及动物肝脏为原料的产品	—	0.3
辅食营养补充品	0.5	—
运动营养食品		
固态、半固态或粉状	0.5	—
液态	0.2	—
孕妇及乳母营养补充食品	0.5	—
注：画“—”者指无相应限量要求。		

[a] 稻谷以糙米计。

[b] 对于判定无机砷限量的食品可先测定其总砷，当总砷含量不超过无机砷限量值时，可判定符合限量要求而不必测定无机砷；否则，需测定无机砷含量再作判定。

4.4.2　检验方法：包装饮用水按 GB 8538 规定的方法测定，其他食品按 GB 5009.11 规定的方法测定。

4.5　锡

4.5.1　食品中锡限量指标见表 5。

表 5　食品中锡限量指标

食品类别（名称）[a]	限量（以 Sn 计），mg/kg
食品（饮料类、婴幼儿配方食品、婴幼儿辅助食品除外）	250
饮料类	150
婴幼儿配方食品、婴幼儿辅助食品	50
[a] 仅限于采用镀锡薄钢板容器包装的食品。	

4.5.2　检验方法：按 GB 5009.16 规定的方法测定。

4.6　镍

4.6.1　食品中镍限量指标见表 6。

表 6　食品中镍限量指标

食品类别（名称）	限量（以 Ni 计），mg/kg
油脂及其制品	
氢化植物油、含氢化和（或）部分氢化油脂的油脂制品	1.0

4.6.2　检验方法：按 GB 5009.138 规定的方法测定。

4.7　铬

4.7.1　食品中铬限量指标见表 7。

表 7　食品中铬限量指标

食品类别（名称）	限量（以 Cr 计），mg/kg
谷物及其制品	
谷物[a]	1.0
谷物碾磨加工品	1.0
蔬菜及其制品	
新鲜蔬菜	0.5
豆类及其制品	
豆类	1.0
肉及肉制品	1.0
水产动物及其制品	2.0
乳及乳制品	
生乳、巴氏杀菌乳、灭菌乳、调制乳、发酵乳	0.3
乳粉和调制乳粉	2.0
[a] 稻谷以糙米计。	

4.7.2　检验方法：按 GB 5009.123 规定的方法测定。

4.8　亚硝酸盐、硝酸盐

4.8.1　食品中亚硝酸盐、硝酸盐限量指标见表 8。

表8　食品中亚硝酸盐、硝酸盐限量指标

食品类别（名称）	限量，mg/kg	
	亚硝酸盐（以 $NaNO_2$ 计）	硝酸盐（以 $NaNO_3$ 计）
蔬菜及其制品		
酱腌菜	20	—
乳及乳制品		
生乳	0.4	—
乳粉和调制乳粉	2.0	—
饮料类		
包装饮用水（饮用天然矿泉水除外）	0.005mg/L（以 NO_2^- 计）	—
饮用天然矿泉水	0.1mg/L（以 NO_2^- 计）	45mg/L（以 NO_3^- 计）
特殊膳食用食品		
婴幼儿配方食品[a]		
婴儿配方食品、较大婴儿配方食品、幼儿配方食品、特殊医学用途婴儿配方食品	2.0[b]（以固态产品计）2.0（以固态产品计）	100[e]（以固态产品计）100（以固态产品计）
婴幼儿辅助食品		
婴幼儿谷类辅助食品	2.0[d]	100[e]
婴幼儿罐装辅助食品	4.0[d]	200[e]
特殊医学用途配方食品（特殊医学用途婴儿配方食品涉及的品种除外）	2.0[e]（以固态产品计）	100[e]（以固态产品计）
辅食营养补充品	2.0[b]	100[e]
孕妇及乳母营养补充食品	2.0[d]	100[e]

注：画“—”者指无相应限量要求。

[a] 液态婴幼儿配方食品根据8：1的比例折算其限量。
[b] 仅适用于乳基产品。
[c] 不适用于添加蔬菜和水果的产品。
[d] 不适用于添加豆类的产品。
[e] 仅适用于乳基产品（不含豆类成分）。

4.8.2　检验方法：饮料类按 GB 8538 规定的方法测定，其他食品按 GB 5009.33 规定的方法测定。

4.9　苯并［a］芘

4.9.1　食品中苯并［a］芘限量指标见表9。

表9　食品中苯并［a］芘限量指标

食品类别（名称）	限量，μg/kg
谷物及其制品	
稻谷[a]、糙米、大米（粉）、小麦、小麦粉、玉米、玉米粉、玉米糁（渣）	2.0
肉及肉制品	
熏、烧、烤肉类	5.0
水产动物及其制品	
熏、烤水产品	5.0

（续表）

食品类别（名称）	限量，μg/kg
乳及乳制品	
稀奶油、奶油、无水奶油	10
油脂及其制品	10
[a] 稻谷以糙米计。	

4.9.2 检验方法：按 GB 5009.27 规定的方法测定。

4.10 N-二甲基亚硝胺

4.10.1 食品中 N-二甲基亚硝胺限量指标见表 10。

表 10 食品中 N-二甲基亚硝胺限量指标

食品类别（名称）	限量，μg/kg
肉及肉制品	
肉制品（肉类罐头除外）	3.0
熟肉干制品	3.0
水产动物及其制品	
水产制品（水产品罐头除外）	4.0
干制水产品	4.0

4.10.2 检验方法：按 GB 5009.26 规定的方法测定。

4.11 多氯联苯

4.11.1 食品中多氯联苯限量指标见表 11。

表 11 食品中多氯联苯限量指标

食品类别（名称）	限量[a]，μg/kg
水产动物及其制品	20
油脂及其制品	
水产动物油脂	200
[a] 多氯联苯以 PCB28、PCB52、PCB101、PCB118、PCB138、PCB153 和 PCB180 总和计。	

4.11.2 检验方法：按 GB 5009.190 规定的方法测定。

4.12 3-氯-1,2-丙二醇

4.12.1 食品中 3-氯-1,2-丙二醇限量指标见表 12。

表 12 食品中 3-氯-1,2-丙二醇限量指标

食品类别（名称）[a]	限量，mg/kg
调味品（固态调味品除外）	0.4
固态调味品	1.0
[a] 仅限于添加酸水解植物蛋白的产品。	

4.12.2 检验方法：按 GB 5009.191 规定的方法测定。

附　录　A
食品类别（名称）说明

食品类别（名称）说明见表 A.1。

表 A.1　食品类别（名称）说明

水果及其制品	新鲜水果（未经加工的、经表面处理的、去皮或预切的、冷冻的水果） 　　浆果和其他小粒水果（例如：蔓越莓、醋栗等） 　　其他新鲜水果（包括甘蔗） 水果制品 　　水果罐头 　　水果干类 　　醋、油或盐渍水果 　　果酱（泥） 　　蜜饯（包括果丹皮） 　　发酵的水果制品 　　煮熟的或油炸的水果 　　水果甜品 　　其他水果制品
蔬菜及其制品（包括薯类，不包括食用菌）	新鲜蔬菜（未经加工的、经表面处理的、去皮或预切的、冷冻的蔬菜） 　　芸薹类蔬菜 　　叶菜蔬菜（包括芸薹类叶菜） 　　豆类蔬菜 　　块根和块茎蔬菜（例如：薯类、胡萝卜、萝卜、生姜等） 　　茎类蔬菜 　　其他新鲜蔬菜（包括瓜果类、鳞茎类和水生类、芽菜类；竹笋、黄花菜等多年生蔬菜） 　　蔬菜罐头 　　干制蔬菜 　　酱腌菜 　　蔬菜泥（酱） 　　经水煮或油炸的蔬菜 　　其他蔬菜制品
食用菌及其制品	新鲜食用菌（未经加工的、经表面处理的、预切的、冷冻的食用菌） 　　双孢菇 *Agaricus bisporus*（J. E. Lange）Imbach 　　平菇 *Pleurotus ostreatus*（Jacq.）P. Kumm 　　香菇 *Lentinula edodes*（Berk.）Pegler 　　榛蘑 *Armilaria melea*（Vahl.）P. Kumm 　　牛肝菌［美味牛肝菌 *Boletus bainiugan* Dentinger；兰茂牛肝菌 *Lanmaoa asiatica* G. Wu & Zhu L. Yang；茶褐新生牛肝菌 *Sutorius bruneisimus*（W. F. Chiu）G. Wu & ZhuL. Yang；远东邹盖牛肝菌 *Rugiboletus extremiorientalis*（Lj. N. Vasiljeva）G. Wu & Zhu L. Yang］ 　　松茸 *Tricholoma matsutake*（S. Ito & S. Imai）Singer 　　松露 *Tuber* spp. 　　青头菌 *Rusula virescens*（Schaeff.）Fr. 　　鸡枞 *Termitomyces* spp. 　　鸡油菌 *Cantharelus* spp. 　　多汁乳菇 *Lactarius volemus*（Fr.） 　　羊肚菌 *Morchela importuna* M. Kuo，O'Donnel &T. J. Volk 　　獐头菌 *Sarcodon imbricatus*（L.）P. Karst. 　　姬松茸 *Agaricus blazei* Muril 　　木耳（毛木耳 *Auricularia cornea* Ehrenb.；黑木耳 *Auricularia heimuer* F. Wu，B. K. Cui & Y. C. Dai） 　　银耳 *Tremela fuciformis* Berk. 　　其他新鲜食用菌 食用菌制品 　　食用菌罐头 　　腌渍食用菌（例如：酱渍、盐渍、糖醋渍食用菌等） 　　经水煮或油炸食用菌 　　其他食用菌制品

（续表）

谷物及其制品（不包括焙烤食品）	谷物 　稻谷 　玉米 　小麦 　大麦（包括青稞） 　其他谷物［例如：粟（谷子）、高粱、黑麦、燕麦、荞麦等］ 谷物碾磨加工品 　糙米（包括色稻米） 　大米（粉） 　小麦粉（包括食用麸皮） 　玉米粉、玉米糁（渣） 　麦片 　其他谷物碾磨加工品（例如：小米、高粱米、大麦米、黍米等） 谷物制品 　大米制品（例如：米粉、米线等） 　小麦粉制品 　　生湿面制品（例如：面条、饺子皮、馄饨皮、烧麦皮等） 　　生干面制品 　　发酵面制品 　　面糊（例如：用于鱼和禽肉的拖面糊）、裹粉、煎炸粉 　　面筋 　　其他小麦粉制品 　玉米制品（例如：玉米面条、玉米片等） 　其他谷物制品［例如：带馅（料）面米制品、粥类罐头等］
豆类及其制品	豆类（干豆、以干豆磨成的粉） 豆类制品 　非发酵豆制品（例如：豆浆、豆腐类、豆干类、腐竹类、熟制豆类、大豆蛋白膨化食品、大豆素肉等） 　发酵豆制品（例如：腐乳类、纳豆、豆豉、豆豉制品等） 　豆类罐头 　其他豆类制品（包括豆沙馅）
藻类及其制品	新鲜藻类（未经加工的、经表面处理的、预切的、冷冻的藻类） 　螺旋藻 　其他新鲜藻类 藻类制品 　藻类罐头 　干制藻类 　盐渍藻类 　经水煮或油炸的藻类 　其他藻类制品
坚果及籽类	生干坚果及籽类（不包括谷物种子和豆类，包括咖啡豆、可可豆） 坚果及籽类制品 　熟制坚果及籽类（带壳、脱壳、包衣） 　坚果及籽类罐头 　坚果及籽类的泥（酱）（例如：花生酱等） 　其他坚果及籽类制品（例如：腌渍的果仁等）
肉及肉制品	肉类（生鲜、冷却、冷冻肉等） 　畜禽肉 　畜禽内脏（例如：肝、肾、肺、肠等） 肉制品（包括内脏制品、血制品） 　预制肉制品 　　调理肉制品（生肉添加调理料） 　　腌腊肉制品类（例如：咸肉、腊肉、板鸭、中式火腿、腊肠等） 　熟肉制品 　　肉类罐头 　　酱卤肉制品类 　　熏、烧、烤肉类 　　油炸肉类 　　西式火腿（熏烤、烟熏、蒸煮火腿）类 　　肉灌肠类 　　发酵肉制品类 　　其他熟肉制品

（续表）

水产动物及其制品	鲜、冻水产动物 　　鱼类 　　　非肉食性鱼类 　　　肉食性鱼类（例如：金枪鱼、金目鲷、枪鱼、鲨鱼等） 　　甲壳类（例如：虾类、蟹类等） 　　软体动物 　　　头足类 　　　双壳贝类 　　　腹足类 　　　其他软体动物 　　棘皮类 　　其他鲜、冻水产动物 水产制品 　　水产品罐头 　　鱼糜制品（例如：鱼丸等） 　　腌制水产品 　　鱼籽制品 　　熏、烤水产品 　　发酵水产品 　　其他水产制品
乳及乳制品	生乳 巴氏杀菌乳 灭菌乳 调制乳 发酵乳 浓缩乳制品 稀奶油、奶油、无水奶油 乳粉和调制乳粉 乳清粉和乳清蛋白粉 干酪 再制干酪 其他乳制品（例如：酪蛋白等）
蛋及蛋制品	鲜蛋 蛋制品 　　卤蛋 　　糟蛋 　　皮蛋 　　咸蛋 　　其他蛋制品
油脂及其制品	植物油脂（包括食用植物调和油及添加了鱼油的调和油） 动物油脂（例如：猪油、牛油、鱼油、磷虾油等） 油脂制品 　　氢化植物油 　　含氢化和（或）部分氢化油脂的油脂制品 　　其他油脂制品
调味品	食用盐 味精 食醋 酱油 酿造酱 香辛料类 　　香辛料及粉 　　香辛料油 　　香辛料酱（例如：芥末酱、青芥酱等） 　　其他香辛料加工品 水产调味品 　　鱼类调味品（例如：鱼露等） 　　其他水产调味品（例如：蚝油、虾油等） 复合调味料（例如：调味料酒、固体汤料、鸡精、鸡粉、蛋黄酱、沙拉酱、调味清汁等） 其他调味品

（续表）

饮料类	包装饮用水 　　饮用天然矿泉水 　　饮用纯净水 　　其他类饮用水 果蔬汁类及其饮料（例如：苹果汁、苹果醋饮料、山楂汁、山楂醋饮料等） 　　果蔬汁（浆） 　　浓缩果蔬汁（浆） 　　果蔬汁（浆）类饮料 蛋白饮料 　　含乳饮料（例如：发酵型含乳饮料、配制型含乳饮料、乳酸菌饮料等） 　　植物蛋白饮料 　　复合蛋白饮料 　　其他蛋白饮料 碳酸饮料 茶饮料 咖啡类饮料 植物饮料 风味饮料 固体饮料［包括速溶咖啡、研磨咖啡（烘焙咖啡）］ 特殊用途饮料 其他饮料
酒类	蒸馏酒（例如：白酒、白兰地、威士忌、伏特加、朗姆酒等） 配制酒 发酵酒（例如：葡萄酒、黄酒、果酒、啤酒等）
食糖及淀粉糖	食糖（包括方糖、冰片糖、原糖、糖蜜、部分转化糖、槭树糖浆） 乳糖 淀粉糖（例如：食用葡萄糖、低聚异麦芽糖、果葡糖浆、麦芽糖、麦芽糊精、葡萄糖浆等）
淀粉及淀粉制品（包括谷物、豆类和块根植物提取的淀粉）	食用淀粉 淀粉制品（包括虾味片）
焙烤食品	面包 糕点（包括月饼） 饼干 其他焙烤食品
可可制品、巧克力和巧克力制品以及糖果	可可制品、巧克力和巧克力制品（包括代可可脂巧克力及制品） 糖果（包括胶基糖果）
冷冻饮品	冰激凌 雪糕 雪泥 冰棍 甜味冰 食用冰 其他冷冻饮品
特殊膳食用食品	婴幼儿配方食品 　　婴儿配方食品 　　较大婴儿配方食品 　　幼儿配方食品 　　特殊医学用途婴儿配方食品 婴幼儿辅助食品 　　婴幼儿谷类辅助食品 　　婴幼儿罐装辅助食品 特殊医学用途配方食品（特殊医学用途婴儿配方食品涉及的品种除外） 其他特殊膳食用食品（例如：辅食营养补充品、运动营养食品、孕妇及乳母营养补充食品等）

（续表）

其他类（除上述食品以外的食品）	果冻 膨化食品 蜂蜜 花粉 茶叶 干菊花 苦丁茶

第二章　方法标准

第一节　兽药残留检测方法标准

ICS 67.120
X 04

中华人民共和国国家标准

GB/T 21312—2007

动物源性食品中14种喹诺酮药物残留检测方法 液相色谱-质谱/质谱法

Analysis of fourteen quinolones in food of animal origin by high performance liquid chromatography tandem mass spectrometry

2007-10-29 发布　　2008-04-01 实施

中华人民共和国国家质量监督检验检疫总局
中国国家标准化管理委员会　发布

前　言

本标准的附录 A、附录 B、附录 C、附录 D、附录 E 均为资料性附录。

本标准由中国国家标准化管理委员会提出并归口。

本标准起草单位：中国检验检疫科学研究院、北京市疾病预防控制中心、中国疾病预防控制中心营养与食品安全所。

本标准主要起草人：杨奕、国伟、吴永宁、彭涛、邵兵、李晓娟、代汉慧。

本标准首次发布。

动物源性食品中 14 种喹诺酮药物残留检测方法 液相色谱-质谱/质谱法

1 范围

本标准规定了动物源性食品中 14 种喹诺酮药物残留量检测的制样方法和高效液相色谱-质谱/质谱检测方法。

本标准适用于猪肉、猪肝、猪肾、牛奶、鸡蛋等动物源性食品中恩诺沙星、诺氟沙星、培氟沙星、环丙沙星、氧氟沙星、沙拉沙星、依诺沙星、洛美沙星、吡哌酸、萘啶酸、奥索利酸、氟甲喹、西诺沙星、单诺沙星 14 种喹诺酮类兽药残留量的液相色谱-质谱/质谱法测定和确证。

2 规范性引用文件

下列文件中的条款通过本标准的引用而成为本标准的条款。凡是注日期的引用文件，其随后所有的修改单（不包括勘误的内容）或修订版均不适用于本标准，然而，鼓励根据本标准达成协议的各方研究是否可使用这些文件的最新版本。凡是不注日期的引用文件，其最新版本适用于本标准。

GB/T 6682 分析实验室用水规格和试验方法（GB/T 6682—1992，neq ISO 3696：1987）

3 方法提要

用 0.1mol/L EDTA-Mcllvaine 缓冲液（pH 值 4.0）提取样品中的喹诺酮类抗生素，经过滤和离心后，上清液经 HLB 固相萃取柱净化。高效液相色谱-质谱/质谱测定，用阴性样品基质加标外标法定量。

4 制样方法

制样操作过程中应防止样品受到污染或残留物含量发生变化。

4.1 动物肌肉和动物内脏

将现场采集的样品放入小型冷冻箱中运输到实验室，在-10℃以下保存，一周内进行处理。取适量新鲜或冷冻解冻的动物组织样品去筋、捣碎均匀。

4.2 牛奶

将现场采集的样品放入小型冷冻箱中运输到实验室，在-10℃以下保存，一周内进行处理。取适量新鲜或冷冻解冻的样品混合均匀。

4.3 鸡蛋

将现场采集的样品放入小型冷冻箱中运输到实验室，在-10℃以下保存，一周内进行处理。取适量新鲜的样品，去壳后混合均匀。

5 试剂和材料

除特殊注明外，本法所用试剂均为色谱纯，水为 GB/T 6682 规定的一级水。

5.1 柠檬酸：分析纯。

5.2 磷酸氢二钠：分析纯。

5.3 甲醇。

5.4 乙腈。

5.5 甲醇-乙腈溶液：40+60（体积比）。

5.6 甲酸（99%）。

5.7 氢氧化钠：分析纯。

5.8 乙二胺四乙酸二钠：分析纯。

5.9 磷酸氢二钠溶液：0.2mol/L。称取 71.63g 磷酸氢二钠，用水溶解，定容至 1 000mL。

5.10　柠檬酸溶液：0.1mol/L。称取21.01g柠檬酸，用水溶解，定容至1 000mL。
5.11　Mcllvaine缓冲溶液：将1 000mL 0.1mol/L柠檬酸溶液（5.10）与625mL 0.2mol/L磷酸氢二钠溶液（5.9）混合，必要时用盐酸或氢氧化钠调节pH值至4.0±0.05。
5.12　EDTA-Mcllvaine缓冲溶液：0.1mol/L。称取60.5g乙二胺四乙酸二钠（5.8）放入1 625mL Mcllvaine缓冲溶液（5.11）中，振摇使其溶解。
5.13　甲醇水溶液：5%（体积分数）。
5.14　甲酸水溶液：0.2%（体积分数）。
5.15　喹诺酮类药物标准物质：恩诺沙星（enrofloxacin，CAS：93106-60-6）、诺氟沙星（norfloxacin，CAS：70458-96-7）、培氟沙星（pefloxacin，CAS：6159-55-3）、环丙沙星（ciprofloxacin，CAS：85721-33-1）、氧氟沙星（oflaxacin，CAS：82419-36-1）、沙拉沙星（sarafloxacin，CAS：98105-99-8）、依诺沙星（enoxacin，CAS：74011-58-8）、吡哌酸（pipemdilic acid，CAS：51940-44-4）、萘啶酸（nalidixic acid，CAS：389-08-2）、奥索利酸（oxolinic acid，CAS：14698-29-4）、氟甲喹（flumequine，CAS：42835-25-6）、西诺沙星（cinoxacin，CAS：28657-80-9）、单诺沙星（danofloxacin，CAS：74011-58-8）（纯度>99%）。
5.16　标准溶液
5.16.1　标准储备液：分别称取0.010 0g标准品（5.15）置于10.0mL棕色容量瓶中，用甲醇溶解并定容至刻度，标准储备液浓度为1mg/mL，-20℃冰箱中保存，有效期3个月。
5.16.2　标准工作液：将以上各标准储备液（5.16.1）稀释，配成混合标准溶液。各组分浓度为10μg/mL。此标准工作液于4℃保存，可保存3个月。
5.17　HLB固相萃取柱（200mg，6mL）或其他等效柱。

6　仪器

6.1　高效液相色谱-串联质谱仪。
6.2　电子天平：感量0.000 1g。
6.3　电子天平：感量0.01g。
6.4　组织匀浆机。
6.5　旋涡混合器。
6.6　冷冻离心机（最高转速大于1 000r/min）。
6.7　聚丙烯离心管（50mL）。
6.8　酸度计（0.01）。
6.9　氮吹仪。
6.10　固相萃取仪。

7　提取及净化

7.1　提取

7.1.1　动物肌肉组织、肝脏、肾脏

称取均质试样5.0g（精确到0.1g），置于50mL聚丙烯离心管中，加入20mL 0.1mol/L EDTA-Mcllvaine缓冲溶液（5.12），1 000r/min旋涡混合1min，超声提取10min，10 000r/min离心5min（温度低于5℃），提取3次，合并上清液。

7.1.2　牛奶和鸡蛋

称取均质试样5.0g（精确到0.01g），置于50mL聚丙烯离心管中，用40mL 0.1mo/L EDTA-Mcllvaine缓冲溶液（5.12）溶解，1 000r/min旋涡混合1min，超声提取10min，10 000r/min离心10min（温度低于5℃），取上清液。

7.2　净化

HLB固相萃取柱（200mg，6mL），使用时用6mL甲醇洗涤、6mL水活化。将7.1提取的溶液以2~

3mL/min 的速度过柱，弃去滤液，用 2mL 5%甲醇水溶液（5.13）淋洗，弃去淋洗液，将小柱抽干，再用 6mL 甲醇洗脱并收集洗脱液。洗脱液用氮气吹干，用 1mL 0.2%甲酸水溶液（5.14）溶解，1 000r/min 旋涡混合 1min，用于上机测定。

7.3 基质加标标准工作曲线的制备

将混合标准工作液（5.16.2）用初始流动相逐级稀释成 2.5～100.0μg/L 的标准系列溶液。称取与试样基质相应的阴性样品 5.0g，加入标准系列溶液 1.0mL，按照 7.1、7.2 与试样同时进行提取和净化。

8 高效液相色谱–质谱/质谱测定

8.1 高效液相色谱条件

8.1.1 色谱柱：Waters ACQUITY UPLC™ BEH C_{18}柱（100mm×2.1mm，1.7μm）或其他等效柱。

8.1.2 流动相：A［40+60 甲醇–乙腈溶液（5.5）］；B［0.2%甲酸水溶液（5.14）］梯度淋洗，参考梯度条件见表 B.1。

8.1.3 流速：0.2mL/min。

8.1.4 柱温：40℃

8.1.5 进样体积：20μL

8.2 质谱条件

电离模式：电喷雾电离正离子模式（ESI+）；质谱扫描方式：多反应监测（MRM）；分辨率：单位分辨率；其他参考质谱条件见附录 A。

9 空白试验

除不加标准外，均按上述步骤进行测定。

10 结果计算与表述

10.1 定性标准

10.1.1 保留时间

试样中目标化合物色谱峰的保留时间与相应标准色谱峰的保留时间相比较，变化范围应在±2.5%之内，参考保留时间见表 B.2。

10.1.2 信噪比

待测化合物的定性离子的重构离子色谱峰的信噪比应大于等于 3（S/N≥3），定量离子的重构离子色谱峰的信噪比应大于等于 10（S/N≥10）。

10.1.3 定量离子、定性离子及子离子丰度比

每种化合物的质谱定性离子必须出现，至少应包括 1 个母离子和 2 个子离子，而且同一检测批次，对同一化合物，样品中目标化合物的 2 个子离子的相对丰度比与浓度相当的标准溶液相比，其允许偏差不超过表 1 规定的范围。各化合物的参考质谱图和标准溶液色谱图见附录 C、附录 D。

表 1 定性时相对离子丰度的最大允许偏差

相对离子丰度	>50%	>20%～50%	>10%～20%	≤10%
允许相对偏差	±20%	±25%	±30%	±50%

10.2 结果计算与表述

按式（1）计算喹诺酮类药物残留量。

$$X = \frac{cV \times 1\,000}{m \times 1\,000} \qquad \cdots\cdots\cdots\cdots (1)$$

式中：

X——样品中待测组分的含量，单位为微克每千克（μg/kg）；

c ——测定液中待测组分的浓度，单位为纳克每毫升（ng/mL）；

V——定容体积，单位为毫升（mL）；

m——样品称样量，单位为克（g）。

11　检出限、定量限与回收率

11.1　检出限

动物组织中检出限（S/N=3）：氟甲喹、萘啶酸、奥索利酸、西诺沙星、恩诺沙星、单诺沙星、洛美沙星、氧氟沙星均为1.0μg/kg，环丙沙星为2.5μg/kg，沙拉沙星、诺氟沙星、培氟沙星、吡哌酸为2.0μg/kg，依诺沙星为3.0μg/kg。

鸡蛋和牛奶中检出限：氟甲喹、萘啶酸、奥索利酸、西诺沙星、恩诺沙星、单诺沙星、洛美沙星、氧氟沙星均为0.5μg/kg，环丙沙星为1.2μg/kg，沙拉沙星、诺氟沙星、培氟沙星、吡哌酸为1.0μg/kg，依诺沙星为1.5μg/kg。

11.2　定量限

动物组织中定量限（S/N=10）：氟甲喹、萘啶酸、奥索利酸、西诺沙星、恩诺沙星、单诺沙星、洛美沙星、氧氟沙星均为3.0μg/kg，环丙沙星为8μg/kg,，沙拉沙星、诺氟沙星、培氟沙星、吡哌酸为6μg/kg，依诺沙星为10μg/kg。

鸡蛋和牛奶中定量限：氟甲喹、萘啶酸、奥索利酸、西诺沙星、恩诺沙星、单诺沙星、洛美沙星、氧氟沙星均为0.5μg/kg，环丙沙星为1.2μg/kg，沙拉沙星、诺氟沙星、培氟沙星、吡哌酸为1.0μg/kg，依诺沙星为1.5μg/kg。

11.3　回收率

回收率试验采用3个加标浓度，分别为检出限浓度的1、2、5倍。猪肉中14种喹诺酮的加标回收率在86.8%~116.9%，相对标准偏差（RSD）在1.9%~15.1%；猪肝中14种喹诺酮的加标回收率在90.2%~118.5%，RSD在1.8%~14.1%；猪肾中14种喹诺酮的加标回收率在86.8%~113.1%，RSD在2.3%~17.0%；牛奶中14种喹诺酮的加标回收率在79.0%~119.9%，RSD在2.2%~19.4%；鸡蛋中14种喹诺酮的加标回收率在80.5%~112.1%，RSD在2.9%~20.1%。具体见附录E。

附　录　A
（资料性附录）
参考质谱条件①

参考质谱条件：

a）电离源：电喷雾正离子模式；

b）毛细管电压：2.0kV；

c）射频透镜电压：0V；

d）源温度：110℃；

e）脱溶剂气温度：350℃；

f）脱溶剂气流量：500L/h；

g）电子倍增电压：650V；

h）喷撞室压力：0.28Pa；

i）其他质谱参数见表A.1。

---

①　所列质谱参考条件是在Micromass®-Quattro Premier XE质谱仪上完成的，此处所列试验用仪器型号仅供参考，不涉及商业目的，鼓励标准使用者尝试不同厂家或型号的仪器。

表 A.1 14 种喹诺酮的主要参考质谱参数

化合物	母离子	子离子	碰撞能量（eV）	锥孔电压（V）
吡哌酸	304.3	271.1[a]	21	38
		189.0	32	38
培氟沙星	334.3	290.3[a]	17	38
		233.2	25	38
氧氟沙星	362.2	318.3[a]	18	38
		261.2	27	38
依诺沙星	321.4	303.3[a]	19	50
		233.9	22	50
诺氟沙星	320.3	302.3[a]	19	50
		276.3	17	50
环丙沙星	332.2	314.3[a]	19	36
		288.3	17	36
恩诺沙星	360.3	316.4[a]	19	38
		342.3	23	38
单诺沙星	358.3	340.3[a]	25	38
		82.0	42	38
洛美沙星	352.3	265.2[a]	23	36
		308.3	17	36
沙拉沙星	386.3	342.3[a]	18	40
		299.3	28	40
西诺沙星	263.1	244.1[a]	16	35
		188.8	28	35
奥索利酸	262.1	244.1[a]	16	50
		155.9	28	50
萘啶酸	233.1	215.1[a]	15	26
		187.0	28	26
氟甲喹	262.2	244.1[a]	17	50
		202.1	28	50

注：对不同质谱仪器，仪器参数可能存在差异，测定前应将质谱参数优化到最佳。

[a]定量离子

附　录　B
(资料性附录)
参考液相条件

表 B.1 分离 14 种喹诺酮的参考梯度条件

时间（min）	甲醇-乙腈（%）	0.2%甲酸水（%）
0	10	90
6	30	70
9	50	50
9.5	100	0
10.5	100	0
11	10	90
15	10	90

表 B.2　14 种喹诺酮的参考保留时间（RT）

化合物	RT（min）	化合物	RT（min）
恩诺沙星	5.84	洛美沙星	5.66
诺氟沙星	5.08	吡哌酸	3.93
培氟沙星	5.14	萘啶酸	10.32
环丙沙星	5.32	奥索利酸	8.67
氧氟沙星	5.04	氟甲喹	10.67
沙拉沙星	6.74	西诺沙星	7.76
依诺沙星	4.79	单诺沙星	5.64

附　录　C
（资料性附录）
14 种喹诺酮的子离子扫描质谱图

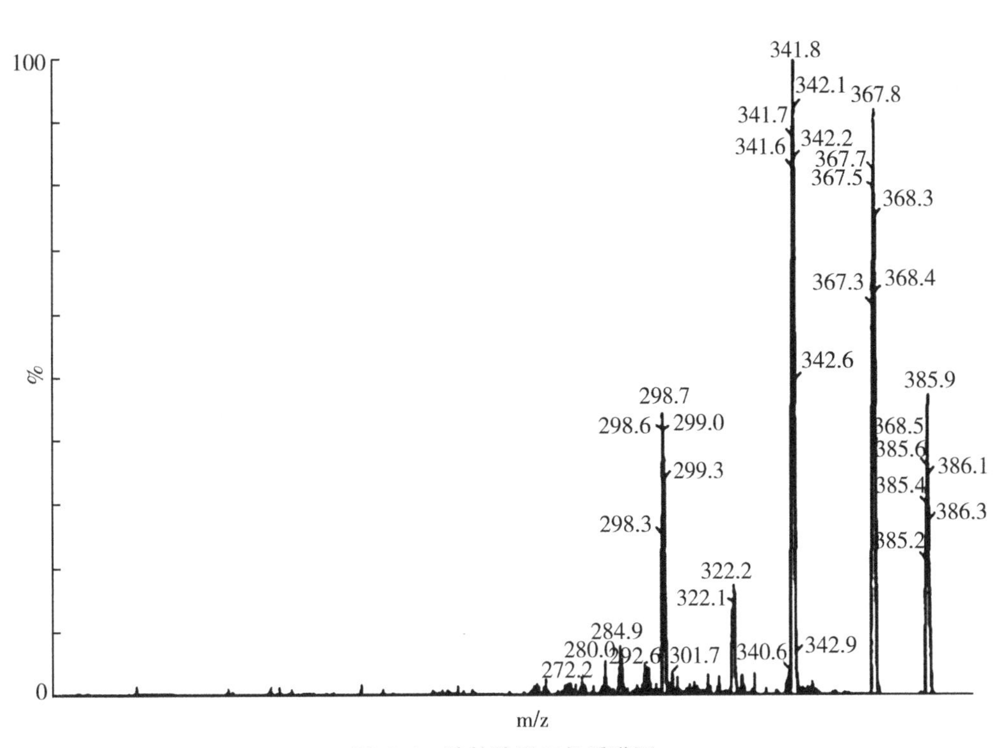

图 C.1　沙拉沙星二级质谱图

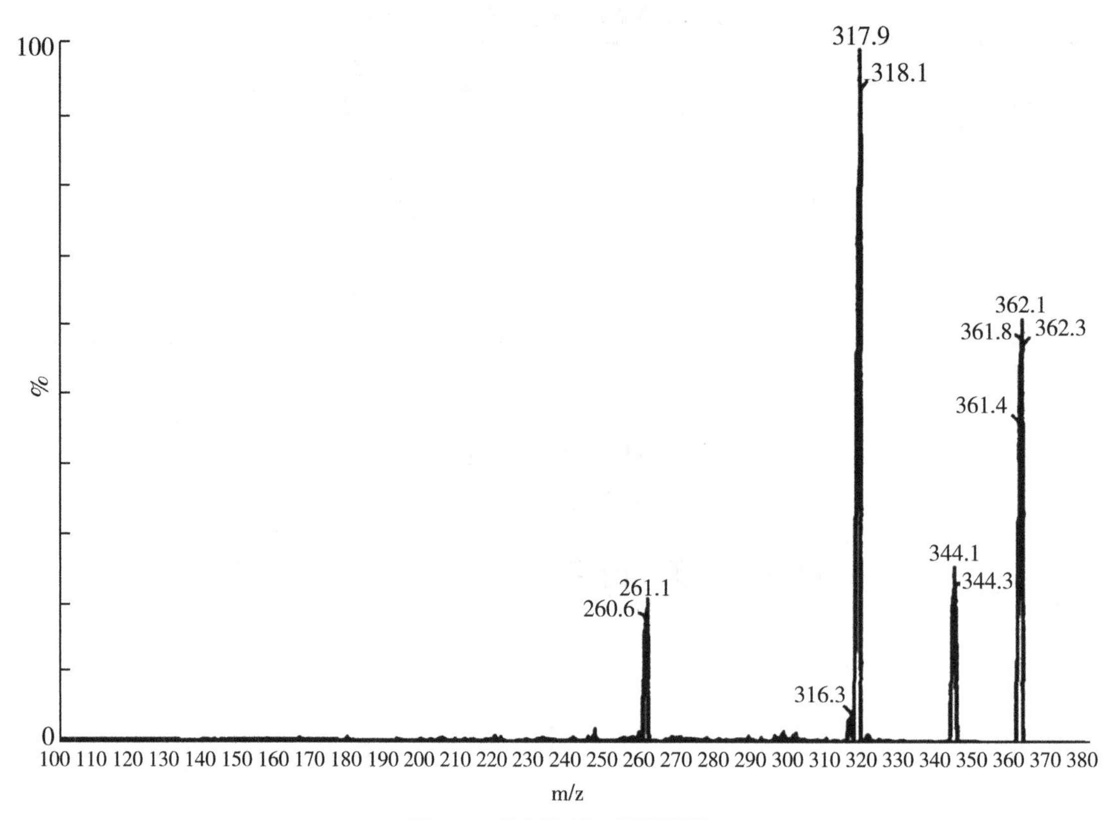

图 C.2　氧氟沙星二级质谱图

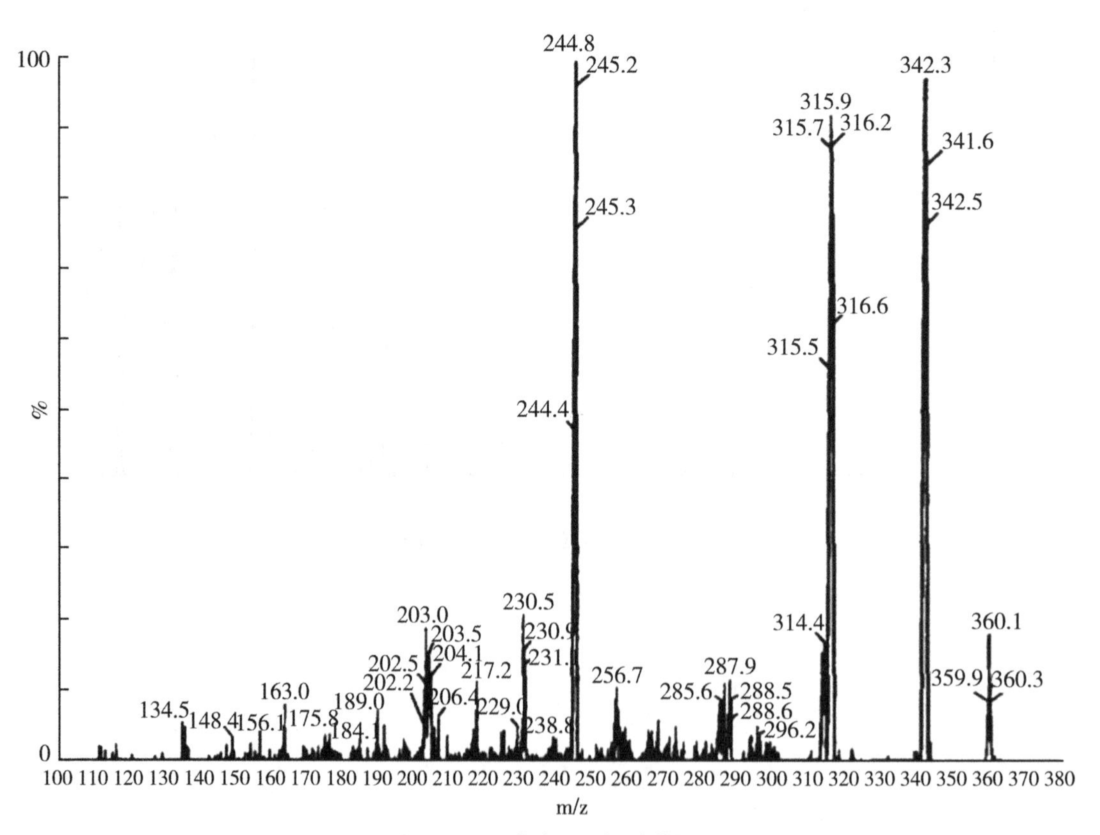

图 C.3　恩诺沙星二级质谱图

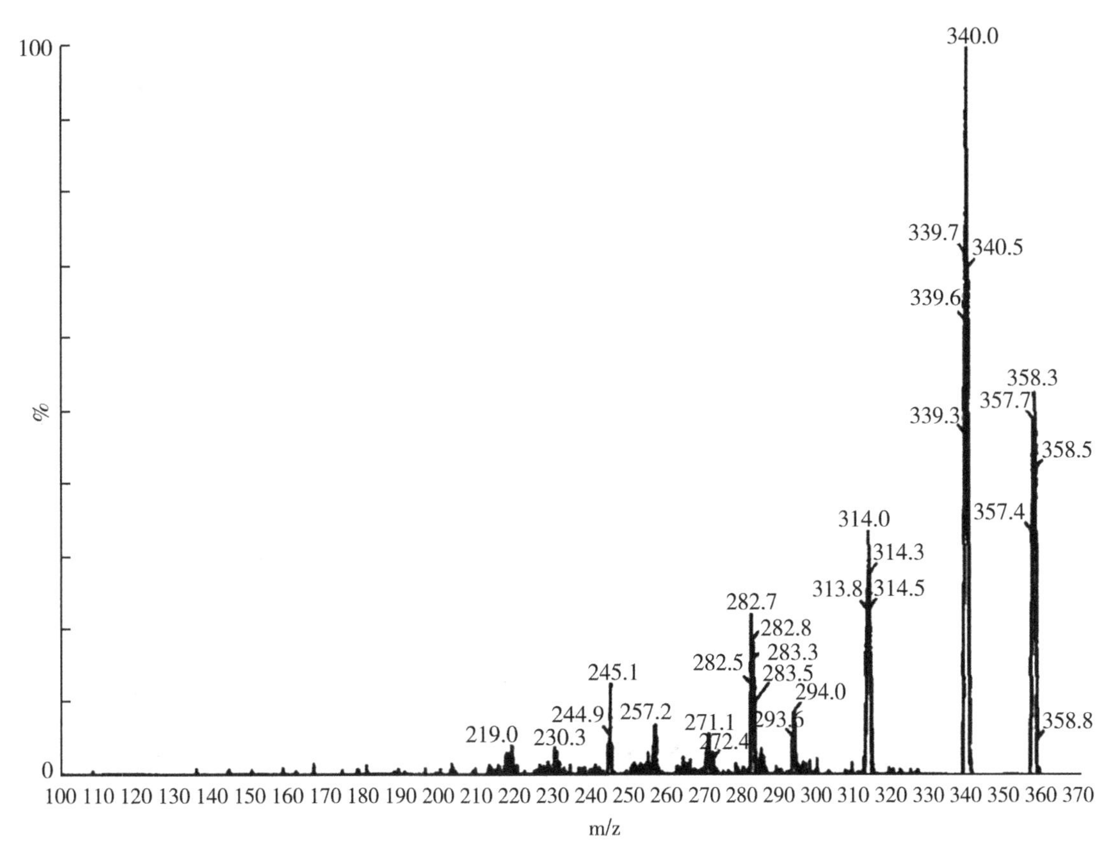

图 C.4　单诺沙星二级质谱图

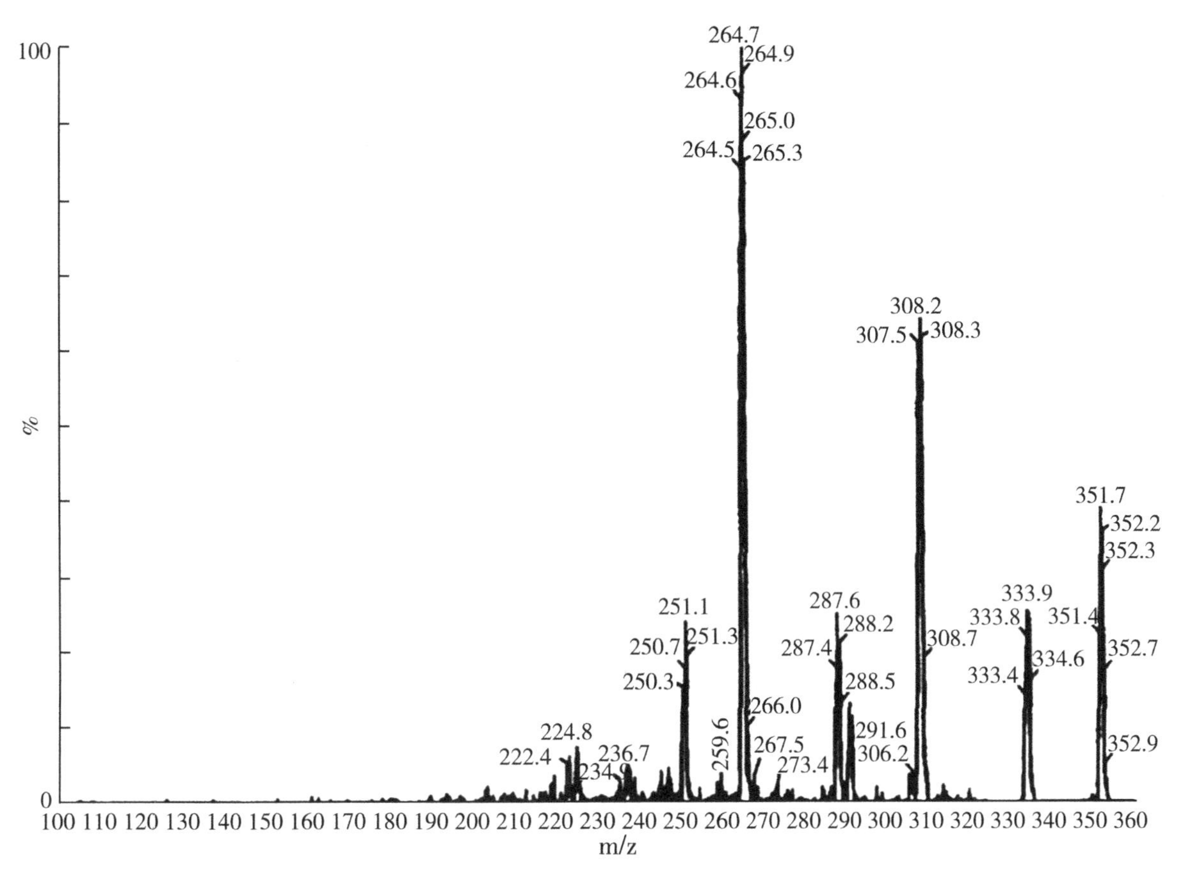

图 C.5　洛美沙星二级质谱图

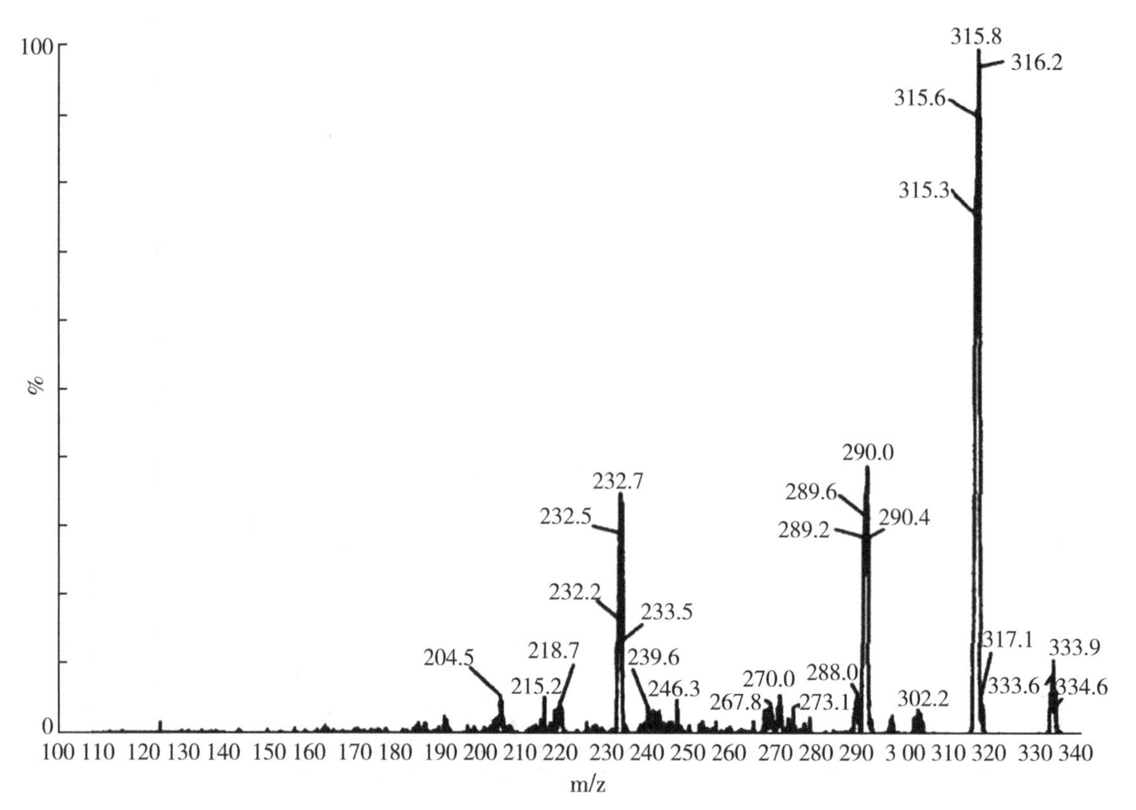

图 C.6 培氟沙星二级质谱图

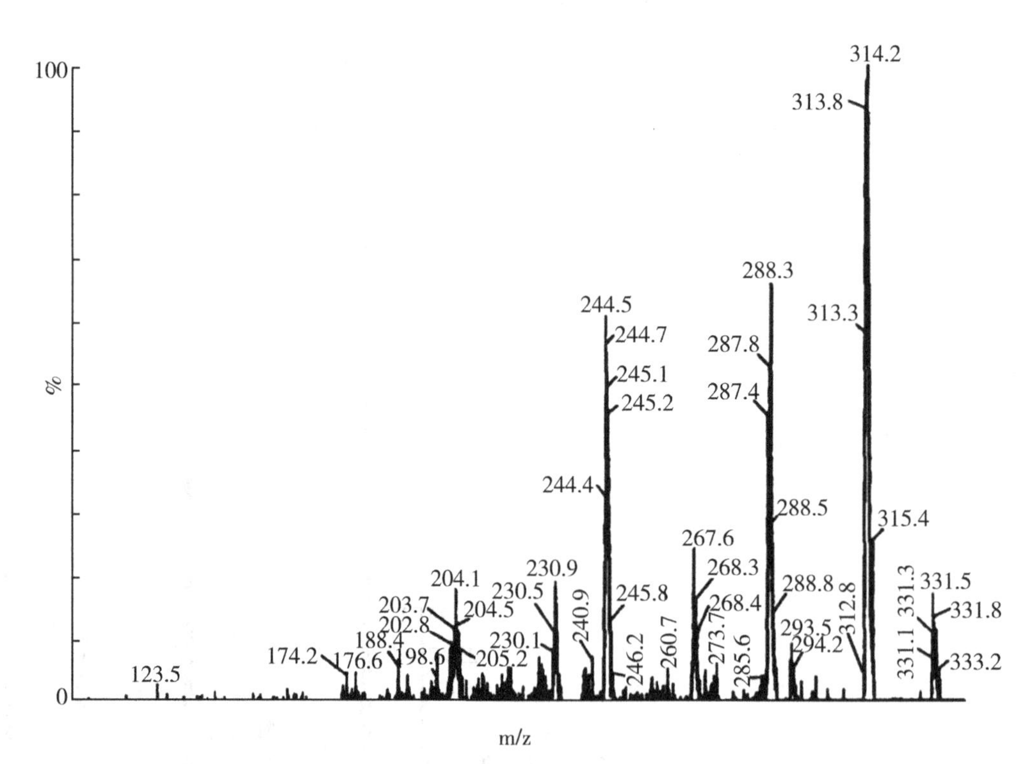

图 C.7 环丙沙星二级质谱图

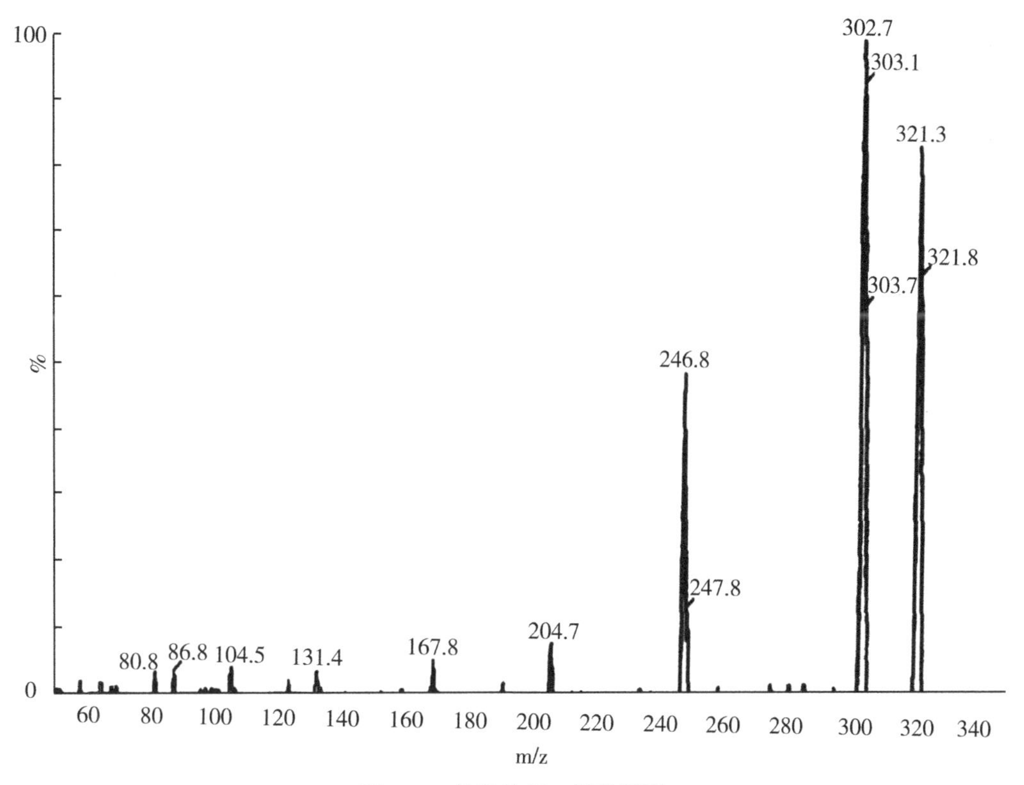

图 C.8　依诺沙星二级质谱图

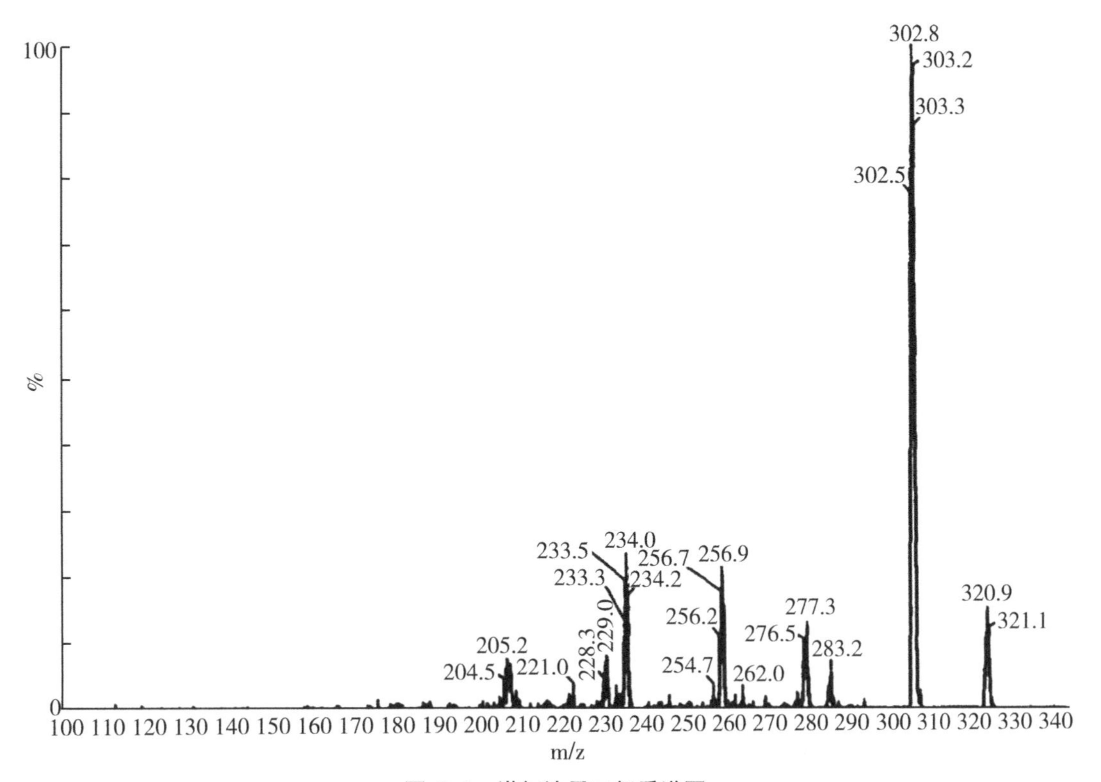

图 C.9　诺氟沙星二级质谱图

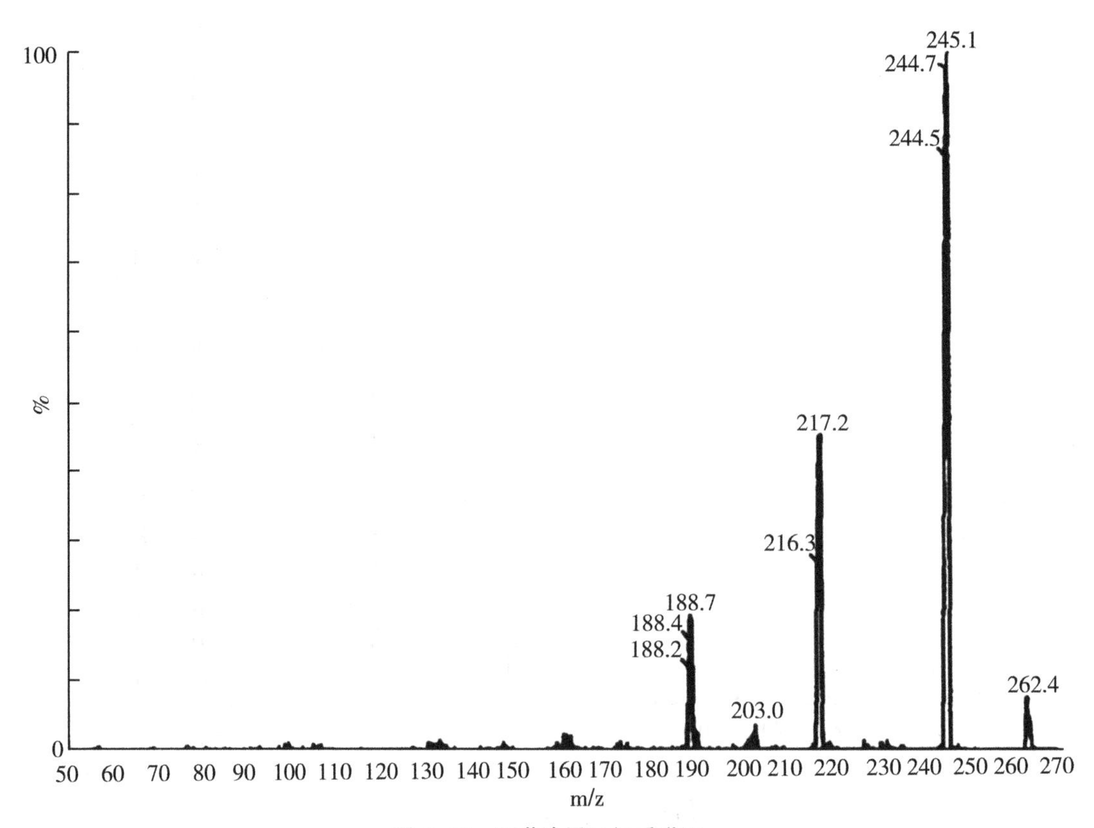

图 C. 10　西诺沙星二级质谱图

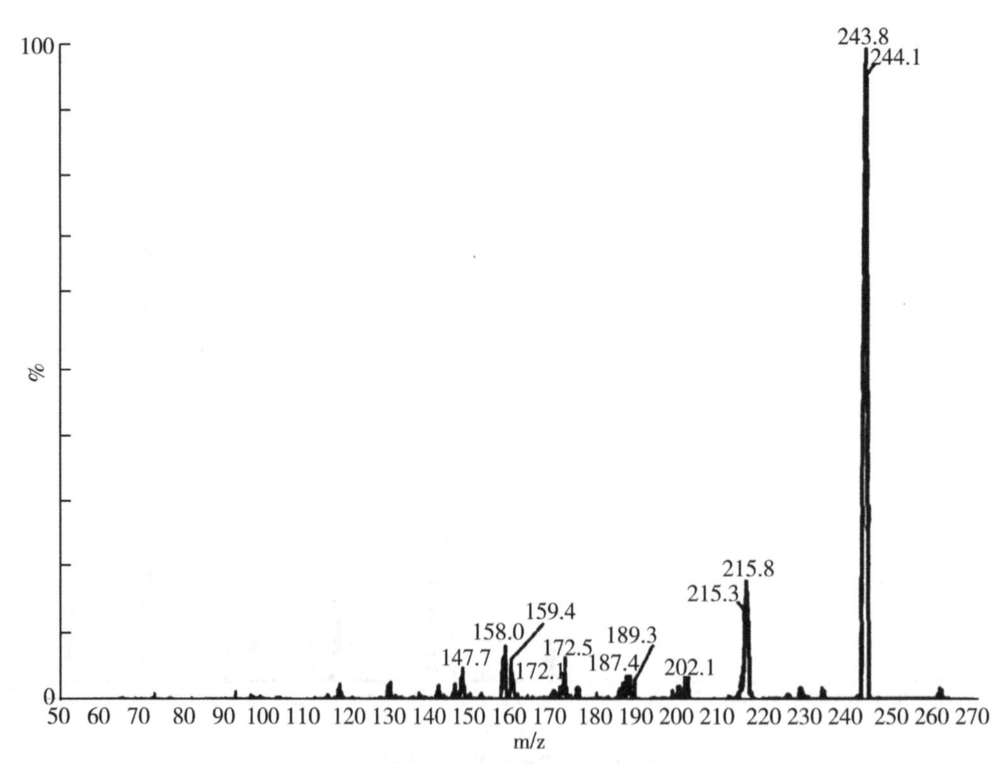

图 C. 11　奥索利酸二级质谱图

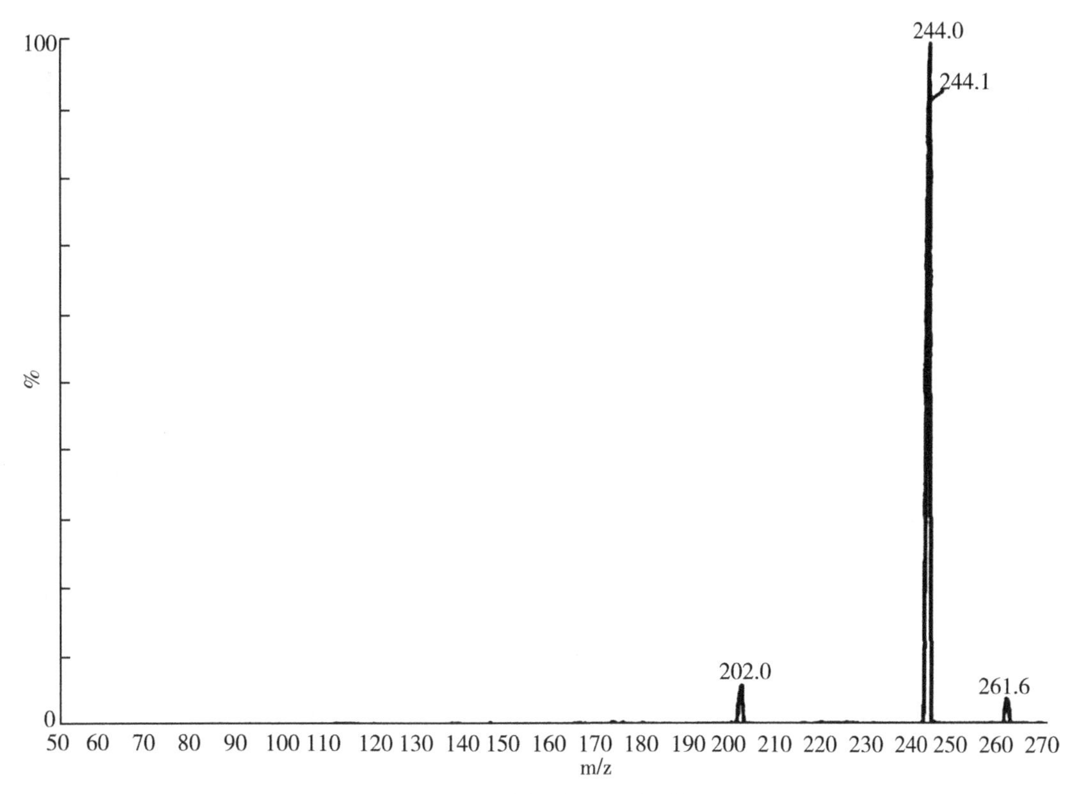

图 C. 12　氟甲喹二级质谱图

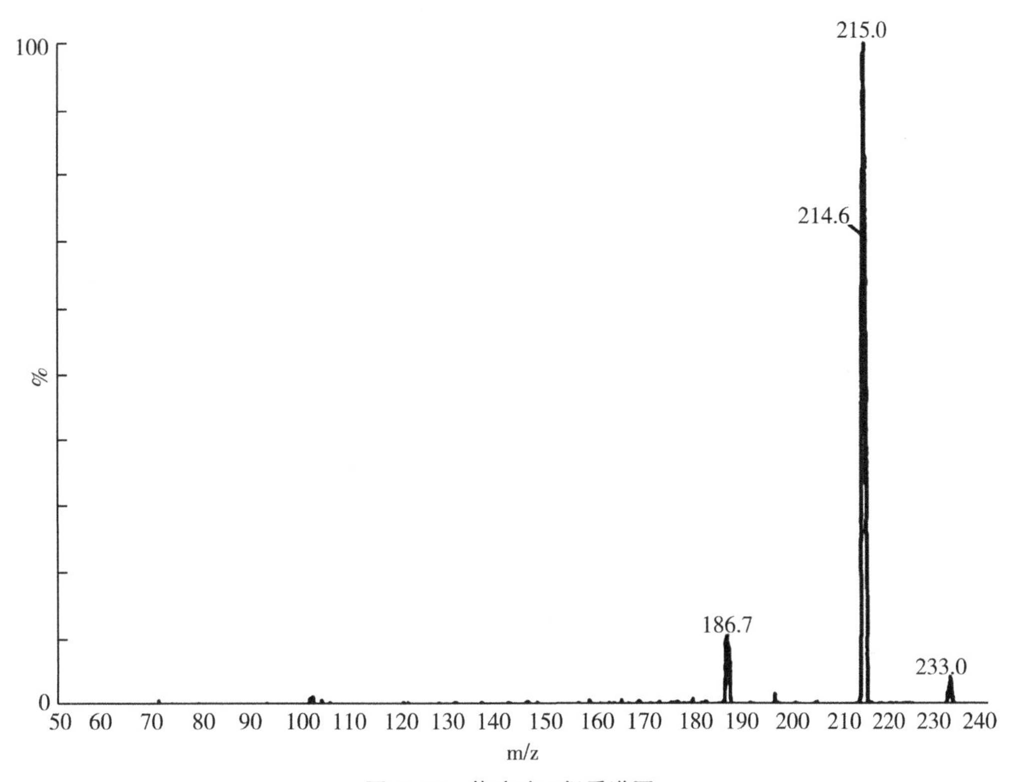

图 C. 13　萘啶酸二级质谱图

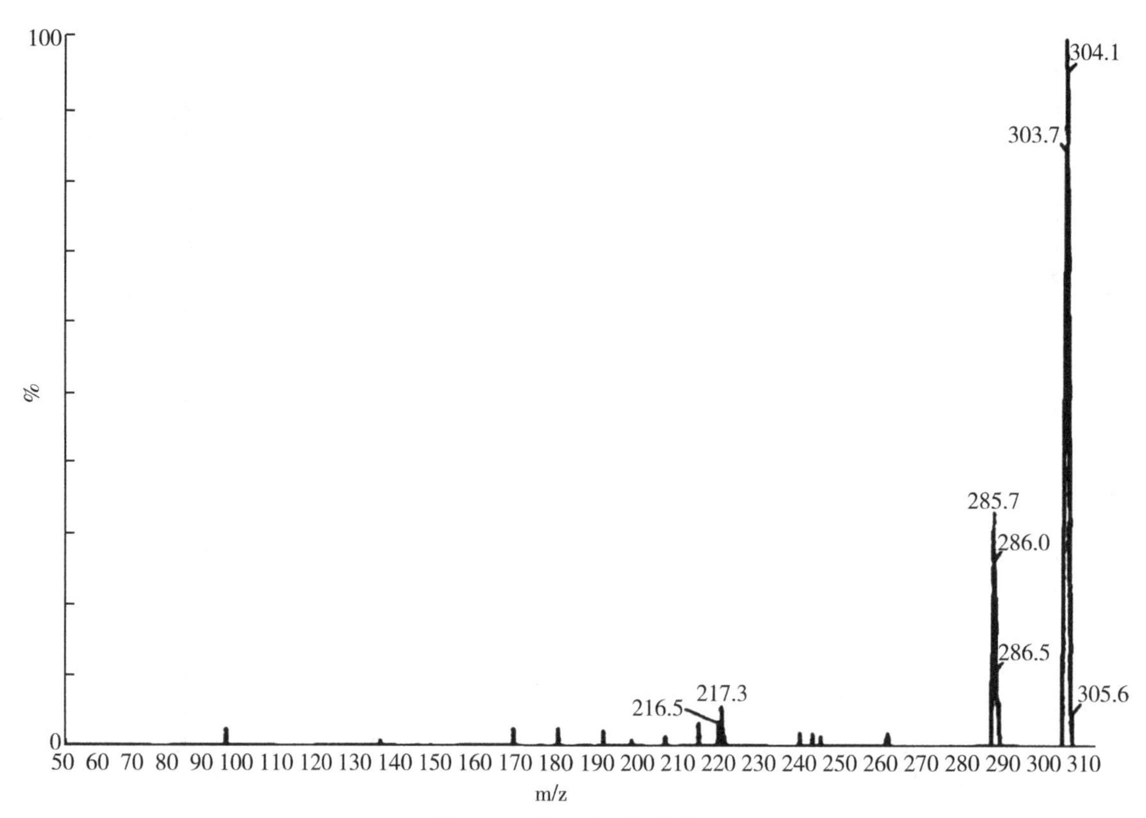

图 C.14　吡哌酸二级质谱图

附　录　D
(资料性附录)
14 种喹诺酮标准溶液色谱图

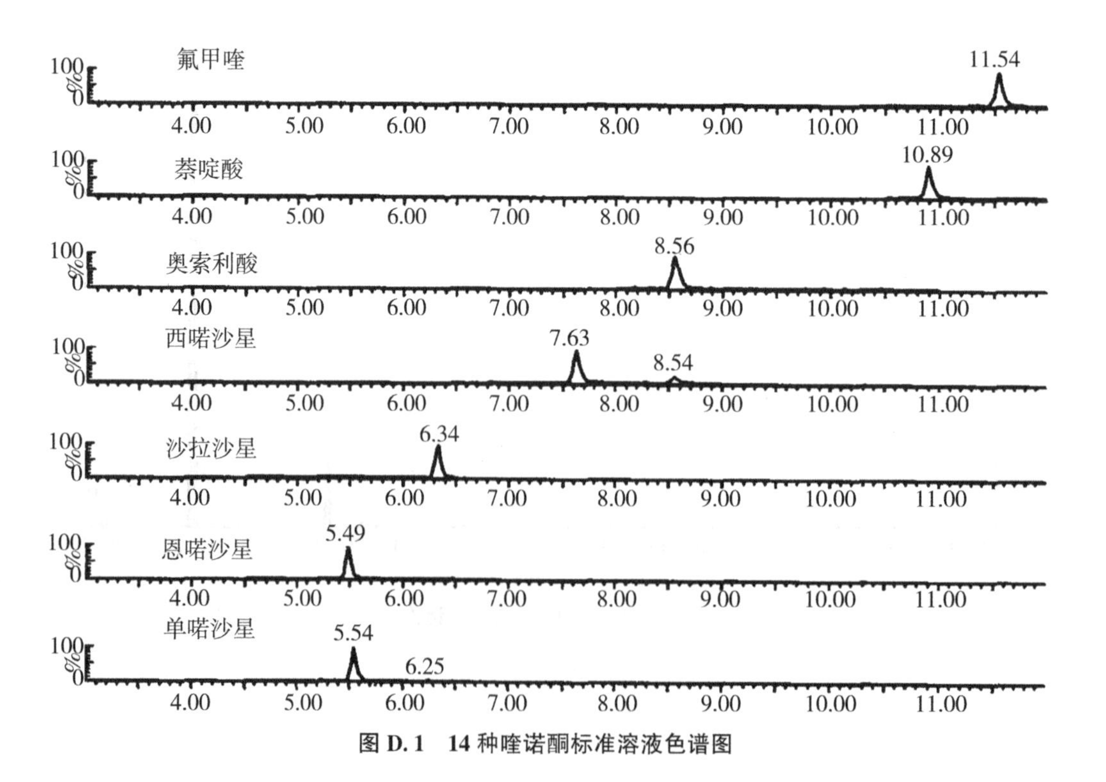

图 D.1　14 种喹诺酮标准溶液色谱图

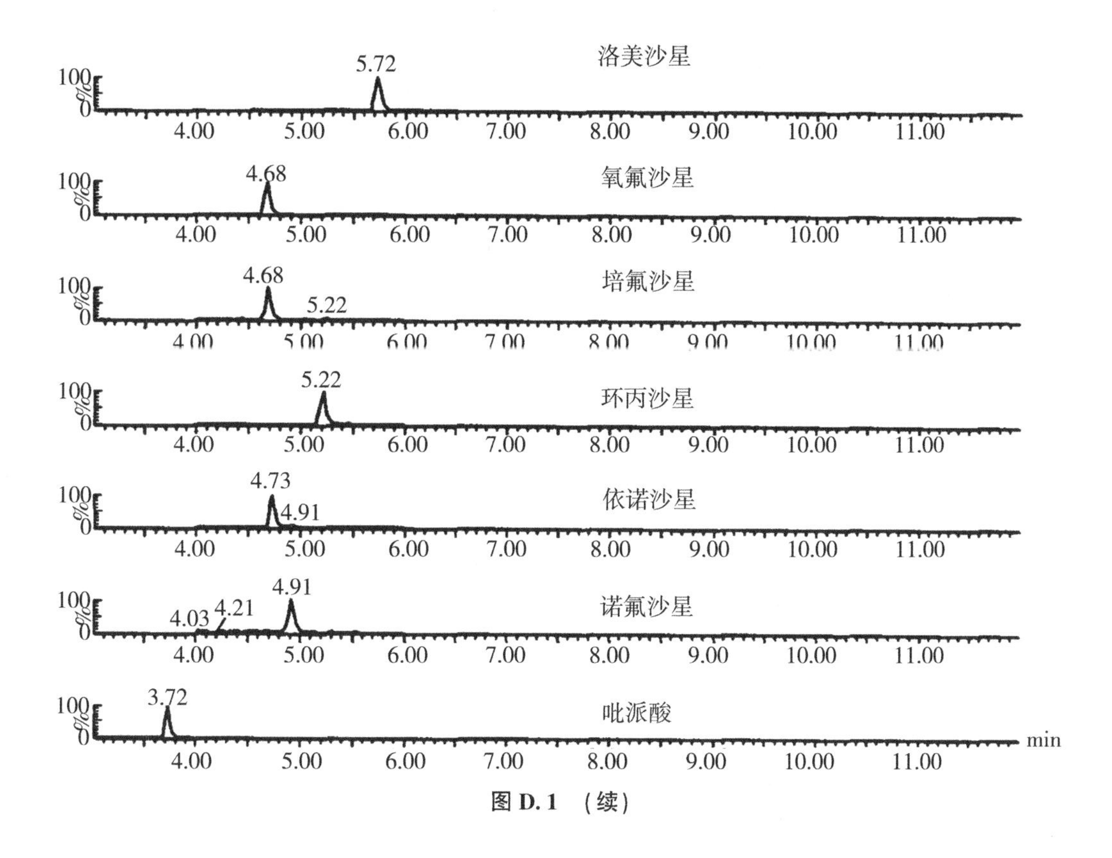

图 D.1　(续)

附　录　E
(资料性附录)
5 种基质中 14 种喹诺酮的回收率和相对标准偏差

表 E.1　猪肉、猪肝、猪肾中喹诺酮的回收率及相对标准偏差（n=66）

化合物	加标水平 (μg/kg)	猪肉		猪肝		猪肾	
		回收率（%）	RSD（%）	回收率（%）	RSD（%）	回收率（%）	RSD（%）
氟甲喹	1	110.8	5.2	112.5	14.1	86.8	10.7
	2	105.4	1.9	108.7	10.1	102.2	4.1
	5	101.5	4.4	102.4	2.4	94.2	3.6
萘啶酸	1	113.7	7.2	116.5	4.0	88.0	12.6
	2	108.1	5.8	105.8	2.8	102.8	4.8
	5	109.3	7.3	102.1	1.8	103.4	4.0
奥索利酸	1	113.7	9.4	110.5	6.1	108.5	7.8
	2	114.2	6.5	115.3	5.8	101.2	6.3
	5	104.7	5.6	112.5	3.4	104.5	4.5
西诺沙星	1	108.3	7.4	111.2	7.5	93.2	13.0
	2	106.0	3.7	114.5	5.2	112.6	10.6
	5	104.9	3.4	113.0	5.3	107.8	6.7

（续表）

化合物	加标水平（μg/kg）	猪肉		猪肝		猪肾	
		回收率（%）	RSD（%）	回收率（%）	RSD（%）	回收率（%）	RSD（%）
沙拉沙星	2	116.0	3.4	112.5	5.7	93.8	6.3
	4	104.2	2.7	109.1	7.6	94.6	5.3
	10	111.5	6.0	109.1	10.1	90.1	10.4
恩诺沙星	1	114.3	6.0	118.5	9.5	108.0	10.3
	2	107.3	3.6	113.1	7.2	107.7	7.3
	5	100.8	3.7	111.4	5.6	90.7	8.6
单诺沙星	1	97.8	7.7	104.7	8.9	87.5	13.2
	2	96.8	4.3	109.3	5.8	106.5	6.5
	5	90.2	3.5	102.3	4.0	87.0	5.5
洛美沙星	1	108.8	10.8	115.8	8.8	89.3	14.0
	2	108.2	10.9	110.7	8.4	109.4	7.1
	5	108.5	4.4	100.2	3.8	100.7	2.3
氧氟沙星	1	87.8	15.1	114.8	7.5	90.8	17.0
	2	94.6	6.7	112.8	5.8	111.7	9.5
	5	93.9	4.6	96.0	4.6	93.2	7.8
环丙沙星	2.5	104.7	5.3	106.9	5.9	104.7	8.9
	5	97.9	4.6	106.2	4.8	106.3	3.3
	12.5	86.8	6.4	102.0	3.6	96.2	4.6
诺氟沙星	2	106.8	4.2	112.3	6.3	111.3	10.1
	4	93.6	6.6	99.6	5.5	105.8	6.6
	10	111.5	10.2	90.2	5.9	89.1	12.9
培氟沙星	2	116.9	10.3	107.8	3.7	96.3	11.5
	4	102.4	3.8	99.4	4.2	109.2	4.4
	10	104.9	11.6	106.3	6.3	87.7	10.6
吡哌酸	2	107.4	4.1	104.5	5.8	102.2	7.5
	4	102.6	2.2	111.1	7.7	88.2	9.8
	10	92.3	14.7	104.4	5.1	88.9	10.5
依诺沙星	3	92.2	5.7	102.3	11.2	100.5	10.1
	6	102.2	3.2	105.8	3.1	113.1	6.4
	15	93.8	5.0	92.2	12.1	95.4	9.4

表 E.2　牛奶和鸡蛋中喹诺酮的回收率及相对标准偏差（$n=6$）

化合物	加标水平（μg/kg）	牛奶		鸡蛋	
		回收率（%）	RSD（%）	回收率（%）	RSD（%）
氟甲喹	0.5	98.7	13.2	101.8	5.8
	1	97.0	16.1	108.3	7.4
	2	96.8	5.9	100.3	3.8
萘啶酸	0.5	105.7	10.7	107.7	5.4
	1	95.3	10.5	105.8	4.3
	2	98.7	8.6	96.6	4.2
奥索利酸	0.5	103.7	16.0	90.0	9.6
	1	97.8	11.7	110.7	8.4
	2	97.1	5.1	100.3	4.2

（续表）

化合物	加标水平（μg/kg）	牛奶		鸡蛋	
		回收率（%）	RSD（%）	回收率（%）	RSD（%）
西诺沙星	0.5	87.7	11.1	108.0	6.2
	1	88.3	10.0	105.7	7.6
	2	98.2	7.5	95.0	5.0
沙拉沙星	1	95.3	7.2	80.5	13.0
	2	98.3	3.7	110.8	6.3
	5	100.8	2.2	109.8	2.9
恩诺沙星	0.5	105.0	11.7	98.3	18.4
	1	97.3	9.7	104.0	9.1
	2	101.7	6.6	98.4	5.7
单诺沙星	0.5	98.3	10.9	103.3	16.0
	1	98.7	11.8	106.5	13.1
	2	96.6	4.4	97.6	7.5
洛美沙星	0.5	80.7	9.2	102.7	12.9
	1	87.3	10.6	105.3	11.0
	2	90.3	3.2	96.3	9.5
氧氟沙星	0.5	109.7	9.9	101.7	15.4
	1	79.0	4.5	96.3	13.9
	2	87.6	9.1	97.1	9.2
环丙沙星	1.25	83.3	19.4	90.3	20.1
	2.5	80.5	10.1	88.4	18.9
	5.0	101.7	9.1	93.7	18.9
诺氟沙星	1	87.0	10.0	97.2	15.8
	2	83.6	4.4	96.5	11.1
	4	102.7	4.6	112.1	17.1
培氟沙星	1	94.8	12.1	90.5	20.0
	2	90.3	10.1	90.8	10.8
	4	104.4	7.8	91.6	19.4
吡哌酸	1	116.0	8.6	94.3	19.9
	2	110.8	4.5	86.1	10.3
	4	119.9	7.6	94.2	12.6
依诺沙星	1.5	87.2	13.3	95.2	14.8
	3	79.7	9.8	90.0	17.6
	6	84.3	5.3	91.1	8.3

ICS 65.020.30
B 40

中华人民共和国国家标准

GB/T 20366—2006

动物源产品中喹诺酮类残留量的测定 液相色谱-串联质谱法

Method for the determination of quinolones in animal tissues—LC-MS/MS method

2006-05-25 发布　　2006-09-01 实施

中华人民共和国国家质量监督检验检疫总局
中国国家标准化管理委员会　发布

前　言

本标准的附录 A 为资料性附录。

本标准由中华人民共和国山东省质量技术监督局提出。

本标准起草单位：中华人民共和国山东出入境检验检疫局。

本标准主要起草人：林黎明、张鸿伟、梁增辉、王岩、孟兆宏。

动物源产品中喹诺酮类残留量的测定 液相色谱-串联质谱法

1 范围

本标准规定了动物源产品中11种喹诺酮类残留量液相色谱-串联质谱的测定方法。

本标准适用于禽、兔、鱼、虾等动物源产品中11种喹诺酮类残留的确证和定量测定。

2 规范性引用文件

下列文件中的条款通过本标准的引用而成为本标准的条款。凡是注日期的引用文件，其随后所有的修改单（不包括勘误的内容）或修订版均不适用于本标准，然而，鼓励根据本标准达成协议的各方研究是否可使用这些文件的最新版本。凡是不注日期的引用文件，其最新版本适用于本标准。

GB/T 6379 测试方法的精密度通过实验室间试验确定标准测试方法的重复性和再现性。

GB/T 6682 分析实验室用水规格和实验方法（GB/T 6682—1992，neq ISO 3696：1987）。

3 原理

试样中喹诺酮类残留，采用甲酸-乙腈提取，提取液用正己烷净化。液相色谱-串联质谱仪测定，外标法定量。

4 试剂和材料

4.1 水：应符合GB/T 6682中一级水的规定。

4.2 乙腈：液相色谱级。

4.3 冰乙酸：液相色谱级。

4.4 正己烷：液相色谱级。

4.5 甲酸：优级纯。

4.6 乙腈饱和的正己烷：量取正己烷溶液80mL于100mL分液漏斗中，加入适量乙腈后，剧烈振摇，待分配平衡后，弃去乙腈层既得。

4.7 2%甲酸溶液：2mL甲酸用水稀释至1 000mL，混匀。

4.8 甲酸-乙腈溶液：98mL乙腈中加入2mL甲酸，混匀。

4.9 伊诺沙星、氧氟沙星、诺氟沙星、培氟沙星、环丙沙星、洛美沙星、丹诺沙星、恩诺沙星、沙拉沙星、双氟沙星、司帕沙星标准品：纯度≥99%。

4.10 11种喹诺酮类标准贮备溶液：0.1mg/mL。分别准确称取适量的每种喹诺酮标准品，用乙腈配制成0.1mg/mL的标准贮备溶液（4℃保存可使用3个月）。

4.11 11种喹喏酮类标准中间溶液：10μg/mL。分别准确量取适量的每种喹诺酮标准贮备溶液（4.10），用乙腈稀释成10μg/mL的标准中间溶液（4℃保存可使用1个月）。

4.12 11种喹诺酮类混合标准工作溶液：准确量取适量的喹喏酮类标准中间溶液（4.11），用甲酸-乙腈溶液（4.8）配制成浓度系列为5.0ng/mL、10.0ng/mL、25.0ng/mL、50.0ng/mL、100.0ng/mL、250.0ng/mL、500.0ng/mL的喹诺酮类混合标准工作溶液（4℃保存可使用1周）。

4.13 11种喹诺酮类混合标准添加溶液：100ng/mL。准确量取适量的喹喏酮类标准中间溶液（4.11），用乙腈稀释成100ng/mL的喹喏酮类标准添加溶液（4℃保存可使用1周）。

5 仪器

5.1 液相色谱-串联质谱仪：配有电喷雾离子源。

5.2 高速组织捣碎机。

5.3　均质器。
5.4　旋转蒸发仪。
5.5　氮吹仪。
5.6　涡流混匀器。
5.7　离心机：转速 4 000r/min。
5.8　分析天平：感量 0.1mg 和 0.01g 各一台。
5.9　移液器：200μL，1mL。
5.10　棕色鸡心瓶：100mL。
5.11　聚四氟乙烯离心管：50mL。
5.12　分液漏斗：125mL。
5.13　一次性注射式滤器：配有 0.45μm 微孔滤膜。
5.14　样品瓶：2mL，带聚四氟乙烯旋盖。

6　试样制备与保存

6.1　试样制备

样品经高速组织捣碎机均匀捣碎，用四分法缩分出适量试样，均分成两份，装入清洁容器内，加封后作出标记。一份作为试样，一份作为留样。

6.2　试样保存

试样应在-20℃条件下保存。

7　测定步骤

7.1　标准曲线制备

制备混合标准工作液（4.12），浓度系列分别为 5.0ng/mL、10.0ng/mL、25.0ng/mL、50.0ng/mL、100.0ng/mL、250.0ng/mL、500.0ng/mL（分别相当于测试样品含有 1.0μg/kg、2.0μg/kg、5.0μg/kg、10.0μg/kg、20.0μg/kg、50.0μg/kg、100.0μg/kg 目标化合物）。按 7.4 的规定测定并制备标准曲线。

7.2　提取

称取 5.0g 试样，置于 50mL 聚四氟乙烯离心管中，加入 20mL 甲酸-乙腈溶液（4.8），用均质器均质 1min，然后，于离心机上以 4 000r/min 的速率离心 5min，将上清液移入另一个 50mL 聚四氟乙烯离心管中。将离心残渣用 20mL 甲酸-乙腈溶液（4.8）再提取一次，合并上清液。

7.3　净化

将上清液转移到 125mL 分液漏斗中，于上清液中加入 25mL 乙腈饱和的正己烷（4.6），振摇 2min，弃去上层溶液，将下层溶液移至 100mL 棕色鸡心瓶中，于 40℃ 水浴中旋转蒸发至近干，用氮气流吹干。准确加入 1.0mL 甲酸-乙腈溶液（4.8）溶解残渣，涡流混匀后，用一次性注射式滤器过滤至样品瓶中，供液相色谱-串联质谱仪测定。

7.4　测定

7.4.1　液相色谱条件

a）色谱柱：C18 柱（可用 Intersil ODS-3，粒径 5μm，柱长 150mm，内径 4.6mm 或相当者）；

b）流动相：乙腈+2%甲酸溶液（梯度洗脱见表 1）；

表 1

时间（min）	乙腈（%）	2%甲酸溶液（%）
0	15	85
20	17	83

c）流速：0.8mL/min；

d）进样量：20μL。

7.4.2　质谱条件

a）离子源，电喷雾离子源；

b）扫描方式：正离子扫描；

c）检测方式：多反应监测；

d）电喷雾电压：5 500V；

e）雾化气压力：0.413MPa；

f）气帘气压力：0.344MPa；

g）辅助气压力：0.586MPa；

h）离子源温度：500℃；

i）定性离子对、定量离子对、碰撞气能量和去簇电压，见表2。

表2　11种喹诺酮类的定性离子对、定量离子对、碰撞气能量和去簇电压

名称	定性离子对（m/z）（母离子/子离子）	定量离子对（m/z）（母离子/子离子）	碰撞气能量（eV）	去簇电压（V）
伊诺沙星	320.9/303.0 320.9/234.0	320.9/303.0	30 33	93 76
氧氟沙星	361.9/318.0 361.9/261.0	361.9/318.0	29 41	89 104
诺氟沙星	320.0/302.0 320.0/233.0	320.0/302.0	33 36	92 77
培氟沙星	334.0/316.0 334.0/290.0	334.0/316.0	33 28	95 77
环丙沙星	332.0/314.0 332.0/230.9	332.0/314.0	32 53	92 92
洛美沙星	351.9/265.0 351.9/334.0	351.9/265.0	36 30	78 99
丹诺沙星	358.0/340.0 358.0/254.9	358.0/340.0	36 55	95 95
恩诺沙星	360.0/316.0 360.0/244.9	360.0/316.0	29 40	90 90
沙拉沙星	386.0/299.0 386.0/367.9	386.0/299.0	45 42	83 83
双氟沙星	400.0/356.0 400.0/382.0	400.0/356.0	30 35	90 100
司帕沙星	393.0/349.0 393.0/292.0	393.0/349.0	30 36	109 109

7.4.3　液相色谱-串联质谱测定

用混合标准工作溶液（4.12）分别进样，以峰面积为纵坐标，工作溶液浓度（ng/mL）为横坐标。绘制标准工作曲线。用标准工作曲线对样品进行定量，样品溶液中11种目标化合物响应值均应在仪器测定的线性范围内。在上述色谱条件和质谱条件下，11种目标化合物的参考保留时间见表3。11种目标化合物标准品的总离子流图和选择离子流图参见附录A中的图A.1、图A.2。

表 3　11 种喹诺酮类标准品的参考保留时间

名称	保留时间（min）	名称	保留时间（min）
依诺沙星	6. 20	丹诺沙星	10. 02
氧氟沙星	7. 26	恩诺沙星	11. 03
诺氟沙星	7. 35	沙拉沙星	16. 36
培氟沙星	7. 89	双氟沙星	17. 22
环丙沙星	8. 14	司帕沙星	17. 99
洛美沙星	9. 09		

8　结果计算

试样中每种喹诺酮类残留量按式（1）计算：

$$X = c \times \frac{V}{m} \times \frac{1\ 000}{1\ 000} \quad \cdots\cdots\cdots\cdots (1)$$

式中：

X——试样中被测组分残留量，单位为微克每千克（μg/kg）；

c——从标准工作曲线得到的被测组分溶液浓度，单位为纳克每毫升（ng/mL）；

V——试样溶液定容体积，单位为毫升（mL）；

m——试样溶液所代表的质量，单位为克（g）。

注：计算结果应扣除空白值。

9　检出低限（LOD）和定量限（LOQ）

9.1　检出低限（LOD）

依诺沙星、氧氟沙星、诺氟沙星、培氟沙星、环丙沙星、洛美沙星、沙拉沙星、双氟沙星、司帕沙星为 0. 1μg/kg；恩诺沙星、丹诺沙星为 0. 5μg/kg。

9.2　定量限（LOQ）

依诺沙星、氧氟沙星、诺氟沙星、培氟沙星、环丙沙星、洛美沙星、丹诺沙星、恩诺沙星、沙拉沙星、双氟沙星、司帕沙星为 1. 0μg/kg。

10　精密度

精密度数据按 GB/T 6379 的规定制定，其重复性和再现性的值以 95%的可信度计算。

10.1　重复性

在重复性条件下获得的两次独立测试结果的绝对差值不超过重复性限（r），动物源产品中 11 种喹诺酮类残留含量范围及重复性方程见表 3。

如果差值超过重复性限（r），应舍弃试验结果并重新完成 2 次单个试验的测定。

10.2　再现性

在再现性条件下获得的 2 次独立测试结果的绝对差值不超过再现性限（R），动物源产品中 11 种喹诺酮类残留含量范围及再现性方程见表 4。

表 4　含量范围及重复性和再现性方程

名称	含量范围（μg/kg）	重复性限 r	再现性限 R
依诺沙星	1. 0~50. 0	r=−0. 067 00+0. 192 1x −0. 067 00+0. 192 1x	R=−0. 053 2+0. 204 −0. 053 2+0. 204 3x
氧氟沙星	1. 0~50. 0	lg$r$=−0. 907 5+1. 127 1lg$x$	R=−0. 052 3+0. 225 0x −0. 052 3+0. 225 0x

（续表）

名称	含量范围 （μg/kg）	重复性限 r	再现性限 R
诺氟沙星	1.0～50.0	r=−0.015 9+0.149 7x	R=−0.116 9+0.262 4x 116 9+0.262 4x
培氟沙星	1.0～50.0	r=0.022 4+0.102 1x	R=−0.017 1+0.213 5x
环丙沙星	1.0～50.0	lg$r$=−0.952 7+1.042 4lg$x$	R=−0.067 6+0.232 9x
洛美沙星	1.0～50.0	r=−0.001 2+0.104 8x	lg$R$=−0.909 6+1.150 6lg$x$
丹诺沙星	1.0～50.0	r=0.0140+0.111 7x	R=−0.007 9+0.218 2x
恩诺沙星	1.0～50.0	r=0.051 6+0.132 3x	R=−0.010 9+0.246 3x
沙拉沙星	1.0～50.0	lg$r$=−1.022 4+1.133 6lg$x$	R=−0.079 9+0.197 9x
双氟沙星	1.0～50.0	lg$r$=−0.866 0+1.054 0lg$x$	R=−0.034 7+0.199 6x
司帕沙星	1.0～50.0	r=−0.034 3+0.171 6x	R=−0.061 0+0.212 0x

注：x 为两次测定值的平均值。

附　录　A
（资料性附录）
标准品串联质谱图

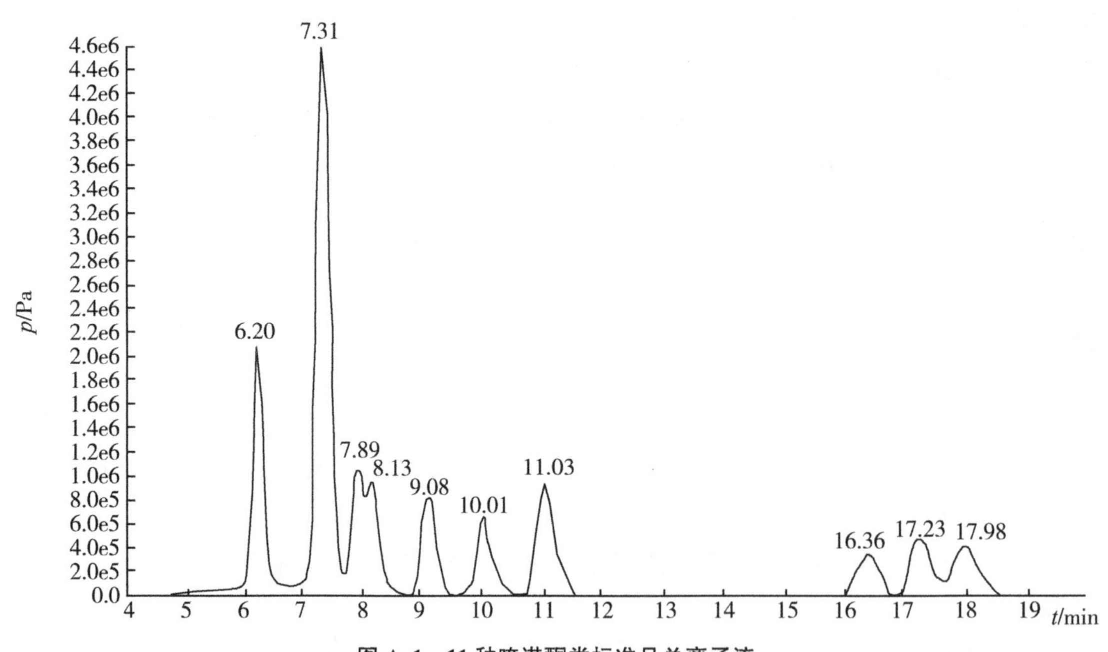

图 A.1　11 种喹诺酮类标准品总离子流

6.20min——依诺沙星；7.26min——氧氟沙星；7.35min——诺氟沙星；7.89min——培氟沙星；8.14min——环丙沙星；9.09min——洛美沙星；10.02min——丹诺沙星；11.03min——恩诺沙星；16.36min——沙拉沙星；17.22min——双氟沙星；17.99min——司帕沙星。

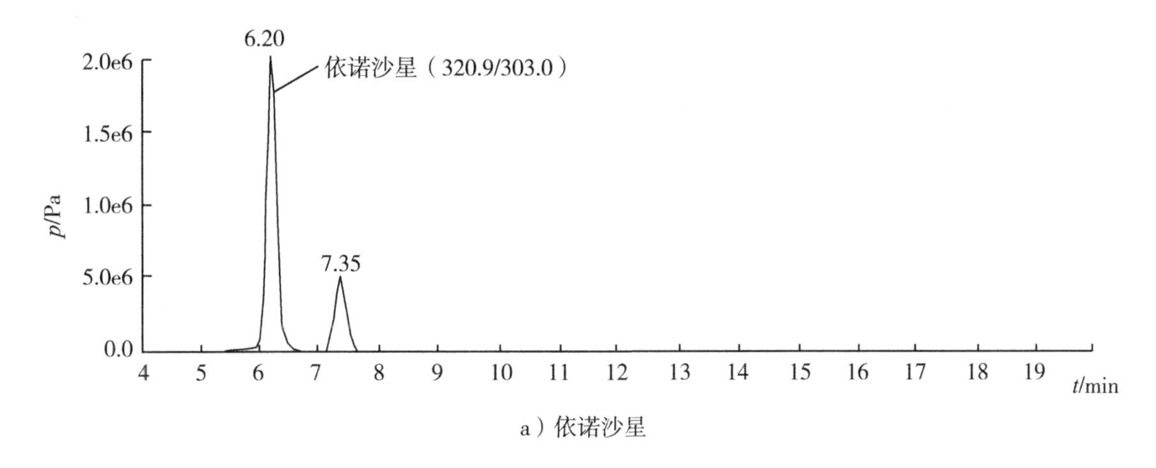

a）依诺沙星

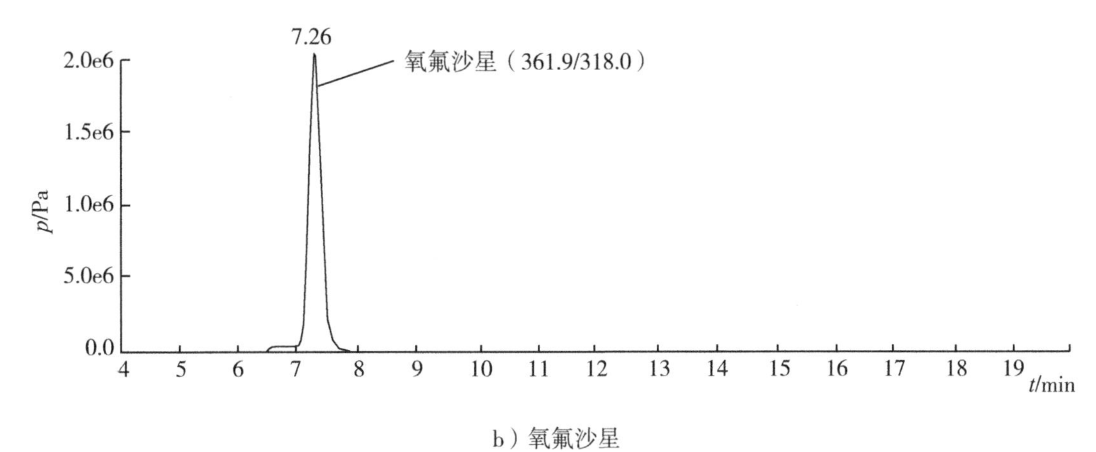

b）氧氟沙星

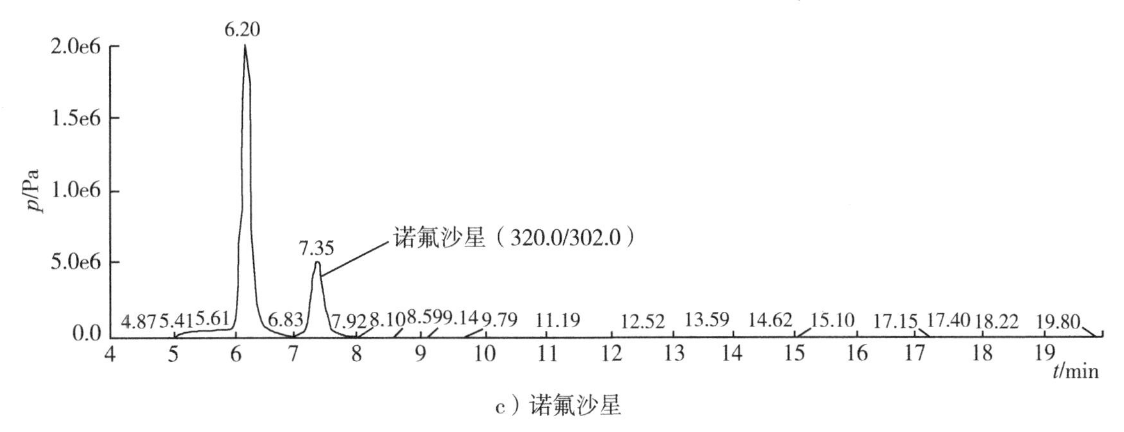

c）诺氟沙星

图 A. 2　11 种喹诺酮类标准品选择离子流

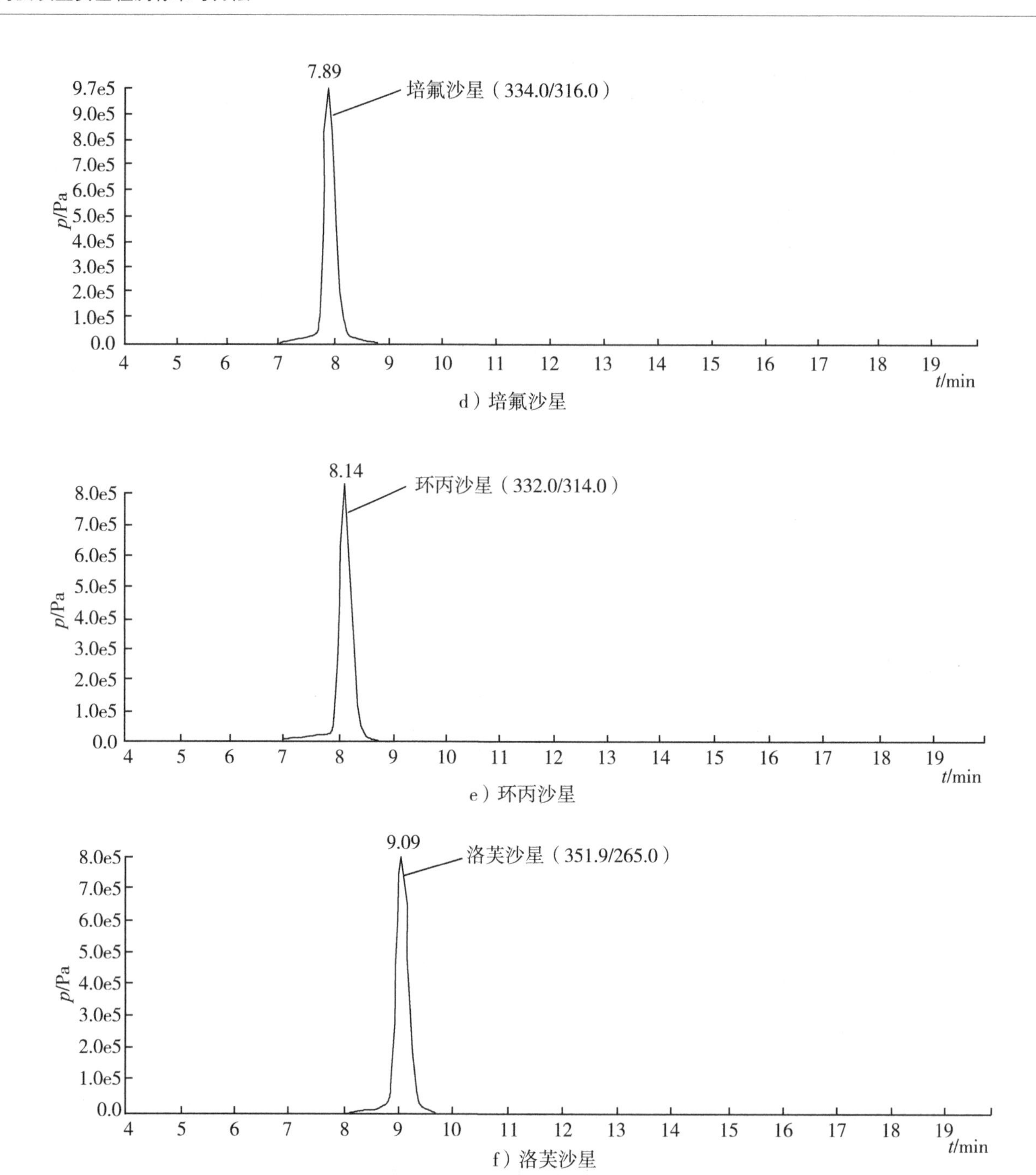
7.89
培氟沙星（334.0/316.0）
p/Pa
t/min
d）培氟沙星
8.14
环丙沙星（332.0/314.0）
p/Pa
t/min
e）环丙沙星
9.09
洛芙沙星（351.9/265.0）
p/Pa
t/min
f）洛芙沙星

图 A. 2（续）

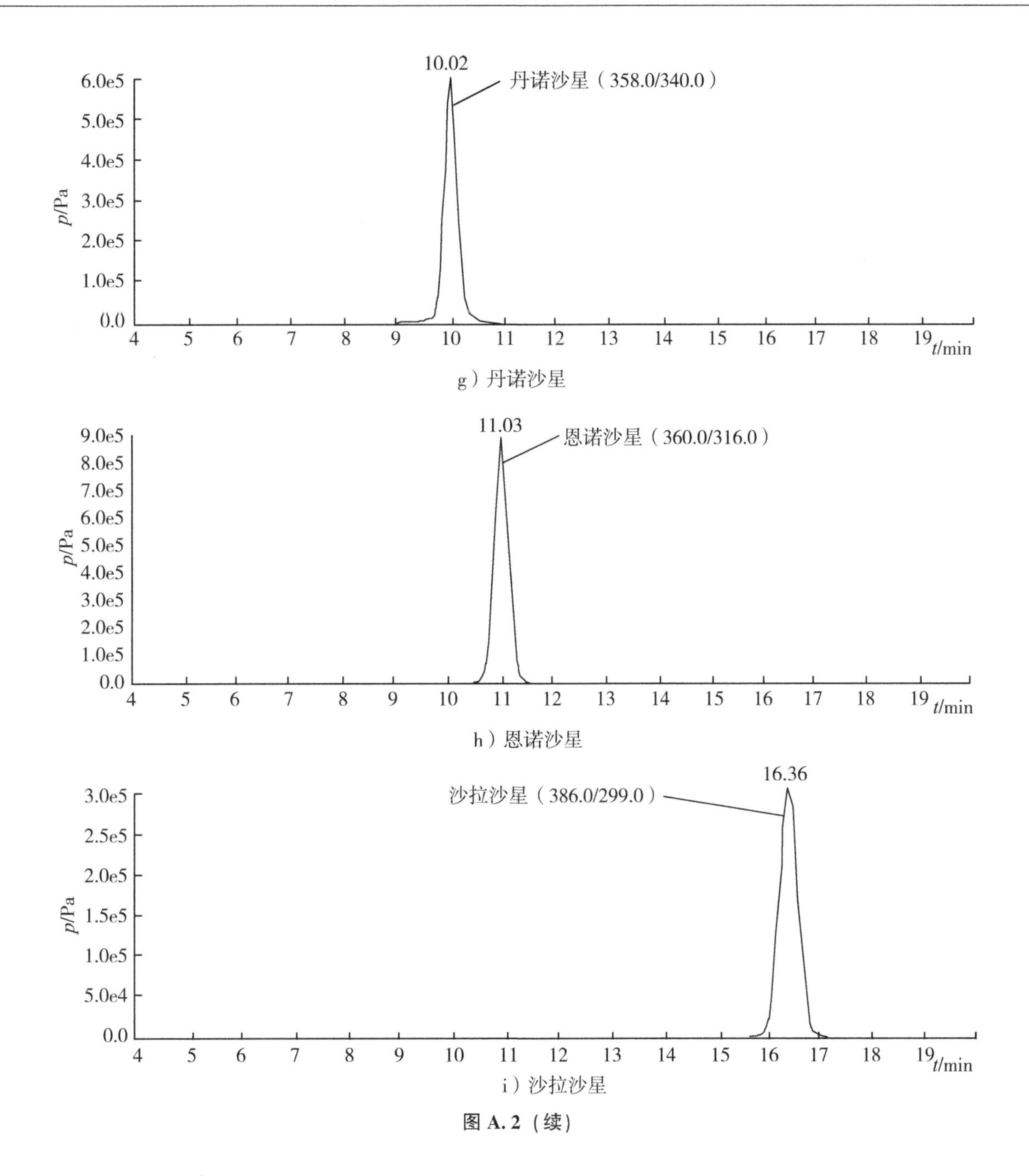

g）丹诺沙星

h）恩诺沙星

i）沙拉沙星

图 A.2（续）

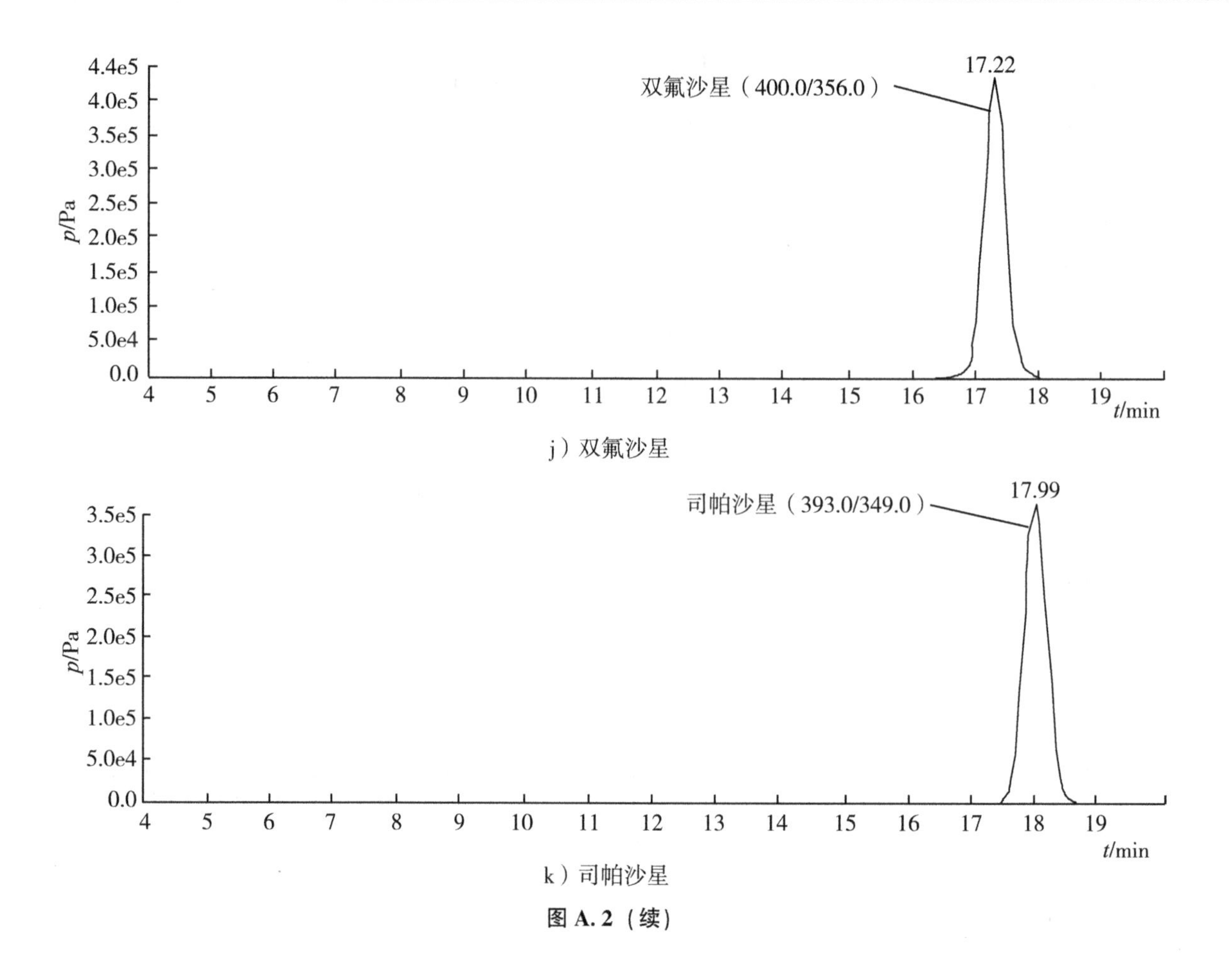

j）双氟沙星

k）司帕沙星

图 A.2（续）

ICS 67.120.20
X 18

中华人民共和国国家标准

农业部781号公告—6—2006

鸡蛋中氟喹诺酮类药物残留量的测定 高效液相色谱法

The determination of quinolones residues in egg by HPLC method

2006-12-16发布　　　　2006-12-16实施

中华人民共和国农业部　发布

前　言

本标准由中华人民共和国农业部提出。

本标准起草单位：农业部畜禽产品质量监督检验测试中心。

本标准主要起草人：单吉浩、王海、吴银良、刘素英、刘勇军、侯东军、蔡英华、尤华。

鸡蛋中氟喹诺酮类药物残留量的测定
高效液相色谱法

1　范围

本标准规定了鸡蛋中氟喹诺酮类药物（环丙沙星、达氟沙星、恩诺沙星和沙拉沙星）含量检测的制样和高效液相色谱法的测定方法。

本标准适用于鸡蛋中氟喹诺酮类药物（环丙沙星、达氟沙星、恩诺沙星和沙拉沙星）含量的检测。

2　规范性引用文件

下列文件中的条款通过本标准的引用而成为本标准的条款。凡是注日期的引用文件，其随后所有的修改单（不包括勘误的内容）或修订版均不适用于本标准，然而，鼓励根据本标准达成协议的各方研究是否可使用这些文件的最新文本。凡是不注日期的引用文件，其最新版本适用于本标准。

GB/T 1.1—2001 标准化工作导则　第1部分：标准的结构和编写规则（ISO. IEC Directives，Part3，1997，Rules for structure and drafting of International Standard，NEQ）。

GB/T 6682—1992 分析实验室用水规则实验方法。

中华人民共和国农业部公告第235号动物性食品中兽药最高残留限量。

3　制样

3.1　样品的制备

取适量新鲜的鸡蛋，将蛋清和蛋黄搅拌均匀。

3.2　样品的保存

-20℃冰箱中储存备用。

4　测定方法

4.1　方法提要或原理

匀浆后的鸡蛋样品经提取液提取，用正己烷脱脂，再经过 C_{18} 固相萃取柱进一步净化，用合适的溶剂选择洗脱其中的氟喹诺酮类药物，供高效液相色谱定量（荧光检测器）测定。外标法定量。

4.2　试剂和材料

以下所用的试剂，除特别注明外均为分析纯试剂；水为符合 GB/T 6682 规定的二级水。

4.2.1　环丙沙星：含环丙沙星（$C_{17}H_{18}FN_3O_3$）不得少于 99.0%。

4.2.2　达氟沙星：含达氟沙星（$C_{19}H_{20}FN_3O_3$）不得少于 99.0%。

4.2.3　恩诺沙星：含恩诺沙星（$C_{18}H_{20}FN_3O_3$）不得少于 99.0%。

4.2.4　沙拉沙星：含沙拉沙星（$C_{20}H_{17}F_2N_3O_3$）不得少于 99.0%。

4.2.5　乙腈：色谱纯。

4.2.6　正己烷。

4.2.7　三乙胺。

4.2.8　氢氧化钠。

4.2.9　磷酸二氢钾。

4.2.10　氢氧化钠溶液 5.0mol/L：取氢氧化钠饱和溶液 28mL，加水稀释至 100mL。

4.2.11　氢氧化钠溶液 0.03mol/L：取氢氧化钠 0.6g，加水稀释至 500mL。

4.2.12　磷酸/三乙胺溶液 0.05mol/L（pH 值 2.4）：取 85%的磷酸 3.4mL，加水稀释至1 000mL，搅拌下滴加三乙胺，调 pH 值至 2.4。

4.2.13　乙腈（30%）-缓冲液：量取30mL乙腈和70mL的0.05mol/L磷酸/三乙胺溶液（pH值2.4），混合振荡保存。

4.2.14　磷酸盐提取液：称取磷酸二氢钾6.8g，加水溶解并稀释至500mL，用5.0mol/L氢氧化钠溶液调pH值至7.0。

4.2.15　环丙沙星、达氟沙星、恩诺沙星和沙拉沙星标准储备液：称取环丙沙星、达氟沙星、恩诺沙星和沙拉沙星约10mg，105℃干燥4h，精密称量，置于50mL棕色容量瓶中，加氢氧化钠溶液（0.03mol/L）溶解并稀释至刻度，摇匀，配制成浓度为0.2mg/mL的储备液，置4℃冰箱中保存。有效期为3个月。

4.2.16　环丙沙星、达氟沙星、恩诺沙星和沙拉沙星标准工作液：临用前，准确量取适量环丙沙星、达氟沙星、恩诺沙星和沙拉沙星标准储备液，用流动相稀释成适宜浓度的环丙沙星、达氟沙星、恩诺沙星和沙拉沙星标准工作液。

4.3　仪器和设备

4.3.1　高效液相色谱仪（配荧光检测器）。

4.3.2　分析天平　感量0.000 01g。

4.3.3　天平　感量0.01g。

4.3.4　旋涡振荡混合器。

4.3.5　组织匀浆器。

4.3.6　离心管50mL。

4.3.7　固相萃取装置。

4.3.8　离心机。

4.3.9　C_{18}固相萃取柱300mg/mL，含碳量大于16%，或等效于。

4.3.10　滤膜（0.2μm）。

4.4　测定步骤

4.4.1　试料的制备

试料的制备包括：

——取匀浆后的供试样品，作为供试材料。

——取匀浆后的空白样品，作为空白材料。

——取匀浆后的空白样品，添加适宜浓度的标准溶液作为空白添加试料。

4.4.2　提取

称取（2±0.05）g试料，置于匀浆杯中，加磷酸盐提取液2.0mL，搅匀振荡混合10min，5 000r/min下离心10min。上清液转入另一离心管中。用磷酸盐提取液2.0mL洗残渣，搅匀，振荡，离心。合并上层清液于同一离心管中，加入10mL水饱和的正己烷，振荡5min，5 000r/min下离心10min，用吸管将上层正己烷絮凝状固体仔细吸净弃去。在下层溶液中再加入10mL水饱和的正己烷，振荡，离心。弃去上层正己烷，下层为备用液。

4.4.3　净化

C_{18}固相萃取柱依次用5mL乙腈、5mL乙腈（30%）-缓冲液和5mL磷酸盐提取液润洗。备用液过柱，用5mL水洗，真空抽干。加1mL流动相洗脱，真空抽干，收集洗脱液作为试样溶液，溶液过滤膜后，供高效液相色谱分析。

在淋洗和洗脱过程中流速控制在1mL/min左右。

4.4.4　标准曲线的制备

准确量取适量环丙沙星、恩诺沙星和沙拉沙星标准工作液，用流动相稀释成浓度为0.005μg/mL、0.01μg/mL、0.02μg/mL、0.10μg/mL、0.50μg/mL的环丙沙星、恩诺沙星和沙拉沙星标准溶液，准确量取适量达氟沙星标准工作液，用流动相稀释成浓度为0.001μg/mL、0.002μg/mL、0.01μg/mL、0.02μg/

mL、0.10μg/mL、0.20μg/mL 达氟沙星标准溶液，供高效液相色谱分析。

4.4.5　测定

4.4.5.1　色谱条件

色谱柱：C_{18} 250mm×4.6mm（i.d.），粒径 5μm，或相当者。

流动相：0.05mol/L 磷酸/三乙胺溶液-乙腈（81+19）；用前过 0.45μm 滤膜。

流速：1.0mL/min。

检测波长：激发波长 280nm；发射波长 450nm。

进样量：20μL。

4.4.5.2　测定法

取适量试样溶液和相应的标准工作溶液，作单点或多点校准，以色谱峰面积积分值定量。标准工作液及试样溶液中的环丙沙星、达氟沙星、恩诺沙星和沙拉沙星响应值均应在仪器检测的线性范围之内。在上述色谱条件下，药物的出峰先后顺序依次为环丙沙星、达氟沙星、恩诺沙星和沙拉沙星，空白溶液、标准溶液和试样溶液的液相色谱图见附录 A 中图 A.1、图 A.2 和图 A.3。

4.4.6　空白实验

除不加试料外，采用完全相同的测定步骤进行平行操作。

4.5　结果计算和表述

按式（1）计算供试料中环丙沙星、达氟沙星、恩诺沙星和沙拉沙星的残留量（μg/kg）。

$$X = \frac{ACsV}{AsM} \qquad \cdots\cdots\cdots\cdots (1)$$

式中：

X ——试料中环丙沙星、达氟沙星、恩诺沙星和沙拉沙星的残留量（μg/kg）；

A ——试样溶液中环丙沙星、达氟沙星、恩诺沙星和沙拉沙星的峰面积；

As ——标准溶液中环丙沙星、达氟沙星、恩诺沙星和沙拉沙星的峰面积；

Cs ——标准工作液中环丙沙星、达氟沙星、恩诺沙星和沙拉沙星的浓度（ng/mL）；

V ——试样溶液体积（mL）；

M ——组织样品的质量（g）。

注：计算结果需扣除空白试料值，测定结果用平行测定的算术平均值表示，保留至小数点后 2 位。

5　检测方法灵敏度、准确度、精密度

5.1　灵敏度

本方法在鸡蛋中的环丙沙星、恩诺沙星和沙拉沙星检测限为 10μg/kg，达氟沙星检测限为 2μg/kg。

5.2　准确度

本方法环丙沙星、恩诺沙星和沙拉沙星在 10~50μg/kg 添加浓度的回收率为 70%~100%。达氟沙星在 2~10μg/kg 添加浓度的回收率为 70%~100%。

5.3　精密度

本方法的批内变异系数 CV≤10%，批间变异系数 CV≤15%。

附　录　A
（资料性附录）
高效液相色谱图

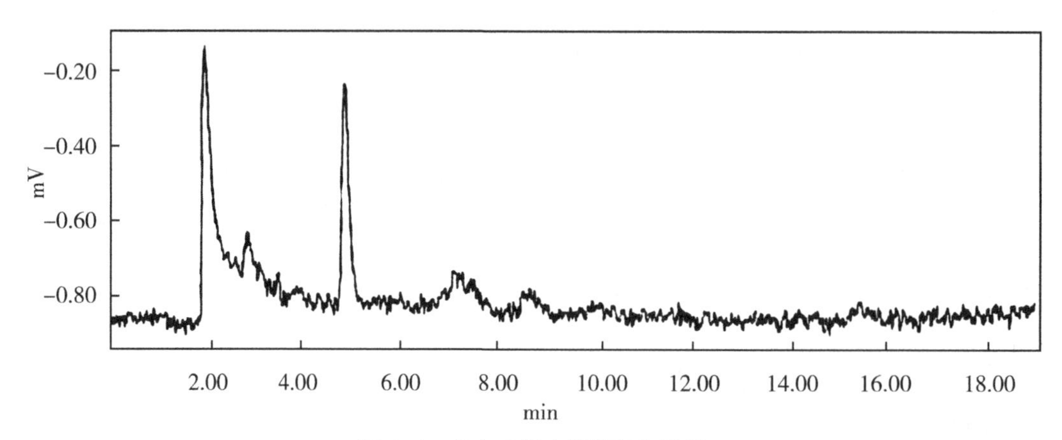

图 A.1　空白鸡蛋中的液相色谱图

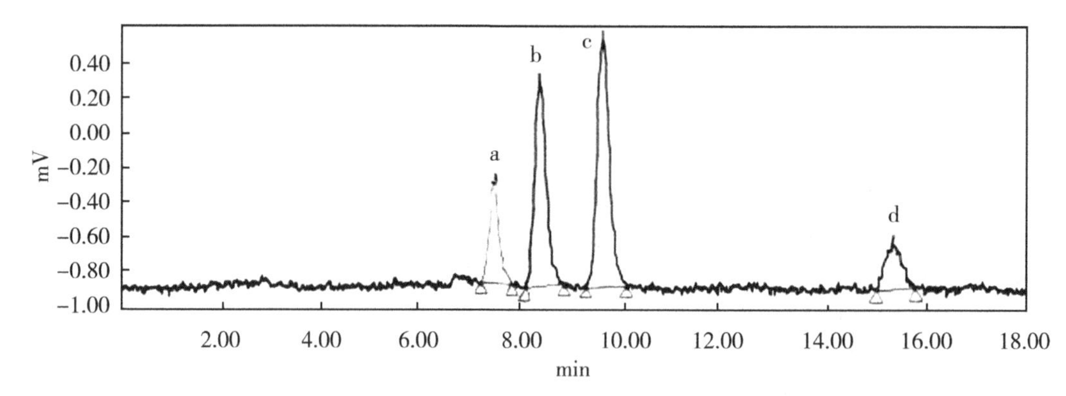

图 A.2　环丙沙星、达氟沙星、恩诺沙星和沙拉沙星的标准溶液液相色谱图

a. 环丙沙星；b. 达氟沙星；c. 恩诺沙星；d. 沙拉沙星；环丙沙星、恩诺沙星和沙拉沙星浓度为 10μg/L，达氟沙星浓度为 2μg/L。

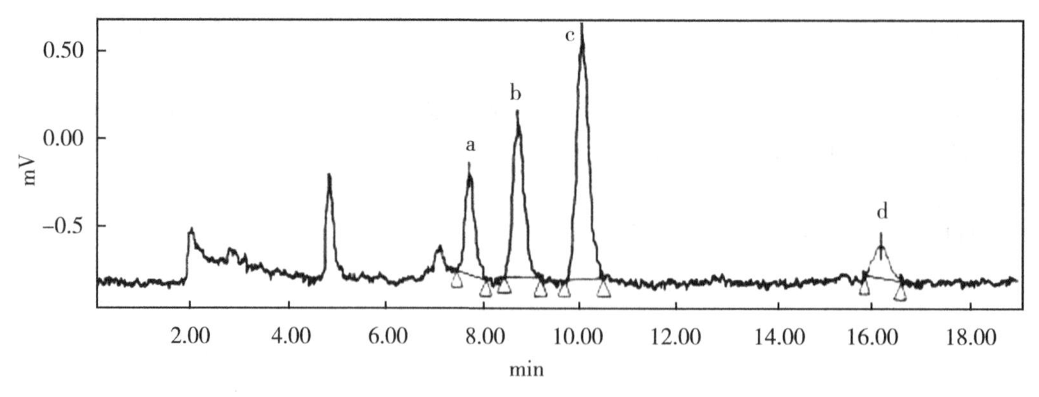

图 A.3　空白鸡蛋中添加环丙沙星、达氟沙星、恩诺沙星和沙拉沙星后的液相色谱图

a. 环丙沙星；b. 达氟沙星；c. 恩诺沙星；d. 沙拉沙星；环丙沙星、恩诺沙星和沙拉沙星添加浓度为 5μg/L，达氟沙星浓度为 2μg/L。

ICS 67.050
CCS X 04

中华人民共和国国家标准

GB 31658.6—2021

食品安全国家标准
动物性食品中四环素类药物残留量的测定
高效液相色谱法

National food safety standard—
Determination of tetracylines residues in animal derived food
by high performance liquid chromatography method

2021-09-16 发布　　2022-02-01 实施

中华人民共和国农业农村部
中华人民共和国国家卫生健康委员会　发布
国家市场监督管理总局

前　言

本文件按照 GB/T 1.1—2020《标准化工作导则　第1部分：标准化文件的结构和起草规则》的规定起草。

本文件系首次发布。

食品安全国家标准
动物性食品中四环素类药物残留量的测定
高效液相色谱法

1　范围

本文件规定了动物性食品中四环素类药物残留量检测的制样和高效液相色谱测定方法。

本文件适用于猪、牛、羊、鸡的肌肉、肝脏和肾脏，猪、鸡的皮+脂肪，鸡蛋，牛奶，鱼皮+肉，虾肌肉中土霉素、四环素、金霉素、多西环素残留量的检测。

2　规范性引用文件

下列文件中的内容通过文中的规范性引用而构成本文件必不可少的条款。其中，注日期的引用文件，仅该日期对应的版本适用于本文件；不注明日期的引用文件，其最新版本（包括所有的修改单）适用于本文件。

GB/T 6682 分析实验室用水规格和试验方法。

3　术语和定义

本文件没有需要界定的术语和定义。

4　原理

试料中残留的四环素类药物，经 EDTA · 2Na Mcllvaine 缓冲溶液提取，固相萃取柱净化，高效液相色谱-紫外法测定，外标法定量。

5　试剂与材料

以下所用的试剂，除特别注明外均为分析纯试剂；水为符合 GB/T 6682 规定的一级水。

5.1　试剂

5.1.1　甲醇（CH_3OH）：色谱纯。

5.1.2　乙腈（CH_3CN）：色谱纯。

5.1.3　三氟乙酸（CF_3COOH）。

5.1.4　二氯甲烷（CH_2Cl_2）。

5.1.5　乙二胺四乙酸二钠。

5.1.6　枸橼酸（$C_6H_8O_7 \cdot H_2O$）。

5.1.7　磷酸氢二钠（$Na_2HPO_4 \cdot 12H_2O$）。

5.1.8　草酸（$H_2C_2O_4 \cdot 2H_2O$）。

5.1.9　硫酸（H_2SO_4）。

5.1.10　钨酸钠（Na_2WO_4）

5.2　标准品

盐酸土霉素含量≥97.0%，盐酸四环素含量≥97.5%，盐酸金霉素含量≥93.1%，盐酸多西环素含量≥98.2%，见附录 A。

5.3　溶液配制

5.3.1　柠檬酸溶液：取柠檬酸 21.01g，用水溶解并稀释至 1 000mL。

5.3.2　磷酸氢二钠溶液：取磷酸氢二钠 71.63g，用水溶解并稀释至 1 000mL。

5.3.3　Mcllvain 缓冲溶液（pH 值 4.0）：取枸橼酸溶液 1 000mL、磷酸氢二钠溶液 625mL，混匀，用盐酸或氢氧化钠溶液调 pH 值至 4.0±0.05。

5.3.4 EDTA·2Na-Mcllvaine 缓冲溶液：取乙二胺四乙酸二钠 60.5g，加 Mcllvaine 缓冲溶液 1 625mL，溶解，混匀。

5.3.5 草酸溶液（0.01mol/L）：取草酸 1.26g，用水溶解并稀释至 1 000mL。

5.3.6 三氟乙酸溶液：取三氟乙酸 0.8mL，用水溶解并稀释至 1 000mL。

5.3.7 硫酸溶液：取硫酸 1.85mL，用水溶解并稀释至 100mL。

5.3.8 钨酸钠溶液：取钨酸钠 7g，用水溶解并稀释至 100mL。

5.3.9 草酸溶液（1mol/L）：取草酸 12.6g，用水溶解并稀释至 100mL。

5.3.10 草酸-乙腈溶液：取草酸溶液（1mol/L）20mL，用乙腈溶解并稀释至 100mL。

5.4 标准溶液制备

5.4.1 标准储备液：取盐酸土霉素、盐酸四环素、盐酸金霉素和盐酸多西环素标准品各约 10mg，精密称定，用甲醇溶解并稀释定容至 10mL 容量瓶，配制成浓度为 1mg/mL 的土霉素、四环素、金霉素和多西环素标准储备液。-18℃以下保存，有效期 1 个月。

5.4.2 混合标准工作液：精密量取土霉素、四环素、金霉素和多西环素标准储备液各 1mL，于 100mL 容量瓶中，用甲醇稀释至刻度，配制成浓度为 10μg/mL 的混合标准工作液。2~8℃保存。现用现配。

5.5 材料

5.5.1 HLB 固相萃取柱：500mg/6mL，亲脂性二乙烯苯和亲水性 N-乙烯吡咯烷酮按特定比例形成的聚合物，或相当者。

5.5.2 LCX 固相萃取柱：500mg/6mL，填料为磷酸化聚苯乙烯二乙烯苯高聚物，或相当者。（本实验所列 LCX 固相萃取柱由 Agela 公司研制提供的，此处列出固相萃取柱仅为提供参考，并不涉及商业目的，鼓励标准使用者尝试采用不同厂家或型号的固相萃取柱）

6 仪器和设备

6.1 高效液相色谱仪：配紫外检测器。

6.2 分析天平：感量 0.000 01g 和 0.01g。

6.3 组织匀浆器。

6.4 旋涡混合器：3 000r/min。

6.5 低温离心机：转速可达 8 500r/min。

6.6 固相萃取装置。

6.7 氮吹仪。

6.8 尼龙微孔滤膜：0.22μm。

6.9 离心管：50mL。

7 试料的制备与保存

7.1 试料的制备

7.1.1 组织

取适量新鲜或解冻的空白或供试组织绞碎，并使均质。

a）取均质的供试样品，作为供试试料；

b）取均质的空白样品，作为空白试料；

c）取均质的空白样品，添加适宜浓度的标准溶液，作为空白添加试料。

7.1.2 牛奶

取适量新鲜或冷藏的空白或供试牛奶，混合均匀。

a）取均质的供试样品，作为供试试料；

b）取均质的空白样品，作为空白试料；

c）取均质的空白样品，添加适宜浓度的标准溶液，作为空白添加试料。

7.1.3　鸡蛋

取适量新鲜的供试鸡蛋，去壳，并使均质。

a）取均质的供试样品，作为供试试料；

b）取均质的空白样品，作为空白试料；

c）取均质的空白样品，添加适宜浓度的标准溶液，作为空白添加试料。

7.2　试料的保存

-18℃以下保存，3个月内进行分析检测。

8　测定步骤

8.1　提取

8.1.1　皮+脂肪

取试料5g（准确至±0.02g），加二氯甲烷15mL，旋涡1min，振荡5min，加EDTA・2Na-Mcllcllvaine缓冲溶液15mL，旋涡1min，振荡5min，8 500r/min离心5min，取上清液。下层溶液用EDTA・2Na-Mellvaine缓冲溶液重复萃取2次，每次15mL，合并上清液，中性滤纸过滤，备用。

8.1.2　肌肉、肝脏、肾脏、牛奶、鸡蛋

称取试料5g（准确至±0.02g，加EDTA・2Na-Mclllvaine缓冲溶液20mL，旋涡1min，振荡10min，加硫酸溶液5mL、钨酸钠溶液5mL，旋涡1min，8 500r/min离心5min，取上清液。残渣用EDTA・2Na-Mcllvaine缓冲溶液20mL、10mL各提取2次，合并上清液，中性滤纸过滤，备用。

8.2　净化

HLB柱依次用甲醇、水和EDTA・2Na-McMcllvaine缓冲溶液各5mL活化。备用液过柱，待全部备用液流出后，依次用水、5%甲醇溶液各10mL淋洗，抽干30s，用甲醇6mL洗脱，收集洗脱液于刻度试管中，加水2mL，混匀，过甲醇5mL、水5mL活化的LCX柱。待全部液体流出后，用水、甲醇各5mL淋洗，抽干1min，草酸-乙腈溶液6mL洗脱。收集洗脱液，于40℃水浴氮气吹至0.5~1.0mL，再加甲醇0.4mL，用草酸溶液（0.01mol/L）稀释至2.0mL，微孔滤膜过滤，高效液相色谱测定（上机溶液应在24h内完成测定）。

8.3　标准曲线的制备

精密量取混合标准工作液适量，用草酸溶液（0.01mol/L）稀释成浓度为0.05μg/mL、0.1μg/mL、0.2μg/mL、0.5μg/mL、1μg/mL、2μg/mL、5μg/ml的系列混合标准液，供高效液相色谱测定。以测得的峰面积为纵坐标、对应的标准溶液浓度为横坐标，绘制标准曲线。求回归方程和相关系数。

8.4　测定

8.4.1　液相色谱参考条件

a）色谱柱：C_{18}（150mm×4.6mm，5μm），或相当者；

b）流动相：A为三氟乙酸溶液，B为乙腈，梯度洗脱条件见表1；

表1　流动相梯度洗脱条件

时间（min）	流速（mL/min）	A（%）	B（%）
0	1.0	90	10
5	1.0	80	20
15	1.0	65	35
16	1.0	90	10
17	1.0	90	10

c）检测波长：350nm；

d）进样量：50μL；

e）柱温：30℃。

8.4.2　测定法

取试料溶液和相应的标准溶液，作单点或多点校准，以色谱峰面积定量，按外标法计算。标准溶液及试料溶液中四环素类药物响应值应在仪器检测的线性范围之内。试料中四环素类药物的保留时间与标准工作液相应峰的保留时间相对偏差应在±2.5%以内。在上述色谱条件下，标准溶液的高效液相色谱图分别见附录 B。

8.5　空白试验

取空白试料，除不加标准溶液外，采用相同的测定步骤进行平行操作。

9　结果计算和表述

试料中四环素类药物的残留量按标准曲线或公式（1）计算。

$$X = \frac{A \times Cs \times V}{As \times m} \qquad \cdots\cdots\cdots\cdots (1)$$

式中：

X ——试料中相应的四环素类药物残留量的数值，单位为微克每千克（μg/kg）；

A ——试料中相应的四环素类药物的峰面积；

As ——标准溶液中相应四环素类药物的峰面积；

Cs ——标准溶液中相应的四环素类药物浓度的数值，单位为纳克每毫升（ng/mL）；

V ——最终试料定容体积的数值，单位为毫升（mL）；

m ——供试试料质量的数值，单位为克（g）。

10　检测方法的灵敏度、准确度和精密度

10.1　灵敏度

本方法在猪、牛、羊、鸡的肌肉、鸡蛋，牛奶，鱼皮+肉、虾肌肉中检测限 20μg/kg，定量限为 50μg/kg；在猪、牛、羊、鸡的肝脏、肾脏、猪、鸡的皮+脂肪的检测限为 50μ/kg，定量限为 100μg/kg。

10.2　准确度

本方法在猪、牛、羊、鸡肌肉 50~200μg/kg 添加浓度的回收率为 60%~120%，在猪、牛、羊、鸡肝脏 100~600μg/kg 添加浓度的回收率为 60%~120%，在猪、牛、羊、鸡肾脏组织 100~1 200μg/kg 添加浓度的回收率为 60%~120%，猪、鸡皮+脂肪 100~600μg/kg 添加浓度的回收率为 60%~120%，鱼皮+肉、虾肌肉 50~200μg/kg 添加浓度的回收率为 60%~120%，在牛奶 50~200μg/kg 添加浓度的回收率为 60%~120%，在鸡蛋 50~400μg/kg 添加浓度的回收率为 60%~120%。

10.3　精密度

本方法的批内相对标准偏差≤15%，批间相对标准偏差≤15%。

附录 A
（资料性）
4 种四环素类药物中英文通用名称、化学分子式、CAS 号

4 种四环素类药物的中英文通用名称、分子式和 CAS 号见表 A.1。

表 A.1　4 种四环素类药物中英文通用名称、化学分子式、CAS 号

化合物名称	英文名称	分子式	CAS 号
土霉素	Oxytetracyline	$C_{22}H_{24}N_2O_9$	79-57-2
四环素	Tetracyclines	$C_{22}H_{24}N_2O_8$	60-54-8
金霉素	Chlortetracycline	$C_{22}H_{23}ClN_2O_8$	57-62-5
多西环素	Doxycycline	$C_{22}H_{24}N_2O_8$	564-25-0

附　录　B
（资料性）
4 种四环素类药物标准溶液色谱图

4 种四环素类药物标准溶液色谱图见图 B.1。

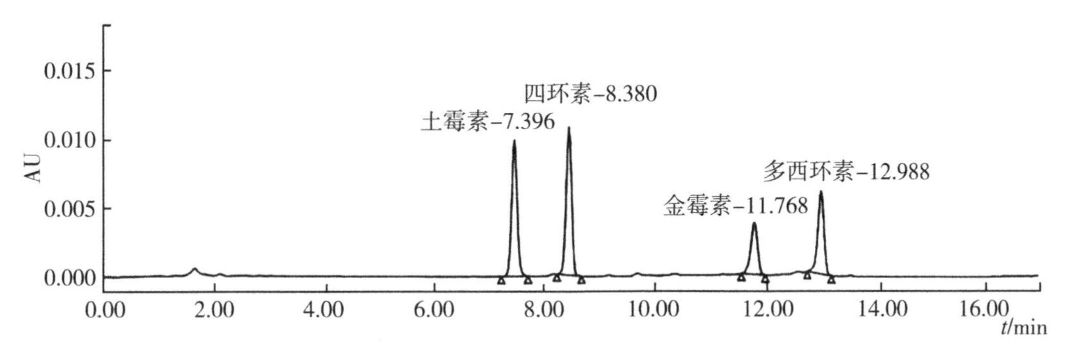

图 B.1　4 种四环素类药物标准溶液色谱图（750μg/L）

ICS 67.050
CCS X 04

中华人民共和国国家标准

GB 31659.2—2022

食品安全国家标准
禽蛋、奶和奶粉中多西环素残留量的测定
液相色谱-串联质谱法

National food safety standard—
Determination of doxycycline residue in eggs, milk and milk powder by liquid chromatography-tandem mass spectrometry method

2022-09-20 发布　　　　2023-02-01 实施

中华人民共和国农业农村部
中华人民共和国国家卫生健康委员会　发布
国家市场监督管理总局

前　言

本文件按照 GB/T 1.1—2020《标准化工作导则　第 1 部分：标准化文件的结构和起草规则》的规定起草。

本文件系首次发布。

食品安全国家标准
禽蛋、奶和奶粉中多西环素残留量的测定
液相色谱-串联质谱法

1 范围

本文件规定了禽蛋、奶和奶粉中多西环素残留量检测的制样和液相色谱-串联质谱测定方法。

本文件适用于鸡蛋、鸭蛋、鹅蛋、牛奶粉、羊奶粉、牛奶和羊奶中多西环素残留量的测定。

2 规范性引用文件

下列文件中的内容通过文中的规范性引用而构成本文件必不可少的条款。其中，注日期的引用文件，仅该日期对应的版本适用于本文件；不注明日期的引用文件，其最新版本（包括所有的修改单）适用于本文件。

GB/T 6682 分析实验室用水规格和试验方法。

3 术语和定义

本文件没有需要界定的术语和定义。

4 原理

试样中残留的多西环素经 Mcllviane Na_2EDTA 缓冲液提取，HLB 柱净化，液相色谱-串联质谱法测定，外标法定量。

5 试剂和材料

5.1 试剂

除另有规定外，所有试剂均为分析纯，水为符合 GB/T 6682 规定的一级水

5.1.1 甲醇（CH_3OH）：色谱纯。

5.1.2 乙腈（CH_3CN）：色谱纯。

5.1.3 甲酸（HCOOH）：色谱纯。

5.1.4 一水柠檬酸（$C_6H_8O_7 \cdot H_2O$）。

5.1.5 十二水磷酸氢二钠（$Na_2HPO_4 \cdot 12H_2O$）。

5.1.6 二水乙二胺四乙酸二钠（$C_{10}H_{14}N_2Na_2O_8 \cdot 2H_2O$）。

5.1.7 氢氧化钠（NaOH）。

5.2 溶液配制

5.2.1 氢氧化钠溶液（1mol/L）：取氢氧化钠 4g，加水溶解并稀释至 100mL，混匀。

5.2.2 Mcllvaine-e-Na_2EDTA 缓冲液：取一水柠檬酸 12.9g、十二水磷酸氢二钠 27.6g、二水乙二胺四乙酸二钠 37.2g，加水 900mL 使溶解，用氢氧化钠溶液调 pH 值至 4.0±0.5，加水稀释至 1 000mL，混匀。

5.2.3 0.1%甲酸溶液：取甲酸 500L，用水稀释至 500mL，混匀。

5.2.4 5%甲醇溶液：取甲醇 5mL，用水稀释至 100mL，混匀。

5.2.5 30%甲醇溶液：取甲醇 30mL，用水稀释至 100mL，混匀。

5.3 标准品

盐酸多西环素（doxycycline hydrochloride，$C_{22}H_{24}N_2O_8 \cdot HCl$，CAS 号：10592-13-9），含量≥98.7%。

5.4 标准溶液制备

5.4.1 标准储备液：取盐酸多西环素适量（相当于多西环素 10mg），精密称定，加甲醇适量使溶解并定容至 10mL 容量瓶，配制成浓度为 1mg/mL 的标准储备液。-18℃以下保存，有效期 1 个月。

5.4.2　标准中间液Ⅰ：准确量取标准储备液 0.1mL，于 10mL 容量瓶，用 30%甲醇稀释至刻度，混匀，配制成浓度为 10μg/mL 的标准中间液Ⅰ。现用现配。

5.4.3　标准中间液Ⅱ：准确量取中间液Ⅰ 1.0mL，于 10mL 容量瓶中，用 30%甲醇稀释至刻度，混匀，配制成浓度为 1 000ng/mL 的标准中间液Ⅱ。现用现配。

5.4.4　系列标准工作液：分别准确量取标准中间液Ⅱ 0.1mL、0.2mL、0.5mL、1.0mL、2.0mL 于 10mL 容量瓶中，用 30%甲醇稀释至刻度，混匀，配制成浓度分别为 10ng/mL、20ng/mL、50ng/mL、100ng/mL、200ng/mL 的系列标准工作液。现用现配。

5.5　材料

5.5.1　固相萃取柱：亲水亲脂平衡型固相萃取柱 60mg/3mL。

5.5.2　微孔尼龙滤膜：0.22μm。

5.5.3　定性快速滤纸。

6　仪器和设备

6.1　液相色谱-串联质谱仪：配电喷雾离子源（ESI）。

6.2　分析天平：感量 0.000 01g 和 0.01g。

6.3　旋涡混合器。

6.4　旋涡振荡器。

6.5　高速冷冻离心机：转速可达 14 000r/min。

6.6　固相萃取装置。

6.7　氮吹仪。

7　试样的制备与保存

7.1　试样的制备

取适量新鲜的空白或供试禽蛋，去壳并均质。

取适量新鲜或解冻的空白或供试奶，混合均匀。

取适量新鲜的空白或供试奶粉，混合均匀。

a）取均质的供试样品，作为供试试样；

b）取均质的空白样品，作为空白试样；

c）取均质的空白样品，添加适宜浓度的标准溶液，作为空白添加试样。

7.2　试样的保存

禽蛋、奶-18℃以下保存，奶粉常温避光保存。

8　测定步骤

8.1　提取

禽蛋、奶：取试料 2g（准确至±0.05），于 50mL 聚丙烯离心管中，加入 Mcllvaine--Na_2EDTA 缓冲液 8mL，振荡 10min，4℃下 14 000r/min 离心 10min，吸取上层液体于另一 50mL 离心管中。用 Mcllvaine-Na_2EDTA 缓冲液重复提取 2 次，每次 8mL，合并提取液，4℃下 14 000r/min 离心 10min，取上清液备用（奶试样上清液经滤纸过滤后备用）。

奶粉：取试料 2g（准确至±0.05g），于 50mL 聚丙烯离心管中，加入 Mcllvaine-Na_2EDTA 缓冲液 10mL，振荡 10min，4℃下 14 000r/min 离心 10min，吸取上清液于另一 50mL 离心管中。用 Mcllvaine-Na_2EDTA 缓冲液重复提取 2 次，每次 10mL，合并提取液，4℃下 14 000r/min 离心 10min，上清液过滤纸后备用。

8.2　净化

取固相萃取柱，依次用甲醇、水各 3mL 活化。取备用液，过柱，用水 3mL，5%甲醇 3mL 淋洗，抽干，加甲醇 3mL 洗脱，抽干，收集洗脱液，于 40℃下氮气吹至液体小于 1mL，加 30%甲醇至 1.0mL，旋涡混匀，过微孔尼龙滤膜，供液相色谱-串联质谱仪测定。

8.3 基质匹配标准曲线的制备

准确移取系列标准工作液各100μL于经8.1-8.2步骤处理所得空白洗脱液中，40℃下氮气吹至液体小于1mL，加30%甲醇至1.0mL，旋涡混合，配制成浓度为1.0ng/mL、2.0ng/mL、5.0ng/mL、10.0ng/mL、20.0ng/mL的系列基质匹配标准溶液，过微孔尼龙滤膜，供液相色谱-串联质谱仪测定。以多西环素特征离子质量色谱峰面积为纵坐标、标准溶液浓度为横坐标，绘制基质匹配标准曲线。

8.4 测定

8.4.1 液相色谱参考条件

a）色谱柱：C18柱，柱长100mm，内径2.1mm，粒径1.7μm，或相当者；

b）流动相：A为乙腈，B为0.1%甲酸溶液；

c）流速：0.3mL/min；

d）进样量：10μL；

e）柱温：30℃；

f）流动相梯度洗脱程序见表1。

表1 梯度洗脱程序

时间（min）	A（%）	B（%）
0.0	10	90
4.0	40	60
4.1	10	90
5.0	10	90

8.4.2 质谱参考条件

a）离子源：电喷雾离子源；

b）扫描方式：正离子扫描；

c）检测方式：多反应离子监测（MRM）；

d）离子源温度：150℃；

e）脱溶剂温度：450℃；

f）毛细管电压：3.3kV；

g）定性离子对、定量离子对及锥孔电压和碰撞能量见表2。

表2 多西环素药物的质谱参数

被测物名称	定性离子对（m/z）	定量离子对（m/z）	锥孔电压（V）	碰撞能量（eV）
多西环素	445.2>321.0	445.2>154.0	34	28.0
	445.2>154.0			28.0

8.4.3 测定法

8.4.3.1 定性测定

在同样测试条件下，试料溶液中多西环素的保留时间与基质匹配标准工作液中多西环素的保留时间相对偏差在±2.5%以内，且检测到的离子相对丰度，应当与浓度相当的基质匹配标准溶液相对丰度一致。其允许偏差应符合表3的要求。

表 3　定性测定时相对离子丰度的最大允许偏差　　单位：%

相对离子丰度	允许偏差
>50	±20
>20～50	±25
>10～20	±30
≤10	±50

8.4.3.2　定量测定

取试料溶液和基质匹配标准工作液，作单点或多点校准，按外标法以峰面积定量，基质匹配标准工作液及试料溶液中的多西环素响应值均在仪器检测的线性范围内。在上述色谱-质谱条件下，空白鸡蛋基质匹配标准溶液特征离子质量色谱图见附录 A。

8.5　空白试验

取空白试料，除不加药物外，采用完全相同的测定步骤进行测定。

9　结果计算和表述

试样中多西环素的残留量按标准曲线或公式（1）计算。

$$X = \frac{Cs \times Ai \times V}{As \times m} \qquad \cdots\cdots\cdots\cdots (1)$$

式中：

X——试样中多西环素残留量的数值，单位为微克每千克（μg/kg）；

Cs——基质匹配标准溶液中多西环素浓度的数值，单位为纳克每毫升（ng/mL）；

Ai——试样溶液中多西环素峰面积；

V——溶解残余物所用溶液体积的数值，单位为毫升（mL）；

As——基质匹配标准溶液中多西环素峰面积；

M——试样质量的数值，单位为克（g）。

10　检测方法的灵敏度、准确度和精密度

10.1　灵敏度

本方法的检测限为 1μg/kg，定量限为 2μg/kg。

10.2　准确度

本方法在 2～10μg/kg 添加浓度水平上的回收率为 60%～120%。

10.3　精密度

本方法的批内相对标准偏差≤20%，批间相对标准偏差≤20%。

附　录　A
（资料性）
鸡蛋基质匹配标准溶液特征离子质量色谱图

鸡蛋基质匹配标准溶液特征离子质量色谱图 A.1。

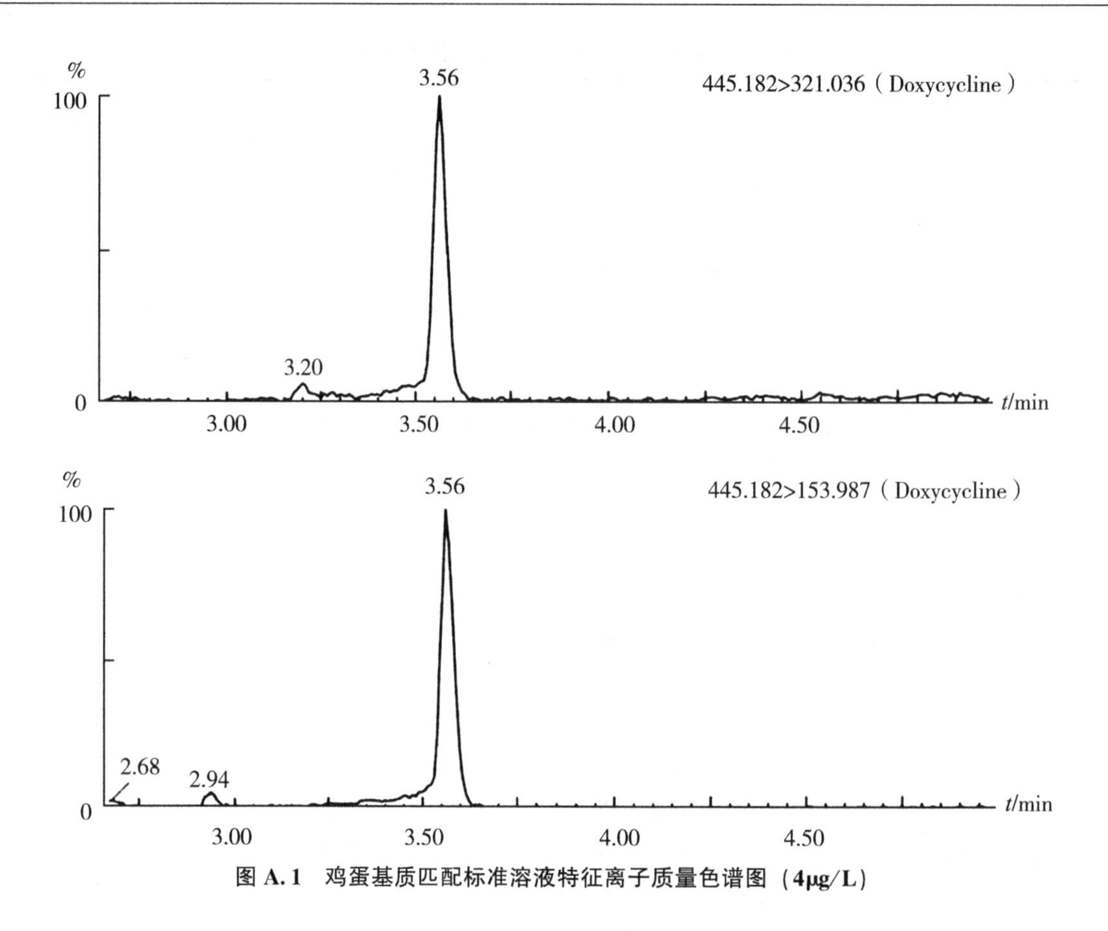

图 A. 1　鸡蛋基质匹配标准溶液特征离子质量色谱图（4μg/L）

ICS 67.120
X 04

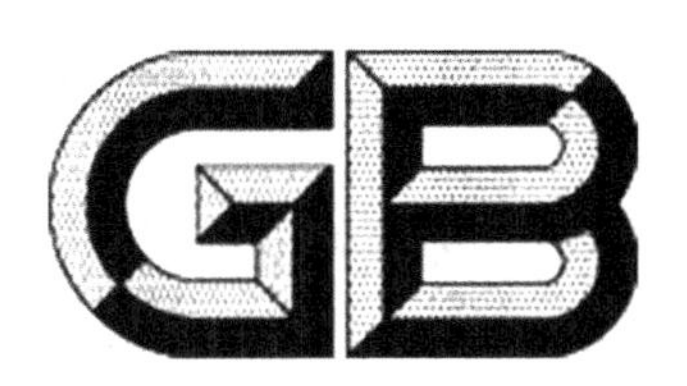

中华人民共和国国家标准

GB/T 21314—2007

动物源性食品中头孢匹林、头孢噻呋残留量检测方法 液相色谱-质谱/质谱法

Determination of cephapirin and ceftiofur residues in foodstuffs of animal origin—LC-MS/MS method

2007-10-29 发布　　　　2008-04-01 实施

中华人民共和国国家质量监督检验检疫总局
中国国家标准化管理委员会　发布

前　言

本标准附录 A、附录 B、附录 C 为资料性附录。

本标准由中华人民共和国国家质量监督检验检疫总局提出并归口。

本标准起草单位：中华人民共和国辽宁出入境检验检疫局、中国检验检疫科学研究院。

本标准主要起草人：李一尘、林维宣、唐英章、田苗、彭涛、于灵、隋凯、杨春光、王宏伟。本标准为首次发布。

动物源性食品中头孢匹林、头孢噻呋残留量检测方法 液相色谱-质谱/质谱法

1 范围

本标准规定了动物源性食品中头孢匹林、头孢噻呋残留量液相色谱-质谱/质谱测定和确证方法。

本标准适用于动物肌肉、肝脏、肾脏、鸡蛋和牛奶中头孢匹林（cephapirin）、头孢噻呋（ceftiofur）残留量的检测。

2 规范性引用文件

下列文件中的条款通过本标准的引用而成为本标准的条款，凡是注日期的引用文件，其随后所有的修改单（不包括勘误的内容）或修订版均不适用于本标准，然而，鼓励根据本标准达成协议的各方研究是否可使用这些文件的最新版本。凡是不注日期的引用文件，其最新版本适用于本标准。

GB/T 6682—1992 分析实验室用水规格和试验方法（neq ISO3696：1987）。

3 原理

样品中头孢匹林、头孢噻呋残留物用乙腈-水溶液提取，提取液经浓缩后，用缓冲溶液溶解，固相萃取小柱净化，洗脱液经氮气吹干后，用液相色谱-质谱/质谱测定，外标法定量。

4 试剂和材料

除另有说明外，所用试剂均为分析纯，水为 GB/T 6682—1992 规定的一级水。

4.1 乙腈：高效液相色谱级。

4.2 甲醇：高效液相色谱级。

4.3 甲酸：高效液相色谱级。

4.4 氯化钠。

4.5 氢氧化钠。

4.6 磷酸二氢钾。

4.7 磷酸氢二钾。

4.8 0.1mol/L 氢氧化钠：称取 4g 氢氧化钠，并用水稀释至 1 000mL。

4.9 乙腈+水（15+2，体积比）。

4.10 乙腈+水（30+70，体积比）。

4.11 0.05mol/L 磷酸盐缓冲溶液（pH 值=8.5）：称取 8.7g 磷酸氢二钾，超纯水溶解，稀释至 1 000mL，用磷酸二氢钾调节 pH 值至 8.5±0.1。

4.12 0.025mol/L 磷酸盐缓冲溶液（pH 值 = 7.0）：称取 3.4g 磷酸二氢钾，超纯水溶解，稀释至 1 000mL，用氢氧化钠调节 pH 值至 7.0。

4.13 0.01mol/L 乙酸铵溶液（pH 值=4.5）：称取 0.77g 乙酸铵，超纯水溶解，稀释至 1 000mL，用甲酸调节 pH 值至 4.5±0.1。

4.14 头孢匹林、头孢噻呋标准品：纯度均大于等于 95%。

4.15 头孢匹林、头孢噻呋标准储备溶液：分别称取适量标准品（4.14），分别用乙腈水溶液（4.10）溶解定容至 100mL，溶液浓度为 100μg/mL，置于-18℃冰箱避光保存，保存期 5d。

4.16 头孢匹林、头孢噻呋混合标准中间液：分别吸取适量标准储备液（4.15）于 100mL 容量瓶中，用磷酸盐缓冲溶液（4.12）定容至刻度，配成混合标准中间液。混合标准中间液中头孢匹林、头孢噻呋的浓度分别为 100ng/mL、5 000ng/mL。置于-4℃冰箱避光保存，保存期 5d。

4.17　混合标准工作液：精密量取混合标准中间溶液（4.16）适量，用空白样品基质配制成不同浓度系列的混合标准工作溶液（用时现配）。

4.18　固相萃取 C_{18}柱：500mg，6mL。使用前用甲醇和水预处理，即先用2mL 甲醇淋洗小柱，然后用1mL水淋洗小柱。

5　仪器

5.1　液相色谱-质谱/质谱仪，配有电喷雾离子源。

5.2　旋转蒸发器。

5.3　固相萃取装置。

5.4　离心机。

5.5　均质器。

5.6　旋涡混合器。

5.7　pH 值计。

5.8　氮吹仪。

6　试样制备与保存

取代表性样品，用组织捣碎机充分捣碎，装入洁净容器中，密封，并标明标记，于-18℃以下冷冻存放。

7　检测步骤

7.1　提取

7.1.1　肝脏、肾脏、肌肉组织、鸡蛋样品

称取约 5g 试样（精确到 0.01g）于 50mL 离心管中，加入 15mL 乙腈水溶液（4.9），均质 30s，4 000r/min 离心 5min. 上清液转移至 50mL 离心管中；另取一离心管，加入 10mL 乙腈水溶液（4.9），洗涤均质器刀头，用玻棒捣碎离心管中的沉淀，加入上述洗涤均质器刀头溶液，在旋涡混合器上振荡 1min，4 000r/min 离心 5min。上清液合并至 50mL 离心管中，重复用 10mL 乙腈水溶液（4.9）洗涤刀头并提取一次，上清液合并至 50mL 离心管中，用乙腈水溶液（4.9）定容至 40mL。准确移取 20mL 入 100mL 鸡心瓶。

7.1.2　牛奶样品

称取 10g 样品（精确到 0.01g）于 50mL 离心管中，加入 20mL 乙腈（4.9），均质提取 30s，4 000r/min 离心 5min，上清液转移至 50mL 离心管中；另取一离心管，加入 10mL 乙腈水溶液（4.9），洗涤均质器刀头，用玻棒捣碎离心管中的沉淀，加入上述洗涤均质器刀头溶液，在旋涡混合器上振荡 1min，4 000r/min 离心 5min。上清液合并至 50mL 离心管中，重复用 10mL 乙腈水溶液（4.9）洗涤刀头并提取一次，上清液合并至 50mL 离心管中，用乙腈水溶液（4.9）定容至 50mL。准确移取 25mL 入 100mL 鸡心瓶。

将鸡心瓶于旋转蒸发器上（37℃水浴）蒸发除去乙腈（易起沫样品可加入 4mL 饱和氯化钠溶液）。

7.2　净化

立即向已除去乙腈的鸡心瓶中加入 25mL 磷酸盐缓冲溶液（4.11），旋涡混合 1min，用 0.1mol/L 氢氧化钠调节 pH 值为 8.5，以 1mL/min 的速度通过经过预处理的固相萃取柱，先用 2mL 磷酸盐缓冲溶液（4.11）淋洗 2 次，再用 1mL 超纯水淋洗。用 3mL 乙腈洗脱（速度控制在 1mL/min）。将洗脱液于 45℃下氮气吹干，用 0.025mol/L 磷酸盐缓冲溶液（4.12）定容至 1mL，过 0.45μm 滤膜后，立即用液相色谱-质谱/质谱仪测定。

7.3　测定

7.3.1　液相色谱条件

7.3.1.1　色谱柱：COSMOSIL C_{18}柱，250mm×4.6mm（内径），粒度 5μm。

7.3.1.2　流动相：组分 A 是 0.01mol/L 乙酸铵溶液（甲酸调 pH 值至 4.5）；组分 B 是乙腈。梯度洗脱程序见表 1。

表 1　梯度洗脱程序

步骤	时间（min）	流速（mL/min）	组分 A（%）	组分 B（%）
1	0.00	1.0	98.0	2.0
2	3.00	1.0	98.0	2.0
3	5.00	1.0	90.0	10.0
4	15.00	1.0	70.0	30.0
5	20.00	1.0	98.0	2.0

7.3.1.3　流速：1.0mL/min。

7.3.1.4　进样量：100μL。

7.3.2　质谱条件

7.3.2.1　离子源：电喷雾离子源。

7.3.2.2　扫描方式：正离子扫描。

7.3.2.3　检测方式：多反应监测。

7.3.2.4　雾化气、气帘气、辅助气、碰撞气均为高纯氮气；使用前应调节各参数使质谱灵敏度达到检测要求，参考条件见附录 A。

7.3.3　液相色谱-质谱/质谱测定

根据试样中被测物的含量情况，选取响应值相近的标准工作液一起进行色谱分析。标准工作液和待测液中头孢匹林、头孢噻呋的响应值均应在仪器线性响应范围内。对标准工作液和样液等体积进行测定。在上述色谱条件下头孢匹林和头孢噻呋的参考保留时间分别约 12.2min、13.0min。标准溶液的选择性离子流图见图 B.1。

7.3.4　定性测定

按照上述条件测定样品和建立标准工作曲线，如果样品中化合物质量色谱峰的保留时间与标准溶液相比在±2.5%的允许偏差之内；待测化合物的定性离子对的重构离子色谱峰的信噪比大于或等于 3（S/N≥3），定量离子对的重构离子色谱峰的信噪比大于或等于 10（S/N≥10）；定性离子对的相对丰度与浓度相当的标准溶液相比，相对丰度偏差不超过表 2 的规定，则可判断样品中存在相应的目标化合物。

表 2　定性确证时相对离子丰度的最大允许偏差

相对离子丰度	>50%	>20%～50%	>10%～20%	≤10%
允许的相对偏差	±20%	±25%	±30%	±50%

7.3.5　定量测定

按外标法使用标准工作曲线进行定量测定。

7.3.6　空白试验

除不加试样外，均按上述操作步骤进行。

8　结果计算与表述

用色谱数据处理机或按式（1）计算试样中头孢匹林、头孢噻呋的残留量，计算结果需扣除空白值。

$$X = \frac{c \times V \times 1\,000}{m \times 1\,000} \qquad \cdots\cdots\cdots\cdots (1)$$

式中：

X——试样中头孢匹林、头孢噻呋残留量，单位为微克每千克（μg/kg）；

c——从标准曲线上得到的头孢匹林、头孢噻呋溶液浓度，单位为纳克每毫升（ng/mL）；

V——样液最终定容体积，单位为毫升（mL）；

m——最终样液代表的试样质量，单位为克（g）。

9 测定低限与回收率

9.1 测定低限（LOQ）

头孢匹林为1μg/kg，头孢噻呋为50μg/kg。

9.2 回收率

见表C.1。

附 录 A
(资料性附录)

质谱/质谱测定参考质谱条件：

a）电喷雾电压（IS）：5 500V；

b）雾化气压力（GS1）：0.414MPa（60 Psi）；

c）气帘气压力（CUR）：0.207MPa（30 Psi）；

d）辅助气压力（GS2）：0.621MPa（90 Psi）；

e）离子源温度（TEM）：700℃；

f）头孢匹林、头孢噻呋的定性离子对、定量离子对、去簇电压（DP）、碰撞气能量（CE）及碰撞室出口电压（CXP）见表A.1。

表A.1 头孢匹林、头孢噻呋的定性离子对、定量离子对、去簇电压、碰撞气能量和碰撞室出口电压

名称	定性离子对（m/z）	定量离子对（m/z）	去簇电压（DP，V）	碰撞气能量（CE，eV）	碰撞室出口电压（CXP，V）
头孢匹林	424.3/292.1	424.3/292.1	55	33	10
	424.3/152.0			19	10
头孢噻呋	523.9/241.2	523.9/241.2	60	25	15
	523.9/210.1			30	15

注：所列参数是在API4000质谱仪完成的，此处列出的实验用仪器型号仅是为了提供参考，并不涉及商业目的，鼓励标准使用者尝试不同型号的仪器。

附 录 B
(资料性附录)
头孢匹林、头孢噻呋标准品的定量离子对重构离子色谱图

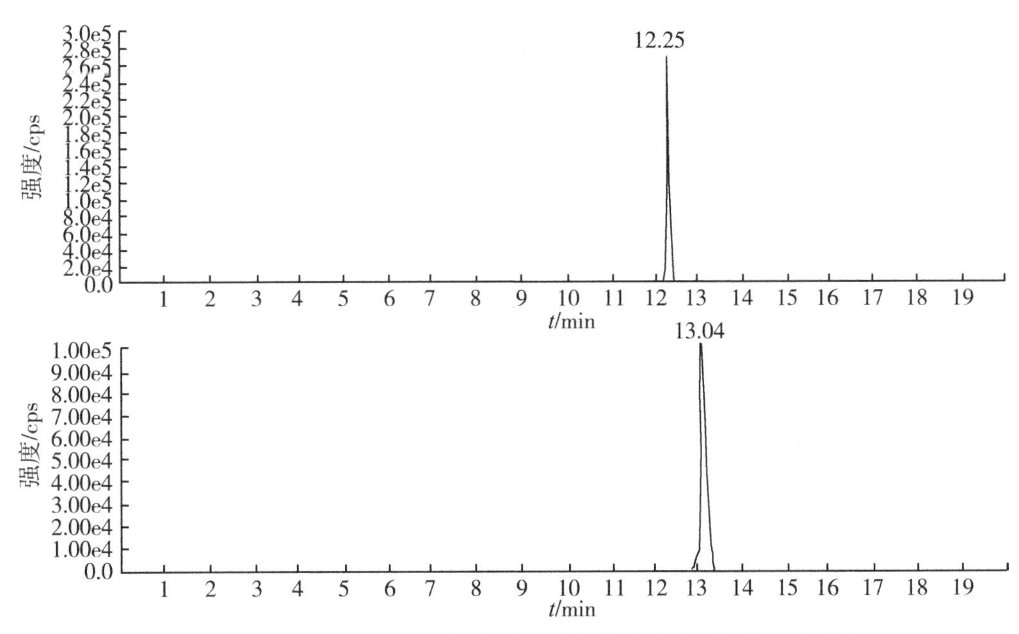

图 B.1 头孢匹林、头孢噻呋标准品的定量离子对重构离子色谱图

附 录 C
(资料性附录)
添加回收率

表 C.1 头孢匹林、头孢噻呋添加回收率

待测物质	添加浓度(μg/kg)	回收率(%)				
		猪肉	猪肝	猪肾	鸡蛋	牛奶
头孢匹林	1	86.1~92.7	69.2~78.5	69.2~90.6	75.3~91.1	73.3~90.0
	10	62.2~80.6	62.8~71.6	70.5~91.0	72.5~88.1	79.4~93.5
	100	72.5~90.2	66.5~78.7	68.1~86.4	71.6~86.5	77.1~88.6
头孢噻呋	1	78.3~85.2	74.6~82.3	68.7~85.9	75.2~91.3	72.5~90.8
	10	72.4~87.0	66.8~81.7	65.2~93.1	65.7~90.9	76.1~85.7
	100	70.9~83.7	73.8~88.2	68.8~80.7	78.0~86.8	73.0~92.2

ICS 67.120
X 04

中华人民共和国国家标准

GB/T 21315—2007

动物源性食品中青霉素族抗生素残留量检测方法　液相色谱-质谱/质谱法

Determination of penicillins residues in foodstuffs of animal origin—LC-MS/MS method

2007-10-29 发布　　2008-04-01 实施

中华人民共和国国家质量监督检验检疫总局
中国国家标准化管理委员会　发布

前　言

本标准的附录 A、附录 B、附录 C 为资料性附录。

本标准由中华人民共和国国家质量监督检验检疫总局提出并归口。

本标准起草单位：中华人民共和国辽宁出入境检验检疫局、中国检验检疫科学研究院。

本标准主要起草人：林维宣、唐英章、李一尘、赵彤彤、彭涛、田苗、于灵、李军、孙兴权。

本标准为首次发布。

动物源性食品中青霉素族抗生素残留量检测方法　液相色谱-质谱/质谱法

1　范围

本标准规定了动物源性食品中青霉素族抗生素残留量液相色谱-质谱/质谱测定和确证方法。

本标准适用于猪肌肉、猪肝脏、猪肾脏、牛奶和鸡蛋中羟氨苄青霉素（amoxicyllin）、氨苄青霉素（ampicillin）、邻氯青霉素（cloxacillin）、双氯青霉素（dicloxacillin）、乙氧萘胺青霉素（nafcillin）、苯唑青霉素（oxacillin）、苄青霉素（gpenicillin）、苯氧甲基青霉素（penicillin）、苯咪青霉素（azlocillin）、甲氧苯青霉素（methicillin）、苯氧乙基青霉素（phenethicillin）11种青霉素族抗生素残留量的检测。

2　规范性引用文件

下列文件中的条款通过本标准的引用而成为本标准的条款。凡是注日期的引用文件，其随后所有的修改单（不包括勘误的内容）或修订版均不适用于本标准，然而，鼓励根据本标准达成协议的各方研究是否可使用这些文件的最新版本。凡是不注日期的引用文件，其最新版本适用于本标准。

GB/T 6682—1992 分析实验室用水规格和试验方法（neq ISO 3696：1987）

3　原理

样品中青霉素族抗生素残留物用乙腈-水溶液提取，提取液经浓缩后，用缓冲溶液溶解，固相萃取小柱净化，洗脱液经氮气吹干后，用液相色谱-质谱/质谱测定，外标法定量。

4　试剂和材料

除另有说明外，所用试剂均为分析纯，水为GB/T 6682—1992规定的一级水。

4.1　乙腈：高效液相色谱级。

4.2　甲醇：高效液相色谱级。

4.3　甲酸：高效液相色谱级。

4.4　氯化钠。

4.5　氢氧化钠。

4.6　磷酸二氢钾。

4.7　磷酸氢二钾。

4.8　0.1mo/L 氢氧化钠：称取4g氢氧化钠，并用水稀释至1 000mL。

4.9　乙腈+水（15+2，体积比）。

4.10　乙腈+水（30+70，体积比）。

4.11　0.05mol/L 磷酸盐缓冲溶液（pH值=8.5）：称取8.7g磷酸氢二钾，超纯水溶解，稀释至1 000mL，用磷酸二氢钾调节pH值至8.5±0.1。

4.12　0.025mol/L 磷酸盐缓冲溶液（pH值=7.0）：称取3.4g磷酸二氢钾，超纯水溶解，稀释至1 000mL，用氢氧化钠调节pH值至7.0±0.1。

4.13　0.01mol/L 乙酸铵溶液（pH值=4.5）：称取0.77g乙酸铵，超纯水溶解，稀释至1 000mL，用甲酸调节pH值至4.5±0.1。

4.14　11种青霉素族抗生素标准品：羟氨苄青霉素、氨苄青霉素、邻氯青霉素、双氯青霉素、乙氧萘胺青霉素、苯唑青霉素、苄青霉素、苯氧甲基青霉素、苯咪青霉素、甲氧苯青霉素、苯氧乙基青霉素，纯度均大于等于95%。

4.15　11种青霉素族抗生素标准储备溶液：分别称取适量标准品（4.14），分别用乙腈水溶液（4.10）溶解并定容至100mL，各种青霉素族抗生素浓度为100μg/mL，置于-18℃冰箱避光保存，保存期5d。

4.16　11种青霉素族抗生素混合标准中间溶液：分别吸取适量的标准储备液（4.15）于100mL容量瓶中，用磷酸盐缓冲溶液（4.12）定容至刻度，配成混合标准中间溶液。各种青霉素族抗生素浓度为：羟氨苄青霉素500ng/mL，氨苄青霉素200ng/mL，苯咪青霉素100ng/mL，甲氧苯青霉素10ng/mL，苄青霉素100ng/mL，苯氧甲基青霉素50ng/mL，苯唑青霉素200ng/mL，苯氧乙基青霉素1 000ng/mL，邻氯青霉素100ng/mL，乙氧萘青霉素200ng/mL，双氯青霉素1 000ng/mL，置于-4℃冰箱避光保存，保存期5d。

4.17　混合标准工作溶液：准确移取标准中间溶液（4.16）适量，用空白样品基质配制成不同浓度系列的混合标准工作溶液（用时现配）。

4.18　Oasis HLB固相萃取小柱，或相当者：500mg，6mL。使用前用甲醇和水预处理，即先用2mL甲醇淋洗小柱，然后用1mL水淋洗小柱。

5　仪器

5.1　液相色谱-质谱/质谱仪：配有电喷雾离子源。

5.2　旋转蒸发器。

5.3　固相萃取柱。

5.4　离心机。

5.5　均质器。

5.6　旋涡混合器

5.7　pH值计。

5.8　氮吹仪。

6　试样制备与保存

取代表性样品，用组织捣碎机充分捣碎，装入洁净容器中，密封，并标明标记，于-18℃以下冷冻存放。

7　检测步骤

7.1　提取

7.1.1　肝脏、肾脏、肌肉组织、鸡蛋样品

称取约5g试样（精确到0.01g）于50mL离心管中，加入15mL乙腈水溶液（4.9），均质30s，4 000r/min离心5min，上清液转移至50mL离心管中；另取一离心管，加入10mL乙腈水溶液（4.9），洗涤均质器刀头，用玻棒捣碎离心管中的沉淀，加入上述洗涤均质器刀头溶液，在旋涡混合器上振荡1min，4 000r/min离心5min。上清液合并至50mL离心管中，重复用10mL乙腈水溶液（4.9）洗涤刀头并提取1次，上清液合并至50mL离心管中，用乙腈水溶液（4.9）定容至40mL。准确移取20mL入100mL鸡心瓶。

7.1.2　牛奶样品

称取10g样品（精确到0.01g）于50mL离心管中，加入20mL乙腈（4.9），均质提取30s，4 000r/min离心5min，上清液转移至50mL离心管中；另取一离心管，加入10mL乙腈水溶液（4.9），洗涤均质器刀头，用玻棒捣碎离心管中的沉淀，加入上述洗涤均质器刀头溶液，在旋涡混合器上振荡1min，4 000r/min离心5min。上清液合并至50mL离心管中，重复用10mL乙腈水溶液（4.9）洗涤刀头并提取1次，上清液合并至50mL离心管中，用乙腈水溶液（4.9）定容至50mL，准确移取25mL入100mL鸡心瓶。

将鸡心瓶于旋转蒸发器上（37℃水浴）蒸发除去乙腈（易起沫样品可加入4mL饱和氯化钠溶液）。

7.2　净化

立即向已除去乙腈的鸡心瓶中加入25mL磷酸盐缓冲溶液（4.11），旋涡混匀1min，用0.1mol/L氢氧化钠调节pH值为8.5，以1mL/min的速度通过经过预处理的固相萃取柱，先用2mL磷酸盐缓冲溶液（4.11）淋洗2次，再用1mL超纯水淋洗，然后用3mL乙腈洗脱（速度控制在1mL/min）。将洗脱液于

45℃下氮气吹干，用0.025mo/L磷酸盐缓冲溶液（4.12）定容至1mL，过0.45μm滤膜后，立即用液相色谱-质谱/质谱仪测定。

7.3 测定

7.3.1 液相色谱条件

7.3.1.1 色谱柱：C_{18}柱，250mm×4.6mm（内径），粒度5μm，或相当者。

7.3.1.2 流动相：组分A是0.01mol/L乙酸铵溶液（甲酸调pH值至4.5）；组分B是乙腈。梯度洗脱程序见表1。

表1 梯度洗脱程序

步骤	时间（min）	流速（mL/min）	组分A（%）	组分B（%）
1	0.00	1.0	98.0	2.0
2	3.00	1.0	98.0	2.0
3	5.00	1.0	90.0	10.0
4	15.00	1.0	70.0	30.0
5	20.00	1.0	60.0	40.0
5	20.10	1.0	98.0	2.0
7	30.00	1.0	98.0	2.0

7.3.1.3 流速：1.0mL/min。

7.3.1.4 进样量：100μL。

7.3.2 质谱条件

7.3.2.1 离子源：电喷雾离子源。

7.3.2.2 扫描方式：正离子扫描。

7.3.2.3 检测方式：多反应监测。

7.3.2.4 雾化气、气帘气、辅助气、碰撞气均为高纯氮气；使用前应调节各参数使质谱灵敏度达到检测要求，参考条件见附录A。

7.3.3 液相色谱-质谱/质谱测定

根据试样中被测物的含量情况，选取响应值相近的标准工作液一起进行色谱分析。标准工作液和待测液中青霉素族抗生素的响应值均应在仪器线性响应范围内。对标准工作液和样液等体积进行测定。在上述色谱条件下，11种青霉素的参考保留时间分别约为：羟氨苄青霉素8.5min，氨苄青霉素12.2min，苯咪青霉素16.5min，甲氧苯青霉素16.8min，苄青霉素18.1min，苯氧甲基青霉素19.4min，苯唑青霉素20.3min，苯氧乙基青霉素20.5min，邻氯青霉素21.5min，乙氧萘青霉素22.3min，双氯青霉素23.5min。青霉素族抗生素标准溶液的定量离子对重构离子色谱图见图B.1。

7.3.4 定性测定

按照上述条件测定样品和建立标准工作曲线，如果样品中化合物质量色谱峰的保留时间与标准溶液相比在±2.5%的允许偏差之内；待测化合物的定性离子对的重构离子色谱峰的信噪比大于或等于3（S/N≥3），定量离子对的重构离子色谱峰的信噪比大于或等于10（S/N≥10）；定性离子对的相对丰度与浓度相当的标准溶液相比，相对丰度偏差不超过表2的规定，则可判断样品中存在相应的目标化合物。

表2 定性确证时相对离子丰度的最大允许偏差

相对离子丰度	>50%	>20%~50%	>10%~20%	≤10%
允许的相对偏差	±20%	±25%	±30%	±50%

7.3.5　定量测定

按外标法使用标准工作曲线进行定量测定。

7.3.6　空白试验

除不加试样外，均按上述操作步骤进行。

8　结果计算与表述

用色谱数据处理机或按式（1）计算试样中青霉素族抗生素残留量，计算结果需扣除空白值：

$$X = \frac{c \times V \times 1\ 000}{m \times 1\ 000} \quad \cdots\cdots\cdots\cdots (1)$$

式中：

X——试样中青霉素族残留量，单位为微克每千克（μg/kg）；

c——从标准曲线上得到的青霉素族残留溶液浓度，单位为纳克每毫升（ng/mL）；

V——样液最终定容体积，单位为毫升（mL）；

m——最终样液代表的试样质量，单位为克（g）。

9　测定低限与回收率

9.1　测定低限（LOQ）

11种青霉素族抗生素的测定低限分别为：羟氨苄青霉素5μg/kg，氨苄青霉素2μg/kg，苯咪青霉素1μg/kg，甲氧苯青霉素0.1μg/kg，苄青霉素1μg/kg，苯氧甲基青霉素0.5μg/kg，苯唑青霉素2μg/kg，苯氧乙基青霉素10μg/kg，邻氯青霉素1μg/kg，乙氧萘青霉素2μg/kg，双氯青霉素10μg/kg。

9.2　回收率

见表C.1和表C.2。

附　录　A
（资料性附录）

质谱/质谱测定参考质谱条件：

a）电喷雾电压（IS）：5 500V；

b）雾化气压力（GS1）：0.483MPa（70 Psi）；

c）气帘气压力（CUR）：0.207MPa（30 Psi）；

d）辅助气压力（GS2）：0.621MPa（90 Psi）；

e）离子源温度（TEM）：700℃；

f）11种青霉素族抗生素的定性离子对、定量离子对、去簇电压（DP）、碰撞气能量（CE）及碰撞室出口电压（CXP）见表A.1。

表A.1　青霉素族抗生素的定性离子对、定量离子对、去簇电压、碰撞气能量和碰撞室出口电压

组分名称	定性离子对（m/z）	定量离子对（m/z）	去簇电压（DP，V）	碰撞气能量（CE，eV）	碰撞室出口电压（CXP，V）
羟氨苄青霉素	366/349	366/349	48	14	10
	366/208		50	17	10
氨苄青霉素	350/106	330/106	60	23	10
	350/192		50	50	10

（续表）

组分名称	定性离子对（m/z）	定量离子对（m/z）	去簇电压（DP，V）	碰撞气能量（CE，eV）	碰撞室出口电压（CXP，V）
苯咪青霉素	462/218	462/218	65	20	10
	462/246		60	20	10
甲氧苯青霉素	381/165	381/165	55	23	10
	381/222		60	30	10
苄青霉素	335/160	335/160	60	25	10
	335/175		60	25	10
苯氧甲基青霉素	351/160	351/160	65	16	10
	351/192		60	25	10
苯唑青霉素	402/160	402/160	70	26	10
	402/213		60	25	10
苯氧乙基青霉素	387/182	387/228	100	22	10
	387/223		65	16	10
邻氯青霉素	436/277	436/277	60	17	10
	436/160		60	25	10
乙氧萘青霉素	415/199	415/199	50	50	10
	415/256		70	20	10
双氯青霉素	492/182	470/160	60	25	10
	492/333		60	25	10

注：所列参数是在API4000质谱仪完成的，此处列出的实验用仪器型号仅是为了提供参考，并不涉及商业目的，鼓励标准使用者尝试不同型号的仪器。

附　录　B
（资料性附录）
11种青霉素族抗生素标准品的定量离子对重构离子色谱图

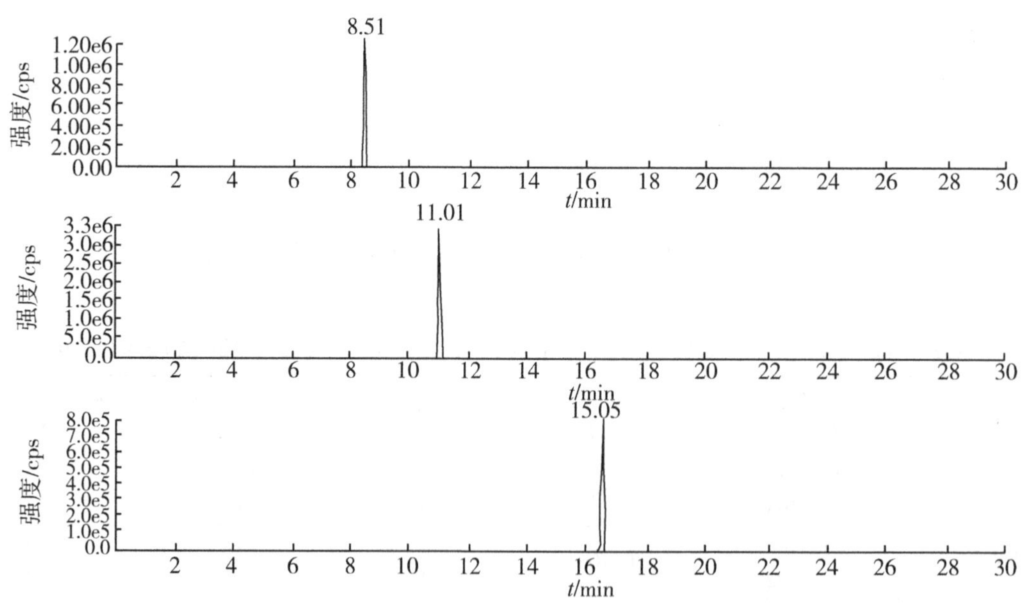

图B.1　11种青霉素族抗生素标准品的定量离子对重构离子色谱图

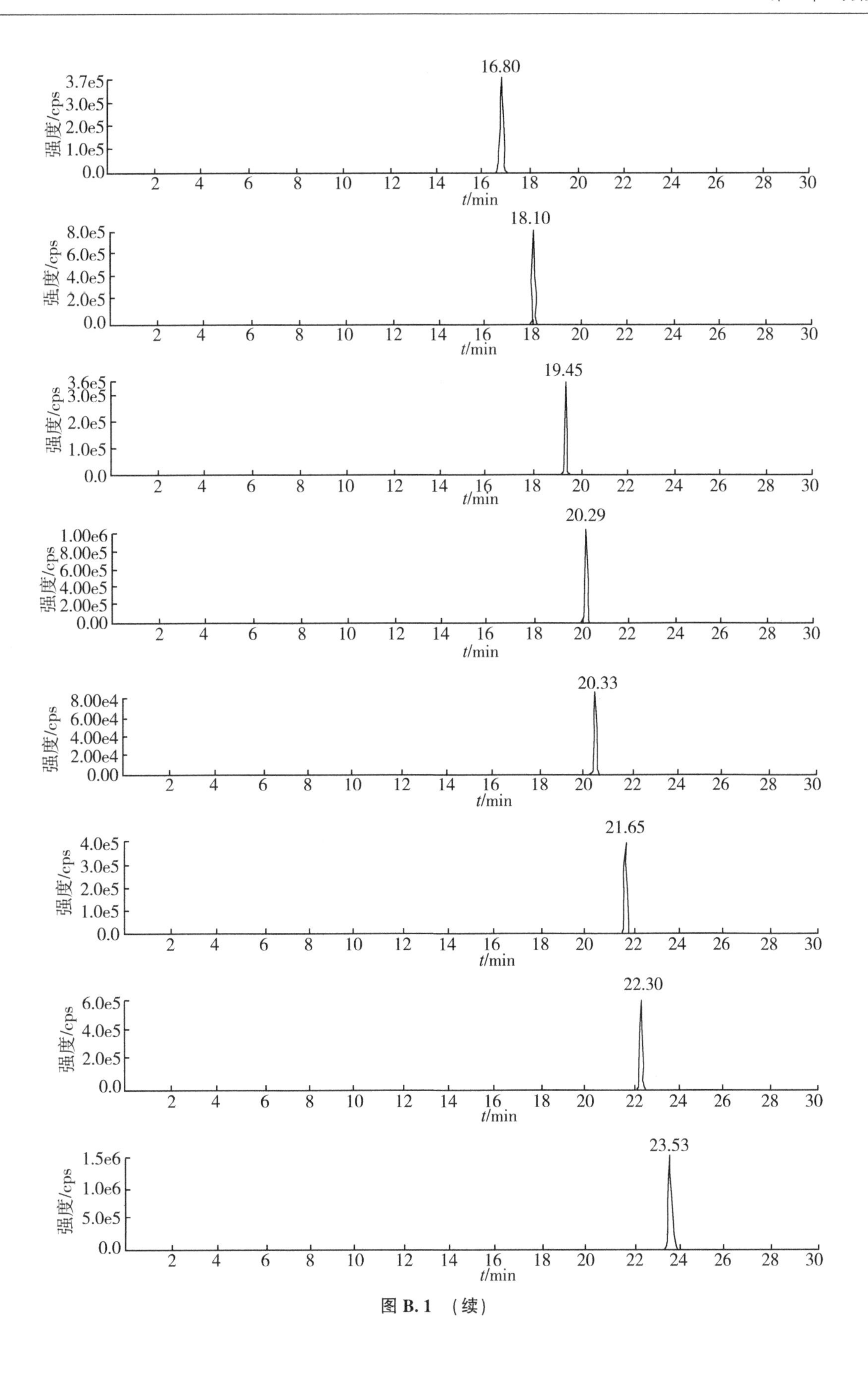
16.80
3.7e5
3.0e5
2.0e5
1.0e5
0.0
强度/cps
2 4 6 8 10 12 14 16 18 20 22 24 26 28 30
t/min
18.10
8.0e5
6.0e5
4.0e5
2.0e5
0.0
强度/cps
t/min
19.45
3.6e5
3.0e5
2.0e5
1.0e5
0.0
强度/cps
t/min
20.29
1.00e6
8.00e5
6.00e5
4.00e5
2.00e5
0.00
强度/cps
t/min
20.33
8.00e4
6.00e4
4.00e4
2.00e4
0.00
强度/cps
t/min
21.65
4.0e5
3.0e5
2.0e5
1.0e5
0.0
强度/cps
t/min
22.30
6.0e5
4.0e5
2.0e5
0.0
强度/cps
t/min
23.53
1.5e6
1.0e6
5.0e5
0.0
强度/cps
t/min

图 B.1 （续）

附　录　C
（资料性附录）
添加回收率

表 C.1　11 种青霉素族抗生素在猪肉、猪肝、猪肾中的添加回收率

化合物	添加浓度（μg/kg）	平均回收率（%）		
		猪肉	猪肝	猪肾
羟氨苄青霉素	5	74.6~86.0	64.0~86.8	63.8~86.2
	50	75.0~89.8	73.0~89.6	76.2~86.8
	500	75.3~90.2	70.5~90.3	70.8~90.9
氨苄青霉素	2	71.5~94.0	68.5~87.5	68.5~81.5
	20	71.0~93.5	68.5~94.0	72.0~90.5
	200	74.2~87.1	69.2~89.9	76.0~88.2
苯咪青霉素	0.5	74.0~84.0	62.0~83.0	67.0~84.0
	10	72.3~86.4	74.5~82.1	70.9~85.9
	100	79.0~89.1	72.0~87.0	77.5~88.5
甲氧苯青霉素	0.1	70.0~84.0	63.0~85.0	65.0~87.0
	1	75.0~83.0	73.0~87.0	76.0~89.0
	10	81.3~94.2	73.5~89.3	77.4~87.8
苄青霉素	1	72.0~81.0	71.0~80.0	66.0~84.0
	10	72.5~87.3	75.3~87.6	73.5~87.5
	100	73.4~84.3	72.2~85.7	77.9~88.4
苯氧甲基青霉素	0.5	72.0~88.0	64.0~86.0	72.0~88.0
	5	72.2~90.6	73.4~90.6	69.6~89.0
	50	73.8~85.2	74.2~94.8	71.2~$5.0
苯唑青霉素	2	70.0~76.0	65.5~85.0	72.5~87.5
	20	67.0~84.5	70.0~89.0	75.5~93.5
	200	77.0~90.2	70.1~88.7	71.3~87.6
苯氧乙基青霉素	10	70.2~86.5	64.7~81.0	77.5~86.3
	100	73.8~86.5	74.0~87.8	71.5~89.3
	1 000	79.8~90.4	77.8~89.2	78.1~89.3
邻氯青霉素	1	72.0~85.0	63.0~83.0	66.0~85.0
	10	74.7~88.5	77.0~88.7	74.2~89.1
	100	76.2~88.4	73.2~87.3	77.6~89.4
乙氧萘青霉素	2	71.0~89.0	64.0~81.5	68.0~84.5
	20	64.5~84.5	72.5~87.5	75.5~89.5
	200	68.5~82.6	76.2~89.5	77.3~90.6
双氯青霉素	10	62.5~83.7	64.5~80.4	66.1~83.3
	100	77.7~87.3	71.8~88.0	74.2~87.1
	1 000	76.6~82.7	75.6~87.3	78.4~87.1

表 C.2　11 种青霉素族抗生素在牛奶、鸡蛋中的添加回收率

化合物	添加浓度 (μg/kg)	平均回收率（%）	
		牛奶	鸡蛋
羟氨苄青霉素	2.5	62.4~84.8	66.4~92.8
	25	75.2~88.8	71.6~91.6
	250	73.9~92.5	68.1~96.6
氨苄青霉素	1	68.0~87.0	68.0~85.0
	10	73.9~87.5	71.5~88.7
	100	77.4~88.5	76.1~88.1
苯咪青霉素	0.5	68，0~88.0	72.0~88.0
	5	75.4~90.4	76.6~90.0
	50	77.4~91.0	78.0~92，4
甲氧苯青霉素	0.05	66.0~82.0	72.0~84.0
	0.5	74.0~88.0	74.0~88.0
	5	76.4~91.6	73.2~91.2
苄青霉素	0.5	64.0~86.0	76.0~96.0
	5	74.2~90.2	73.0~93.0
	50	77.0~93.6	74.2~91.4
苯氧甲基青霉素	0.25	64.0~88.0	68.0~92.0
	2.5	74.8~96.0	71.6~98.8
	25	70.8~96.0	70.8~96.8
苯唑青霉素	1	68.0~83.0	67.0~88.0
	10	76.4~87.6	75.5~90.3
	100	75.9~89.6	77.7~92.5
苯氧乙基青霉素	5	66.6~83，4	58.2~86.4
	50	71.8~91.0	77.2~93.2
	500	78.0~91.4	76.2~92.9
邻氯青霉素	0.5	66.0~84.0	66.0~88.0
	5	77.2~90.6	70.6~90.6
	50	78.4~92.0	72.8~90.4
乙氧萘青霉素	1	68.0~84.0	69.0~88.0
	10	75.5~86.1	75.4~89.6
	100	79.3~89.5	77.0~94.5
双氯青霉素	5	66.8~83.0	68.8~83.4
	50	74.2~90.8	73.2~89.2
	500	75.0~92.9	71.2~88.7

ICS 67.120
B 45

中华人民共和国国家标准

农业部1163号公告—6—2009

动物性食品中泰乐菌素残留检测
高效液相色谱法

High performance liquid chromatographic method for the determination of Tylosin residues in edible tissues of swine and eggs

2009-02-06 发布　　2009-03-01 实施

中华人民共和国农业农村部　发布

前　言

本标准附录 A 为资料性附录。

本标准由中华人民共和国农业部提出并归口。

本标准由华中农业大学负责起草。

本标准主要起草人：袁宗辉、陈冬梅、陶燕飞、刘振利、王玉莲、黄玲利、彭大鹏、戴梦红。

动物性食品中泰乐菌素残留检测
高效液相色谱法

1 范围

本标准规定了猪可食性组织和鸡蛋中泰乐菌素残留量检测的制样和高效液相色谱测定方法。本标准适用于猪肌肉、肝脏组织和鸡蛋中泰乐菌素的残留量检测。

2 规范性引用文件

下列文件中的条款通过本标准的引用而成为本标准的条款。凡是注日期的引用文件，其随后所有的修改单（不包括勘误的内容）或修订版均不适用于本标准，然而，鼓励根据本标准达成协议的各方研究是否可使用这些文件的最新版本。凡是不注日期的引用文件，其最新版本适用于本标准。

GB/T 6682 分析实验室用水规格和试验方法

3 制样

3.1 样品的制备

3.1.1 猪组织样品

取适量新鲜或冷冻空白组织、供试组织，绞碎使均质。

3.1.2 鸡蛋样品

取适量新鲜或供试鸡蛋，去壳，匀浆使均匀。

3.2 样品的保存

猪组织样品于-20℃以下贮存备用；鸡蛋样品于0~4℃贮存备用。

4 测定方法

4.1 方法提要或原理

试料中残留的泰乐菌素用乙腈提取，C_{18}柱固相萃取净化，用高效液相色谱仪（紫外检测器）测定，外标法定量。

4.2 试剂和材料

以下所用试剂，除特别注明者外均为分析纯试剂；水为符合 GB/T 6682 规定的二级水。

4.2.1 泰乐菌素 A：含量不低于99%。

4.2.2 乙腈：色谱纯。

4.2.3 甲醇：色谱纯。

4.2.4 甲酸铵。

4.2.5 乙酸铵。

4.2.6 0.1mol/L 甲酸铵溶液。称取甲酸铵 6.3g，用水溶解并稀释至 1 000mL，摇匀，0.45μm 膜过滤后即得。

4.2.7 0.1mol/L 乙酸铵甲醇溶液：称取乙酸铵 7.7g，用甲醇溶解稀释至 1 000mL，摇匀即得。

4.2.8 0.1mol/L 磷酸盐缓冲液：称取磷酸二氢钠 15.6g，加水 1 000mL，用磷酸调 pH 值为 2.5 即得。

4.2.9 泰乐菌素标准储备液：准确称取泰乐菌素标准溶液 10.0mg，用甲醇溶解定容至 100mL，配成 100μg/mL 的标准储备液。-20℃以下冰箱中保存，有效期 3 个月。

4.3 仪器和设备

4.3.1 高效液相色谱仪（配紫外检测器）。

4.3.2 分析天平：感量分别为 0.000 01g 和 0.01g。

4.3.3　冷冻高速离心机。

4.3.4　匀浆机。

4.3.5　旋涡混合器。

4.3.6　固相萃取装置。

4.3.7　氮气吹干装置。

4.3.8　C_{18}固相萃取柱 500mg，3mL。

4.4　测定步骤

4.4.1　试料的制备

试料的制备包括：

取均质后的供试样品，作为供试试料；

取均质后的空白样品，作为空白试料。

4.4.2　提取

称取猪肌肉或鸡蛋试料（5±0.05）g，置于具塞离心管中，加乙腈 10mL 旋涡混合，10 000r/min 4℃离心 15min，取上清液于离心管中，再在试料中加乙腈 10mL 重复提取一次。合并上清液，10 000r/min 4℃离心 10min。取上清液于烧杯中，加水 50mL，混合均匀，备用。

称取猪肝脏试料（5±0.05）g，置于具塞离心管中，加磷酸盐缓冲液 10mL 和乙腈 10mL，旋涡混合，10 000r/min 4℃离心 15min，取上清液于另一离心管中，再在试料中加乙腈 10mL 重复提取一次。合并上清液，10 000r/min 4℃离心 10min。取上清液于烧杯中，加水 50mL，混合均匀，备用。

4.4.3　净化

依次用甲醇、水各 3mL 活化固相萃取柱，然后将液过柱，控制流速小于 2mL/min。用水 5mL 和甲醇溶液 1mL 淋洗，用乙酸铵甲醇溶液 3mL 洗脱，收集洗脱液。于 40～45℃水浴下氮气吹干，用 0.5mL 甲醇溶解残渣，10 000r/min 离心 5min，取上清液供高效液相色谱分析。

4.4.4　标准曲线的绘制

准确移取泰乐菌素标准储备液适量，用甲醇依次稀释成浓度分别为 0.1μg/mL、0.2μg/mL、0.4μg/mL、0.8μg/mL、1.6μg/mL、3.2μg/mL、6.4μg/mL 的标准工作液，高效液相色谱分析，每个浓度重复 3 次，以得到的峰面积与对应浓度，绘制标准曲线。

4.4.5　测定

4.4.5.1　色谱条件

色谱柱：C_{18}柱，柱长为 250mm，内径为 4.6mm，粒径为 5μm；

流动相：甲醇+乙腈+甲酸铵溶液＝10+35+55；

流速：1.0mL/min；

检测波长：286nm；

进样量：20μL；

柱温：30℃。

4.4.5.2　测定法

取试样溶液和相应的标准工作溶液作单点或多点校准，以色谱峰面积积分值定量。标准工作液及试样中泰乐菌素响应值均应在仪器检测的线性范围之内。泰乐菌素标准工作溶液和试样溶液的液相参考色谱图见附录 A。

4.5　空白试验

除不加试料外，采用完全相同的步骤进行平行操作。

4.6　结果计算和表述

按式（1）计算试料中泰乐菌素药物的残留量：

$$X = \frac{A \times Cs \times V}{As \times W} \qquad \cdots\cdots\cdots\cdots (1)$$

式中：

X——试样中泰乐菌素药物残留量，单位为微克每千克（μg/kg）；

A——试样溶液中泰乐菌素的峰面积；

As——标准工作液中泰乐菌素的峰面积；

Cs——标准工作液中泰乐菌素的浓度，单位为微克每升（μg/L）；

V——溶解残余物所用溶液体积，单位为毫升（mL）；

W——试样质量，单位为克（g）。

5　检测方法的灵敏度、准确度、精密度

5.1　灵敏度

本方法泰乐菌素的检测限为5μg/L，在猪肌肉、肝脏组织和鸡蛋中的定量限为20μg/kg。

5.2　准确度

本方法在猪肌肉、肝脏组织和鸡蛋中添加20~100μg/kg浓度的回收率为70%~110%，100~400μg/kg浓度的回收率为80%~110%。

5.3　精密度

本方法在猪肌肉、肝脏组织和鸡蛋中，批内、批间变异系数CV≤15%。

附　录　A
（资料性附录）
高效液相色谱图

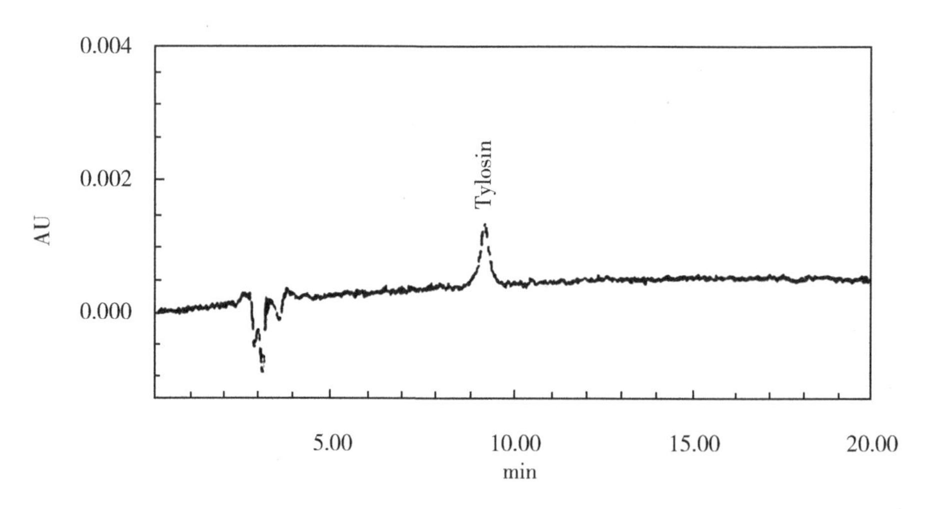

图 A.1　泰乐菌素标准工作液（0.1μg/mL）色谱图

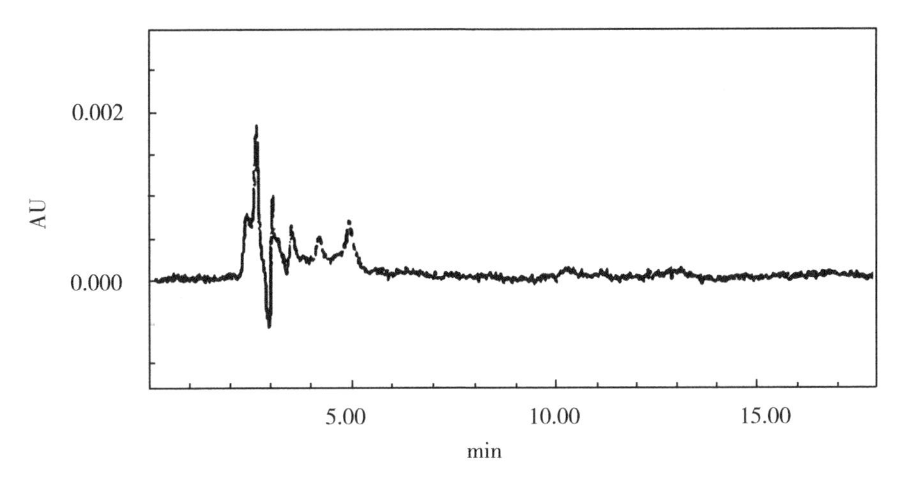

图 A.2　猪肌肉空白色谱图

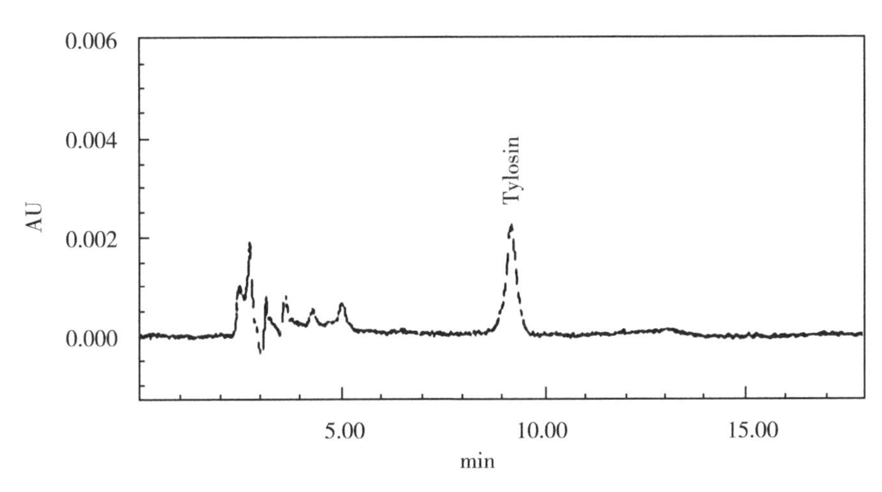

图 A.3　猪肌肉添加浓度（20μg/kg）色谱图

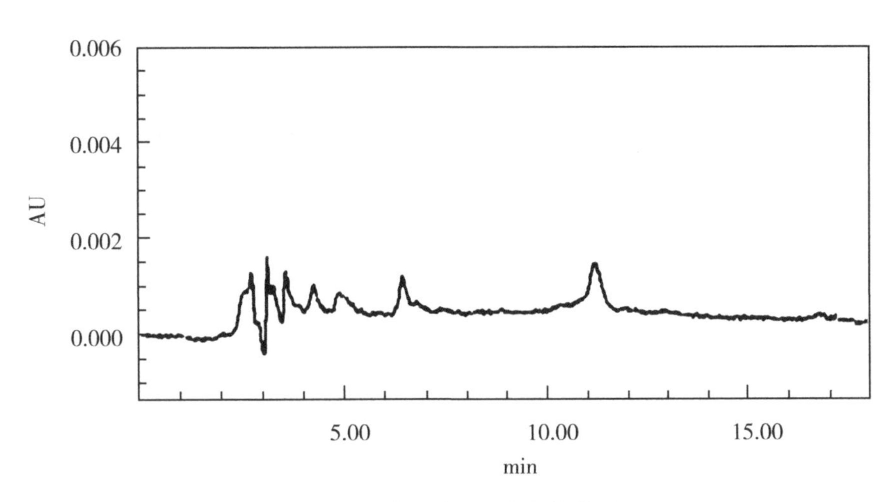

图 A.4　猪肝脏组织空白色谱图

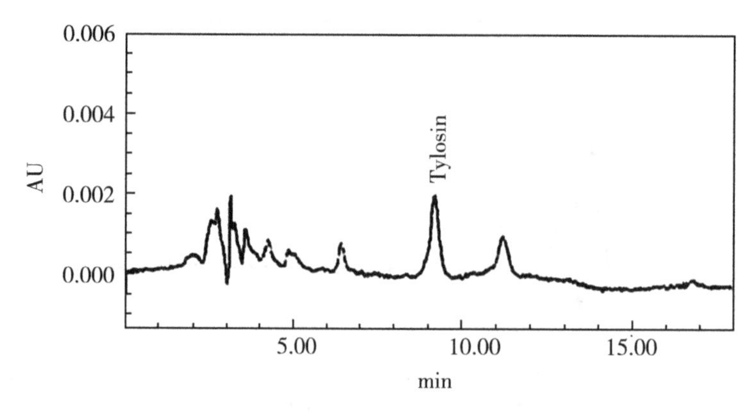

图 A.5　猪肝脏组织添加浓度（20μg/kg）色谱图

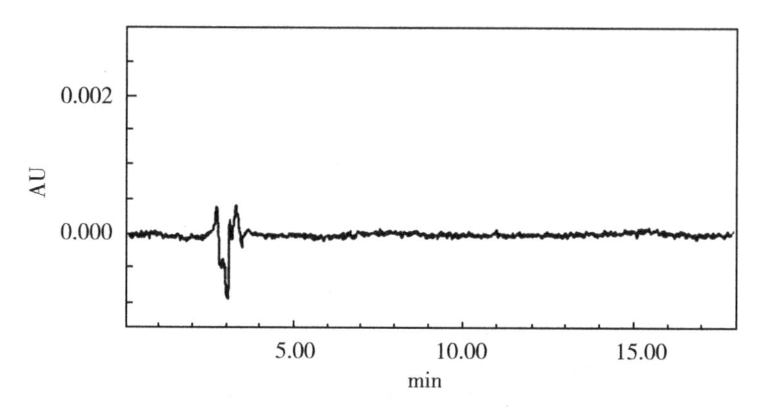

图 A.6　鸡蛋空白色谱图

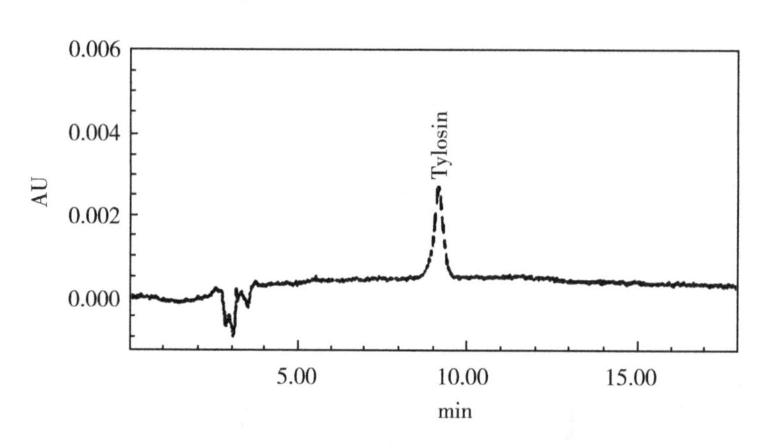

图 A.7　鸡蛋添加浓度（20μg/kg）色谱图

ICS 67.120
CCS X 22

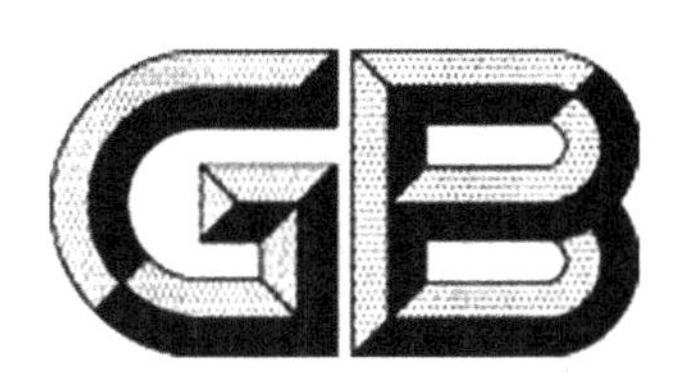

中华人民共和国国家标准

GB 31613.2—2021

食品安全国家标准
猪、鸡可食性组织中泰万菌素和3-乙酰泰乐菌素残留量的测定
液相色谱-串联质谱法

National food safety standard—
Determination of tylvalosin and 3-acetyltylosin residues in swine and chicken tissues by liquid chromatography-tandem mass spectrometry method

2019-09-16 发布　　　　2022-02-01 实施

中华人民共和国农业农村部
中华人民共和国国家卫生健康委员会　发布
国家市场监督管理总局

前　言

本文件按照 GB/T 1.1—2020《标准化工作导则　第 1 部分：标准化文件的结构和起草规则》的规定起草。

本文件系首次发布。

食品安全国家标准
猪、鸡可食性组织中泰万菌素和3–乙酰泰乐菌素
残留量的测定　液相色谱–串联质谱法

1　范围

本文件规定了猪、鸡可食性组织中泰万菌素和3–乙酰泰乐菌素残留检测的制样和液相色谱–串联质谱测定方法。

本文件适用于猪、鸡皮脂、肌肉、肝脏、肾脏、鸡蛋中泰万菌素和3–乙酰泰乐菌素残留量的测定。

2　规范性引用文件

下列文件中的内容通过文中的规范性引用而构成本文件必不可少的条款。其中，注日期的引用文件，仅该日期对应的版本适用于本文件；不注日期的引用文件，其最新版本（包括所有的修改单）适用于本文件。

GB/T 6682 分析实验室用水规格和试验方法

3　术语和定义

本文件没有需要界定的术语和定义。

4　原理

试样中残留的泰万菌素和3–乙酰泰乐菌素，用50%乙腈提取，正己烷和酸性氧化铝净化，液相色谱–串联质谱测定，用基质匹配标准溶液外标法定量。

5　剂和材料

5.1　试剂

5.1.1　乙腈（CH_3CN）：色谱纯。

5.1.2　甲酸（HCOOH）：色谱纯。

5.1.3　正己烷（C_6H_{14}）；

5.1.4　无水硫酸镁（$MgSO_4$）；

5.1.5　氯化钠（NaCl）。

5.2　溶液配制

5.2.1　0.02mol/L酒石酸水溶液：取酒石酸0.3g，加水100mL使溶解。

5.2.2　0.1%甲酸水溶液：取甲酸0.5mL，溶于500mL水中。

5.2.3　50%乙腈酒石酸溶液：取乙腈50mL，用0.02mol/L酒石酸水溶液稀释至100mL，混匀，即得。

5.3　标准品

5.3.1　泰万菌素（tylvalosin，$C_{53}H_{87}NO_{19}$，CAS号：63409–12–1），含量≥93.0%。

5.3.2　3–乙酰泰乐菌素（3–acetyltylosin，$C_{48}H_{79}NO_{18}$，CAS号：63409–10–9），含量≥95.0%。

5.4　标准溶液制备

5.4.1　泰万菌素标准储备液（1mg/mL）：取泰万菌素对照品10mg，精密称定，用乙腈溶解并定容至10mL棕色容量瓶，摇匀即得。–18℃以下保存，有效期6个月。

5.4.2　3–乙酰泰乐菌素标准储备液（1mg/mL）：取3–乙酰泰乐菌素对照品10mg，精密称定，置10mL棕色容量瓶，用乙腈溶解并稀释至刻度，摇匀即得。–18℃以下保存，有效期6个月。

5.4.3　混合标准工作液（10μg/mL）：准确吸取泰万菌素、3–乙酰泰乐菌素标准储备液各1mL置100mL棕色容量瓶，用乙腈稀释至刻度，摇匀即得。–18℃以下保存，有效期3个月。

5.5 材料

5.5.1 酸性氧化铝：100~200目。

5.5.2 微孔滤膜：尼龙，0.22μm。

6 仪器和设备

6.1 液相色谱-串联质谱仪：配电喷雾离子源。

6.2 分析天平：感量0.01g和感量0.000 01g。

6.3 离心管：50mL、10mL。

6.4 旋涡混合器。

6.5 水平振荡器。

6.6 高速离心机：最大转速不低于8 000r/min。

7 试料的制备与保存

7.1 试料的制备

取适量新鲜或冷藏的空白或供试样品，匀浆均质后备用。

a）取均质的供试样品，作为供试试料；

b）取均质的空白样品，作为空白试料；

c）取均质的空白样品，添加适宜浓度的标准工作液，作为空白添加试料。

7.2 样品的保存

-20℃以下保存。

8 测定步骤

8.1 提取

取试料2g（准确至±0.02g）于50mL离心管，加水5.0mL、乙腈5.0mL，旋涡混匀，加正己烷10mL，振荡5min，再加入无水硫酸镁与氯化钠各2g，振荡5min，8 000r/min离心5min，移取中间乙腈层清液于另一离心管，备用。

8.2 净化

准确移取备用液0.5mL、0.02mol/L酒石酸溶液0.5mL，共1.0mL。加酸性氧化铝0.2g，旋涡混合30s，10 000r/min离心5min，取上层，过0.22μm微孔滤膜，置于棕色进样瓶中，供液相色谱-串联质谱仪测定。

8.3 基质标准曲线的制备

取空白试料2g（准确至±0.02g）于50mL离心管，按8.1与8.2中步骤操作后获得空白试样的基质溶液。精密量取标准工作液适量，用空白试样基质溶液配制成浓度为0.5ng/mL、1.0ng/mL、2.0ng/mL、5.0ng/mL、10ng/mL、20ng/mL的系列标准工作液，上机测定。以特征离子质量色谱峰面积为纵坐标、标准溶液浓度为横坐标，绘制标准曲线。若需使用单点校准，则必须配制在此标准曲线进样浓度范围（0.5~100ng/mL）内的与样品溶液进样浓度最接近的基质匹配对照品溶液进行校准，标准曲线的线性相关系数应不低于0.99。

8.4 测定

8.4.1 色谱条件参考条件

a）色谱柱：C_{18}（150mm×2.1mm，3.0μm），或相当者；

b）柱温：30℃；

c）进样量：10μL；

d）流速：0.3mL；

e）流动相：A为乙腈，B为0.1%甲酸溶液，梯度洗脱程序见表1。

表 1　梯度洗脱程序

时间 min	A (%)	B (%)
0	20	80
3.0	80	20
6.0	80	20
6.1	20	80
9.0	20	80

8.4.2　质谱条件参考条件

a）离子源：电喷雾离子源；
b）扫描方式：正离子扫描；
c）检测方式：多反应监测；
d）离子源温度：350℃；
e）雾化温度：350℃；
f）电离电压：3 700V；
g）锥孔气流速：300L/h；
h）辅助气流速：500L/h；
i）吹扫气流速：100L/h；
j）碰撞气：高纯氩，200Pa；
k）定性、定量离子对及对应透镜电压、碰撞能量参考值见表 2。

表 2　泰万菌素和 3-乙酰泰乐菌素的质谱参数

化合物名称	定性离子对 (m/z)	定量离子对 (m/z)	锥孔电压 (V)	碰撞能量 (eV)
泰万菌素	1 042.6>109.1	1 042.6>109.1	185	48
	1 042.6>174.1			45
3-乙酰泰乐菌素	958.5>174.1	958.5>174.1	181	44
	958.5>814.4			32

8.5　测定法

8.5.1　定性测定

在同样测试条件下，试样液中泰万菌素、3-乙酰泰乐菌素的保留时间与标准工作液中相应目标物的保留时间偏差在±2.5%以内，且检测到的相对离子丰度，应当与浓度相当的校正标准溶液相对离子丰度一致。其允许偏差应符合表 3 的要求。

表 3　定性确证时相对离子丰度的最大允许误差

相对离子丰度	>50%	>20%～50%	>10%～20%	≤10%
允许的最大偏差	±20%	±25%	±30%	±50%

8.5.2　定量测定

取试样溶液和相应的标准工作液，作单点或多点校准，按外标法以色谱峰面积定量，标准工作液及试样溶液中的目标物响应值均应在仪器检测的线性范围内。在上述色谱-质谱条件下，泰万菌素和3-乙酰泰乐菌素标准溶液特征离子质量色谱图见附录A。

8.6　空白试验

取空白试料，除不加标准溶液外，采用相同的测定步骤进行平行操作。

9　结果计算和表述

试样中待测药物的残留量按公式（1）计算。

$$X = \frac{Cs \times A \times V_1 \times V_2}{As \times V_3 \times m} \quad \cdots\cdots\cdots\cdots (1)$$

式中：

X——试料中泰万菌素或3-乙酰泰乐菌素残留量的数值，单位为微克每千克（μg/kg）；

Cs——基质匹配标准溶液中泰万菌素或3-乙酰泰乐菌素浓度的数值，单位为纳克每毫升（ng/mL）；

As——基质匹配标准溶液中泰万菌素或3-乙酰泰乐菌素峰面积；

A——试样溶液中泰万菌素或3-乙酰泰乐菌素峰面积；

V_1——净化后进样溶液总体积的数值，单位为毫升（mL）；

V_2——乙腈提取液总体积的数值，单位为毫升（mL）；

V_3——移取备用液体积的数值，单位为毫升（mL）；

m——试料质量的数值，单位为克（g）。

10　检测方法灵敏度、准确度和精密度

10.1　灵敏度

本方法的检测限为2.5μg/kg，定量限为5μg/kg。

10.2　准确度

本方法在5~200μg/kg添加浓度水平上的回收率为60%~110%。

10.3　精密度

本方法的批内相对标准偏差≤15%，批间相对标准偏差≤15%。

附　录　A
（资料性）

标准溶液特征离子质量色谱图见图 A. 1。

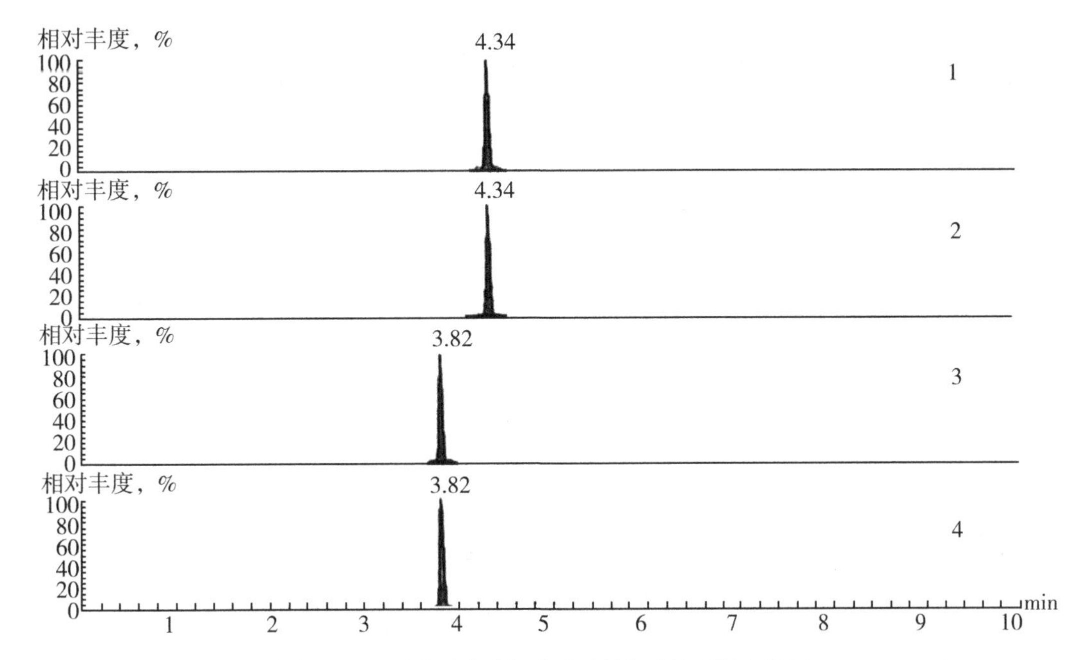

图 A. 1　泰万菌素和 3-乙酰泰乐菌素标准溶液特征离子质量色谱图（0. 5ng/mL）

1——泰万菌素特征离子质量色谱图（1 042. 6>109. 1）；

2——泰万菌素特征离子质量色谱图（1 042. 6>174. 1）；

3——3-乙酰泰乐菌素特征离子质量色谱图（958. 5>174. 1）；

4——3-乙酰泰乐菌素特征离子质量色谱图（958. 5>814. 4）。

ICS 67.120
X 04

中华人民共和国国家标准

GB/T 21323—2007

动物组织中氨基糖苷类药物残留量的测定 高效液相色谱-质谱/质谱法

Determination of aminoglycosides residues in animal tissues—HPLC-MS/MS method

2007-10-29 发布　　2008-04-01 实施

中华人民共和国国家质量监督检验检疫总局
中国国家标准化管理委员会 发布

前　言

本标准的附录 A、附录 B 为资料性附录。

本标准由中华人民共和国国家质量监督检验检疫总局提出并归口。

本标准起草单位：中华人民共和国湖南出入境检验检疫局、中华人民共和国山东出入境检验检疫局、湖南师范大学、中国检验检疫科学研究院。

本标准主要起草人：黄志强、林黎明、张鸿伟、张莹、陈波、彭涛、李晓娟、王美玲、颜鸿飞。

动物组织中氨基糖苷类药物残留量的测定 高效液相色谱-质谱/质谱法

1 范围

本标准规定了动物组织中壮观霉素、潮霉素B、双氢链霉素、链霉素、丁胺卡那霉素、卡那霉素、安普霉素、妥布霉素、庆大霉素和新霉素10种氨基糖苷类药物残留量的高效液相色谱-串联质谱测定和确证方法。

本标准适用于动物内脏、肌肉和水产品中10种氨基糖苷类药物残留量的测定。

2 规范性引用文件

下列文件中的条款通过本标准的引用而成为本标准的条款。凡是注日期的引用文件，其随后所有的修改单（不包括勘误的内容）或修订版均不适用于本标准，然而，鼓励根据本标准达成协议的各方研究是否可使用这些文件的最新版本。凡是不注日期的引用文件，其最新版本适用于本标准。

GB/T 6682 分析实验室用水规格和试验方法（GB/T 6682—1992，neq ISO 3696：1987）

3 原理

试样中氨基糖苷类药物残留，采用磷酸盐缓冲液提取，经过C_{18}固相萃取柱净化，浓缩后，使用七氟丁酸作为离子对试剂，高效液相色谱-质谱/质谱测定，外标法定量。

4 试剂和材料

除另有说明外，所用试剂均为分析纯，水为GB/T 6682规定的一级水。

4.1 甲醇：液相色谱级。

4.2 冰乙酸：液相色谱级。

4.3 甲酸：液相色谱级。

4.4 七氟丁酸：纯度≥99%

4.5 浓盐酸。

4.6 氢氧化钠。

4.7 三氯乙酸：纯度≥99%。

4.8 乙二胺四乙酸二钠（Na_2EDTA）：纯度≥99%。

4.9 磷酸二氢钾。

4.10 七氟丁酸溶液（HFBA）：100mmol/L，准确量取6.5mL七氟丁酸（4.4），用水稀释至500mL（4℃避光可保存6个月）。

4.11 七氟丁酸溶液：20mmol/L，准确量取100mmol/L七氟丁酸溶液50mL（4.10），用水稀释至250mL（4℃避光可保存6个月）。

4.12 磷酸盐缓冲液（含0.4mmol/L EDTA和2%三氯乙酸溶液）：准确称取磷酸二氢钾（4.9）1.36g，用980mL水溶解，用1.0mol/L的盐酸调pH值到4.0，分别加入Na_2EDTA（4.8）0.15g和三氯乙酸（4.7）20g，溶解混匀并定容至1 000mL（4℃避光可保存1个月）。

4.13 甲酸：0.1%（体积分数），准确吸取1.0mL甲酸（4.3）于1 000mL容量瓶中，用水稀释至刻度，混匀。

4.14 壮观霉素、潮霉素B、双氢链霉素、链霉素、丁胺卡那霉素、卡那霉素、安普霉素、妥布霉素、庆大霉素、新霉素标准品：纯度范围92.0%~99%。

4.15 10种氨基糖苷类药物标准贮备液：分别准确称取适量的每种氨基糖苷类药物标准品（4.14），用水溶解，配制成浓度为100μg/mL的标准贮备溶液（4℃避光可保存6个月）。

4.16　10种氨基糖苷类药物混合标准中间溶液：分别准确量取壮观霉素、双氢链霉素、链霉素、丁胺卡那霉素、卡那霉素、妥布霉素、庆大霉素标准贮备溶液（4.15）各1.0mL，新霉素、潮霉素B、安普霉素标准贮备溶液（4.15）各5.0mL，于25mL容量瓶中，用水定容至刻度，配制成壮观霉素、双氢链霉素、链霉素、丁胺卡那霉素、卡那霉素、妥布霉素和庆大霉素浓度为4.0μg/mL，新霉素、潮霉素B和安普霉素浓度为20.0μg/mL的混合标准中间溶液（4℃避光可保存1个月）。

4.17　10类药物标准工作溶液：精量取标准中间溶液（4.16）适量，用空白样品基质配制成不同浓度系列的混合标准工作溶液（现用现配）。

4.18　固相萃取C_{18}柱：500mg，3mL。

5　仪器

5.1　高效液相色谱-串联质谱仪：配有电喷雾离子源。

5.2　高速组织捣碎机。

5.3　均质器。

5.4　旋转蒸发器。

5.5　氮吹仪。

5.6　pH计

5.7　分析天平：感量1mg和0.01g各一台。

5.8　真空泵。

5.9　离心机。

6　试样制备与保存

6.1　试样制备

样品经高速组织捣碎机均匀捣碎，用四分法缩分出适量试样，均分成2份，装入清洁容器内，加封后作出标记，1份作为试样，1份作为留样。

6.2　试样的保存

将试样于-18℃下保存。

7　测定步骤

7.1　提取

称取约5g（精确至0.01g）试样于50mL聚丙烯离心管中，加入10.0mL磷酸盐缓冲液（4.12）均质2min，于平板振荡器上振荡提取10min，离心10min（4 500r/min），将上清液转移到另一个50mL聚丙烯离心管中。在残渣中再加入10.0mL磷酸盐缓冲液（4.12），重复上述操作，合并上清液，用1.0mol/L的盐酸调pH值为3.5±0.2，加入2.0mL七氟丁酸溶液（4.10），旋涡混匀。

7.2　净化

固相萃取柱用3.0mL甲醇（4.1），3mL七氟丁酸溶液（4.11）淋洗后，将提取液加载在固相萃取柱上，控制流速约1滴/s，先用3mL七氟丁酸溶液（4.11）淋洗，再用每次3mL水淋洗两次，弃去淋洗液，抽干5min。用5mL乙腈-七氟丁酸溶液（4.11）（80+20，体积比）洗脱，收集洗脱液于精密刻度试管中，40℃氮气流挥去部分溶剂，用七氟丁酸溶液（4.11）定容至1.0mL，旋涡混匀后，过0.2μm微孔滤膜，液相色谱-质谱/质谱测定。

7.3　测定

7.3.1　标准工作曲线制备

制备混合标准浓度系列，壮观霉素、双氢链霉素、链霉素、丁胺卡那霉素、卡那霉素、妥布霉素、庆大霉素分别为50ng/mL、100ng/mL、250ng/mL、500ng/mL、1 000ng/mL，新霉素、潮霉素B、安普霉素分别为300ng/mL、500ng/mL、1 000ng/mL、1 500ng/mL、2 000ng/mL，按7.3.2条件测定并制作标准曲线，

10 种氨基糖苷类药物的 CAS 号和在 7.3.2 色谱条件下测得的色谱保留时间参见表 B.1。

7.3.2 液相色谱条件

a）色谱柱：C_{18}柱（可用 Intersil ODS 3，粒径 5μm，柱长 150mm，内径 4.6mm 或相当者）；

b）流动相：甲醇+水+100mmol/L HFBA（梯度洗脱），流动相组成和洗脱梯度见表 1；

表 1 流动相组成和洗脱梯度

时间（min）	甲醇（%）	水（%）	100mmol/L HFBA（%）
0	5	75	20
0.5	5	75	20
1.0	60	20	20
12.0	70	10	20
12.1	80	0	20
15.0	80	0	20
15.1	5	75	20
35.0	5	75	20

c）流速：0.3mL/min；

d）柱温：30℃；

e）进样量：30L。

7.3.3 质谱条件

7.3.4 液相色谱-串联质谱测定

7.3.4.1 定性测定

按照上述条件测定样品和建立标准工作曲线，如果样品中化合物质量色谱峰的保留时间与标准溶液相比在±2.5%的允许偏差之内；待测化合物的定性离子对的重构离子色谱峰的信噪比大于或等于 3（S/N≥3），定量离子对的重构离子色谱峰的信噪比大于或等于 10（S/N≥10）；定性离子对的相对丰度与浓度相当的标准溶液相比，相对丰度偏差不超过表 2 的规定，则可判断样品中存在相应的目标化合物。10 种氨基糖苷类药物标准工作溶液的定量离子对的重构离子色谱图参见图 B.1 至图 B.10。

表 2 定性时相对离子丰度的最大允许偏差

相对离子丰度	>50%	>20%~50%	>10%~20%	≤10%
允许的相对偏差	±20%	±25%	±30%	±50%

7.3.4.2 定量测定

按外标法使用标准工作曲线进行定量测定。

7.4 空白实验

除不加试样外，均按上述测定步骤进行。

7.5 结果计算

试样中每种氨基糖苷类药物残留量利用数据处理系统计算或按式（1）计算：

$$X = C \times \frac{V}{m} \times \frac{1\,000}{1\,000} \quad \cdots\cdots\cdots\cdots (1)$$

式中：

X——试样中被测组分残留量，单位为微克每千克（μg/kg）；

C——从标准工作曲线得到的被测组分溶液浓度，单位为纳克每毫升（ng/mL）；

V——试样溶液定容体积，单位为毫升（mL）；

m——试样溶液所代表的质量，单位为克（g）。

注：计算结果应扣除空白值。

8　检测低限（LOQ）

壮观霉素、双氢链霉素、链霉素、丁胺卡那霉素、卡那霉素、妥布霉素、庆大霉素为20μg/kg，新霉素、潮霉素B、安普霉素为100μg/kg。

9　回收率和精密度

9.1　鱼肉

9.1.1　壮观霉素、双氢链霉素、链霉素、丁胺卡那霉素、卡那霉素、妥布霉素、庆大霉素

添加水平为20μg/kg时，回收率范围为72.1%~94.7%。

添加水平为30μg/kg时，回收率范围为71.4%~95.4%。

添加水平为40μg/kg时，回收率范围为71.1%~98.0%。

9.1.2　新霉素、潮霉素B、安普霉素

添加水平为100μg/kg时，回收率范围为70.1%~93.6%。

添加水平为150μg/kg时，回收率范围为70.4%~93.0%。

添加水平为200μg/kg时，回收率范围为69.1%~94.5%。

9.2　鸡肉

9.2.1　壮观霉素、双氢链霉素、链霉素、丁胺卡那霉素、卡那霉素、妥布霉素、庆大霉素

添加水平为20μg/kg时，回收率范围为73.1%~94.5%。

添加水平为30μg/kg时，回收率范围为74.0%~97.9%。

添加水平为40μg/kg时，回收率范围为72.7%~98.3%。

9.2.2　新霉素、潮霉素B、安普霉素

添加水平为100μg/kg时，回收率范围为70.3%~102.6%。

添加水平为150μg/kg时，回收率范围为71.4%~95.2%。

添加水平为200μg/kg时，回收率范围为72.3%~96.0%。

9.3　猪肾

9.3.1　壮观霉素、双氢链霉素、链霉素、丁胺卡那霉素、卡那霉素、妥布霉素、庆大霉素

添加水平为20μg/kg时，回收率范围为72.1%~95.5%。

添加水平为30μg/kg时，回收率范围为73.0%~96.2%。

添加水平为40μg/kg时，回收率范围为70.7%~99.3%。

9.3.2　新霉素、潮霉素B、安普霉素

添加水平为100μg/kg时，回收率范围为73.9%~99.3%。

添加水平为150μg/kg时，回收率范围为71.4%~98.2%。

添加水平为200μg/kg时，回收率范围为73.0%~105.0%。

附 录 A
（资料性附录）
质谱/质谱测定参考质谱条件[1)]

质谱/质谱测定参考质谱条件：

a）离子源：电喷雾离子源；

b）扫描方式：正离子扫描；

c）检测方式：多反应监测；

d）电喷雾电压：5 000V；

e）雾化气压力：0.276MPa；

f）气帘气压力：0.207MPa；

g）辅助气压力：0.448MPa；

h）离子源温度：500℃；

i）定性离子对、定量离子对、碰撞气能量和去簇电压，见表 A.1。

表 A.1 氨基糖苷类药物的定性离子对、定量离子对、碰撞气能量和去簇电压

名称	定性离子对 (m/z) （母离子/子离子）	定量离子对 (m/z) （母离子/子离子）	碰撞气能量（eV）	去簇电压（V）
壮观霉素 (spectinomycin)	333.3/140.2	333.3/140.2	36	110
	333.3/189.2		32	115
潮霉素 B (hygromycin B)	528.3/177.3	528.3/177.3	44	145
	528.3/352.2		35	145
双氢链霉素 (dihydrostreptomycin)	584.3/263.3	584.3/263.3	45	140
	584.3/409.3		43	145
链霉素 (streptomycin)	582.4/263.3	582.4/263.3	47	160
	582.4/407.4		44	160
丁胺卡那霉素 (amikacin)	586.4/425.3	586.4/425.3	30	100
	586.4/324.2		34	100
卡那霉素 (kanamycin)	485.3/163.2	485.3/163.2	40	85
	485.3/324.2		26	85
安普霉素 (apramycin)	540.5/378.2	540.5/378.2	27	145
	540.5/217.2		42	140
妥布霉素 (tobramycin)	468.4/163.2	468.4/163.2	37	90
	468.4/205.2		35	90
庆大霉素 (gentamycin)	478.4/160.2	478.4/157.3	35	75
	478.4/157.3		36	70

（续表）

名称	定性离子对（m/z）（母离子/子离子）	定量离子对（m/z）（母离子/子离子）	碰撞气能量（eV）	去簇电压（V）
新霉素（neomycin）	615.4/293.3	615.4/293.3	36	150
	615.4/323.3		34	150

1）所列参数是在 ABI4000 质谱仪完成的，此处列出的试验用仪器型号仅是为了提供参考，并不涉及商业目的，鼓励标准使用者尝试不同型号的仪器。

附 录 B
（资料性附录）
标准样品定量离子对重构离子色谱图

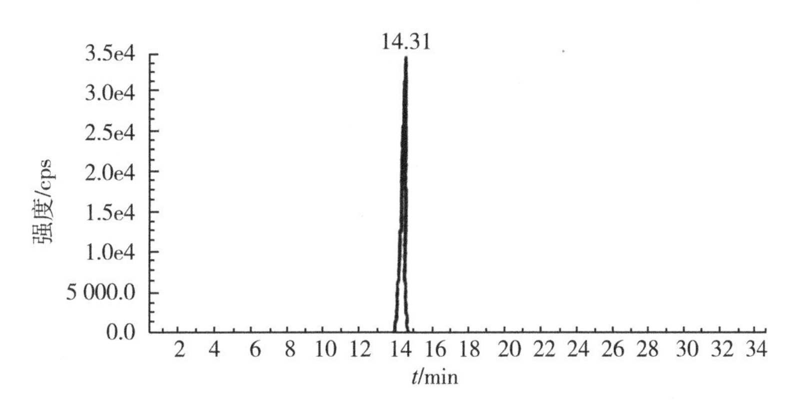

图 B.1 壮观霉素重构离子质量色谱图

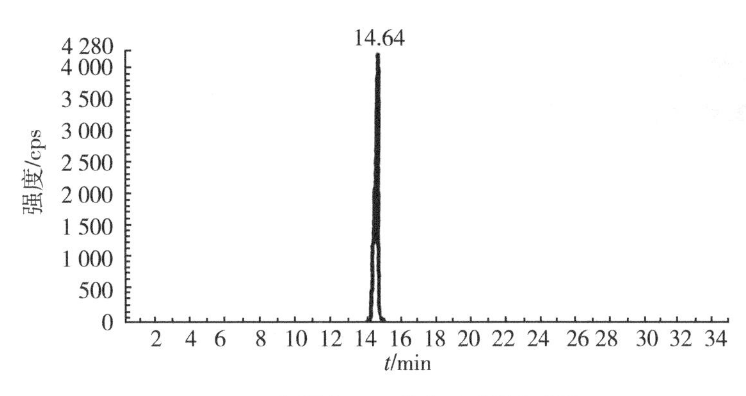

图 B.2 潮霉素 B 重构离子质量色谱图

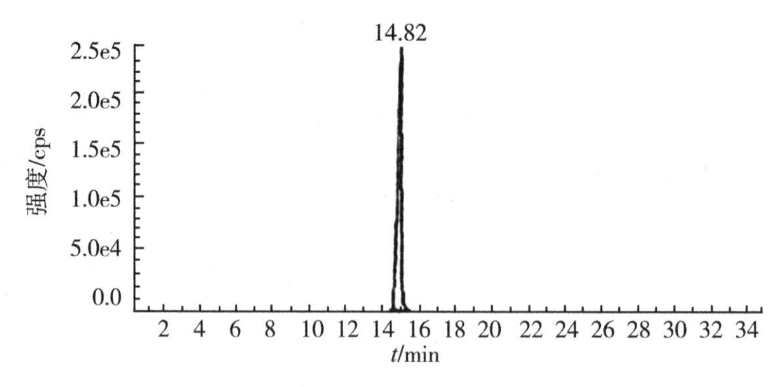

图 B.3　双氢链霉素重构离子质量色谱图

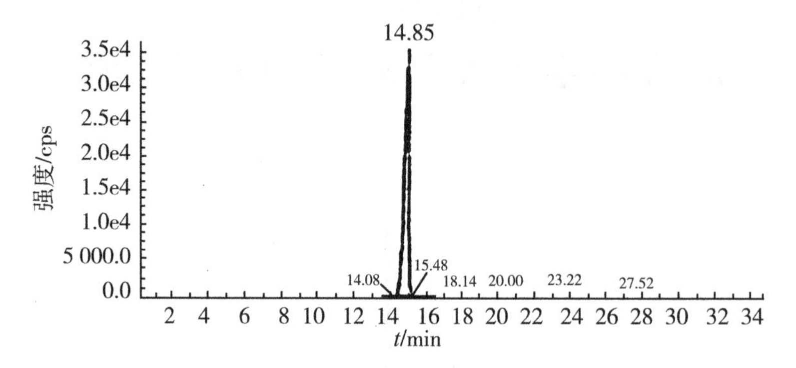

图 B.4　链霉素重构离子质量色谱图

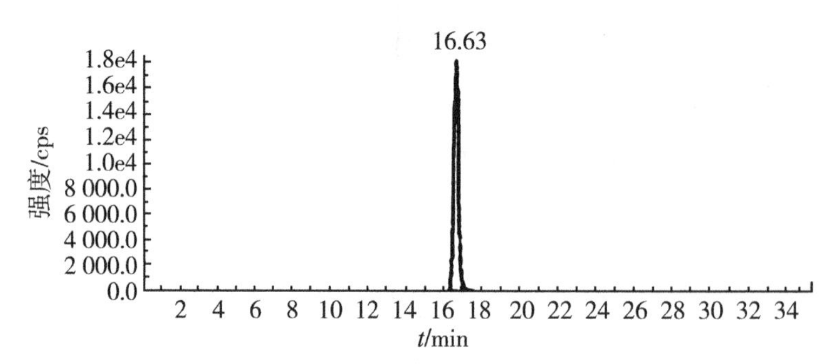

图 B.5　丁胺卡那霉素重构离子质量色谱图

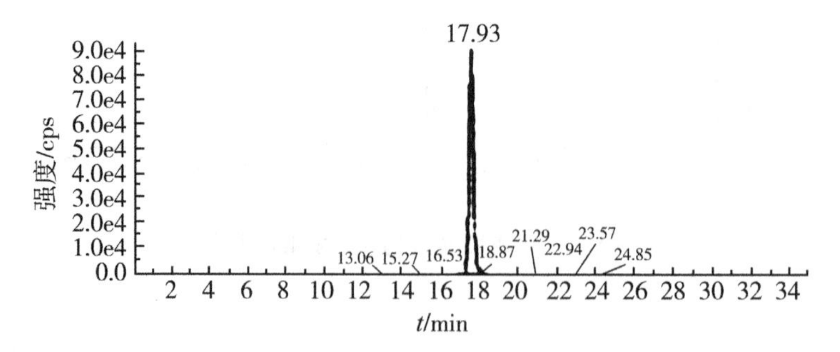

图 B.6　卡那霉素重构离子质量色谱图

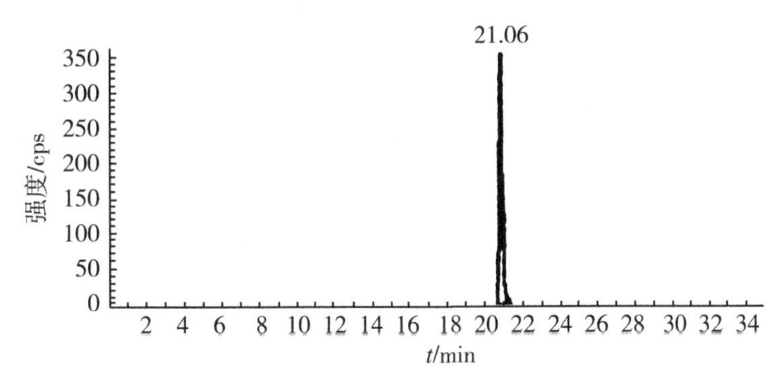

图 B.7　安普霉素重构离子质量色谱图

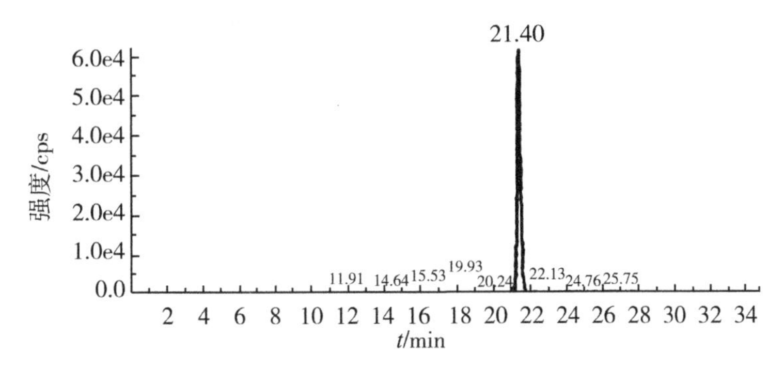

图 B.8　妥布霉素重构离子质量色谱图

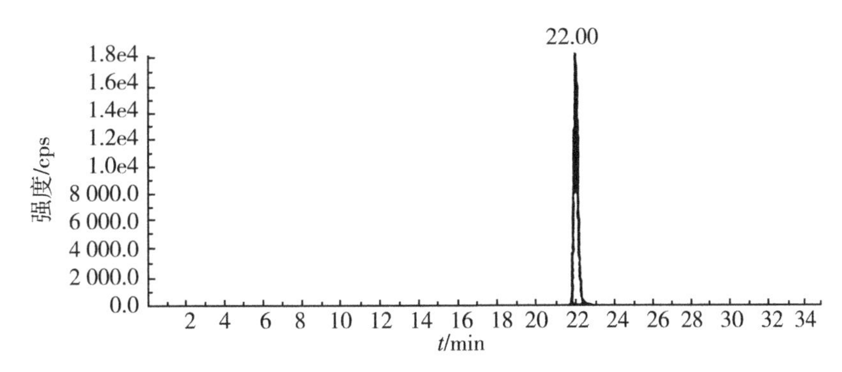

图 B.9　庆大霉素重构离子质量色谱图

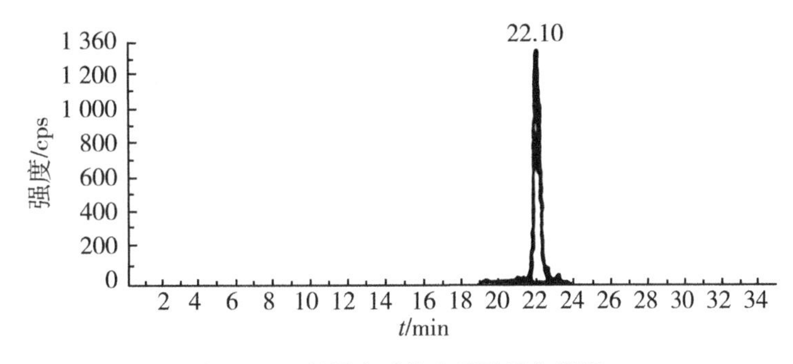

图 B.10　新霉素重构离子质量色谱图

表 B. 1　10 种氨基糖苷药物参考保留时间及 CAS 号

化合物名称	保留时间（min）	CAS 号	化合物名称	保留时间（min）	CAS 号
壮观霉素 (spectinomycin)	14. 31	21736-83-4	卡那霉素 (kanamycin)	17. 93	25389-94-0
潮霉素 B (hygromycin B)	14. 64	31282-04-9	安普霉素 (apramycin)	21. 06	1445-69-8
双氢链霉素 (dihydrostreptomycin)	14. 82	5490-27-7	妥布霉素 (tobramycin)	21. 40	32986-56-4
链霉素 (streptomycin)	14. 85	3810-74-0	庆大霉素 (gentamycin)	22. 00	1405-41-0
丁胺卡那霉素 (amikacin)	16. 63	37517-28-5	新霉素 (neomycin)	22. 10	1405-10-3

ICS 67.120
B 45

中华人民共和国国家标准

农业部1163号公告—2—2009

动物性食品中林可霉素和大观霉素残留检测 气相色谱法

Gas chromatographic method for determination of Lincomycin and Spectinomycin residues in animal products

2009-02-06 发布 2009-03-01 实施

中华人民共和国农业部 发布

前　言

本标准的附录 A 为资料性附录。
本标准由中华人民共和国农业部提出并归口。
本标准起草单位：华中农业大学。
本标准主要起草人：袁宗辉、于刚、陶燕飞、陈冬梅、王玉莲、黄玲利、彭大鹏、戴梦红、刘振利。

动物性食品中林可霉素和大观霉素残留检测　气相色谱法

1　范围

本标准规定了动物源性食品中林可霉素和大观霉素残留检测的制样和气相色谱测定方法。

本标准适用于猪肾脏、猪肌肉、牛肾脏、牛肌肉、鸡胸肌、鸡肾脏、鸡蛋、牛奶中林可霉素和大观霉素单个或多个残留量的定量测定。

2　规范性引用文件

下列文件中的条款通过本标准的引用而成为本标准的条款。凡是注日期的引用文件，其随后所有的修改单（不包括勘误的内容）或修订版均不适用于本标准，然而，鼓励根据本标准达成协议的各方研究是否可使用这些文件的最新版本。凡是不注日期的引用文件，其最新版本适用于本标准。

GB/T 6682 分析实验室用水规格和试验方法。

3　制样

3.1　样品的制备

取适量新鲜或冷藏的空白或供试组织，绞碎并使均匀。

3.2　样品的保存

-20℃以下贮存备用。

4　测定方法

4.1　方法提要或原理

试料用磷酸缓冲液提取，利用离子对原理反相 SPE 柱净化，BSTFA 衍生后用 GC-NPD 测定。

4.2　试剂和材料

以下所用的试剂，除特别注明外均为分析纯试剂。水为符合 GB/T 6682 规定的一级水。

4.2.1　盐酸林可霉素标准品（$C_{18}H_{34}N_2O_6SHCl$），含量≥99%。

4.2.2　硫酸大观霉素标准品（$C_{14}H_{24}N_2O_7H_2SO_4$），含量≥98%。

4.2.3　N，O-双（三甲基硅烷基）三氟乙酰胺［BSTFA，N，O-bis（trimethylsily）trifluoroacetamide］。

4.2.4　Waters oasis HLB SPE 柱（60mg/3mL）或相当者。

4.2.5　甲醇。

4.2.6　乙腈：色谱纯。

4.2.7　正己烷：色谱纯。

4.2.8　磷酸二氢钾：优级纯。

4.2.9　磷酸：优级纯。

4.2.10　氢氧化钾：优级纯。

4.2.11　三氯乙酸：优级纯。

4.2.12　十二烷基磺酸钠：色谱纯。

4.2.13　乙酸：优级纯。

4.2.14　40%氢氧化钾溶液：称取氢氧化钾 40g，加水溶解并稀释至 100mL。

4.2.15　10%氢氧化钾溶液：称取氢氧化钾 10g，加水溶解并稀释至 100mL。

4.2.16　1mol/L 的盐酸：量取浓盐酸 9mL，加水稀释至 100mL。

4.2.17　提取液：称取磷酸二氢钾 1.36g，加水溶解并稀释至1 000mL，磷酸调节 pH 值至 4.0，加入三氯乙酸 30g。

4.2.18　十二烷基磺酸钠溶液：称取十二烷基磺酸钠2.78g，加水溶解并稀释至50mL。

4.2.19　十二烷基磺酸钠缓冲液：称取十二烷基磺酸钠2.78g，用水溶解，加入乙酸1mL，并稀释至500mL。

4.2.20　标准贮备液：称取林可霉素对照品约10mg（以纯品计算）于10mL容量瓶中，用甲醇溶解、定容，制成1.0mg/mL的标准贮备液。

称取大观霉素对照品约10mg（以纯品计算）于10mL容量瓶中，用超纯水溶解、定容，制成1.0mg/mL的标准贮备液。配制完毕后移至10mL聚四氟乙烯管中储存。

以上2~8℃避光保存，有效期6个月。

4.2.21　标准工作液：准确量取林可霉素和大观霉素标准贮备液适量，用甲醇稀释成适宜浓度的标准工作液，2~8℃避光保存，有效期1周。

4.3　仪器和设备

4.3.1　气相色谱仪：配氮磷检测器。

4.3.2　分析天平：感量0.000 01g，感量0.01g。

4.3.3　离心机。

4.3.4　电热恒温水浴锅。

4.3.5　旋涡混合器。

4.3.6　组织匀浆机。

4.4　测定步骤

4.4.1　试料的制备

试料的制备包括：

取混合均匀后的供试样品，作为供试试料；

取混合均匀后的空白样品，作为空白试料。

4.4.2　提取

称取试料（2±0.05）g于50mL聚四氟乙烯离心管中，加提取液15mL。旋涡混合，摇床振荡30min，5 000r/min离心10min。取上清液，残渣用提取液10mL重复提取一次。合并上清液，5 000r/min离心15min。水层（用40%、10%氢氧化钾和1mol/L盐酸）调节pH值到5.8±0.22。加十二烷基磺酸钠溶液2mL，旋涡混合后静置15min，备用。

牛奶样品的提取：量取试料（2±0.05）mL置于50mL聚四氟乙烯离心管中，加提取液10mL。旋涡混合，摇床振荡30min，5 000r/min离心10min。取上清液，残渣用提取液10mL重复提取一次。合并上清液，加正己烷5mL，5 000r/min离心15min，弃有机层。提取液调节pH值至5.8±0.2。加十二烷基磺酸钠溶液2mL，旋涡混合后静置15min，备用。

4.4.3　净化

固相萃取柱依次用甲醇、水、十二烷基磺酸钠缓冲液各3mL预洗，取备用液过柱，用水3mL淋洗2次，甲醇4mL洗脱，收集洗脱液，水浴40℃下氮气吹干至约100μL左右时取出，室温下吹干。加500μL硅烷化试剂（BSTFA）和100μL乙腈，旋涡混合1min，密封，75℃恒温箱中，衍生反应1h；于室温下氮气吹干；加1.0mL正己烷，旋涡混合2min，为试样溶液，供GC-NPD分析。

4.4.4　标准曲线的制备

分别精密量取适量标准贮备液，制成混合标准溶液，再用甲醇稀释成其中林可霉素浓度为20 000μg/L、10 000μg/L、5 000μg/L、1 000μg/L、500μg/L、100μg/L、50μg/L，大观霉素为20 000μg/L、10 000μg/L、5 000μg/L、1 000μg/L、500μg/L、100μg/L、50μg/L的工作液。按照衍生化反应步骤得到系列衍生化产物，供气相色谱分析，将测得的峰面积与相对应浓度绘制标准曲线。

4.4.5　测定

4.4.5.1　气相色谱条件

a）色谱柱：HP-5，30.0m×320μm×0.25μm。

b）进样口温度：280℃。

c）进样方式：不分流。

d）进样体积：1μL。

e）模式：恒流。

f）载气：氮气（99.999%）。

g）柱流速：1mL/min。

h）柱温升温程序见表1。

表1　柱温刀温程序

起始温度（℃）	终止温度（℃）	升温速率（℃/min）	保持时间（min）	总时间（min）
150	150	—	2.0	2.0
150	300	20	10	19.5

i）检测器温度：325℃。

j）辅助气：氢气3mL/min，空气60mL/min。

k）尾吹气：氮气12mL/min。

4.4.5.2　气相色谱测定

取适量试样溶液和相应的标准溶液，做单点或多点校准，按外标法，以峰面积积分值定量，标准工作液及试样液中林可霉素和大观霉素的响应值均应在仪器检测的线性范围之内。在上述色谱条件下，标准溶液和试样的液相色谱图参见附录A。

4.4.6　空白实验

除不加试样外，采用完全相同的测定步骤进行平行操作。

4.5　结果计算与表述

试料中林可霉素和（或）大观霉素的残留量（μg/L或μg/kg）按式（1）计算：

$$X = \frac{A \times Cs \times V}{As \times W} \quad \cdots\cdots\cdots\cdots (1)$$

式中：

X——试料中林可霉素和（或）大观霉素残留量，单位为微克每千克或微克每升（μg/kg或μg/L）；

A——试样溶液中林可霉素和（或）大观霉素的峰面积；

As——标准工作液中林可霉素和（或）大观霉素的峰面积；

Cs——标准工作液中林可霉素和（或）大观霉素的浓度，单位为纳克每毫升（ng/mL）；

V——溶解残余物所得试样溶液体积，单位为毫升（mL）；

W——样品质量，单位为克或毫升（g或mL）。

注：计算结果需将空白值扣除。

5　检测方法灵敏度、准确度、精密度

5.1　灵敏度

在猪、牛、鸡的肌肉和肾脏中林可霉素的定量限为30μg/kg，在鸡蛋、牛奶中林可霉素的定量限为25μg/kg；在猪、牛、鸡的肌肉和肾脏、鸡蛋、牛奶中大观霉素的定量限为40μg/kg。

5.2　准确度

本方法在样品中添加药物浓度为30~100μg/kg的回收率为70%~110%，添加药物浓度≥100μg/kg的回收率为80%~110%。

5.3　精密度

本方法在组织中添加药物浓度为30~100μg/kg的变异系数CV≤21%，添加100~1 000μg/kg的变异系

数 CV≤17%；1 000~3 000μg/kg的变异系数 CV≤11%。

附　录　A
（资料性附录）
标准溶液和试样的液相色谱图

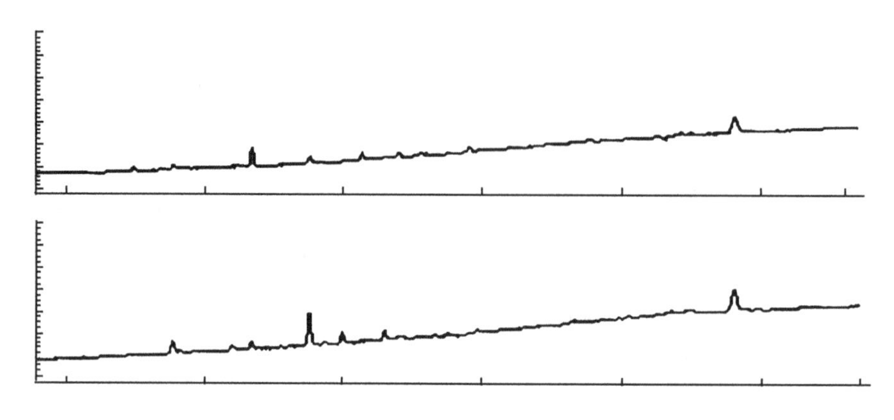

图 A.1　林可霉素和大观霉素浓度均为 50μg/L 的标准溶液色谱图

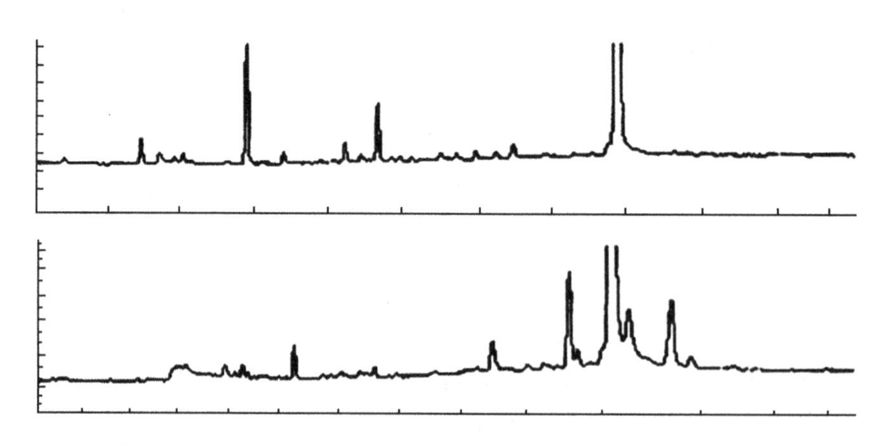

图 A.2　猪空白肾脏和添加药物（林可霉素 30μg/kg、大观霉素 40μg/kg）色谱图

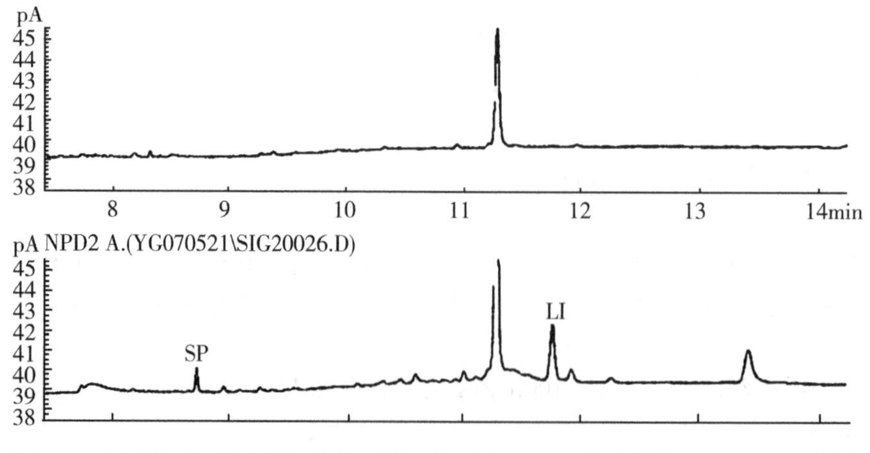

图 A.3　空白牛奶和牛奶添加药物（林可霉素 25μg/L、大观霉素 40μg/L）色谱图

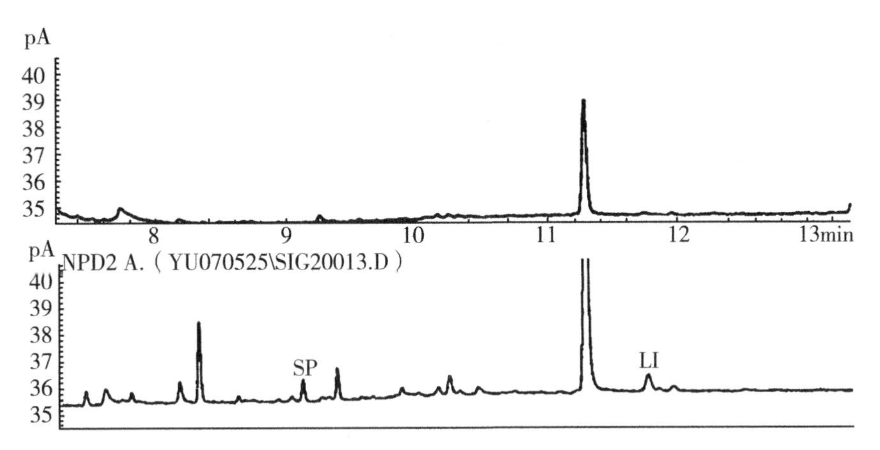

图 A.4　空白鸡蛋和鸡蛋添加药物（林可霉素 25μg/kg、大观霉素 40μg/kg）色谱图

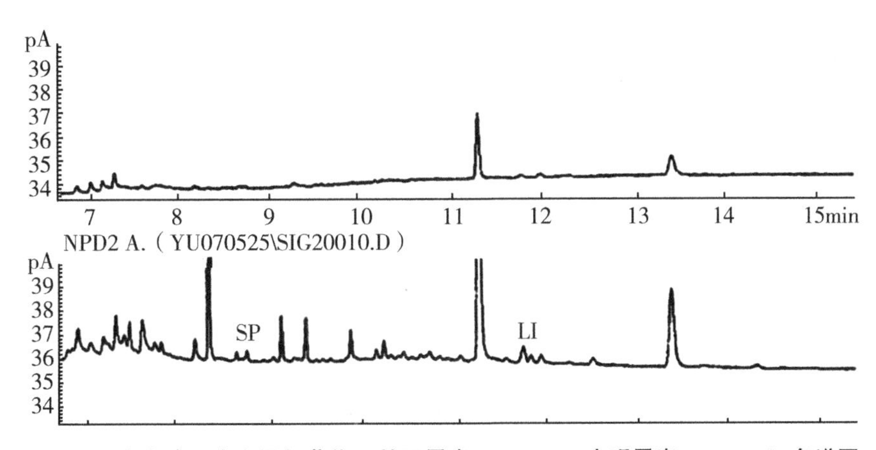

图 A.5　空白猪肌肉和添加药物（林可霉素 30μg/kg、大观霉素 40μg/kg）色谱图

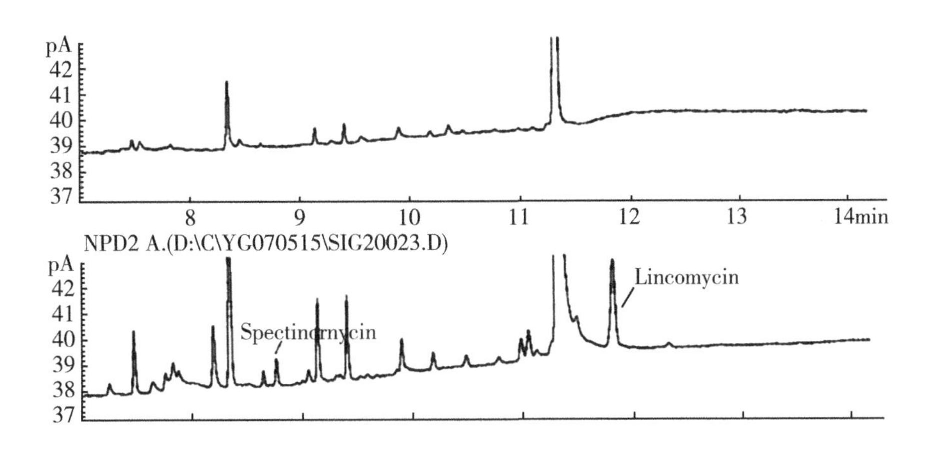

图 A.6　空白猪肾脏和添加药物（林可霉素 30μg/kg、大观霉素 40μg/kg）色谱图

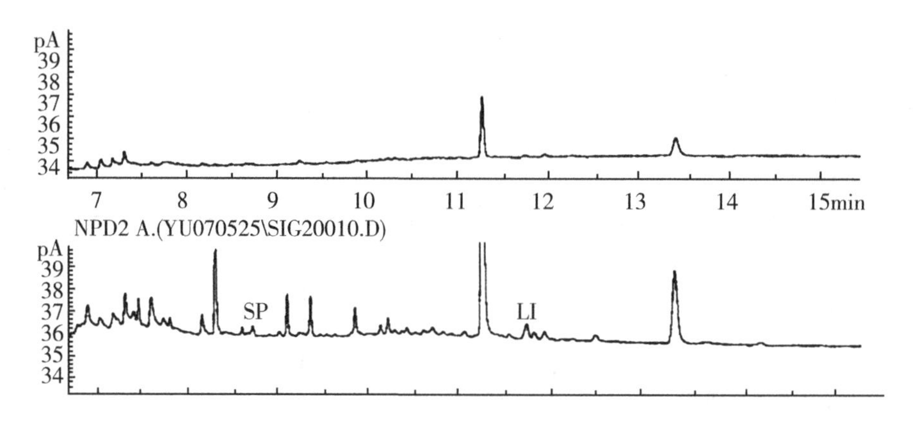

图 A.7 空白牛肌肉和添加药物（林可霉素 30μg/kg、大观霉素 40μg/kg）色谱图

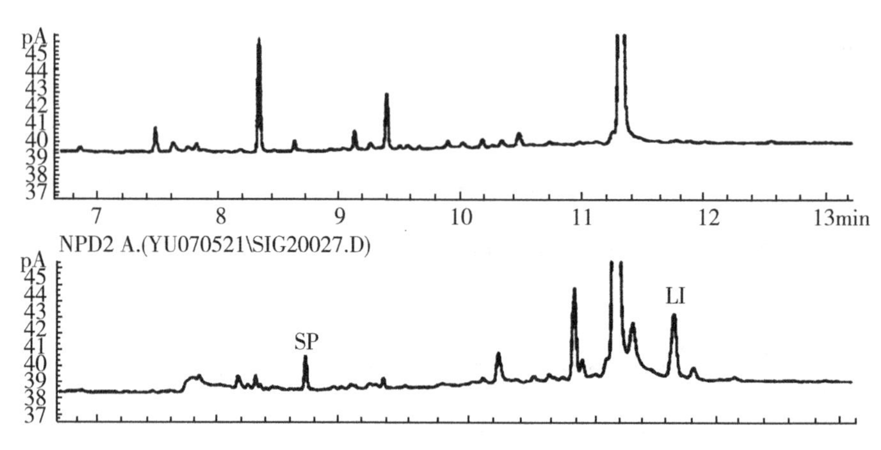

图 A.8 空白牛肾脏和添加药物（林可霉素 30μg/kg、大观霉素 40μg/kg）色谱图

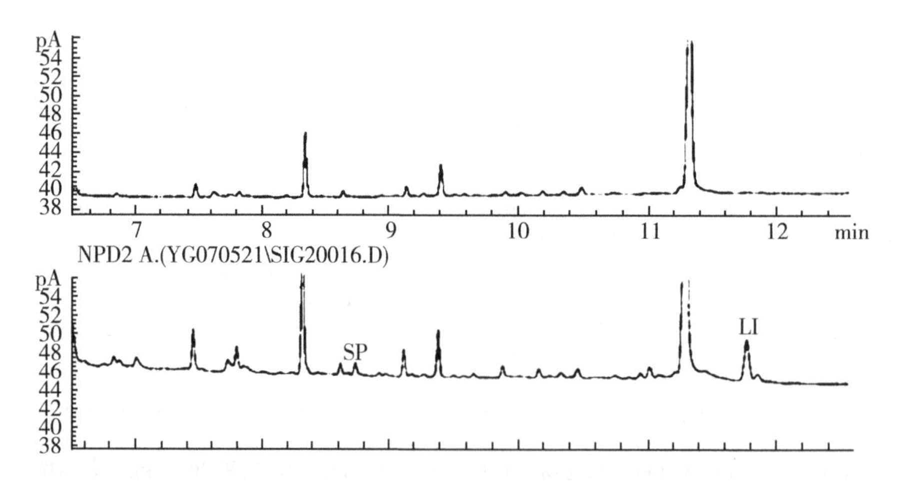

图 A.9 空白鸡肌肉和添加药物（林可霉素 30μg/kg、大观霉素 40μg/kg）色谱图

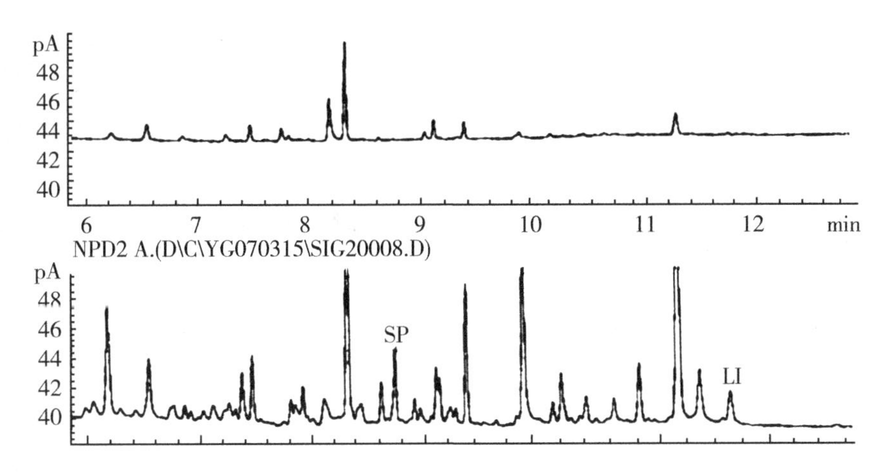

图 A. 10　空白鸡肾脏和添加药物（林可霉素 30μg/kg、大观霉素 40μg/kg）色谱图

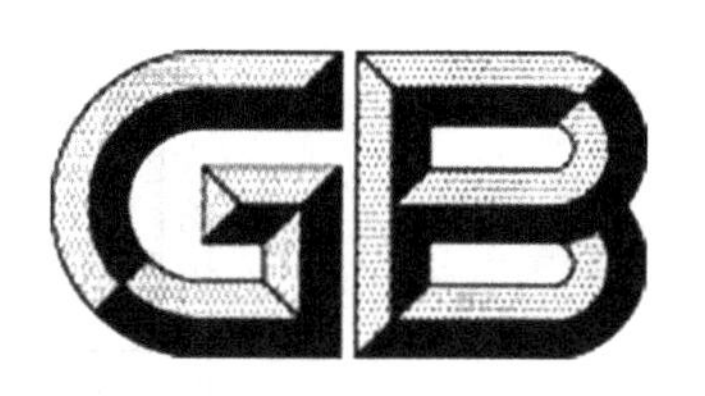

中华人民共和国国家标准

GB 29685—2013

食品安全国家标准 动物性食品中林可霉素、克林霉素和大观霉素多残留的测定 气相色谱-质谱法

2013-09-16 发布　　2014-01-01 实施

中华人民共和国农业部
中华人民共和国国家卫生和计划生育委员会　发布

食品安全国家标准
动物性食品中林可霉素、克林霉素和大观霉素多残留的测定　气相色谱-质谱法

1　范围

本标准规定了动物性食品中林可霉素、克林霉素和大观霉素残留量检测的制样和气相色谱-质谱测定方法。

本标准适用于猪、牛和鸡的肌肉和肾脏以及牛奶和鸡蛋中林可霉素、克林霉素和大观霉素单个或多个药物残留量的检测。

2　规范性引用文件

下列文件对于本文件的应用是必不可少的。凡是注日期的引用文件，仅注日期的版本适用于本文件。凡是不注日期的引用文件，其最新版本（包括所有的修改单）适用于本文件。

GB/T 6682 分析实验室用水规格和试验方法

3　原理

试料中残留的林可霉素、克林霉素和大观霉素，用磷酸缓冲液提取，3%三氯乙酸沉淀蛋白，离子对原理反相 SPE 柱净化，N,O-双（三甲基硅烷基）三氟乙酰胺衍生，气相色谱-质谱法测定，外标法定量。

4　试剂和材料

以下所用的试剂，除特别注明外均为分析纯试剂，水为符合 GB/T 6682 规定的一级水。

4.1　盐酸林可霉素标准品：含量≥99%；盐酸克林霉素和盐酸大观霉素标准品：含量≥95%。

4.2　N,O-双（三甲基硅烷基）三氟乙酰胺。

4.3　乙酸：优级纯。

4.4　甲醇：色谱纯。

4.5　乙腈：色谱纯。

4.6　正己烷：色谱纯。

4.7　磷酸二氢钾：优级纯。

4.8　磷酸：优级纯。

4.9　氢氧化钾：优级纯。

4.10　三氯乙酸：优级纯。

4.11　十二烷基磺酸钠：色谱纯。

4.12　HLB 固相萃取柱：6 060mg/3mL，或相当者。

4.13　提取液：取磷酸二氢钾 1.36g，用水溶解并稀释至1 000mL，用磷酸调节 pH 值至 4.0。

4.14　3%三氯乙酸溶液：取三氯乙酸 3.0g，用水溶解并稀释至 100mL。

4.15　2mol/L 氢氧化钾溶液：取氢氧化钾 11.6g，用水溶解并稀释至 100mL。

4.16　十二烷基磺酸钠溶液：取十二烷基磺酸钠 2.78g，用水溶解并稀释至 50mL。

4.17　十二烷基磺酸钠缓冲液：取十二烷基磺酸钠 2.78g，用水溶解，加乙酸 1mL，用水稀释至 500mL。

4.18　1mg/mL 林可霉素、克林霉素和大观霉素标准贮备液：精密称取林可霉素、克林霉素和大观霉素标准品各 10mg，分别置于 10mL 量瓶中，用甲醇溶解并稀释至刻度，配制成浓度为 1mg/mL 的林可霉素、克林霉素和大观霉素标准贮备液。2~8℃避光保存，有效期 6 个月。

4.19　100μg/mL 标准工作液：精密量取 1mg/mL 林可霉素、克林霉素和大观霉素标准贮备液各 1.0mL，分别于 10mL 量瓶中，用甲醇稀释至刻度，配制成浓度为 100μg/mL 的林可霉素、克林霉素和大观霉素标

准工作液。2~8℃避光保存，有效期 1 周。

5 仪器和设备

5.1 气相色谱-质谱联用仪：配 EI 源。

5.2 分析天平：感量 0.000 01g。

5.3 天平：感量 0.01g。

5.4 冷冻高速离心机。

5.5 电热恒温水浴锅。

5.6 旋涡混合器。

5.7 均质机。

5.8 聚四氟乙烯离心管：50mL。

6 试料的制备与保存

6.1 试料的制备

6.1.1 猪、牛和鸡的肌肉、肝脏和肾脏组织

取适量新鲜或解冻的空白或供试组织，绞碎，并使均质。

取均质后的供试样品，作为供试试料。

取均质后的空白样品，作为空白试料。

6.1.2 牛奶和鸡蛋

取适量新鲜或冷藏的空白或供试牛奶和鸡蛋，混合，并使均质。

取均质后的供试样品，作为供试试料。

取均质后的空白样品，作为空白试料。

取均质后的空白样品，添加适宜浓度的标准工作液，作为空白添加试料。

6.2 试料的保存

组织试料-20℃以下保存。鸡蛋和牛奶试料 2~8℃以下保存。

7 测定步骤

7.1 基质匹配标准曲线的制备

分别精密量取 100μg/mL 林可霉素、克林霉素和大观霉素标准工作液适量，用甲醇稀释，配制成浓度为 50μg/L、100μg/L、200μg/L、400μg/L、800μg/L、1 600μg/L 和 3 200μg/L的系列混合标准溶液，各取 1.0mL，分别溶解经提取、净化及吹干的空白试料残余物，充分混匀，室温吹干，加 N,O-双（三甲基硅烷基）三氟乙酰胺 500μL 和乙腈 100μL，旋涡混合 1min，密封，于 75℃恒温箱衍生反应 1h，于室温氮气吹干，加正己烷 0.5mL 溶解残余物，旋涡混匀，供气相色谱-质谱测定。以测得峰面积为纵坐标，对应的标准溶液浓度为横坐标，绘制标准曲线。求回归方程和相关系数。

7.2 提取

7.2.1 肌肉和肾脏组织

称取试料 5g±0.05g，于 50mL 聚四氟乙烯离心管中，加提取液 10mL，振荡 5min，5 000r/min离心 10min，取上清液于另一离心管中，残渣中加提取液 10mL，重复提取 1 次，合并 2 次上清液，加 3%三氯乙酸溶液 5mL，混匀，8 000r/min离心 10min，取上清液，用 2mol/L 氢氧化钾溶液调 pH 值至 5.8±0.2，加十二烷基磺酸钠溶液 2mL，旋涡混匀，静置 15min，备用。

7.2.2 牛奶和鸡蛋组织

称取试料 5g±0.05g，于 50mL 聚四氟乙烯离心管中，加提取液 10mL，振荡 5min，5 000r/min离心 10min，取上清液于另一离心管中，残渣中加提取液 10mL，重复提取 1 次，合并 2 次上清液，加正己烷 5mL，混匀，5 000r/min离心 15min，取下层液，用 2mol/L 氢氧化钾溶液调 pH 至 5.8±0.2，加十二烷基磺酸钠溶液 2mL，旋涡混匀，静置 15min，备用。

7.3　净化

HLB 柱依次用甲醇 3mL、水 3mL 和十二烷基磺酸钠缓冲液 3mL 活化，取备用液过柱，用水淋洗 2 次，每次 3mL，用甲醇 4mL 洗脱，收集洗脱液，于 40℃水浴氮气吹至近干，室温吹干，加 N,O-双（三甲基硅烷基）三氟乙酰胺 500μL 和乙腈 100μL，旋涡混合 1min，密封，于 75℃恒温箱衍生反应 1h，室温氮气吹干，用正己烷 0.5mL 溶解残余物，旋涡混匀，供气相色谱-质谱测定。

7.4　测定

7.4.1　色谱条件

7.4.1.1　色谱柱：毛细管色谱柱 Rtx-5（5%苯基甲基聚硅氧烷，30m×0.25mm），或相当者。

7.4.1.2　进样口温度：280℃。

7.4.1.3　进样方式：不分流。

7.4.1.4　进样体积：1μL。

7.4.1.5　模式：恒流。

7.4.1.6　载气：氦气（99.999%）。

7.4.1.7　柱流速：1mL/min。

7.4.1.8　柱温升温程序见表 1。

表 1　柱温升温程序

起始温度（℃）	终止温度（℃）	升温速率（℃/min）	保持时间（min）	总时间（min）
150	150	—	2.0	2.0
150	300	20	10	19.5

7.4.2　质谱条件

7.4.2.1　离子源温度：200℃。

7.4.2.2　接口温度：280℃。

7.4.2.3　质谱采集（SIM）：林可霉素和克林霉素扫描离子：126（定量离子），127，73。

大观霉素扫描离子：145（定量离子），171，187，201。

7.4.3　测定法

7.4.3.1　定性测定

通过样品色谱图的保留时间与标准品的保留时间、各色谱峰的特征离子与相应浓度标准品各色谱峰的特征离子相对照定性。样品与标准品的保留时间的相对偏差不大于 5%；样品特征离子的相对丰度与浓度相当混合标准溶液的相对丰度一致，相对丰度偏差不超过表 2 的规定，则可判断样品中存在相应的被测物。

表 2　定性测定时相对离子丰度的最大允许偏差

相对离子丰度	>50%	>20%至 50%	>10%至 20%	≤10%
允许的相对偏差	±10%	±15%	±20%	±50%

将供试试样和标准溶液的定量离子面积之比作单点校正定量。

7.4.3.2　定量测定

取试样溶液和标准溶液，按外标法，以峰面积定量，标准溶液及试样溶液中林可霉素、克林霉素和大观霉素响应值均应在仪器检测的线性范围内。在上述色谱-质谱条件下，林可霉素、克林霉素和大观霉素标准溶液和空白添加试样溶液中特征离子质量色谱图见附录 A。

7.5 空白试验

除不加试料外，采用完全相同的步骤进行平行操作。

8 结果计算与表述

单点校准：

$$C = \frac{CsA}{As} \quad \cdots\cdots\cdots\cdots (1)$$

基质匹配标准曲线校准：由 $A_s = aC_s + b$，求得 a 和 b，则：

$$C = \frac{A - b}{a} \quad \cdots\cdots\cdots\cdots (2)$$

试料中林可霉素、克林霉素和大观霉素的残留量按式（3）计算：

$$X = \frac{CV}{m} \quad \cdots\cdots\cdots\cdots (3)$$

式中：

C——供试试料溶液中相应的林可霉素、克林霉素或大观霉素浓度，单位为微克每升（μg/L）；

Cs——标准溶液中相应的林可霉素、克林霉素或大观霉素浓度，单位为微克每升（μg/L）；

A——供试试料溶液中相应的林可霉素、克林霉素或大观霉素的衍生物的峰面积；

As——标准溶液中相应的林可霉素、克林霉素或大观霉素的衍生物的峰面积；

X——供试试料中相应的林可霉素、克林霉素或大观霉素的残留量，单位为微克每千克（μg/kg）；

V——溶解残余物体积，单位为毫升（mL）；

m——供试试料质量，单位为克（g）。

注：计算结果需扣除空白值，测定结果用平行测定的算术平均值表示，保留 3 位有效数字。

9 检测方法灵敏度、准确度和精密度

9.1 灵敏度

本方法的检测限，林可霉素和克林霉素为 15μg/kg，大观霉素为 25μg/kg。

本方法林可霉素和克林霉素在肌肉、牛奶和鸡蛋中的定量限为 20μg/kg，在肾脏中定量限为 50μg/kg；大观霉素的定量限为 50μg/kg。

9.2 准确度

本方法克林霉素在 20~200μg/kg、林可霉素在 20~3 000μg/kg和大观霉素在 50~4 000μg/kg添加浓度水平上回收率为 70%~110%。

9.3 精密度

本方法批内相对标准偏差≤15%，批间相对标准偏差≤20%。

附　录　A
离子色谱图

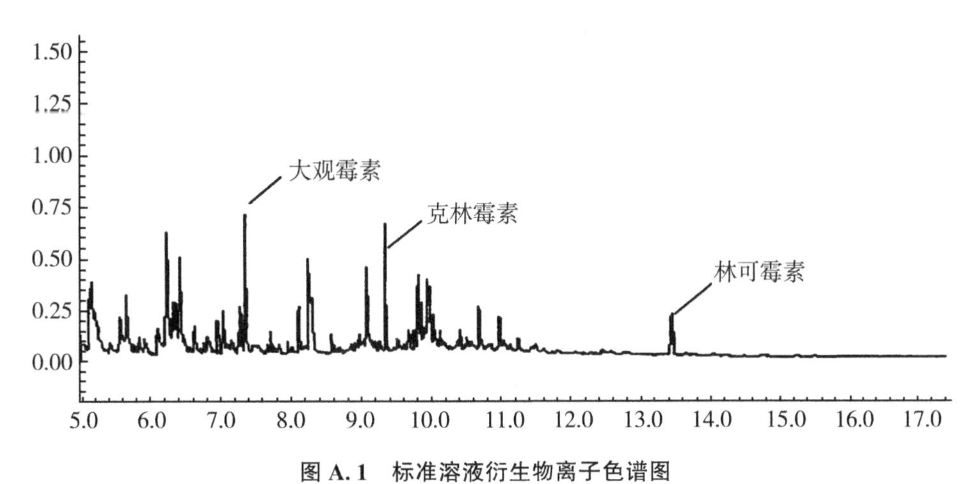

图 A.1　标准溶液衍生物离子色谱图

（林可霉素和克林霉素 100μg/L、大观霉素 250μg/L）

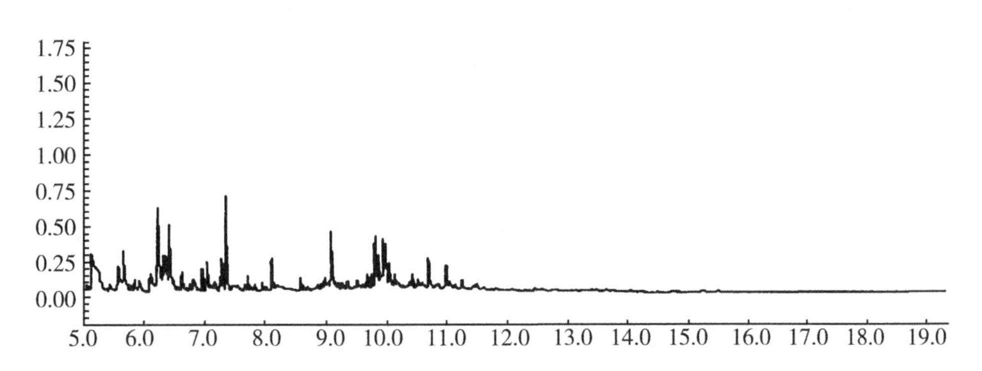

图 A.2　猪肌肉组织空白试样离子色谱图

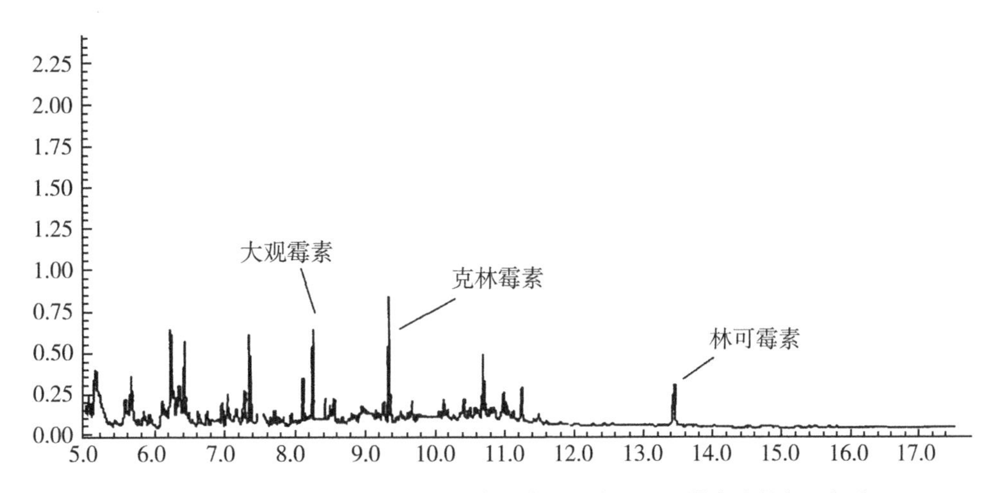

图 A.3　猪肌肉组织空白添加林可霉素、克林霉素和大观霉素试样离子色谱图

（林可霉素和克林霉素 20μg/kg、大观霉素 50μg/kg）

中华人民共和国国家标准

GB31660.5—2019

食品安全国家标准
动物性食品中金刚烷胺残留量的测定
液相色谱-串联质谱法

National food safety standard-
Determination of amantadine residue in animal derived food by liquid chromatogr aphy-tandem mass spectrometric method

2019-09-06 发布　　　　2020-04-01 实施

中华人民共和国农业农村部
中华人民共和国国家卫生健康委员会　发布
国家市场监督管理总局

前　言

本标准系首次发布。

食品安全国家标准
动物性食品中金刚烷胺残留量的测定
液相色谱-串联质谱法

1 范围

本标准规定了动物性食品中金刚烷胺残留量检测的制样和液相色谱-串联质谱测定方法。

本标准适用于猪、鸡和鸭的可食性组织（肌肉、肝脏和肾脏）及禽蛋中金刚烷胺残留量的检测。

2 规范性引用文件

下列文件对于本文件的应用是必不可少的。凡是注日期的引用文件，仅所注日期的版本适用于本文件。凡是不注日期的引用文件，其最新版本（包括所有的修改单）适用于本文件。

GB/T 6682 分析实验室用水规格和试验方法

3 原理

试样中金刚烷胺的残留用1%乙酸乙腈溶液提取，正己烷液-液分配去脂，基质固相分散净化，液相色谱-串联质谱正离子模式测定，内标法定量。

4 试剂和材料

4.1 试剂

除另有规定外，所有试剂均为分析纯，水为符合 GB/T 6682 规定的一级水。

4.1.1 甲醇（CH_3OH）：色谱纯。

4.1.2 乙腈（CH_3CN）：色谱纯。

4.1.3 正己烷（C_6H_{14}）：色谱纯。

4.1.4 冰乙酸（CH_3OH）；色谱纯。

4.1.5 甲酸（HCOOH）：色谱纯。

4.1.6 无水硫酸钠（Na_2SO_4）：色谱纯。

4.2 溶液配制

4.2.1 1%乙酸乙腈溶液：取冰乙酸 10mL，用乙腈稀释至1 000mL。

4.2.2 50%乙腈水溶液：取 50mL 乙腈，用水稀释至 100mL。

4.2.3 0.1%甲酸水溶液：取 1mL 甲酸，用水稀释至1 000mL。

4.3 标准品

金刚烷胺（Amantadine，$C_{10}H_{17}N$，CAS：768-94-5），含量≥98.0%；D_{15}-金刚烷胺（Amantadine-D_{15}，$C_{10}H_2D_{15}N$，CAS：33830-10-3），含量≥99.0%。

4.4 标准溶液的制备

4.4.1 标准贮备液：取金刚烷胺标准品、D_{15}-金刚烷胺标准品各约 10mg，精密称定，分别于 10mL 量瓶中，用甲醇溶解并稀释至刻度，配制成浓度为 1mg/mL 的金刚烷胺和 D_{15}-金刚烷胺标准贮备液。-20℃以下保存，有效期 3 个月。

4.4.2 标准工作液：分别精密量取上述标准贮备液 0.1mL，分别于 100mL 量瓶中，用甲醇稀释至刻度，配制成金刚烷胺、D_{15}-金刚烷胺浓度为 1μg/mL 的标准工作液。2~8℃保存，有效期 2 周。

4.5 材料

4.5.1 净化吸附剂：PSA（乙二胺-N-丙基硅烷），粒度 40μm。

4.5.2 滤膜：0.22μm。

4.5.3　针式过滤器：内填有 50mg 的 PSA 净化吸附剂，滤膜孔径 0.22μm。

5　仪器和设备

5.1　液相色谱-串联质谱仪：配有电喷雾离子源（ESI）。
5.2　分析天平：感量 0.000 01g 和 0.01g。
5.3　均质机。
5.4　旋涡混合器。
5.5　旋转蒸发仪。
5.6　离心机：转速 3 000r/min。
5.7　高速离心机：转速 1 000r/min。
5.8　氮吹仪。

6　试料的制备与保存

6.1　试料的制备

取适量新鲜或解冻的空白或供试组织，绞碎，并使均质。取适量新鲜或冷藏的空白或供试禽蛋，去壳后混合均匀。

取匀浆后的供试样品，作为供试试料。

取匀浆后的空白样品，作为空白试料。

取匀浆后的空白样品，添加适宜浓度的标准工作液，作为空白添加试料。

6.2　试料的保存

-20℃以下保存。

7　测定步骤

7.1　提取

称取试料 2g（准确至±20mg），于 50mL 离心管中，加 D_{15}-金刚烷胺标准工作液 20μL，加 1%乙酸乙腈溶液 10mL，旋涡 2min，3 000r/min离心 5min，上清液转入另一 50mL 离心管中，重复提取一次，合并两次上清液，备用。

7.2　净化

取备用液，加无水硫酸钠 3g、正己烷 10mL，涡旋 1min，3 000r/min离心 5min，弃去正己烷层，剩余溶液转至 100mL 鸡心瓶中，40℃水浴下旋转蒸干，用 1.0mL 甲醇溶解残渣。（1）加入 PSA 50mg，旋涡 30s，取上清液过滤膜至 1.5mL 试管中；或者（2）直接匀速通过针式过滤器，呈滴状流入 1.5mL 试管中。量取滤液 0.5mL 于离心管中，40℃氮气吹干，加入 50%乙腈水溶液 0.5mL，旋涡 30s，10 000r/min离心 5min，取上清液供上机测定。

7.3　标准曲线的制备

溶剂标准溶液：准确量取金刚烷胺和 D_{15}-金刚烷胺标准工作液适量，用 50%乙腈水溶液稀释配制成金刚烷胺浓度为 2μg/L、4μg/L、10μg/L、20μg/L、100μg/L、200μg/L，D_{15}-金刚烷胺浓度均为 20μg/L 的金刚烷胺系列标准溶液，供液相色谱-串联质谱测定。

基质匹配标准溶液：取各自空白组织试料，除不加 D_{15}-金刚烷胺标准工作液外，均按上述方法处理分别制得其空白基质溶液，准确量取金刚烷胺和 D_{15}-金刚烷胺标准工作液适量，分别用空白基质溶液稀释，配制成金刚烷胺浓度为 2μg/L、4μg/L、10μg/L、20μg/L、100μg/L、200μg/L，D_{15}-金刚烷胺浓度均为 20μg/L 的系列基质匹配标准溶液，临用现配，供液相色谱-串联质谱测定。

7.4　测定

7.4.1　色谱条件

a）色谱柱：C18（150×2.1mm，3.5μm），或相当者；

b）流动相：A，0.1%甲酸水溶液；B，甲醇；

c）流速：0. 3mL/min；

d）进样量：10μL；

e）预平衡时间：2min；

f）流动相梯度洗脱程序见表 1。

表 1　梯度洗脱程序

时间（min）	A（%）	B（%）
0	90	10
1. 5	90	10
2	10	90
5	10	90
5. 1	90	10
10	90	10

7. 4. 2　质谱条件

a）离子源：电喷雾离子源；

b）扫描方式：正离子扫描；

c）检测方式：多反应离子监测（MRM）；

d）脱溶剂气、锥孔气、碰撞气均为高纯氮气或其他合适气体；

e）喷雾电压、碰撞能等参数应优化至最优灵敏度；

f）监测离子参数情况见表 2。

表 2　金刚烷胺和 D_{15}-金刚烷胺特征离子参考质谱条件

化合物	定性离子对（m/z）	定量离子对（m/z）	去簇电压（V）	碰撞能（eV）
金刚烷胺	152. 0>135. 0	152. 0>135. 0	50	18
	152. 0>93. 0		48	40
D_{15}-金刚烷胺	167. 3>150. 3	167. 3>150. 3	48	35

7. 4. 3　定性测定

通过试样色谱图的保留时间与相应标准品的保留时间、各色谱峰的特征离子与相应浓度标准溶液各色谱峰的特征离子相对照定性。试样与标准品保留时间的相对偏差不大于 5%；试样特征离子的相对丰度与浓度相当标准溶液的相对丰度一致，相对丰度偏差不超过表 3 的规定，则可判断试样中存在金刚烷胺残留。

表 3　定性测定时相对离子丰度的最大允许偏差

相对离子丰度	>50%	20%～50%	10%～20%	≤10%
允许的相对偏差	±20%	±25%	±30%	±50%

7. 4. 4　定量测定

取试样溶液、溶剂标准溶液或基质匹配标准溶液，作单点或多点校准，按内标法以峰面积比定量，标准溶液及试样溶液中金刚烷胺和 D_{15}-金刚烷胺峰面积比均应在仪器检测的线性范围内。在上述色谱-质谱条件下，金刚烷胺标准溶液特征离子质量色谱图分别见附录 A。

7. 5　空白试验

除不加试料外，采用完全相同的测定步骤进行测定。

8　结果计算和表述

试料中金刚烷胺的残留量按式（1）计算：

$$X = \frac{C_s \times C_{is} \times A_i \times A'_{is} \times V}{C'_{is} \times A_s \times A_{is} \times m} \quad \cdots\cdots\cdots\cdots (1)$$

式中：

X——供试试样中金刚烷胺残留量，单位为微克每千克（μg/kg）；

C_{is}——试样溶液中 D_{15}-金刚烷胺浓度，单位为微克每升（μg/L）；

C_s——标准溶液中金刚烷胺浓度，单位为微克每升（μg/L）；

C'_{is}——标准溶液中 D_{15}-金刚烷胺浓度，单位为微克每升（μg/L）；

A_i——试样溶液中金刚烷胺峰面积；

A_{is}——试样溶液中 D_{15}-金刚烷胺峰面积；

A_s——标准溶液中金刚烷胺峰面积；

A'_{is}——标准溶液中 D_{15}-金刚烷胺峰面积；

V——溶解残渣的甲醇体积，单位为毫升（mL）；

m——供试试样的质量，单位为克（g）。

计算结果需扣除空白值，测定结果用平行测定的算术平均值表示，保留3位有效数字。

9　检测方法的灵敏度、准确度和精密度

9.1　灵敏度

本方法的检测限为1μg/kg，定量限为2μg/kg。

9.2　准确度

本方法在2～100μg/kg 添加浓度水平上的回收率为70%～120%。

9.3　精密度

本方法批内相对标准偏差≤15%，批间相对标准偏差≤20%。

附　录　A
（资料性附录）
特征离子质量色谱图

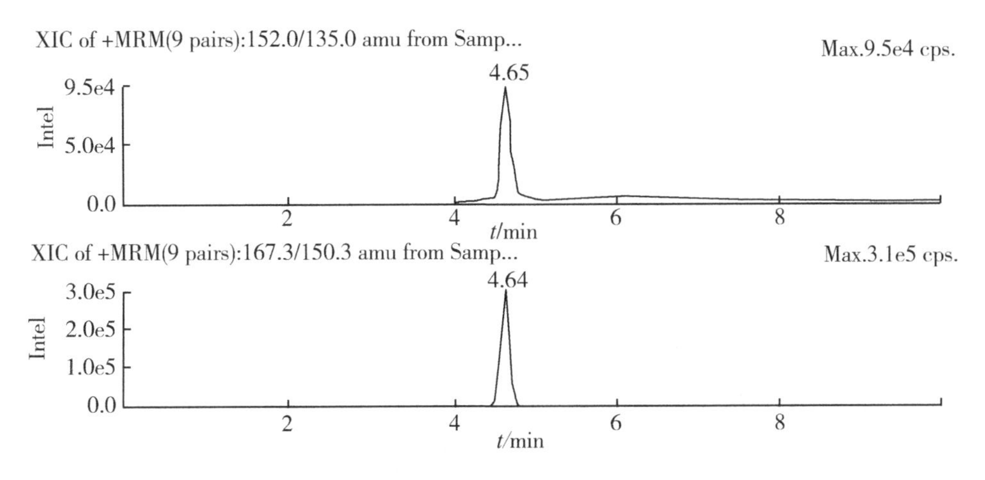

图 A.1　金刚烷胺标准溶液特征离子质量色谱图（4μg/L）

ICS 67.050
CCS X 04

中华人民共和国国家标准

GB 31658.20—2022

食品安全国家标准
动物性食品中酰胺醇类药物及其代谢物残留量的测定 液相色谱-串联质谱法

National food safety standard-
Determination of amphenicols and metabolite residues in animal derived food by liquid chromatography-tandem mass spectrometry method

2022-09-20 发布　　2023-02-01 实施

中华人民共和国农业农村部
中华人民共和国国家卫生健康委员会　发布
国家市场监督管理总局

前　言

本文件按照 GB/T 1. 1—2020《标准化工作导则　第 1 部分：标准化文件的结构和起草规则》的规定起草。

本文件系首次发布。

食品安全国家标准
动物性食品中酰胺醇类药物及其代谢物残留量的测定
液相色谱–串联质谱法

1 范围

本文件规定了动物性食品中酰胺醇类药物及其代谢物残留量检测的制样和液相色谱–串联质谱测定方法。

本文件适用于猪、鸡、牛、羊的肌肉、肝脏、肾脏、脂肪组织、以及鸡蛋、牛奶、羊奶中氯霉素、甲砜霉素、氟苯尼考和氟苯尼考胺残留量的测定。

2 规范性引用文件

下列文件中的内容通过文中的规范性引用而构成本文件必不可少的条款。其中，注日期的引用文件，仅该日期对应的版本适用于本文件；不注日期的引用文件，其最新版本（包括所有的修改单）适用于本标准。

GB/T 6682 分析实验室用水规则和试验方法

3 术语和定义

本文件没有需要界定的术语和定义。

4 原理

试样中残留的氯霉素、甲砜霉素、氟苯尼考和氟苯尼考胺用2%氨化乙酸乙酯溶液提取，正己烷脱脂，氨化乙酸乙酯反萃取，液相色谱–串联质谱法测定，内标法定量。

5 试剂和材料

除另有规定外，所有试剂均为分析纯，水为符合GB/T 6682规定的一级水。

5.1 试剂

5.1.1 甲醇（CH_3OH）：色谱纯。

5.1.2 乙腈（CH_3CN）：色谱纯。

5.1.3 氨水（$NH_3 \cdot H_2O$）。

5.1.4 乙酸乙酯（$C_4H_8O_2$）。

5.1.5 无水硫酸钠（Na_2SO_4）。

5.1.6 氯化钠（NaCl）。

5.1.7 甲酸铵（$HCOONH_4$）。

5.1.8 正己烷（C_6H_{14}）。

5.2 溶液配制

5.2.1 2%氨化乙酸乙酯溶液：取氨水20mL，用乙酸乙酯稀释至1 000mL。

5.2.2 4%氯化钠溶液：取氯化钠4g，用水溶解并稀释至100mL。

5.2.3 4%氯化钠饱和的正己烷：取4%氯化钠溶液适量，加入过量的正己烷，混合，静置分层，取上层正已烷。

5.2.4 20%甲醇溶液：取甲醇20mL，用水稀释至100mL。

5.2.5 10mmo/L甲酸铵溶液：取甲酸铵0.63g，用水溶解并稀释至1 000mL。

5.3 标准品

氯霉素、甲砜霉素、氟苯尼考、氟苯尼考胺，含量均≥99%，氯霉素–D_5、甲砜霉素–D_3、氟苯尼考–

D_3、氟苯尼考胺-D_3内标，含量均≥98%，具体见附录A。

5.4　标准溶液制备

5.4.1　标准储备液：取氯霉素、甲砜霉素、氟苯尼考、氟苯尼考胺标准品各适量（相当于各活性成分约10mg），精密称定，分别加甲醇适量使溶解并稀释定容至100mL容量瓶中，配制成浓度为100μg/mL的标准储备液。-18℃以下保存，有效期12个月。

5.4.2　内标储备液：取氯霉素-D_5、甲砜霉素-D_3、氟苯尼考-D_3、氟苯尼考胺-D_3内标各适量（相当于各活性成分约1mg），精密称定，分别加甲醇适量使溶解并稀释定容至10mL容量瓶中，配制成浓度为L的内标储备液。-18℃以下保存，有效期12个月。

5.4.3　混合标准中间液：分别精密量取氯霉素标准储备液0.1mL，甲砜霉素、氟苯尼考、氟苯尼考胺标准储备液各0.5mL，于10mL容量瓶中，用甲醇稀释至刻度，配制成氯霉素浓度为1μg/mL，甲砜霉素、氟苯尼考、氟苯尼考胺浓度为5μg/mL混合标准中间液。-18℃以下保存，有效期3个月。

5.4.4　混合内标中间液：分别精密量取氯霉素-D_5内标储备液0.1mL，甲砜霉素-D_3、氟苯尼考-D_3、氟苯尼考胺-D_3内标储备液各0.5mL，于10mL容量瓶中，用甲醇稀释至刻度，配制成氯霉素-D_5浓度为1μg/mL，甲砜霉素-D_3、氟苯尼考-D_3、氟苯尼考胺-D_3浓度为5μg/mL混合内标中间液。-18℃以下保存，有效期3个月。

5.4.5　混合内标工作液：取混合内标中间液，用20%甲醇溶液稀释成氯霉素-D_5浓度为10ng/mL，甲砜霉素-D_3、氟苯尼考-D_3、氟苯尼考胺-D_3浓度为50ng/mL混合内标工作液，现配现用。

5.5　材料

尼龙微孔滤膜：0.22μm。

6　仪器和设备

6.1　液相色谱-串联质谱仪：配电喷雾离子源（ESI）。

6.2　天平：感量0.000 01g和0.01g。

6.3　均质机。

6.4　旋涡混合器。

6.5　多管旋涡振荡器。

6.6　高速冷冻离心机：转速可达8 000r/min。

6.7　氮吹仪。

7　试样的制备与保存

7.1　试样的制备

7.1.1　肌肉、肝脏、肾脏和脂肪组织

取适量新鲜或解冻的空白或供试组织，绞碎，并均质。

a）取均质后的供试样品，作为供试试样；

b）取均质后的空白样品，作为空白试样；

c）取均质后的空白样品，添加适宜浓度的标准工作液，作为空白添加试样。

7.1.2　奶

取适量新鲜或解冻的空白或供试牛奶或羊奶，混合均匀。

a）取混合均匀后的供试样品，作为供试试样；

b）取混合均匀后的空白样品，作为空白试样；

c）取均质后的空白样品，添加适宜浓度的标准工作液，作为空白添加试样。

7.1.3　鸡蛋

取适量新鲜或冷藏的空白或供试鸡蛋，去壳，并均质。

a）取均质后的供试样品，作为供试试样；

b）取均质后的空白样品，作为空白试样；

c）取均质后的空白样品，添加适宜浓度的标准工作液，作为空白添加试样。

7.2　试样的保存

-18℃以下保存。

8　测定步骤

8.1　提取

取试料2g（准确至±0.05g），置于50mL离心管中，加混合内标工作液100μL，旋涡混匀，再加2%氨化乙酸乙酯溶液10mL（牛奶、羊奶样品需另加无水硫酸钠3g），旋涡30s，旋涡振荡10min，8 000r/min离心5min。上清液转入另一50mL离心管中，残渣中加2%氨化乙酸乙酯溶液10mL，重复提取1次。合并2次提取液，于50℃氮气吹干，待净化。

8.2　净化

取待净化残渣，加4%氯化钠溶液3mL，旋涡使溶解，再加4%氯化钠饱和的正己烷5mL，旋涡30s，8 000r/min离心5min，弃去上层正已烷层，用4%氯化钠饱和的正己烷重复脱脂1次。加2%氨化乙酸乙酯溶液5mL，旋涡振荡5min，8 000r/min离心5min，取上层有机相。用2%氨化乙酸乙酯溶液5mL重复萃取1次，合并有机相，50℃氮气吹干，加20%甲醇溶液1.0mL，旋涡30s，过0.22μm滤膜，供液相色谱-串联质谱仪测定。

8.3　标准曲线的制备

精密量取混合标准中间液和混合内标工作液适量，用20%甲醇溶液稀释，配制成氯霉素浓度分别为0.2μg/L、0.5μg/L、1μg/L、2μg/L、5μg/L、10μg/L，甲砜霉素、氟苯尼考、氟苯尼考胺浓度分别为1μg/L、2.5μg/L、5μg/L、10μg/L、25μg/L、50μg/L，氯霉素-D_5浓度均为1μg/L，甲砜霉素-D_3、氟苯尼考-D_3、氟苯尼考胺-D_3浓度均为5μg/L的系列标准溶液，临用现配，供液相色谱-串联质谱仪测定。以定量离子峰面积比为纵坐标、浓度为横坐标绘制标准曲线，求回归方程和相关系数。

8.4　测定

8.4.1　液相色谱参考条件

a）色谱柱：C_{18}色谱柱（100mm×2.1mm，1.7μm），或相当者；

b）柱温：30℃；

c）进样量：5μL；

d）流速：0.3mL/min；

e）流动相：A为10mmol/L甲酸铵溶液；B为乙腈；梯度洗脱程序见表1。

表1　梯度洗脱程序

时间（min）	10mmol/L甲酸铵溶液（%）	乙腈（%）
0	98	2
0.5	98	2
3.5	40	60
4	98	2
5	98	2

8.4.2　质谱参考条件

a）离子源：电喷雾离子源；

b）扫描方式：正离子扫描/负离子扫描；

c）检测方式：多反应离子监测（MRM）；

d）脱溶剂气、锥孔气、碰撞气均为高纯氮气或其他合适气体；

e）喷雾电压、碰撞能等参数应优化至最优灵敏度；

f）待测物离子源、定性离子对、定量离子对、锥孔电压和碰撞能量参考值见表 2。

表 2　待测物离子源、定性离子对、定量离子对、锥孔电压和碰撞能量参考值

药物	离子源	定性离子对（m/z）	定量离子对（m/z）	锥孔电压（V）	碰撞能量（eV）
氯霉素	ESI-	321. 1>151. 9	321. 1>151. 9	48	18
		321. 1>257. 0			10
甲砜霉素	ESI-	354. 1>185. 0	354. 1>185. 0	48	20
		354. 1>290. 0			12
氟苯尼考	ESI-	356. 1>185. 0	356. 1>336. 0	50	18
		356. 1>336. 0			8
氟苯尼考胺	ESI+	248. 2>130. 3	248. 2>230. 1	26	20
		248. 2>230. 1			10
氯霉素-D_5	ESI-	326. 1>136. 9	326. 1>136. 9	46	18
甲砜霉素-D_3	ESI-	357. 2>293. 0	357. 2>293. 0	48	10
氟苯尼考-D_3	ESI-	359. 2>339. 0	359. 2>339. 0	22	6
氟苯尼考胺-D_3	ESI+	251. 2>233. 1	251. 2>233. 1	18	12

8. 4. 3　测定法

8. 4. 3. 1　定性测定

在同样测试条件下，试料溶液中酰胺醇类药物及其代谢物的保留时间与标准工作液中酰胺醇类药物及其代谢物的保留时间相对偏差在±2. 5%以内，且检测到的相对离子丰度，应当与浓度相当的校正标准溶液相对离子丰度一致，其允许偏差应符合表 3 要求。

表 3　定性确证时相对离子丰度的允许偏差

相对离子丰度（%）	允许偏差（%）
>50	±20
20~50	±25
10~20	±30
≤10	±50

8. 4. 3. 2　定量测定

取试料溶液和相应的标准溶液，作单点或多点校准，按内标法以色谱峰面积比定量。标准溶液及试样溶液中酰胺醇类药物及其代谢物与其相应内标峰面积比均应在仪器检测的线性范围内。对于残留量超出仪器线性范围的，在提取时根据药物浓度相应增加内标工作液的添加量，使试样溶液稀释后酰胺醇类药物及其代谢物的浓度在曲线范围之内，对应内标浓度与标准工作液一致。标准溶液特征离子质量色谱图见附录 B。

8. 5　空白试验

取空白试料，除不加药物外，采用完全相同的测定步骤进行测定。

9 结果计算和表述

试样中酰胺醇类药物及其代谢物的残留量按标准曲线或公式（1）计算：

$$X = \frac{C_s \times C_{is} \times A_i \times A'_{is} \times V}{C'_{is} \times A_s \times A_{is} \times m} \qquad \cdots\cdots\cdots\cdots (1)$$

式中：

X——试样中酰胺醇类药物及其代谢物残留量的数值，单位为微克每千克（μg/kg）；

C_{is}——试样溶液中酰胺醇类药物及其代谢物内标浓度的数值，单位为微克每升（μg/L）；

C_s——标准溶液中酰胺醇类药物及其代谢物浓度的数值，单位为微克每升（μg/L）；

C'_{is}——标准溶液中酰胺醇类药物及其代谢物内标浓度的数值，单位为微克每升（μg/L）；

A_i——试样溶液中酰胺醇类药物及其代谢物的峰面积；

A_{is}——试样溶液中酰胺醇类药物及其代谢物内标的峰面积；

A_s——标准溶液中酰胺醇类药物及其代谢物的峰面积；

A'_{is}——标准溶液中酰胺醇类药物及其代谢物内标的峰面积；

V——溶解残渣的20%甲醇溶液体积的数值，单位为毫升（mL）；

m——试样质量的数值，单位为克（g）。

10 方法灵敏度、准确度和精密度

10.1 灵敏度

本方法氯霉素的检测限为0.1μg/kg，定量限为0.2μg/kg；甲砜霉素、氟苯尼考、氟苯尼考胺的检测限为0.5μg/kg，定量限为1μg/kg

10.2 准确度

本方法氯霉素在0.2~1μg/kg添加浓度水平，甲砜霉素在1~100μg/kg添加浓度水平，氟苯尼考、氟苯尼考胺在1~6 000μg/kg添加浓度水平上的回收率均为70%~120%。

10.3 精密度

本方法批内相对标准偏差≤15%，批间相对标准偏差≤20%。

附　录　A
（资料性）

酰胺醇类药物及其代谢物标准品和内标物中英文通用名称、化学分子式和CAS号见表A.1。

表A.1　酰胺醇类药物及其代谢物标准品和内标物中英文通用名称、化学分子式和CAS号

中文通用名称	英文通用名称	化学分子式	CAS号
氯霉素	Chloramphenicol	$C_{11}H_{12}Cl_2N_2O_5$	56-75-7
甲砜霉素	Thiamphenicol	$C_{12}H_{15}Cl_2NO_5S$	15318-45-3
氟苯尼考	Florfenicol	$C_{12}H_{14}Cl_2FNO_4S$	73231-34-2
氟苯尼考胺	Florfenicol amine	$C_{10}H_{14}FNO_3S$	76639-93-5
氯霉素-D_5内标	Chloramphenicol-D_5	$C_{11}H_7D_5Cl_2N_2O_5$	202480-68-0
甲砜霉素-D_3内标	Thiamphenicol-D_3	$C_{12}H_{12}D_3Cl_2NO_5S$	1217723-41-5
氟苯尼考-D_3内标	Florfenicol-D_3	$C_{12}H_{11}D_3Cl_2FNO_4S$	2213400-85-0
氟苯尼考胺-D_3内标	Florfenicol-D_3，Amine	$C_{10}H_{11}D_3FNO_3S$	—

附 录 B
(资料性)

酰胺醇类药物及其代谢物标准溶液特征离子质量色谱图见图 B.1。

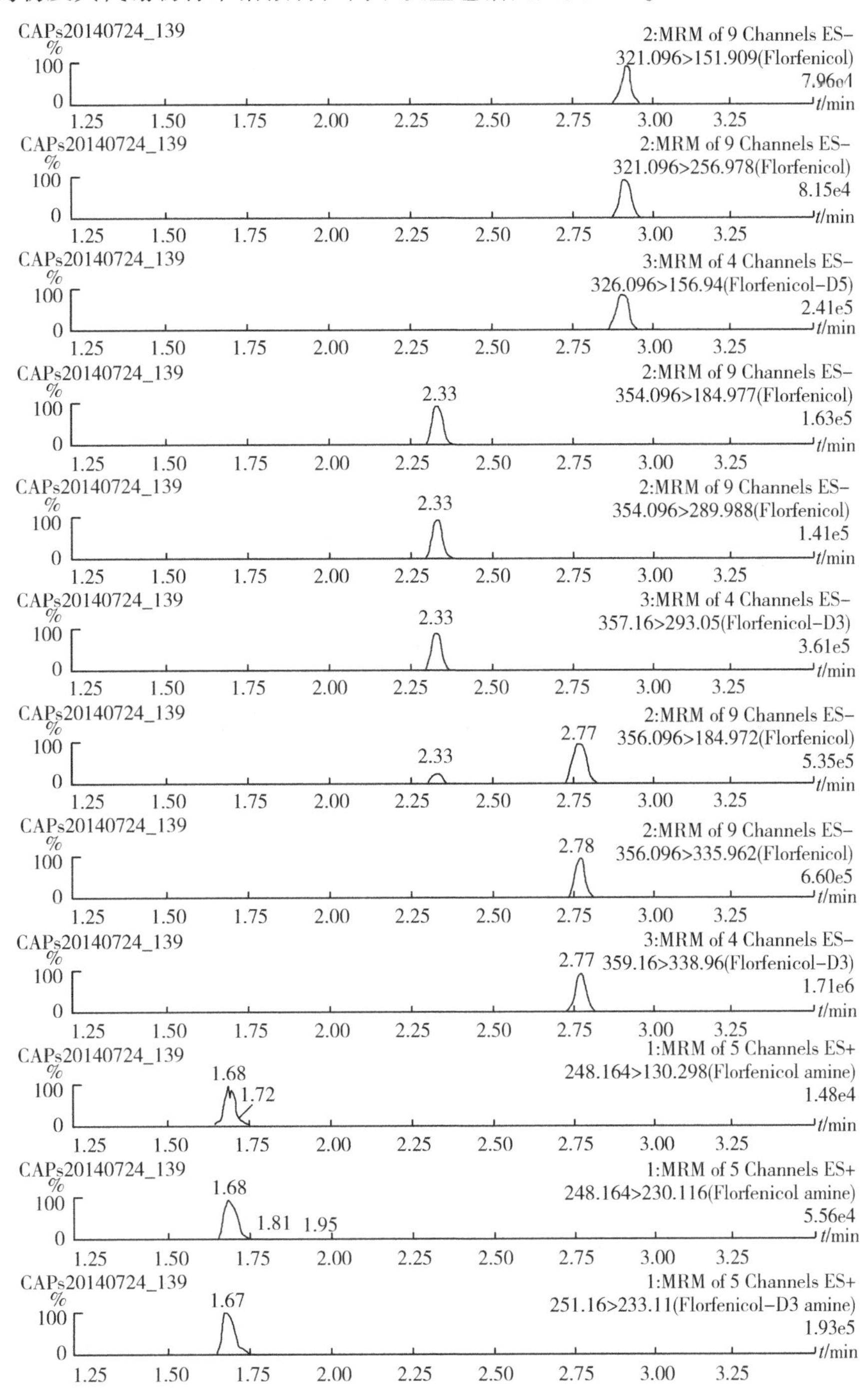

图 B.1 酰胺醇类药物及其代谢物标准溶液特征离子质量色谱图

(氯霉素 0.4μg/L,氯霉素-D_5 1μg/L,甲砜霉素、氟苯尼考、氟苯尼考胺 2μg/L,甲砜霉素-D_3、氟苯尼考-D_3、氟苯尼考胺-D_3 5μg/L)

ICS 67.120
X 22

中华人民共和国国家标准

GB/T 22338—2008

动物源性食品中氯霉素类药物残留量测定

Determination of multi-residues of chloramphenicols in animal-original food

2008-09-01 发布　　　　2008-12-01 实施

中华人民共和国国家质量监督检验检疫总局
中国国家标准化管理委员会　发布

前　言

本标准的附录 A、附录 B、附录 C、附录 D 和附录 E 均为资料性附录。

本标准由中华人民共和国质量监督检验检疫总局提出。

本标准由国家认证认可监督管理委员会归口。

本标准起草单位：中国检验检疫科学研究院、中华人民共和国山东出入境检验检疫局。

本标准主要起草人：邱月明、林黎明、李鹏、张鸿伟、赵海香、董益阳、蔡慧霞、谢孟峡、汪丽萍、孔莹。

动物源性食品中氯霉素类药物残留量测定

1 范围

本标准规定了动物源性食品中氯霉素类残留量的气相色谱-质谱和液相色谱-质谱/质谱测定方法。

本标准适用于水产品、畜禽产品和畜禽副产品中氯霉素、氟甲砜霉素和甲砜霉素残留的定性确证和定量测定。

2 气相色谱-质谱法

2.1 原理

样品用乙酸乙酯提取，4%氯化钠溶液和正己烷液-液分配净化，再经弗罗里硅土（Florisil）柱净化后，以甲苯为反应介质，用 N,O 双（三甲基硅基）三氟乙酰胺-三甲基氯硅烷（BSTFA+TMCS，99+1）于70℃硅烷化，用气相色谱/负化学电离源质谱测定，内标工作曲线法定量。

2.2 试剂和材料

除非另有说明，在分析中仅使用确认为分析纯的试剂和二次去离子水或相当纯度的水。

2.2.1 甲醇：色谱纯。

2.2.2 甲苯：农残级。

2.2.3 正己烷：农残级。

2.2.4 乙酸乙酯。

2.2.5 乙醚。

2.2.6 氯化钠。

2.2.7 氯霉素（CAP）、氟甲砜霉素（FF）、甲砜霉素（TAP）标准物质：纯度≥99%。

2.2.8 间硝基氯霉素（m-CAP）标准物质：纯度≥99%。

2.2.9 氯化钠溶液（4%）：称取适量氯化钠用水配制成4%的氯化钠溶液，常温保存，可使用1周。

2.2.10 氯霉素类标准储备溶液：准确称取适量氯霉素、氟甲砜霉素和甲砜霉素标准物质（精确到0.1mg），以甲醇配制成浓度为100μg/mL的标准储备溶液。

2.2.11 间硝基氯霉素内标工作溶液：准确称取适量间硝基氯霉素标准物质（精确到0.1mg），用甲醇配制成10ng/mL的标准工作溶液。

2.2.12 氯霉素类基质标准工作溶液：选择不含氯霉素类的样品6份，分别添加1mL内标工作溶液（2.2.11），用这6份提取液分别配成氯霉素、氟甲砜霉素和甲砜霉素浓度为0.1ng/mL、0.2ng/mL、1ng/mL、2ng/mL、4ng/mL、8ng/mL的溶液，按本方法提取（2.4.1）、净化（2.4.2），制成样品提取液，用氮气缓慢吹干，硅烷化（2.4.3）后，制成标准工作溶液。

2.2.13 衍生化试剂：N,O 双（三甲基硅基）三氟乙酰胺-三甲基氯硅烷（BSTFA+TMCS，99+1）。

2.2.14 固相萃取柱：弗罗里硅土柱（6.0mL，1.0g）。

2.3 仪器和设备

2.3.1 气相色谱/质谱联用仪：配有化学电离源（CI）。

2.3.2 组织捣碎机。

2.3.3 固相萃取装置。

2.3.4 振荡器。

2.3.5 旋转蒸发仪。

2.3.6 旋涡混合器。

2.3.7　离心机。

2.3.8　恒温箱。

2.4　测定步骤

2.4.1　提取

称取 10g（精确到 0.01g）粉碎的组织样品于 50mL 具塞离心管中，加入 1.0mL 内标溶液（2.2.11）和 30mL 乙酸乙酯，振荡 30min，于4 000r/min离心 2min，上层清液转移至圆底烧瓶中，残渣用 30mL 乙酸乙酯再提取一次，合并提取液，35℃旋转蒸发至 1~2mL，待净化。

2.4.2　净化

2.4.2.1　液-液萃取

提取液浓缩物（2.4.1）加 1mL 甲醇溶解，用 20mL 氯化钠溶液（2.2.9）和 20mL 正己烷液-液萃取，弃去正己烷层，水相用 40mL 乙酸乙酯分两次萃取，合并乙酸乙酯相于心形瓶中，35℃旋转蒸发至近干，用氮气缓慢吹干。

2.4.2.2　弗罗里硅土柱净化

弗罗里硅土柱依次用 5mL 甲醇、5mL 甲醇-乙醚（3+7）溶液和 5mL 乙醚淋洗备用。将残渣（2.4.2.1）用 5.0mL 乙醚溶解上样，用 5.0mL 乙醚淋洗 Florisil 柱，5.0mL 甲醇-乙醚溶液（3+7）洗脱，洗脱液用氮气缓慢吹干，待硅烷化。

2.4.3　硅烷化

净化后的试样（2.4.2.2）用 0.2mL 甲苯溶解，加入 0.1mL 硅烷化试剂（2.2.13）混合，于 70℃衍生化 60min。氮气缓慢吹干，用 1.0mL 正己烷定容，待测定。

2.4.4　测定

2.4.4.1　气相色谱-质谱条件

a）色谱柱：DB-5MS 毛细管柱，30m×0.25mmm（内径）×0.25μm，或与之相当者；

b）色谱柱温度：50℃保持 1min，25℃/min 升至 280℃，保持 5min；

c）进样口温度：250℃；

d）进样方式：不分流进样，不分流时间 0.75min。

e）载气：高纯氦气，纯度≥99.999%；

f）流速：1.0mL/min；

g）进样量：1.0μL；

h）接口温度：280℃；

i）离子源：化学电离源负离子模式 NCI；

j）扫描方式：选择离子监测；

k）离子源温度：150℃；

l）四级杆温度：106℃；

m）反应气：甲烷，纯度≥99.999%；

n）选择监测离子参见表 1。

表 1　监测离子

药物名称	监测离子（m/z）	定量离子（m/z）	相对离子丰度比（%）	允许相对误差（%）
间硝基氯霉素	466	466	100	±20
	468		66	±30
	470		16	±50
	432		2	

（续表）

药物名称	监测离子（m/z）	定量离子（m/z）	相对离子丰度比（%）	允许相对误差（%）
氯霉素	466	466	100	±20
	468		71	±25
	376		32	±30
	378		19	
氟甲砜霉素	339	339	100	±20
	341		75	±20
	429		89	±20
	431		84	
甲砜霉素	409	409	100	±20
	411		93	±20
	499		92	±20
	501		93	

2.4.4.2　定性测定

进行试样测定时，如果检出色谱峰的保留时间与标准物质相一致，并且在扣除背景后的样品质谱图中，所选择的离子均出现，而且所选择离子的相对离子丰度比与标准物质一致，相对丰度允许偏差不超过表1规定的范围，则可判断样品中存在对应的3种氯霉素。如果不能确证，应重新进样，以扫描方式（有足够灵敏度）或采用增加其他确证离子的方式来确证。

2.4.4.3　内标工作曲线

用配制的基质标准工作溶液（2.2.12）按2.4.4.1的气相色谱-质谱条件分别进样，以标准溶液浓度为横坐标，待测组分与内标物的峰面积之比为纵坐标绘制内标工作曲线。

2.4.4.4　定量

以m/z 466（m-CAP和CAP）、339（FF）和409（TAP）为定量离子，样品溶液中氯霉素类衍生物的响应值均应在仪器测定的线性范围内。在上述色谱条件下（2.4.4.1），m-CAP、CAP、FF、TAP标准物质衍生物参考保留时间约为11.4min、11.8min、12.6min、13.6min。氯霉素类标准物质衍生物总离子流图和质谱图参见附录A中的图A.1和图A.2。

2.4.5　平行实验

按以上步骤，对同一试样进行平行试验测定。

2.4.6　空白实验

除不加试样外，均按上述测定步骤进行。

2.5　结果计算

结果按式（1）计算：

$$X = \frac{C \times V}{m} \qquad \cdots\cdots\cdots\cdots (1)$$

式中：

X——试样中被测组分残留量，单位为微克每千克（μg/kg）；

C——从内标标准工作曲线上得到的被测组分浓度，单位为纳克每毫升（ng/mL）；

V——试样溶液定容体积，单位为毫升（mL）；

m——试样的质量，单位为克（g）。

2.6　测定低限

气相色谱-质谱测定低限为：氯霉素 0.1μg/kg，氟甲砜霉素和甲砜霉素 0.5μg/kg。

2.7　回收率和精密度

参见附录 B。

3　液相色谱-质谱/质谱法

3.1　原理

针对不同动物源性食品中氯霉素、甲砜霉素和氟甲砜霉素残留，分别采用乙腈、乙酸乙酯-乙醚或乙酸乙酯提取，提取液用固相萃取柱进行净化，液相色谱-质谱/质谱仪测定，氯霉素采用内标法定量，甲砜霉素和氟甲砜霉素采用外标法定量。

3.2　试剂和材料

除非另有说明，在分析中仅使用确认为分析纯的试剂和二次去离子水或相当纯度的水。

3.2.1　甲醇：液相色谱级。

3.2.2　乙腈：液相色谱级。

3.2.3　丙酮：液相色谱级。

3.2.4　正丙醇：液相色谱级。

3.2.5　正已烷：液相色谱级。

3.2.6　乙酸乙酯：液相色谱级。

3.2.7　乙醚。

3.2.8　乙酸钠。

3.2.9　乙酸铵。

3.2.10　β-葡萄糖醛酸苷酶：约 40 000 活性单位。

3.2.11　乙腈饱和正已烷：取 200mL 正已烷（3.2.5）于 250mL 分液漏斗中，加入少量乙腈（3.2.2），剧烈振摇，静置分层后，弃去下层乙腈层即得。

3.2.12　丙酮-正已烷（1+9）：丙酮（3.2.3）、正已烷（3.2.5）按体积比 1：9 混匀。

3.2.13　丙酮-正已烷（6+4）：丙酮（3.2.3）、正已烷（3.2.5）按体积比 6：4 混匀。

3.2.14　乙酸钠缓冲液（0.1mol/L）：称取乙酸钠（3.2.8）13.6g 于 1 000mL 容量瓶中，加入 980mL 水溶解并混匀，用乙酸调 pH 值到 5.0，定容至刻度混匀。

3.2.15　乙酸铵溶液（10mmol/L）：称取乙酸铵（3.2.9）0.77g 于 1 000mL 容量瓶中，用水定容至刻度混匀。

3.2.16　氯霉素、甲砜霉素和氟甲砜霉素标准物质：纯度≥99.0%。

3.2.17　氯霉素氘代内标（氯霉素-D_5）物质：纯度≥99.9%。

3.2.18　标准储备溶液：分别准确称取适量的氯霉素、甲砜霉素和氟甲砜霉素标准物质（3.2.16）（精确到 0.1mg），用乙腈配成 500μg/mL 的标准储备溶液（4℃避光保存可使用 6 个月）。

3.2.19　氯霉素、甲砜霉素和氟甲砜霉素标准中间溶液：分别准确移取适量的氯霉素、甲砜霉素和氟甲砜霉素标准储备溶液（3.2.18），用乙腈稀释成 50μg/mL 的氯霉素、甲砜霉素和氟甲砜霉素标准中间溶液（4℃避光保存可使用 3 个月）。

3.2.20　氯霉素、甲砜霉素和氟甲砜霉素混合标准工作溶液：分别准确移取适量的氯霉素、甲砜霉素和氟甲砜霉素标准中间溶液（3.2.19），用流动相稀释成合适的混合标准工作溶液（现用现配）。

3.2.21　氯霉素氘代内标（氯霉素-D_5）储备溶液：准确称取适量的氯霉素-D_5标准物质（3.2.17）（精确到 0.1mg），用乙腈配成 100μg/mL 的标准储备溶液（4℃避光保存可使用 12 个月）。

3.2.22　氯霉素氘代内标（氯霉素-D_5）中间溶液：准确移取适量的氯霉素-D_5储备溶液（3.2.21），用乙腈配成 1μg/mL 内标中间溶液（4℃避光保存可使用 6 个月）。

3.2.23　氯霉素氘代内标（氯霉素-D_5）工作溶液：准确移取适量的氯霉素-D_5中间溶液（3.2.22），用乙腈配成0.1μg/mL内标工作溶液（4℃避光保存可使用2周）。
3.2.24　LC-Si固相萃取柱或相当者：200mg，3mL。
3.2.25　EN固相萃取柱或相当者：200mg，3mL。
3.2.26　一次性注射式滤器：配有0.45μm微孔滤膜。

3.3　仪器和设备

3.3.1　液相色谱-串联质谱仪：配有电喷雾离子源。
3.3.2　高速组织捣碎机。
3.3.3　均质器。
3.3.4　旋转蒸发仪。
3.3.5　分析天平。
3.3.6　移液枪：200μL、1mL。
3.3.7　心形瓶：100mL，棕色。
3.3.8　分液漏斗：200mL。
3.3.9　聚四氟乙烯离心管：50mL。
3.3.10　离心机。
3.3.11　旋涡混合器。
3.3.12　固相萃取装置。

3.4　试样制备与保存

3.4.1　试样的制备

从原始样品中取出部分有代表性样品，经高速组织捣碎机均匀捣碎或混匀，用四分法缩分出适量试样，均分成2份，装入清洁容器内，加封后作出标记，一份作为试样，一份作为留样。

3.4.2　试样的保存

试样应在-20℃条件下保存。

3.5　测定步骤

3.5.1　提取

3.5.1.1　动物组织（肝、肾除外）与水产品

称取试样5g（精确至0.01g），置于50mL离心管中，加入100μL氯霉素氘代内标（氯霉素-D_5）工作溶液（3.2.23）和30mL乙腈，匀浆，离心5min。将上清液移入250mL分液漏斗中，加15mL乙腈饱和的正己烷（3.2.11），振荡5min，静置分层，转移乙腈层至100mL棕色心形瓶中。残渣中再加入30mL乙腈，振摇3min，离心5min，取上清液转移至同一分液漏斗，振荡5min，静置分层，转移乙腈层至同一棕色心形瓶中。向心形瓶中加入5mL正丙醇，于40℃水浴中旋转蒸发近干，用氮气吹干，加5mL丙酮-正己烷（3.2.12）溶解残渣。

3.5.1.2　动物肝、肾组织

称取试样5g（精确至0.01g），置于50mL离心管中，加入30mL乙酸钠缓冲液（3.2.14），均质2min，加入300μLβ-葡萄糖醛酸苷酶（3.2.10），于37℃温育过夜。消解样品中加入100μL氯霉素氘代内标（氯霉素-D_5）工作溶液（3.2.23），20mL乙酸乙酯-乙醚（3.2.14），振摇2min，离心5min。取上层有机层人心形瓶中，在40℃水浴中旋转蒸发近干，用氮气吹干，加5mL丙酮-正己烷（3.2.12）溶解残渣。

3.5.1.3　蜂蜜

称取蜂蜜试样5g（精确至0.01g），置于50mL离心管中，加入100μL氯霉素氘代内标（氯霉素-D_5）工作溶液（3.2.23），5mL水，混匀，再加入20mL乙酸乙酯，振摇2min，离心5min，移取有机层到100mL棕色心形瓶中，于离心管中再加入20mL乙酸乙酯，振摇2min，离心5min，合并有机层于棕色心形瓶中，40℃水浴中旋转蒸发至干，3mL水溶解残渣，混匀。

3.5.2　净化

3.5.2.1　动物组织与水产品

用5mL丙酮-正己烷（3.2.12）淋洗LC-Si硅胶小柱，弃去淋洗液，将残渣溶解溶液（3.5.1.1、3.5.1.2）转移到固相萃取小柱上，弃去流出液，用5mL丙酮-正己烷（3.2.13）洗脱，收集洗脱液于心形瓶中，40℃水浴中旋转蒸发至近干，氮气吹干，用1mL水定容，定容液过0.45μm滤膜（3.2.26）至进样瓶，待测定。

3.5.2.2　蜂蜜

分别用5mL甲醇，5mL水活化EN固相萃取柱，将提取液（3.5.1.3）转移上柱，用5mL水淋涤，用玻璃棒压干1min，用3mL乙酸乙酯洗脱，洗脱液用氮气吹干，用1mL水定容，定容液通过0.45μm滤膜（3.2.26）至进样瓶，待测定。

3.5.3　液相色谱-质谱/质谱测定

3.5.3.1　液相色谱条件

a）色谱柱：Zorbax SB-C_{18}，5μm，2.1mm×150mm，或与之相当者；

b）流动相：水-乙腈-10mmol/L乙酸铵溶液，梯度洗脱程序参见表2；

表2　梯度洗脱程序

时间（min）	水（%）	乙腈（%）	10mmol/L乙酸铵溶液（%）
0.00	70	25	5
2.00	25	70	5
3.00	25	70	5
8.00	70	25	5

c）流速：0.6mL/min；

d）进样量：20μL；

e）柱温：40℃。

3.5.3.2　质谱/质谱条件

参见附录C。

3.5.3.3　定性测定

按照上述条件测定样品和建立标准工作曲线，如果样品中化合物质量色谱峰的保留时间与标准溶液的保留时间相比在允许偏差±2.5%之内；待测化合物定性离子对的重构离子色谱峰的信噪比大于或等于3（S/N≥3），定量离子对的重构离子色谱峰的信噪比大于或等于10（S/N≥10）；定性离子对的相对丰度与浓度相当的标准溶液相比，相对丰度偏差不超过表3的规定，则可判断样品中存在相应的目标化合物。氯霉素、甲砜霉素和氟甲砜霉素混合标准工作溶液的液相色谱-质谱/质谱多反应监测（MRM）总离子流图和重构离子色谱图以及各目标化合物相对保留时间参见附录D中图D.1～图D.5和表D.1。

表3　定性时相对离子丰度的最大允许偏差

相对离子丰度（%）	>50	>20～50	>10～20	≤10
允许的相对偏差（%）	±20	±25	±30	±50

3.5.3.4　定量测定

氯霉素使用内标法定量；甲砜霉素和氟甲砜霉素使用外标法定量。

3.6　结果计算

试样中目标化合物残留量使用仪器数据处理系统或氯霉素残留量按式（2）计算，甲砜霉素和氟甲砜霉素按式（3）计算：

$$X = \frac{C \times C_i \times A \times A_{si} \times V}{C_{si} \times A_i \times A_s \times W} \times \frac{1\,000}{1\,000} \quad \cdots\cdots\cdots\cdots (2)$$

$$X = \frac{C \times A \times V}{A_s \times W} \times \frac{1\,000}{1\,000} \quad \cdots\cdots\cdots\cdots (3)$$

式中：

X——试样中待测组分残留量，单位为微克每千克（μg/kg）；

C——标准工作溶液的浓度，单位为纳克每毫升（ng/mL）；

C_{si}——标准工作溶液中内标物的浓度，单位为纳克每毫升（ng/mL）；

C_i——样液中内标物的浓度，单位为纳克每毫升（ng/mL）；

A_s——标准工作溶液的峰面积；

A——样液中待测目标物的峰面积；

A_{si}——标准工作溶液中内标物的峰面积；

A_i——样液中内标物的峰面积；

V——试样定容体积，单位为毫升（mL）；

W——样品称样量，单位为克（g）。

注：计算结果应扣除空白值。

3.7 测定低限

液相色谱-质谱/质谱法对氯霉素测定低限为0.1μg/kg;；甲砜霉素和氟甲砜霉素为0.1μg/kg。

3.8 回收率和精密度

参见附录E。

附　录　A
（资料性附录）
氯霉素类标准物质衍生物的气相色谱-质谱总离子流色谱图和质谱图

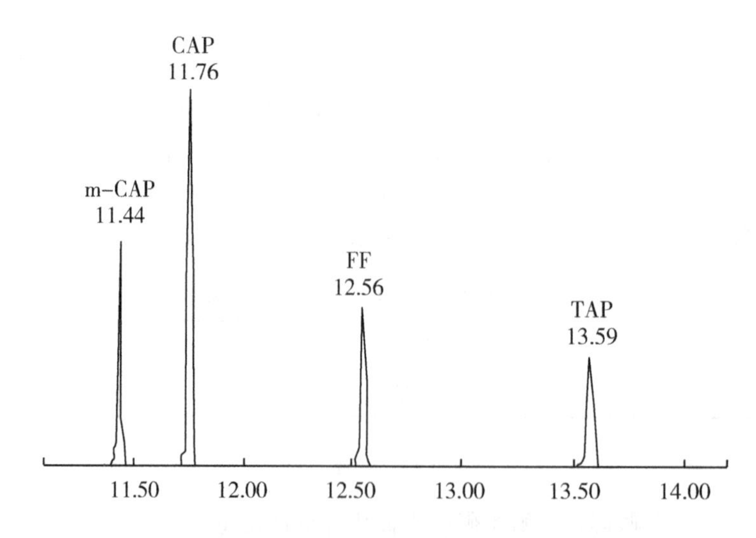

图A.1　氯霉素类标准物质衍生物的总离子流色谱图

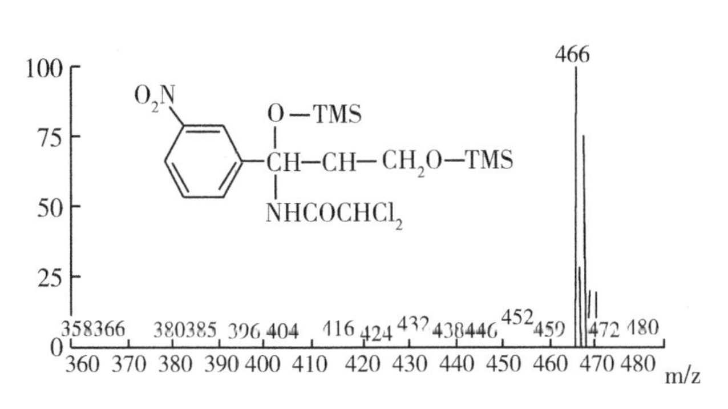

a）间硝基氯霉素衍生物质谱图

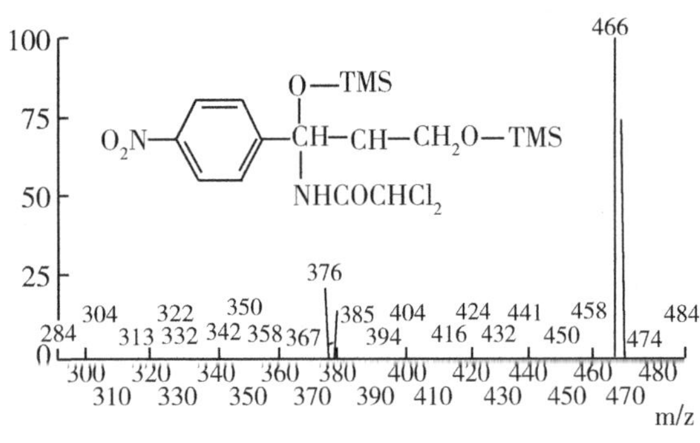

b）氯霉素衍生物质谱图

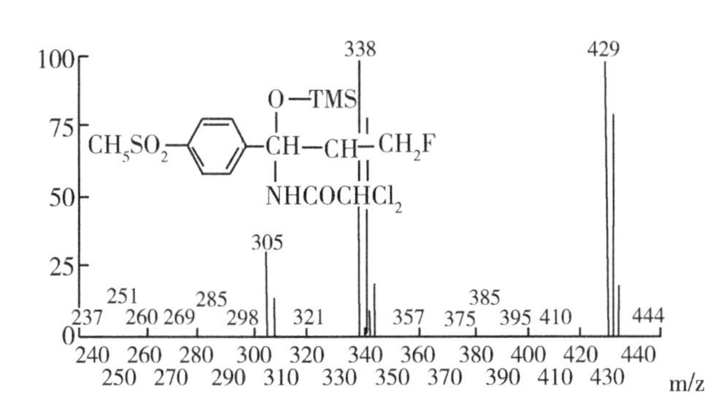

c）氟甲砜霉素衍生物质谱图

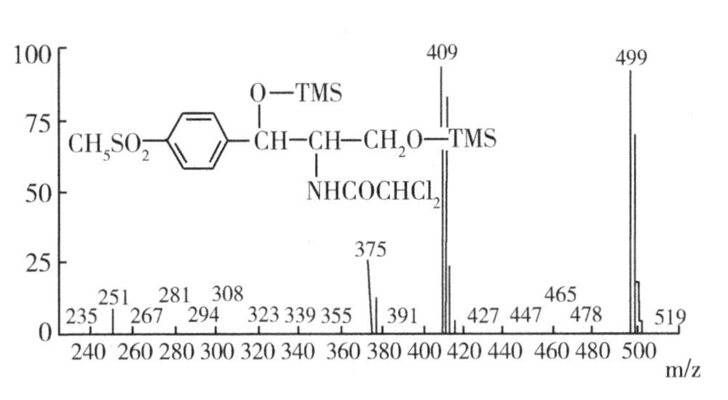

d）甲砜霉素衍生物质谱图

图 A.2　氯霉素类药物衍生物结构式和质谱图

附　录　B
（资料性附录）
氯霉素类药物在不同基质中的平均回收率和精密度（GC/MS 法）

表 B.1　氯霉素类药物在不同基质中的平均回收率和精密度

药物名称	添加浓度（μg/kg）	水产品		畜禽肉		畜禽副产品	
		回收率（%）	RSD（%）	回收率（%）	RSD（%）	回收率（%）	RSD（%）
氯霉素	0.1	88.1	9.8	80.2	8.9	80.0	10.0
	1.0	86.4	5.5	85.4	5.7	88.7	7.2
	2.0	98.1	1.2	90.5	1.5	94.2	2.1
氟甲砜霉素	0.5	98.9	12.9	101	14.6	109	15.4
	1.0	105	10.4	92.8	11.3	102	12.2
	2.0	88.0	15.1	85.3	10.1	89.9	10.7

（续表）

药物名称	添加浓度（μg/kg）	水产品		畜禽肉		畜禽副产品	
		回收率（%）	RSD（%）	回收率（%）	RSD（%）	回收率（%）	RSD（%）
甲砜霉素	0.5	111	8.8	98.0	8.9	110	10.5
	1.0	94.0	8.3	93.1	7.9	100	8.8
	2.0	93.6	7.7	89.5	6.5	90.3	6.9

附　录　C
（资料性附录）
液相色谱-质谱/质谱测定参考条件

液相色谱-质谱/质谱测定参考条件

a）离子源：电喷雾离子源；

b）扫描方式：负离子扫描；

c）检测方式：多重反应监测（MRM）；

d）电喷雾电压：-4 500V；

e）雾化气压力：0.276MPa；

f）气帘气压力：0.172MPa；

g）辅助气流速：0.206MPa；

h）离子源温度：550℃；

i）定性离子对、定量离子对、碰撞气能量和去簇电压，见表C.1。

表C.1　氯霉素、甲砜霉素和氟甲砜霉素的定性离子对、定量离子对、碰撞气能量和去簇电压

药物名称	定性离子对（m/z）（母离子/子离子）	定量离子对（m/z）（母离子/子离子）	碰撞气能量（eV）	去簇电压（V）
氯霉素	320.9/151.9 320.9/256.9	320.9/151.9	-25 -16	-72 -73
甲砜霉素	353.9/289.9 353.9/184.9	353.9/289.9	-18 -28	-75 -75
氟甲砜霉素	356.0/336.0 356.0/184.9	356.0/336.0	-15 -27	-67 -67
氯霉素-D5	326.1/157.0 326.1/262.0	326.1/157.0	-25 -17	-60 -60

1）附录C所列参数是在API4000串联质谱仪上完成的，此处列出的实验用型号仅是为了提供参考，并不涉及商业目的，鼓励标准使用者尝试不同厂家和型号的仪器。

附　录　D
（资料性附录）
氯霉素类标准物质的液相色谱-质谱/质谱总离子流色谱图和重构离子色谱图

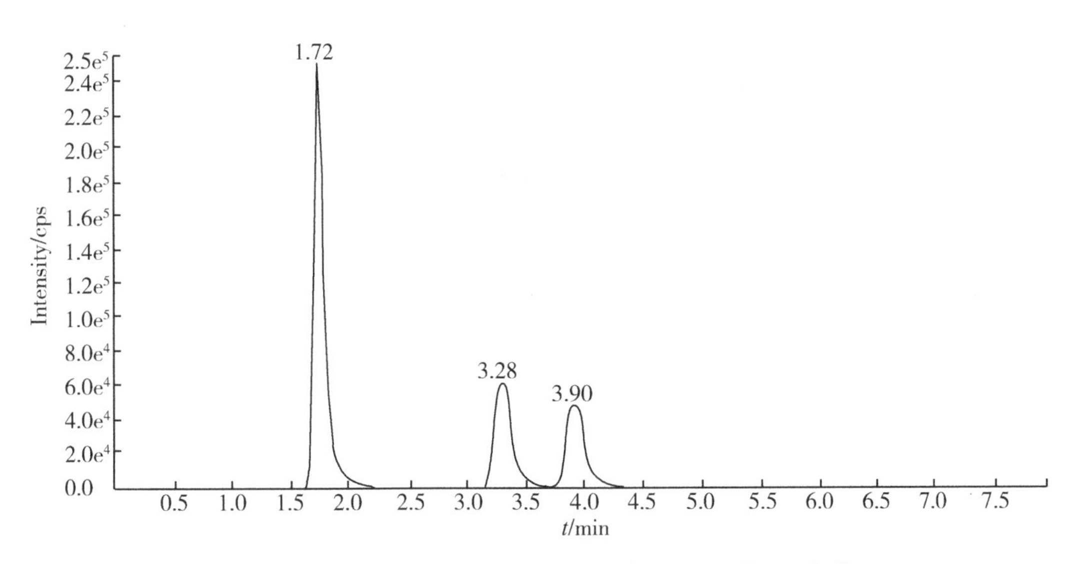

图 D.1　氯霉素、甲砜霉素和氟甲砜霉素标准品总离子流色谱图

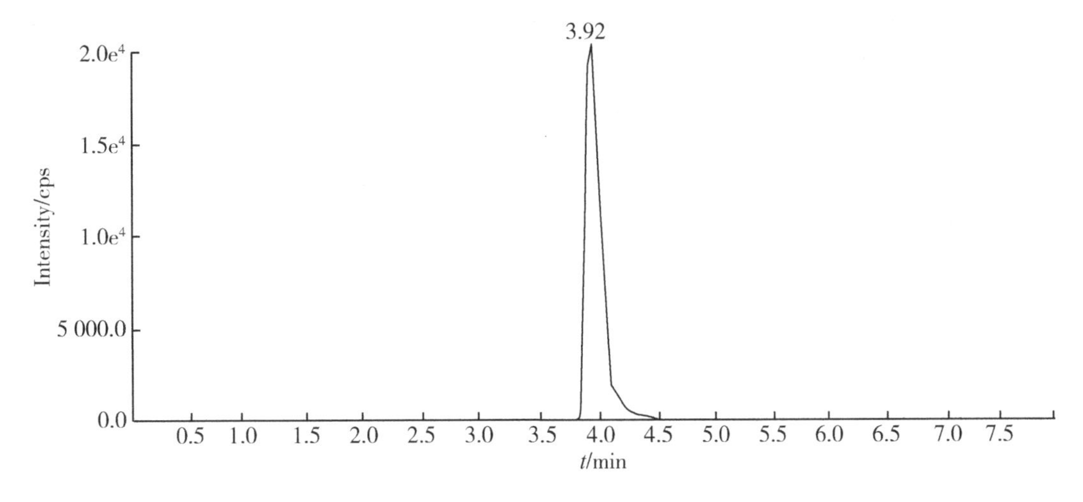

图 D.2　氯霉素重构离子色谱图

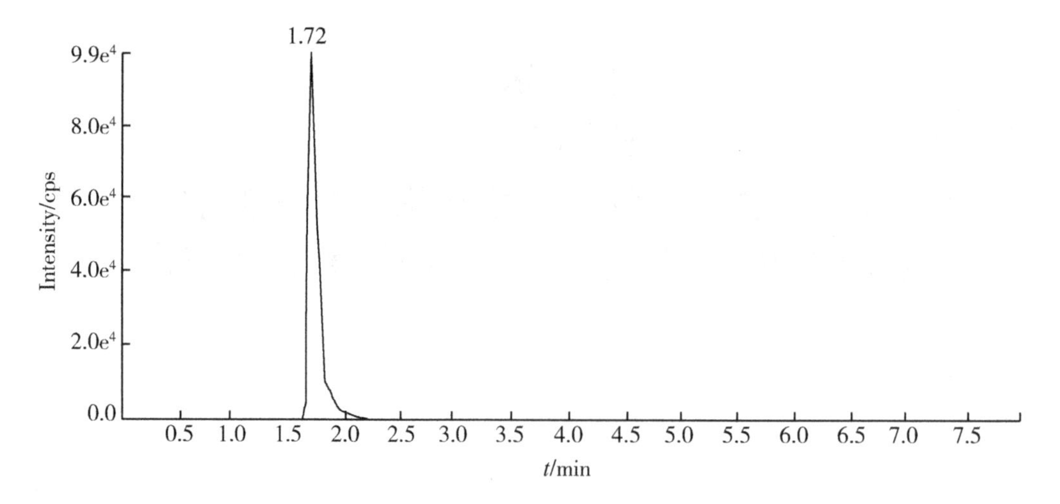

图 D.3　甲砜霉素重构离子色谱图

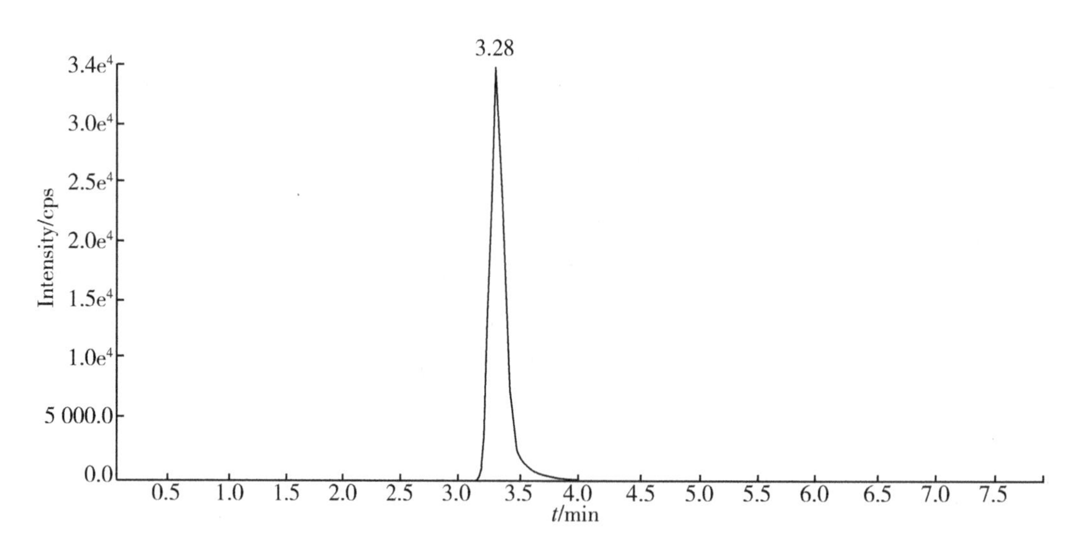

图 D.4　氟甲砜霉素重构离子色谱图

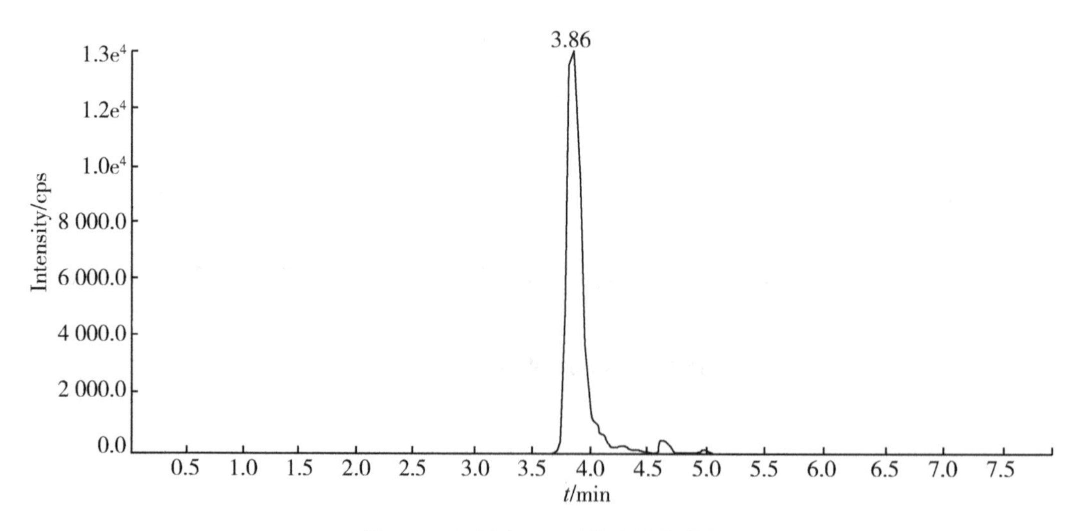

图 D.5　氯霉素-D_5重构离子色谱图

表 D.1　氯霉素类药物参考保留时间

药物名称	保留时间（min）
氯霉素	3. 92
甲砜霉素	1. 72
氟甲砜霉素	3. 28

附　录　E
（资料性附录）
氯霉素类药物在不同基质中的平均回收率和精密度（LC-MS/MS 法）

表 E.1　氯霉素类药物在不同基质中的平均回收率和精密度（LC-MS/MS 法）

药物名称	添加浓度（μg/g/kg）	动物肝、肾		畜禽肉与水产品		蜂蜜	
		回收率范围（%）	RSD（%）	回收率范围（%）	RSD（%）	回收率范围（%）	RSD（%）
氯霉素	0. 1	80. 5~107. 0	11. 5	88. 0~109. 1	13. 5	80. 5~101. 8	11. 0
	1. 0	84. 4~98. 0	5. 1	92. 8~108. 6	8. 8	81. 1~107	13. 5
	5. 0	89. 1~105. 6	5. 3	80. 7~97. 7	9. 2	490. 2~108. 0	8. 1
甲砜霉素	0. 1	70. 3~96. 2	8. 3	68. 0~99. 3	10. 4	77. 9~94. 1	9. 2
	1. 0	78. 9~92. 0	3. 7	64. 2~94. 7	10. 9	79. 7~99. 6	9. 1
	5. 0	75. 7~94. 4	8. 1	74. 0~89. 9	5. 3	86. 0~100. 3	4. 9
氟甲砜霉素	0. 1	65. 2~98. 0	9. 4	67. 0~87. 8	12. 6	81. 8~99. 5	7. 5
	1. 0	72. 1~89. 6	6. 2	70. 1~89. 2	9. 9	85. 0~97. 7	5. 4
	5. 0	70. 3~96. 8	6. 8	73. 3~93. 0	7. 1	79. 6~88. 3	6. 0

ICS 67.120
X 04

中华人民共和国国家标准

GB/T 21311—2007

动物源性食品中硝基呋喃类药物代谢物残留量检测方法 高效液相色谱/串联质谱法

Determination of residues of nitrofuran metabolites in foodstuffs of animal origin—HPLC-MS/MS method

2007-10-29 发布　　　　2008-04-01 实施

中华人民共和国国家质量监督检验检疫总局
中国国家标准化管理委员会　发布

动物源性食品中硝基呋喃类药物代谢物残留量检测方法 高效液相色谱/串联质谱法

1　范围

本标准规定了动物源性食品中硝基呋喃类药物代谢物 3-氨基-2-恶唑酮（3-amino-2-oxalidinane, AOZ）、5-吗啉甲基-3-氨基-2-恶唑烷基酮（5-morpholinomethyl-3-amino-2-oxalidinone, AMOZ）、1-氨基-乙内酰脲（1-amino-hydantoin, AHD）和氨基脲（semicarbazide, SEM）残留量的高效液相色谱/串联质谱测定方法。

本标准适用于肌肉、内脏、鱼、虾、蛋、奶、蜂蜜和肠衣中硝基呋喃类药物代谢物 3-氨基-2-恶唑酮、5-吗啉甲基-3-氨基-2-恶唑烷基酮、1-氨基-乙内酰脲和氨基脲残留景的定性确证和定量测定。

2　规范性引用文件

下列文件中的条款通过本标准的引用而成为本标准的条款。凡是注日期的引用文件，其随后所有的修改单（不包括勘误的内容）或修订版均不适用于本标准，然而，鼓励根据本标准达成协议的各方研究是否可使用这些文件的最新版本。凡是不注日期的引用文件，其最新版本适用于本标准。

GB/T 6682 分析实验室用水规格和试验方法（GB/T 6682—1992, neq ISO 3696：1987）

3　原理

样品经盐酸水解，邻硝基苯甲醛过夜衍生，调 pH 值至 7.4 后，用乙酸乙酯提取，正已烷净化。分析物采用高效液相色谱/串联质谱定性检测，采用稳定同位素内标法进行定量测定。

4　试剂和材料

除非另有说明，所有试剂均为分析纯，水为 GB/T 6682 规定的一级水。

4.1　甲醇：高效液相色谱级。

4.2　乙脂：高效液相色谱级。

4.3　乙酸乙酯：高效液相色谱级。

4.4　正已烷：高效液相色谱级。

4.5　浓盐酸。

4.6　氢氧化钠。

4.7　甲酸：高效液相色谱级。

4.8　邻硝基苯甲醛。

4.9　三水磷酸钾。

4.10　乙酸铵。

4.11　0.2mol/L 盐酸溶液：准确量取 17mL 浓盐酸（4.5），用水定容至 1L。

4.12　2.0mol/L 氢氧化钠溶液：准确称取 80g 氢氧化钠（4.6），用水溶解并定容至 1L。

4.13　0.1mol/L 邻硝基苯甲醛溶液：准确称取 1.5g 邻硝基苯甲醛（4.8），用甲醇溶解并定容至 100mL。

4.14　0.3mol/L 磷酸钾溶液：准确称取 79.893g 三水磷酸钾（4.9），用水溶解并定容至 1L。

4.15　乙腈饱和的正已烷：量取正已烷 80mL 于 100mL 分液漏斗中，加入适量乙脂后，剧烈振摇，待分配平衡后，弃去乙腈层即得。

4.16　0.1%甲酸水溶液（含 0.000 5mol/L 乙酸铵）：准确量取 1mL 甲酸（4.7）和称取 0.038 6g 乙酸铵（4.10）于 1L 容量瓶中，用水定容至 1L。

4.17　标准物质：3-氨基-2-恶唑酮、5-吗啉甲基-3-氨基-2-恶唑烷基酮、1-氨基乙内酰脲、氨基脲，纯度≥99%。

4.18　内标物质：3-氨基-2-恶唑酮的内标物，D_4-AOZ；5-吗啉甲基-3-氨基-2-恶唑烷基酮的内标物，D_5-AMOZ；1-氨基-乙内酰脲的内标物，^{13}C-AHD；氨基脲的内标物，^{13}C^{15}N-SEM，纯度≥99%。

4.19　标准储备液：分别准确称取适量标准品（精确至0.000 1g），用乙腈溶解，配制成浓度为100mg/L的标准储备溶液，-18℃冷冻避光保存，有效期3个月。

4.20　混合中间标准溶液：准确移取标准储备液（4.19）各1mL于100mL容量瓶中，用乙脂定容至刻度，配制成浓度为1mg/L的混合中间标准溶液，4℃冷藏避光保存，有效期1个月。

4.21　混合标准工作溶液：准确移取0.1mL混合中间标准溶液（4.20）于10mL容量瓶中，用乙腈定容至刻度，配制成浓度为0.01mg/L的混合标准工作溶液，4℃冷藏避光保存，有效期1周。

4.22　内标储备液：准确称取适量内标物质（精确至0.000 1g），用乙腈溶解，配制成浓度为100mg/L的标准储备溶液，-18℃冷冻避光保存，有效期3个月。

4.23　中间内标标准溶液：准确移取1mL内标储备液（4.22）于100mL容量瓶中，用乙腈定容至刻度，配制成浓度为1mg/L的中间内标标准溶液，4℃冷藏避光保存，有效期1个月。

4.24　混合内标标准溶液：准确移取中间内标标准溶液（4.23）各0.1mL于10mL容量瓶中，用乙腈定容至刻度，配制成浓度为0.01mg/L的混合内标标准溶液，4℃冷藏避光保存，有效期1周。

4.25　微孔滤膜：0.20μm，有机相。

4.26　氮气：纯度≥99.999%。

4.27　氩气：纯度≥99.999%。

5　仪器和设备

5.1　液相色谱/串联质谱仪：配备电喷雾离子源（ESI）。

5.2　组织捣碎机。

5.3　分析天平：感量0.000 1g，0.01g。

5.4　均质器：10 000r/min。

5.5　振荡器。

5.6　恒温箱。

5.7　pH值计：测量精度±0.02pH单位。

5.8　离心机：10 000r/min。

5.9　氮吹仪。

5.10　旋涡混合器。

5.11　容量瓶：1L，100mL，10mL。

5.12　具塞塑料离心管：50mL。

5.13　刻度试管：10mL。

5.14　移液枪：5mL，1mL，100μL。

6　试样制备与保存

6.1　肌肉、内脏、鱼和虾

从原始样品取出有代表性样品约500g，用组织捣碎机充分捣碎混匀，均分成2份，分别装入洁净容器作为试样，密封，并标明标记。将试样置于-18℃冷冻避光保存。

6.2　肠衣

从原始样品取出有代表性样品约100g，用剪刀剪成边长<5mm的方块，混匀后均分成2份，分别装入洁净容器作为试样，密封，并标明标记。将试样置于-18℃冷冻避光保存。

6.3　蛋

从原始样品取出有代表性样品约500g，去壳后用组织捣碎机搅拌充分混匀，均分成2份，分别装入洁净容器作为试样，密封，并标明标记。将试样置于4℃冷藏避光保存。

6.4 奶和蜂蜜

从原始样品取出有代表性样品约500g，用组织捣碎机充分混匀，均分成2份，分别装入洁净容器作为试样，密封，并标明标记。将试样置于4℃冷藏避光保存。

注：在制样的操作过程中，应防止样品污染或残留物含量发生变化。

7 样品处理

7.1 水解和衍生化

7.1.1 肌肉、内脏、鱼、虾和肠衣

称取约2g试样（精确至0.01g）于50mL塑料离心管中，加入10mL甲醇-水混合溶液（1+1，体积比），振荡10min后，以4 000r/min离心5min，弃去液体。残留物中加入10mL 0.2mol/L盐酸，用均质器以10 000r/min均质1min后，再依次加入混合内标标准溶液（4.24）100μL，邻硝基苯甲醛溶液（4.13）100μL，旋涡混合30s后，再振荡30min，置37℃恒温箱中过夜（16h）反应。

7.1.2 蛋、奶和蜂蜜

称取约2g试样（精确至0.01g）于50mL塑料离心管中，加入10~20mL 0.2mol/L盐酸（以样品完全浸润为准），用均质器以10 000r/min均质1min后，再依次加入混合内标标准溶液（4.24）100μL，邻硝基苯甲醛溶液（4.13）100μL，旋涡混合30s后，再振荡30min，置37℃恒温箱中过夜（16h）反应。

7.2 提取和净化

取出样品，冷却至室温，加入1~2mL 0.3mol/L磷酸钾（1mL盐酸溶液加0.1mL磷酸钾溶液），用2.0mol/L氢氧化钠调pH值7.4（±0.2）后，再加入10~20mL乙酸乙酯（乙酸乙酯加入体积与盐酸溶液体积一致），振荡提取10min后，以10 000r/min离心10min，收集乙酸乙酯层。残留物用10~20mL乙酸乙酯再提取1次，合并乙酸乙酯层。收集液在40℃下用N2吹干，残渣用1mL0.1%甲酸水溶液（4.16）溶解，再用3mL乙腈饱和的正己烷（4.15）分2次液液分配，去除脂肪。下层水相过0.20μm微孔滤膜后，取10μL供仪器测定。

7.3 混合基质标准溶液的制备

7.3.1 肌肉、内脏、鱼、虾和肠衣

称取5份约2g的阴性试样（精确至0.01g）于50mL塑料离心管中，加入10mL甲醇-水混合溶液（1+1，体积比），振荡10min后，以4 000r/min离心5min，弃去液体。残留物中加入10mL 0.2mol/L盐酸，用均质器以10 000r/min均质1min后，按照最终定容浓度：1ng/mL、5ng/mL、10ng/mL、50ng/mL、100ng/mL，分别加入混合中间标准溶液（4.20）或混合标准工作溶液（4.21），再加入混合内标标准溶液（4.24）100μL，余下操作同7.1.1和7.2。

7.3.2 蛋、奶和蜂蜜

称取5份约2g的阴性试样（精确至0.01g）于50mL塑料离心管中，加入10~20mL 0.2mol/L盐酸（以样品完全浸润为准），用均质器以10 000r/min均质1min后，按照最终定容浓度：1ng/mL、5ng/mL、10ng/mL、50ng/mL、100ng/mL，分别加入混合中间标准溶液（4.20）或混合标准工作溶液（4.21），再加入混合内标标准溶液（4.24）100μL，余下操作同7.1.2和7.2。

8 测定

8.1 液相色谱条件

a）色谱柱：XTerra MS C_{18}，150mm×2.1mm（内径），3.5μm，或相当者；

b）柱温：30℃；

c）流速：0.2mL/min；

d）进样量：10μL；

e）流动相及洗脱条件见表1。

表 1　流动相及梯度洗脱条件

时间（min）	流动相 A（乙腈）（%）	流动相 B（4.16）（%）
0	10	90
7.00	90	10
10.00	90	10
10.01	10	90
20.00	10	90

8.2　串联质谱条件

参见附录 A。

8.3　液相色诺/串联质谱测定

8.3.1　定性测定

按照上述条件测定样品和混合基质标准溶液，如果样品的质量色谱峰保留时间与混合基质标准溶液一致；定性离子对的相对丰度与浓度相当的混合基质标准溶液的相对丰度一致，相对丰度偏差不超过表 2 的规定，则可判断样品中存在相应的被测物。混合基质标准溶液的液相色谱/串联质谱色谱图参见图 B.1。

表 2　定性测定时相对离子丰度的最大允许偏差

相对离子丰度	>50%	>20%～50%	>10%～20%	≤10%
允许的相对偏差	±20%	±25%	±30%	±50%

8.3.2　定量测定

按照内标法进行定量计算。

8.4　平行试验

按照以上步骤对同一试样进行平行试验测定。

8.5　空白试验

除不称取试样外，均按照以上步骤进行。

9　结果计算

按式（1）进行计算：

$$X = \frac{R \times C \times V}{R_a \times m} \qquad \cdots\cdots\cdots\cdots (1)$$

式中：

X——试样中分析物的含量，单位为微克每千克（μg/kg）；

R——样液中的分析物与内标物峰面积比值；

C——混合基质标准溶液中分析物的浓度，单位为纳克每毫升（ng/mL）；

V——样液最终定容体积，单位为毫升（mL）；

R_a——混合基质标准溶液中的分析物与内标物峰面积比值；

试样的质量，单位为克（g）。

注：计算结果需将空白值扣除。

10　测定低限（LOQ）

本方法的测定低限（LOQ）：AOZ、AMOZ、SEM、AHD，均为 0.5μg/kg。

11　回收率和精密度

参见表 C.1。

附　录　A
（资料性附录）
串联质谱条件[1)]

毛细管电压：3，5kV；
离子源温度：120℃；
去溶剂温度：350℃；
锥孔气流：氮气，流速 100L/h；
去溶剂气流：氨气，流速 600L/h；
碰撞气：氩气，碰撞气压 2.60×10^{-4} Pa；
扫描方式：正离子扫描；
检测方式：多反应监测（MRM），监测条件见表 A.1

表 A.1　多反应监测（MRM）的条件

化合物	母离子（m/z）	子离子（m/z）	驻留时间（s）	锥孔电压（V）	碰撞能量（eV）
AMOZ	335	262	0.1	60	13
		291[a]	0.1	60	9
D_5-AMOZ	340	296	0.1	60	9
SEM	209	166[a]	0.1	50	8
		192	0.1	50	8
$^{13}C^{15}N$-SEM	212	168	0.1	50	8
AHD	249	104	0.1	80	15
		134[a]	0.1	80	10
^{13}C-AHD	252	134	0.1	80	10
AOZ	236	104	0.1	77	14
		134[a]	0.1	77	10
D_4-AOZ	240	134	0.1	77	10

[a]用于定量。

1）所列参数是在 Walers Quattro UltimaTM PT 质谱仪上完成的，此处列出试验用仪器型号仪是为了提供参考，并不涉及商业目的，鼓励标准使用者尝试采用不同厂家或型号的仪器。

附　录　B
(资料性附录)
标准样品质量色谱图

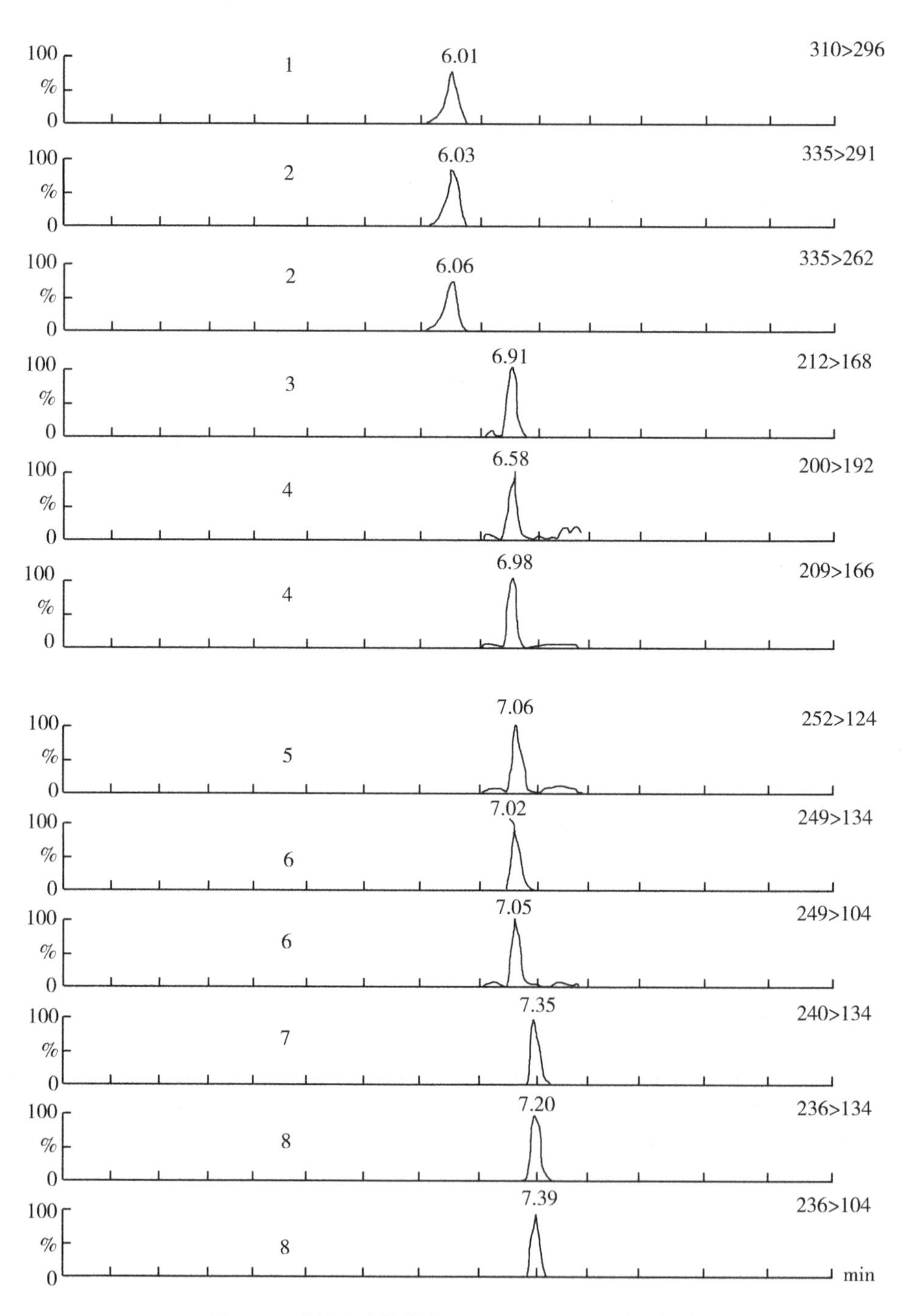

图 B.1　硝基呋喃代谢物 IIPLC-MS/MS 质量色谱图

1—D_5-AMOZ；2—AMOZ；3—$^{13}C^{15}N$-SEM；4—SEM；5—^{13}C-AHD；6—AHD；7—D_4-AOZ；8—AOZ。

注：在选定条件下，AMOZ、SEM、AHD、AOZ 的保留时间分别为 6.03min、6.96min、7.06min 和 7.39min。

附 录 C
（资料性附录）
添加回收率

表 C.1 8种动物源性食品中硝基呋喃代谢物的添加回收率（$n=10$）

食品名称	化合物	添加浓度（μg/kg）	平均测定值（μg/kg）	回收率范围（%）	相对标准偏差（%）
鸡肉	AOZ	0.5	0.51	97.0~107.9	3.9
		1.0	0.98	95.8~100.0	2.1
		10	9.92	96.8~102.8	3.3
	AMOZ	0.5	0.50	94.3~102.6	3.4
		1.0	1.00	96.9~102.4	2.3
		10	10.27	100.4~105.3	2.2
	AHD	0.5	0.48	88.7~99.9	4.4
		1.0	0.98	92.1~103.9	4.9
		10	10.09	97.2~105.3	3.3
	SEM	0.5	0.51	94.1~107.4	5.3
		1.0	1.01	98.6~104.0	6.7
		10.1	0.10	98.7~105.7	6.9
猪肝	AOZ	0.5	0.49	96.8~101.2	5.9
		1.0	1.01	98.4~103.1	6.8
		10	9.96	95.4~103.9	3.1
	AMOZ	0.5	0.51	99.8~105.2	7.9
		1.0	0.99	96.0~101.7	5.2
		10	10.02	96.8~105.1	6.8
	AHD	0.5	0.47	89.3~98.7	9.0
		1.0	0.98	94.5~101.9	6.1
		10	10.11	96.0~105.3	8.4
	SEM	0.5	0.49	96.6~100.7	3.7
		1.0	1.03	102.6~103.7	7.4
		10	9.96	97.1~104.7	7.2

（续表）

食品名称	化合物	添加浓度（μg/kg）	平均测定值（μg/kg）	回收率范围（%）	相对标准偏差（%）
肠衣	AOZ	0. 5	0. 52	95. 9 ~ 107. 7	4. 5
		1. 0	0. 98	94. 7 ~ 101. 7	3. 4
		10	9. 98	95. 3 ~ 105. 4	4. 3
	AMOZ	0. 5	0. 50	94. 8 ~ 105. 0	4. 3
		1. 0	0. 98	96. 0 ~ 102. 6	2. 7
		10	9. 79	96. 2 ~ 100. 6	2. 0
	AHD	0. 5	0. 49	89. 5 ~ 101. 9	4. 7
		1. 0	0. 97	92. 3 ~ 104. 6	5. 1
		10	10. 10	97. 5 ~ 105. 1	3. 4
	SEM	0. 5	0. 52	96. 2 ~ 108. 7	5. 4
		1. 0	0. 99	97. 2 ~ 100. 7	6. 7
		10	10. 06	97. 9 ~ 106. 2	5. 4
虾	AOZ	0. 5	0. 50	95. 2 ~ 105. 4	4. 3
		1. 0	0. 99	94. 5 ~ 102. 4	3. 2
		10	10. 11	96. 7 ~ 105. 7	4. 0
	AMOZ	0. 5	0. 49	94. 2 ~ 101. 6	3. 3
		1. 0	1. 00	96. 8 ~ 102. 1	2. 1
		10	10. 14	98. 3 ~ 105. 8	3. 4
	AHD	0. 5	0. 48	88. 9 ~ 101. 9	5. 6
		1. 0	0. 97	93. 0 ~ 104. 5	4. 6
		10	10. 19	97. 2 ~ 104. 4	2. 6
	SEM	0. 5	0. 52	100. 4 ~ 107. 7	8. 9
		1. 0	1. 00	97. 7 ~ 103. 8	5. 3
		10	10. 17	97. 8 ~ 105. 4	5. 2
鱼	AOZ	0. 5	0. 52	98. 8 ~ 107. 4	3. 6
		1. 0	1. 00	97. 0 ~ 103. 9	3. 2
		10	10. 26	95. 3 ~ 106. 8	4. 6
	AMOZ	0. 5	0. 50	94. 4 ~ 103. 8	3. 4
		1. 0	1. 00	96. 6 ~ 103. 1	2. 4
		10	10. 22	100. 0 ~ 103. 4	1. 3
	AHD	0. 5	0. 48	88. 5 ~ 101. 6	5. 0
		1. 0	0. 97	92. 6 ~ 103. 5	4. 4
		10	10. 09	97. 3 ~ 103. 8	4. 7
	SEM	0. 5	0. 51	97. 2 ~ 106. 7	4. 0
		1. 0	1. 00	97. 5 ~ 103. 9	7. 8
		10	9. 99	97. 6 ~ 103. 5	5. 2

（续表）

食品名称	化合物	添加浓度（μg/kg）	平均测定值（μg/kg）	回收率范围（%）	相对标准偏差（%）
鸡蛋	AOZ	0.5	0.50	95.5~107.9	8.9
		1.0	0.99	95.9~102.3	5.9
		10	10.36	99.9~106.4	4.4
	AMOZ	0.5	0.50	96.4~105.6	3.7
		1.0	0.99	96.4~101.7	5.3
		10	9.98	96.6~104.4	2.8
	AHD	0.5	0.47	91.9~97.3	12.1
		1.0	0.97	92.6~104.5	10.5
		10	9.80	95.1~102.1	8.4
	SEM	0.5	0.50	94.6~109.4	10.1
		1.0	0.99	98.0~102.5	10.9
		10	10.20	98.2~105.3	8.7
蜂蜜	AOZ	0.5	0.52	103.0~106.5	3.5
		1.0	1.00	96.6~103.6	2.8
		10	10.34	100.1~106.2	2.9
	AMOZ	0.5	0.50	94.5~103.6	4.4
		1.0	1.00	97.5~103.3	2.4
		10	9.93	96.5~102.3	2.2
	AHD	0.5	0.46	89.7~95.0	5.1
		1.0	0.98	94.4~102.0	3.2
		10	10.05	94.1~105.2	4.0
	SEM	0.5	0.52	97.2~108.9	5.3
		1.0	1.01	99.4~104.8	5.1
		10	10.19	98.3~106.0	3.0
奶粉	AOZ	0.5	0.50	94.1~105.6	12.6
		1.0	1.00	97.2~102.7	7.1
		10	10.17	99.2~106.7	9.9
	AMOZ	0.5	0.51	100.6~105.6	12.2
		1.0	0.98	96.8~101.0	11.5
		10	10.07	97.2~105.7	12.1
	AHD	0.5	0.46	88.3~96.7	11.5
		1.0	0.98	93.9~100.7	12.7
		10	10.18	95.7~105.7	9.5
	SEM	0.5	0.52	96.2~108.6	12.3
		1.0	1.02	99.7~104.5	12.2
		10	10.49	103.3~106.4	11.3

中华人民共和国国家标准

农业部781号公告—4—2006

动物源食品中硝基呋喃类代谢物残留量的测定 高效液相色谱-串联质谱法

Determination of nitrofuran metabolites in animal derived food by high performance liquid chromatography-tandem mass spectrometry

2006-12-16发布 2006-12-16实施

中华人民共和国农业部 发布

前　言

本标准附录是资料性附录。
本标准由中华人民共和国农业部提出并归口。
本标准起草单位：中国兽医药品监察所。
本标准主要起草人：刘艳华、孙雷、王树槐、董琳琳、仲锋。

动物源食品中硝基呋喃类代谢物残留量的测定　高效液相色谱-串联质谱法

1　范围

本标准规定了动物源食品中呋喃唑酮、呋喃它酮、呋喃妥因和呋喃西林单个或混合物的相应代谢产物 AOZ（3-amino-2-oxazolidone，3-氨基-2-唑烷酮）、AMOZ（5-morpholinomethyl-3-amino-2-oxazolidone，5-甲基吗啉代-3-氨基-2-唑烷酮）、AHD（1-aminohydantoin，1-氨基乙内酰脲）和 SEM（semicarbazide，氨基脲）残留检测的制样和高效液相色谱-串联质谱的测定方法。

本标准适用于动物源食品中呋喃唑酮、呋喃它酮、呋喃妥因和呋喃西林单个或混合物的相应代谢产物 AOZ、AMOZ、AHD 和 SEM 残留量的检测。

2　规范性引用文件

下列文件中的条款通过本标准的引用而成为本标准的条款。凡是注日期的引用文件，其随后所有的修改单（不包括勘误的内容）或修订版均不适用于本标准，然而，鼓励根据本标准达成协议的各方研究是否可使用这些文件的最新版本。凡是不注日期的引用文件，其最新版本适用于本标准。

GB/T 1. 1—2000 标准化工作导则　第 1 部分：标准的结构和编写规则（ISO/IECDirectives，Part 3，1997，Rules for the structure and drafting of International Standards，NEQ）。

GB/T 6682—1992 分析实验室用水规则和试验方法。

农业部农牧发〔2003〕1 号兽药残留试验技术规范（试行）。

3　制样

3. 1　样品的制备

取适量新鲜或冷冻的空白或供试组织，绞碎并使均匀。

3. 2　样品的保存

-20℃以下贮存备用。

4　测定方法

4. 1　方法提要或原理

试料依次用甲醇、乙醇和乙醚洗涤，去除杂质。在酸性条件下水解，与加入的 2-硝基苯甲醛溶液进行衍生化反应，反应产物经乙酸乙酯提取，氮气吹干。溶解残余物，用高效液相色谱—串联质谱法测定同位素内标法定量。

4. 2　试剂和材料

以下所用的试剂，除特别注明者外均为分析纯试剂；水为符合 GB/T 6682 规定的一级水。

4. 2. 1　AOZ 对照品含 AOZ（$C_3H_6N_2O_2$）不得少于 99. 0%。

4. 2. 2　内标 AOZ-D_4 对照品含 AOZ-D_4（$C_3H_2D_4N_2O_2$）不得少于 99. 0%。

4. 2. 3　AMOZ 对照品含 AMOZ（$C_8H_{15}N_3O_3$）不得少于 99. 0%。

4. 2. 4　内标 AMOZ-Ds 对照品含 AMOZ-D_5（$C_8H_{10}D_5N_3O_3$）不得少于 99. 0%。

4. 2. 5　AHD 对照品含 AHD（$C_3H_5N_3O_2$）不得少于 99. 0%。

4. 2. 6　内标 AHD-1^3C_3 对照品含 AHD-1^3C_3（$1^3C_3H_5N_3O_2$）不得少于 99. 0%。

4. 2. 7　SEM · HCl 对照品含 SEM · HCl（CH_6ClN_3O）不得少于 99. 0%。

4. 2. 8　内标 SEM · HCl-［1，2-15N_2;^{13}C］对照品含 SEM · HCl-［1，2-15N_2;^3C］（$1^3CH_6Cl^5N_2NO$）不得少于 99. 0%。

4.2.9 2-硝基苯甲醛，色谱纯，含2-硝基苯甲醛（$C_7H_5NO_3$）不得少于99.0%。
4.2.10 乙酸铵，色谱纯。
4.2.11 磷酸氢二钾。
4.2.12 氢氧化钠。
4.2.13 盐酸。
4.2.14 甲醇，色谱纯。
4.2.15 乙醇。
4.2.16 乙醚。
4.2.17 二甲亚砜。
4.2.18 乙酸乙酯。
4.2.19 1mol/L氢氧化钠溶液取氢氧化钠饱和液5.6mL，加水稀释至100mL，即得。
4.2.20 1mol/L盐酸溶液取盐酸9mL，加水稀释至100mL，即得。
4.2.21 50mmol/L 2-硝基苯甲醛的二甲亚砜溶液称取2-硝基苯甲醛（37.8±0.5）mg置棕色瓶中，加二甲亚砜5.0mL溶解，临用前配制。
4.2.22 0.1mol/L磷酸氢二钾溶液称取磷酸氢二钾2.28g，用水溶解并稀释至100mL，临用前配制。
4.2.23 AOZ、AMOZ、AHD和SEM标准储备液取AOZ、AMOZ和AHD对照品约10mg，精密称定，分别置10mL棕色量瓶中，用甲醇溶解并稀释成浓度为1mg/mL（含AOZ、AMOZ和AHD）的标准储备液。取SEM·HCl对照品约14.9mg，精密称定，置50mL棕色量瓶中，用甲醇溶解并稀释成含SEM0.2mg/mL的标准储备液。-20℃以下保存，有效期为3个月。
4.2.24 AOZ-D_4、AMOZ-Ds、AHD-$13C_3$和SEM-［1，2-$15N_2$;^{3}C］内标储备液取AOZ-D4、AMOZ-Ds和AHD-$13C_3$对照品约10mg，精密称定，分别置10mL棕色量瓶中，用甲醇溶解并稀释成浓度为1mg/mL（含AOZ-D_4、AMOZ-Ds和AHD—$13C_3$）的内标储备液。取SEM-HCl-［1，2-$15N_2$;^{13}C］对照品约14.7mg，精密称定，置于50mL棕色量瓶中，用甲醇溶解并稀释成含SEM-［1，2-$15N_2$;^{13}C］0.2mg/mL的内标储备液。-20℃以下保存，有效期为3个月。
4.2.25 AOZ、AMOZ、AHD和SEM混合标准工作液准确量取适量各标准储备液，用甲醇稀释成适宜等浓度的AOZ、AMOZ、AHD和SEM混合标准工作液。-20℃以下保存，有效期为1个月。
4.2.26 50ng/mLAOZ-D4、AMOZ-Ds、AHD-1^3C_3和SEM-［1，2-$15N_2$;^{3}C］混合内标工作液准确量取适量的各内标储备液，用甲醇稀释成含AOZ-D4、AMOZ-Ds、AHD-$13C_3$和SEM-［1，2-15Nz；1^{3}C］均为50ng/mL的混合内标工作液。-20℃以下保存，有效期为1个月。

4.3 仪器和设备

4.3.1 液相色谱-串联质谱仪（配电喷雾离子源）
4.3.2 天平感量0.01g。
4.3.3 分析天平感量0.000 01g。
4.3.4 旋涡振荡器。
4.3.5 振荡器。
4.3.6 组织匀浆机。
4.3.7 离心机。
4.3.8 恒温水浴。
4.3.9 精密pH值试纸（pH值6.4~8.0）。
4.3.10 具塞离心管50mL。
4.3.11 样品浓缩器。
4.3.12 微孔滤头0.45μm。

4.4 测定步骤

4.4.1 试料的制备

试料的制备包括：

——取绞碎后的供试样品，作为供试试料。

——取绞碎后的空白样品，作为空白试料。

——取绞碎后空白样品，经洗涤后添加适宜浓度的标准工作液，作为空白添加试料。

4.4.2 洗涤

取10 000r/min匀浆1min的试料（2±0.05）g置离心管中，加水1mL和冰浴甲醇8mL，旋涡，中速振荡5min，2 000r/min离心10min，弃上清液，分别按上述洗涤过程用冰浴甲醇8mL洗涤一次；冰浴乙醇洗涤2次，每次8mL；冰浴乙醚洗涤2次，每次8mL。

4.4.3 衍生

洗涤后试料加50ng/mL AOZ-D_4、AMOZ-Ds、AHD-13C_3和SEM-［1，2-15N_2;^{3}C］标准工作液100μL，再加水4mL，1mol/L盐酸0.5mL和50mmol/L 2-硝基苯甲醛的二甲亚砜溶液150μL，涡旋、混匀。(37±1)℃避光水浴放置约16h。

4.4.4 提取

衍生物加0.1mol/L磷酸氢二钾溶液5mL，用1mol/L氢氧化钠溶液调pH至7.2~7.4。加乙酸乙酯5mL，旋涡，中速振荡5min，2 000r/min离心15min，吸取上清液。乙酸乙酯5mL重复提取一次。合并上清液于50℃氮气吹干。

20%甲醇的水溶液0.5mL溶解残余物，经滤膜过滤后作为试样溶液，供高效液相色谱-串联质谱法测定。

4.4.5 标准曲线的制备

精密量取2.5ng/mL、5.0ng/mL、10ng/mL、20ng/mL、50ng/mL、100ng/mL AOZ、AMOZ、AHD和SEM混合标准工作液100μL置不同离心管中。按4.4.3和4.4.4操作，制得0.5ng/mL、1ng/mL、2ng/mL、4ng/mL、10ng/mL和20ng/mL各对照溶液浓度供高效液相色谱-串联质谱法测定。

4.4.6 测定

4.4.6.1 液相色谱条件

色谱柱：Cg150mm×2.1mm（i.d.），粒径5μm，或相当者；

流动相

梯度洗脱

流动相A：0.5mmol/L乙酸铵-甲醇（80+20）；

流动相B：0.5mmol/L乙酸铵-甲醇（10+90）。

0min：A-B（80+20），0.1min：A-B（70+30），8min：A-B（70+30），

8.1min：A-B（0+100），12min：A-B（80+20），25min：A-B（80+20）。

流速：0.2mL/min。

柱温：30℃。

进样量：50μL。

4.4.6.2 质谱条件

离子源：电喷雾离子源；

扫描方式：正离子扫描；

检测方式：多反应监测；

电离电压：3.8kV；

源温：110℃；

雾化温度：350℃；

锥孔气流速：50L/h；
雾化气流速：450L/h；
定性、定量离子对和锥孔电压及碰撞电压见表1。

表1　4种硝基呋喃素类代谢物和内标的定性、定量离子对及锥孔电压、碰撞电压

药物	定性离子对（m/z）	定量离子对（m/z）	锥孔电压（V）	碰撞电压（eV）
AOZ	236.1>134.1	Sum（236.1>134.1+236.1>104.1）	28	13
	236.1>104.1			22
AMOZ	335.0>291.1	Sum（335.0>291.1+335.0>262.0）	26	12
	335.0>262.0			20
AHD	249.3>178.2	Sum（249.3>178.2+249.3>134.0）	28	13
	249.3>134.0			13
SEM	209.4>192.1	Sum（209.4>192.1+209.4>134.2）	25	10
	209.4>134.2			13
AOZ-D_4	240.1>134.1	240.1>134.1	28	13
AMOZ-D_5	340.0>296.1	340.0>296.1	26	12
AHD-$^{13}C_3$	252.3>134.0	252.3>134.0	28	13
SEM-［1，2-15N_2；^{13}C］	212.4>195.1	212.4>195.1	25	10

4.4.6.3　测定法

取试样溶液和相应的对照溶液，作单点或多点校准，按内标法以峰面积比计算，即得。对照溶液及试样溶液中AOZ、AMOZ、AHD和SEM及内标AOZ-D4、AMOZ-Ds、AHD-$^{13}C_3$和SEM-［1，2-15N_2；^{13}C］的峰面积之比均应在仪器检测的线性范围之内。空白溶液、对照溶液和试样溶液中各特征离子的质量色谱图分别见附录A中图A.1、图A.2和图A.3。

4.4.7　空白试验

除不加试料外，采用完全相同的测定步骤进行平行操作。

4.5　结果计算和表述

单点校准：

$$C_i = \frac{A_i A'_{is} C_s C_{is}}{A_{is} A_s C'_{is}} \quad \cdots\cdots\cdots\cdots(1)$$

或标准曲线校准：由

$$\frac{A_s}{A'_{is}} = a\frac{C_s}{C'_{is}} + b \quad \cdots\cdots\cdots\cdots(2)$$

求得a和b，则

$$C_i = \frac{C_{is}}{a}\left(\frac{A_i}{A_{is}} - b\right) \quad \cdots\cdots\cdots\cdots(3)$$

按下式计算试料中AOZ、AMOZ、AHD和SEM残留量：

$$X = \frac{C_i V}{m} \quad \cdots\cdots\cdots\cdots(4)$$

式中：

C_i——试料溶液中相应硝基呋喃类代谢物的浓度（ng/mL）；

C_{is}——试料溶液中相应硝基呋喃类代谢物内标的浓度（ng/mL）；

C_s——对照溶液中相应硝基呋喃类代谢物的浓度（ng/mL）；

C'_{is}——对照溶液中相应硝基呋喃类代谢物内标的浓度（ng/mL）；

A_i——试样溶液中相应硝基呋喃类代谢物的峰面积；

A_{is}——试样溶液中相应硝基呋喃类代谢物内标的峰面积；

A_s——对照溶液中相应硝基呋喃类代谢物的峰面积；

A'_{is}——对照溶液中相应硝基呋喃类代谢物内标的峰面积；

X——试料中相应硝基呋喃类代谢物的残留量（ng/g）；

V——溶解残余物所得试样溶液体积（mL）；

m——组织样品的质量（g）。

注：计算结果需扣除空白值，测定结果用平行测定的算术平均值表示，保留3位有效数字。

5 检测方法灵敏度、准确度和精密度

5.1 灵敏度

AOZ、AMOZ、AHD和SEM在动物源食品中的检测限为0.25ng/g，定量限为0.5ng/g。

5.2 准确度本方法在0.5~2ng/g添加浓度的回收率为60%~120%。

5.3 精密度本方法的批内相对标准偏差≤30%，批间相对标准偏差≤30%。

附　录　A
（资料性附录）
硝基呋喃类代谢物特征离子质量色谱图

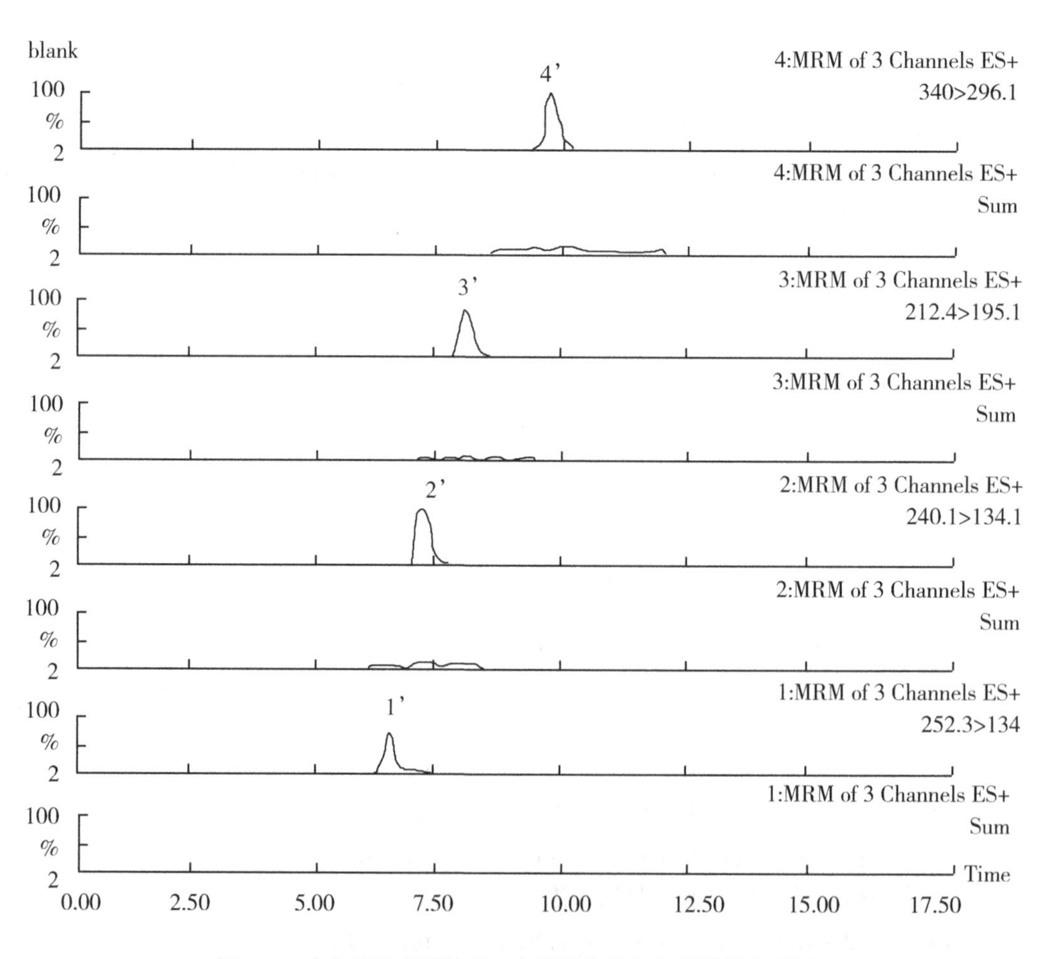

图A.1　空白溶液中硝基呋喃类代谢物特征离子质量色谱图

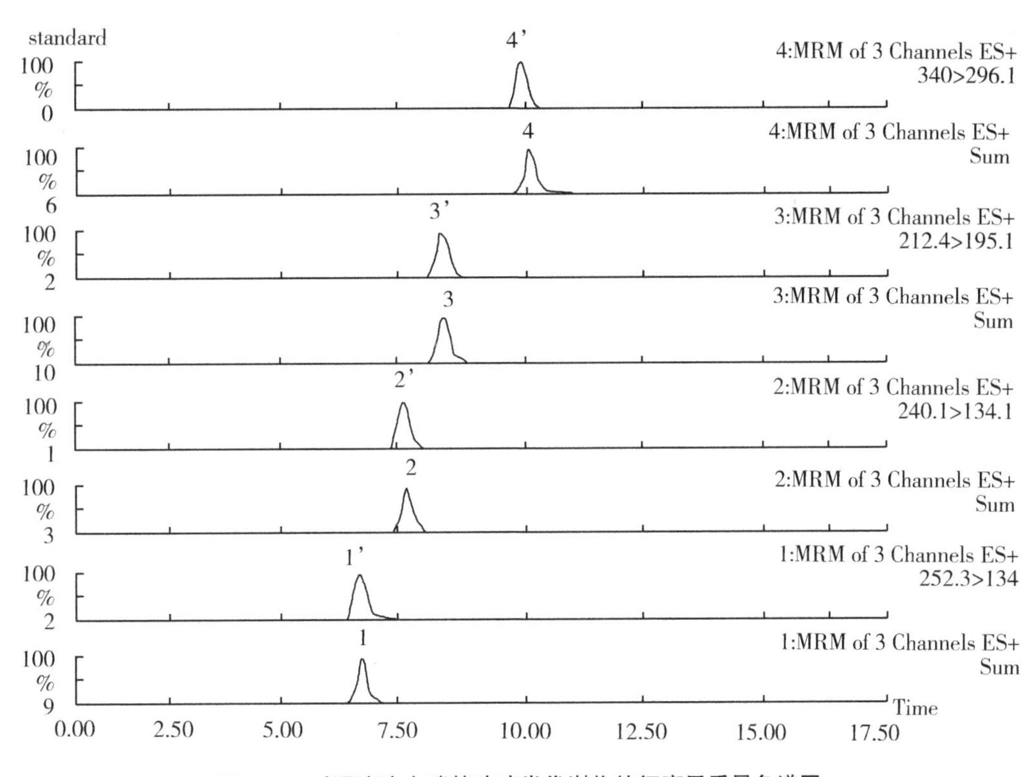

图 A.2　对照溶液中硝基呋喃类代谢物特征离子质量色谱图

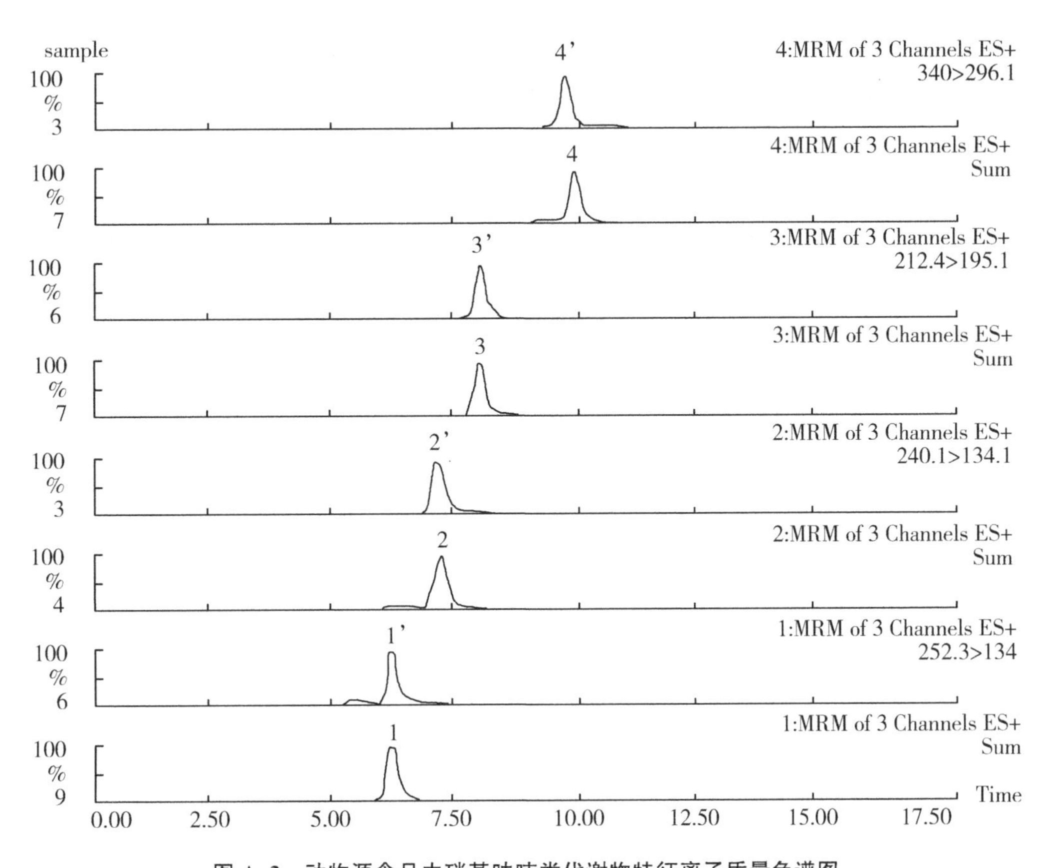

图 A.3　动物源食品中硝基呋喃类代谢物特征离子质量色谱图

质量色谱图中：

1—AHD；1'—AHD；2—AOZ；2'—AOZ；3—SEM；3'—SEM；4—AMOZ；4'—AMOZ。

衍生化产物得到的特征离子质量色谱图加和（Sum：249. 3>178. 2+249. 3>134. 0)；同位素内标衍生化产物得到的特征离子质量色谱图（252. 3>134. 0)；

衍生化产物得到的特征离子质量色谱图加和（Sum：236. 1>134. 1+236. 1>104. 1)；同位素内标衍生化产物得到的特征离子质量色谱图（240. 1>134. 1)；

衍生化产物得到的特征离子质量色谱图加和（Sum：209. 4>192. 1+209. 4>134. 2)；同位素内标衍生化产物得到的特征离子质量色谱图（212. 4>195. 1)；

衍生化产物得到的特征离子质量色谱图加和（Sum：335. 0>291. 1+335. 0>262. 0)；同位素内标衍生化产物得到的特征离子质量色谱图（340. 0>296)。

ICS 67.040
X 00

中 华 人 民 共 和 国 国 家 标 准

农业部 1025 号公告—23—2008

动物源食品中磺胺类药物残留检测
液相色谱-串联质谱法

Determination of sulfonamides residues in edible tissues of animal
Liquid chromatography-tandem mass spectrometry

2008-04-29 发布　　　　2008-04-29 实施

中 华 人 民 共 和 国 农 业 部　发布

前　言

本标准的附录 A 为资料性附录。

本标准由中华人民共和国农业部提出并归口。

本标准起草单位：中国农业大学、农业部兽药安全监督检验测试中心（北京）。

本标准主要起草人：沈建忠、肖希龙、丁双阳、张素霞、李建成、李晓薇、江海洋、吴聪明、曹兴元、程林丽。

动物源食品中磺胺类药物残留检测
液相色谱-串联质谱法

1　范围

本标准规定了动物源食品中磺胺类药物残留检测方法高效液相色谱-串联质谱法。本标准适用于动物源食品中磺胺类药物的多残留量检验。

2　规范性引用文件

下列文件中的条款通过本标准的引用而成为本标准的条款。凡是注明日期的引用文件，其随后所有的修改单（不包括勘误的内容）或修订版均不适用于本标准，然而，鼓励本标准达成协议的各方研究是否使用这些文件的最新版本。凡是不注明日期的引用文件，其最新版本适用于本标准。

GB/T 6682 分析实验室用水规则和试验方法

农牧发〔2003〕1 号　兽药残留试验技术规范（试行）

农牧发〔1999〕8 号　官方取样程序

3　原理

组织样品经乙酸乙酯提取、液液分配和固相萃取净化后，用液相色谱-串联质谱检测，外标法定量。

4　试剂

除非另有说明，本法所用试剂均为分析纯；水符合 GB/T 6682 二级用水的规定。

4.1　乙酸乙酯：色谱纯。

4.2　正己烷：经重蒸。

4.3　甲醇：色谱纯。

4.4　乙腈：农残级。

4.5　甲酸。

4.6　盐酸。

4.7　氨水。

4.8　磺胺药标准品

4.8.1　磺胺醋酰（sulfacetamidc，SA），纯度 99.5%。

4.8.2　磺胺嘧啶（sulfadiazine，SD），纯度 99.0%。

4.8.3　磺胺噻唑（sulfathiazole，ST），纯度 99.9%。

4.8.4　磺胺吡啶（sulfapyridine，SMPD），纯度 99.0%。

4.8.5　磺胺甲基嘧啶（sulfamerazine，SM1），纯度 99.0%。

4.8.6　磺胺恶唑（sulfamoxol），纯度 80.0%。

4.8.7　磺胺二甲嘧啶（sulfamethazine，SM2），纯度 99.0%。

4.8.8　磺胺甲氧哒嗪（sulfamethoxypyridazine，SMP），纯度 99.9%。

4.8.9　磺胺甲噻二唑（sulfamethizole），纯度 99.0%。

4.8.10　磺胺间甲氧嘧啶（sulfamonomcthoxinc，SMM），纯度 99.0%。

4.8.11　磺胺氯哒嗪（sulfachloropyridazinc，SCP），纯度 99.9%。

4.8.12　磺胺邻二甲氧嘧啶（sulfadoxinc），纯度 99.5%。

4.8.13　磺胺甲恶唑（sulfamethoxazole，SMZ），纯度 99.9%。

4.8.14　磺胺异恶唑（sulfisoxazolc，SIZ），纯度 99.0%。

4.8.15　磺胺喹恶啉（sulfaquinoxaline，SQX），纯度 95.0%。

4.8.16 苯甲酰磺胺（sulfabenzamide），纯度 99.9%。

4.8.17 磺胺间二甲氧嘧啶（sulfadimcthoxine，SDM），纯度 99.9%。

4.8.18 磺胺苯吡唑（sulfaphcnazole，SPP），纯度 99.0%。

4.9 盐酸溶液（0.1mol/L）：量取 8.3mL 浓盐酸，用水定容至1 000mL。

4.10 磺胺标准贮备液（1 000μg/mL））：分别准确称取适量的磺胺类药物标准品，用甲醇溶解定容，配制成1 000μg/mL的标准贮备液，-20℃冰箱中保存。

4.11 磺胺标准工作液：分别量取适量的磺胺标准贮备液，用甲醇稀释制备成系列浓度为 2.0ng/mL、5.0ng/mL、10.0ng/mL、50.0ng/mL、100.0ng/mL、500.0ng/mL 标准工作液，4℃冰箱中保存。

5 仪器

5.1 液相色谱-串联质谱仪：配有电喷雾离子源。

5.2 液相色谱柱 C_{18}：150mm×2.1mm，5μm。

5.3 组织匀浆机。

5.4 旋涡混合器。

5.5 旋转蒸发仪。

5.6 离心机。

5.7 电子天平：感量 0.01g 与 0.001g。

5.8 氮吹仪。

5.9 固相萃取柱 Oasis MCX：150mg，6mL。

6 测定步骤

6.1 提取

称取（5±0.05）g 试样，置于 50mL 离心管中，加入 15mL 乙酸乙酯旋涡 2min，5 000r/min离心 10min，分离上清液于 100mL 鸡心瓶中，残渣用同样方法重复提取 1 次，合并乙酸乙酯层。

6.2 净化

在提取液中加入 5mL 0.1mol/L 盐酸（4.8），45℃旋蒸出乙酸乙酯，将残留的盐酸层转移至 10mL 离心管中，分 2 次用 2mL 0.1mol/L 盐酸（4.8）洗涤鸡心瓶，洗涤液转移至同一离心管中。鸡心瓶再用 5mL 正己烷洗涤，并将正己烷转入含有盐酸的离心管中，手动振摇 20 次，3 500r/min 离心 5min，弃去正己烷，再用 3mL 正己烷重复 1 次，取下层液备用。

MCX 柱用 3mL 甲醇和 3mL 0.1mol/L 盐酸（4.8）预洗，将上述备用液在重力作用下过柱，然后分别用 2mL 0.1mol/L 盐酸（4.8）和 2mL V（水）：V（甲醇）：V（乙腈）= 55：25：20 洗涤小柱，用 2mL V（水）：V（甲醇）：V（乙腈）：V（氨水）= 75：10：10：5 洗脱药物，收集洗脱液于 45℃水浴氮气吹干，用水定容至 1mL，过 0.2μm 有机滤膜，供液相色谱-串联质谱仪测定。

6.3 液相色谱-串联质谱法测定

6.3.1 高效液相色谱-串联质谱法测定参数

液相色谱柱：C_{18}柱，150mm×2.1mm，5μm。

柱温：室温。

进样量：10μL。

流动相：A 相-乙腈（0.1%甲酸），B 相-水（0.1%甲酸）。

梯度洗脱条件见表 1。

表 1 液相色谱梯度洗脱条件

时间（min）	流速（mL/min）	流动相 A	流动相 B
0.0	0.2	10	90

（续表）

时间（min）	流速（mL/min）	流动相 A	流动相 B
5	0. 2	25	75
20	0. 2	55	45
30	0. 2	10	90

电离模式：电喷雾正离子（ESI-）。
毛细管电压：3V。
离子源温度：80℃。
脱溶剂温度：300℃。
脱溶剂氮气流速：440L/h。
采集方式：多反应监测（MRM）。
Q1、Q3 均为单位分辨率。
磺胺类药物的定性、定量离子见表 2。

表 2　18 种磺胺的定性离子对、定量离子对、锥孔电压和碰撞能量

名称	定性离子对（m/z）	定量离子对（m/z）	锥孔电压（V）	碰撞能量（eV）	保留时间（min）
磺胺醋酰	215>155. 8 215>107. 8	215>155. 8	20	10 20	5. 84
磺胺嘧啶	251>155. 7 251>107. 7	251>155. 7	22	15 20	6. 41
磺胺噻唑	256>155. 7 256>107. 9	256>155. 7	22	18 18	7. 20
磺胺吡啶	250>155. 9 250>107. 9	250>155. 9	25	20 20	7. 68
磺胺甲基嘧啶	265>155. 9 265>171. 9	265>155. 8	22	18 15	8. 33
磺胺恶唑	268>155. 8 268>112. 8	268>155. 8	30	15 20	9. 33
磺胺二甲嘧啶	279>185. 9 279>123. 8	279>185. . 9	22	18 20	9. 55
磺胺甲氧哒嗪	281>155. 9 281>125. 7	281>155. 9	22	18 18	10. 41
磺胺甲噻二唑	271>155. 8 271>107. 8	271>155. . 8	30	15 20	10. 42
磺胺间甲氧嘧啶	281>155. 7 281>125. 8	281>155. 8	22	18 18	11. 84
磺胺氯哒嗪	285>155. 8 285>107. 8	285>155. 8	30	15 18	12. 47
磺胺邻二甲氧嘧啶	311. 3>107. 8 311. 3>155. 8	311. 3>155. 8	20	22 15	12. 87
磺胺甲恶唑	254>155. 8 254>107. 9	254>155. 8	22	18 18	13. 64

（续表）

名称	定性离子对（m/z）	定量离子对（m/z）	锥孔电压（V）	碰撞能量（eV）	保留时间（min）
磺胺异恶唑	268>112.7 268>155.8	268>155.8	20	15 13	14.42
磺胺喹恶啉	301.1>155.8 301.1>107.8	301.1>155.8	30	20 20	15.97
苯甲酰磺胺	277.3>156.0 277.3>107.7	277.3>156.0	30	12 20	15.69
磺胺间二甲氧嘧啶	311>156.0 311>107.8	311>156.0	22	20 23	15.93
磺胺苯吡唑	315>158.0 315>160.0	315>158.0	22	25 23	16.52

6.3.2 测定

通过样品总离子流色谱图的保留时间和各色谱峰对应的特征离子，与标准品相应的保留时间和各色谱峰对应的特征离子进行对照定性。样品与标准品保留时间的相对偏差不大于5%，特征离子峰百分比与标准品相差不大于10%。

6.4 结果计算

动物组织中磺胺类药物的残留量X，以微克/千克（μg/kg）表示，按公式（1）计算：

$$X = \frac{A \times f}{m} \qquad \cdots\cdots\cdots\cdots (1)$$

式中：

A——试样特征离子峰面积与基质标准溶液特征离子峰面积比值对应磺胺类药物质量；单位为微克（μg）；

f——试样稀释倍数；

m——试样的取样量，单位为克（g）。

测定结果用平行测定的算术平均值表示，保留至小数点后2位。

7 检测方法灵敏度、准确度、精密度

7.1 灵敏度

本方法磺胺类药物检测限为0.5μg/kg。

7.2 准确度

本方法回收率均为60%~120%。

7.3 精密度

本方法的批内变异系数CV≤21%，批间变异系数CV≤32%。

附　录　A
（资料性附录）

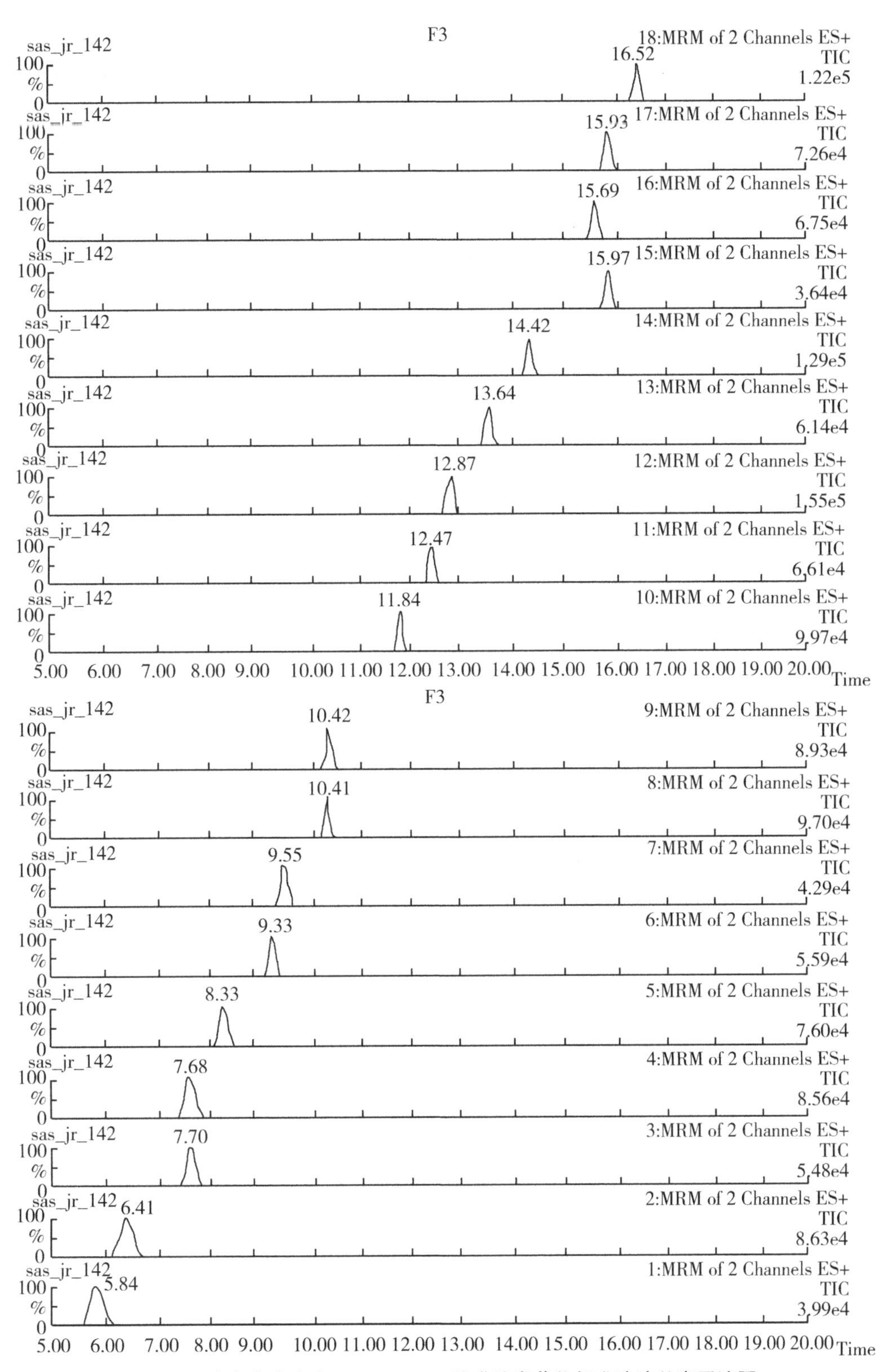

图 A.1　鸡肉中浓度为 5.0μg/kg 18 种磺胺类药物标准溶液总离子流图

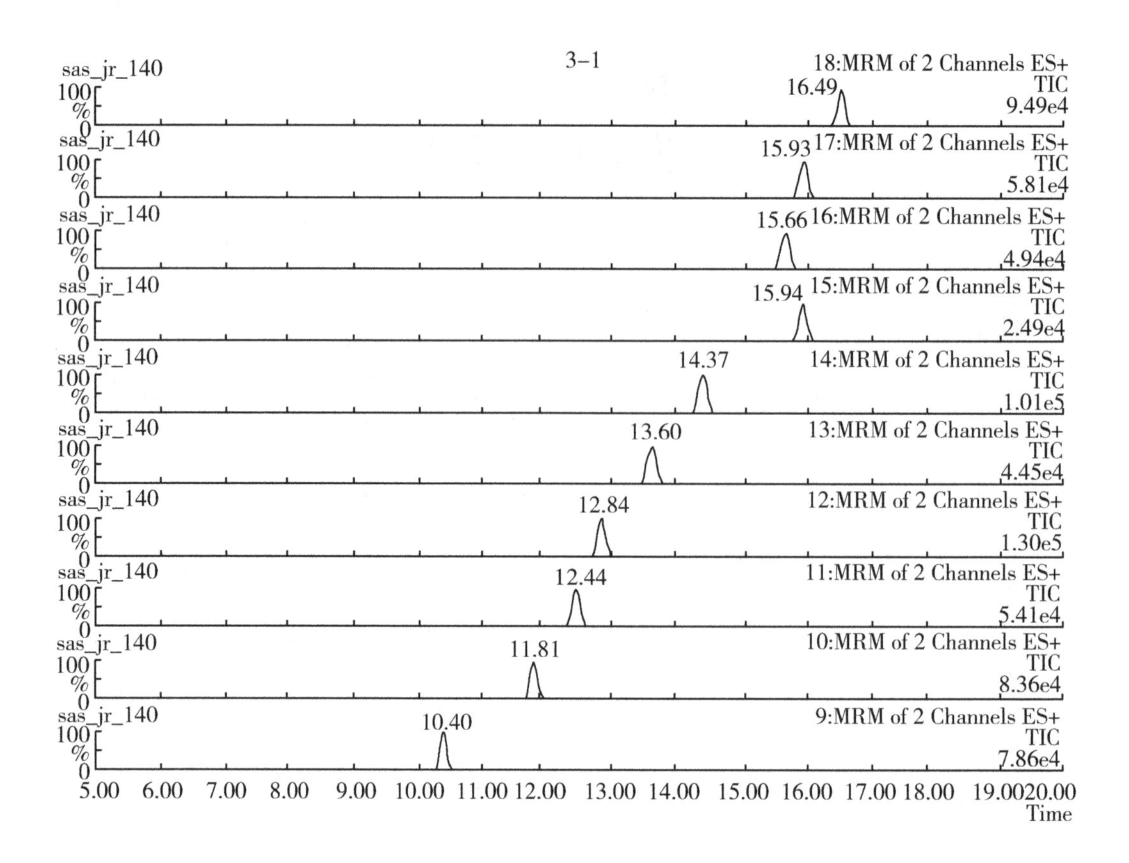

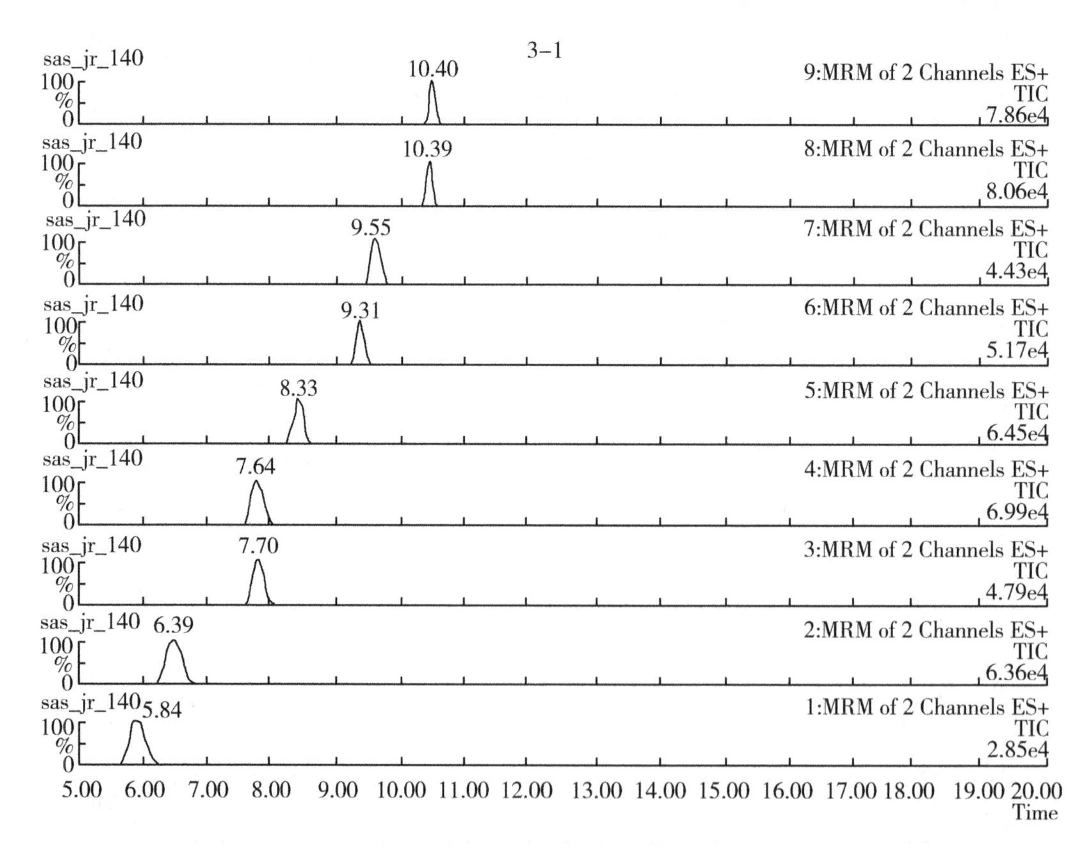

图 A.2 鸡肉添加 5.0μg/kg 18 种磺胺类药物总离子流图

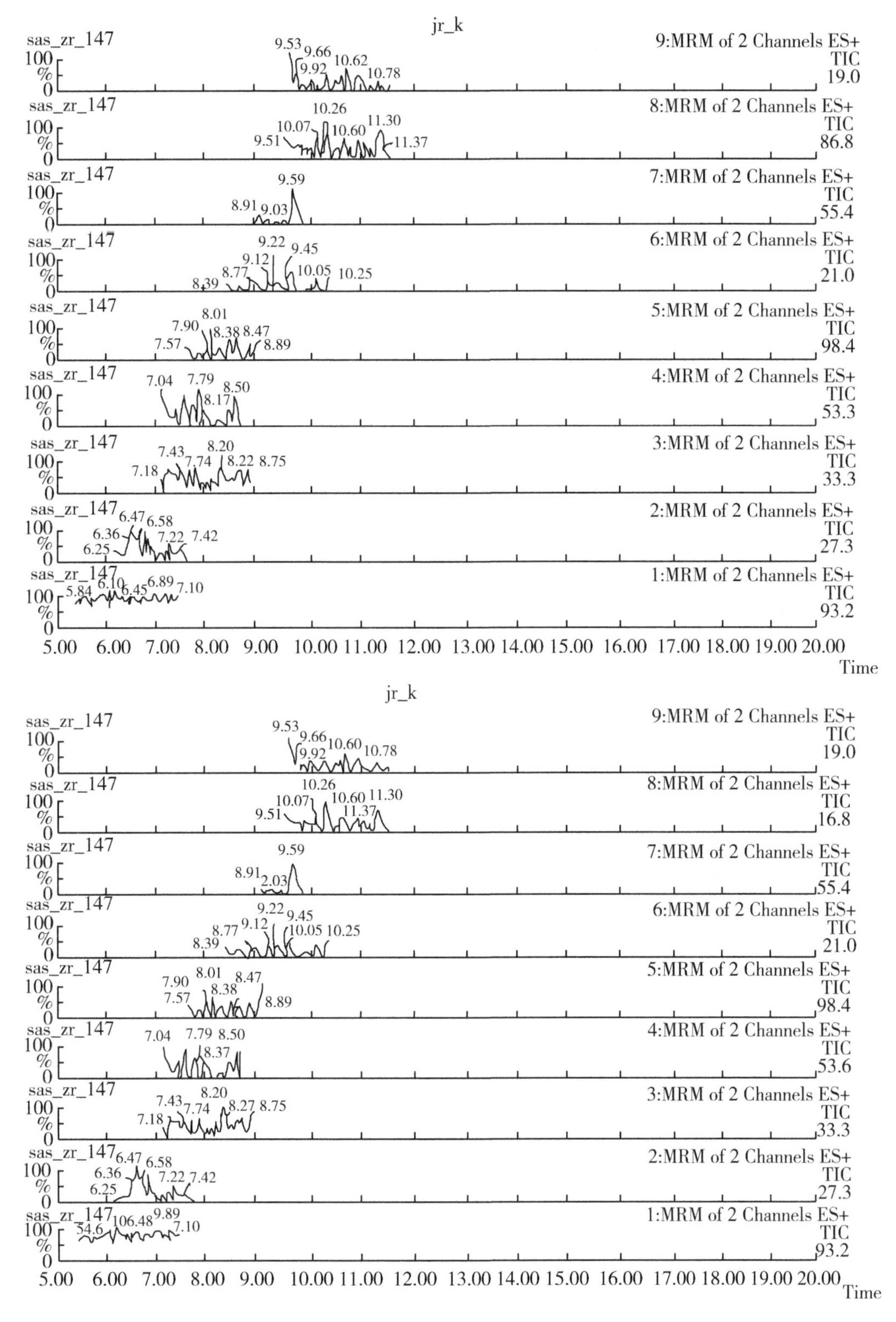

图 A.3　鸡肉空白总离子流图

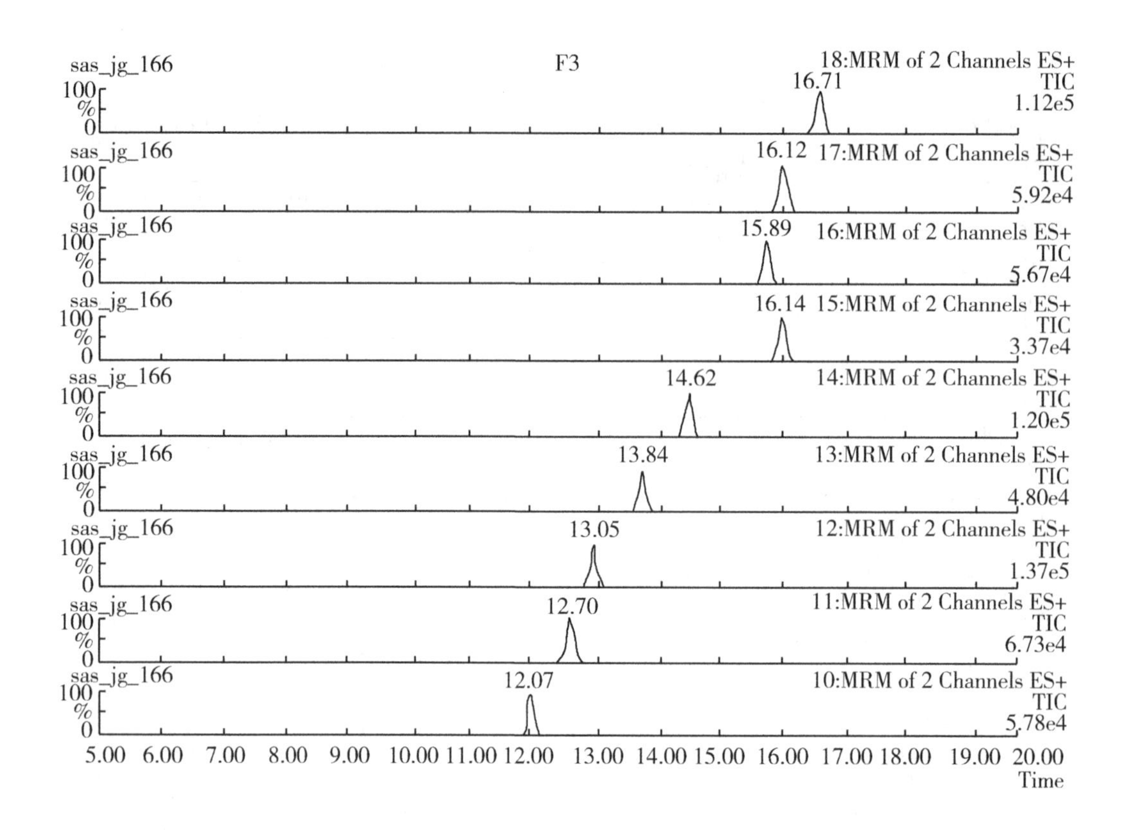

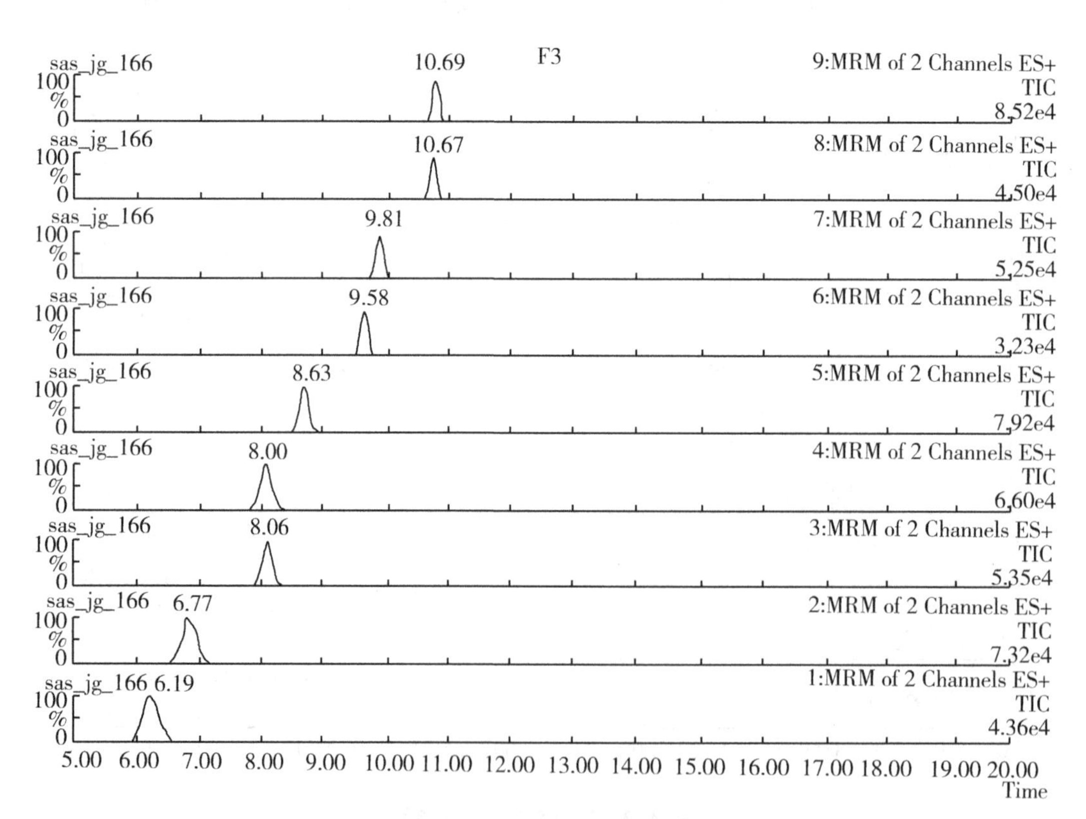

图 A.4 鸡肝浓度为 5.0μg/kg 18 种磺胺类药物标准溶液总离子流图

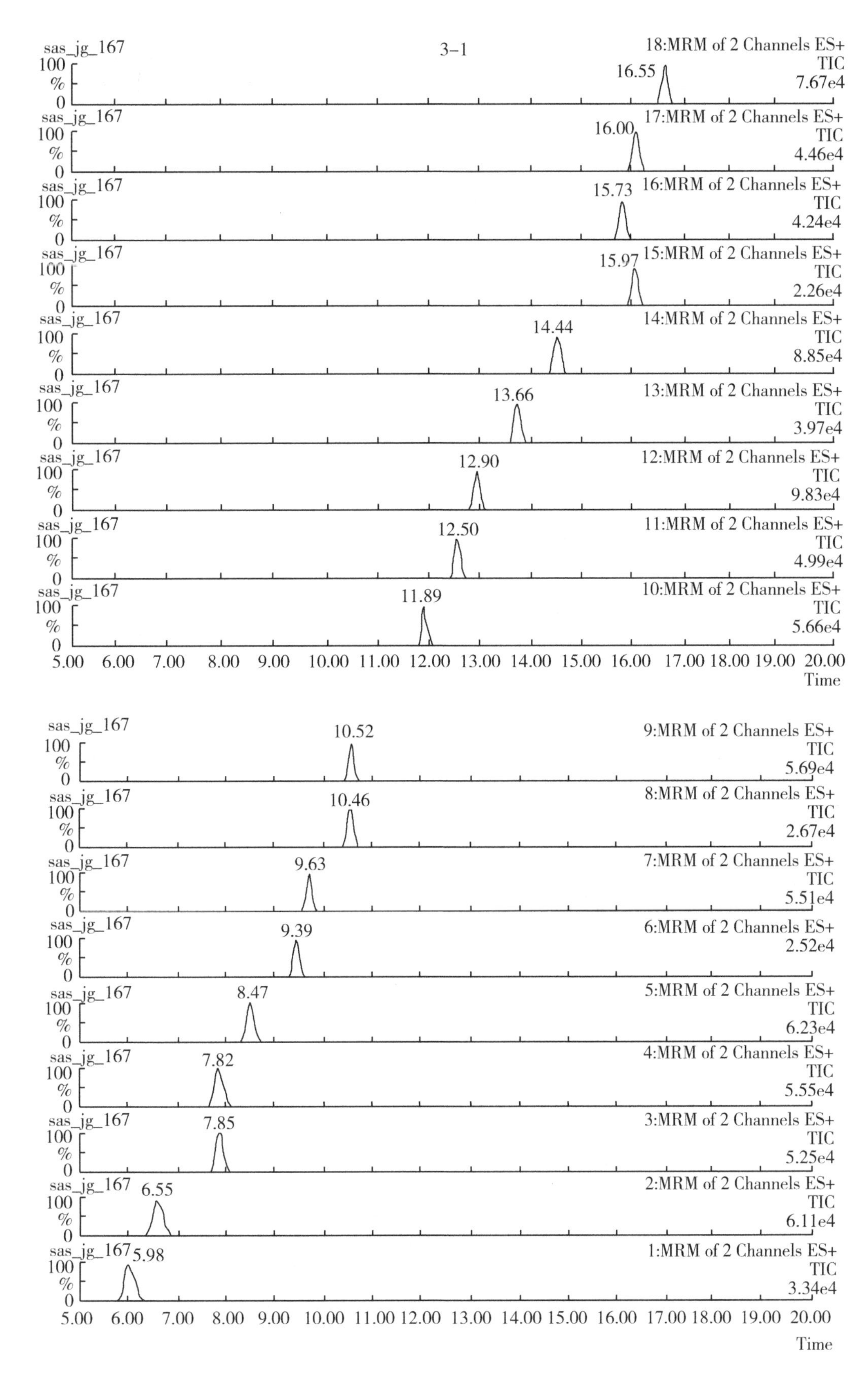

图 A.5　鸡肝添加 5.0μg/kg 18 种磺胺类药物总离子流图

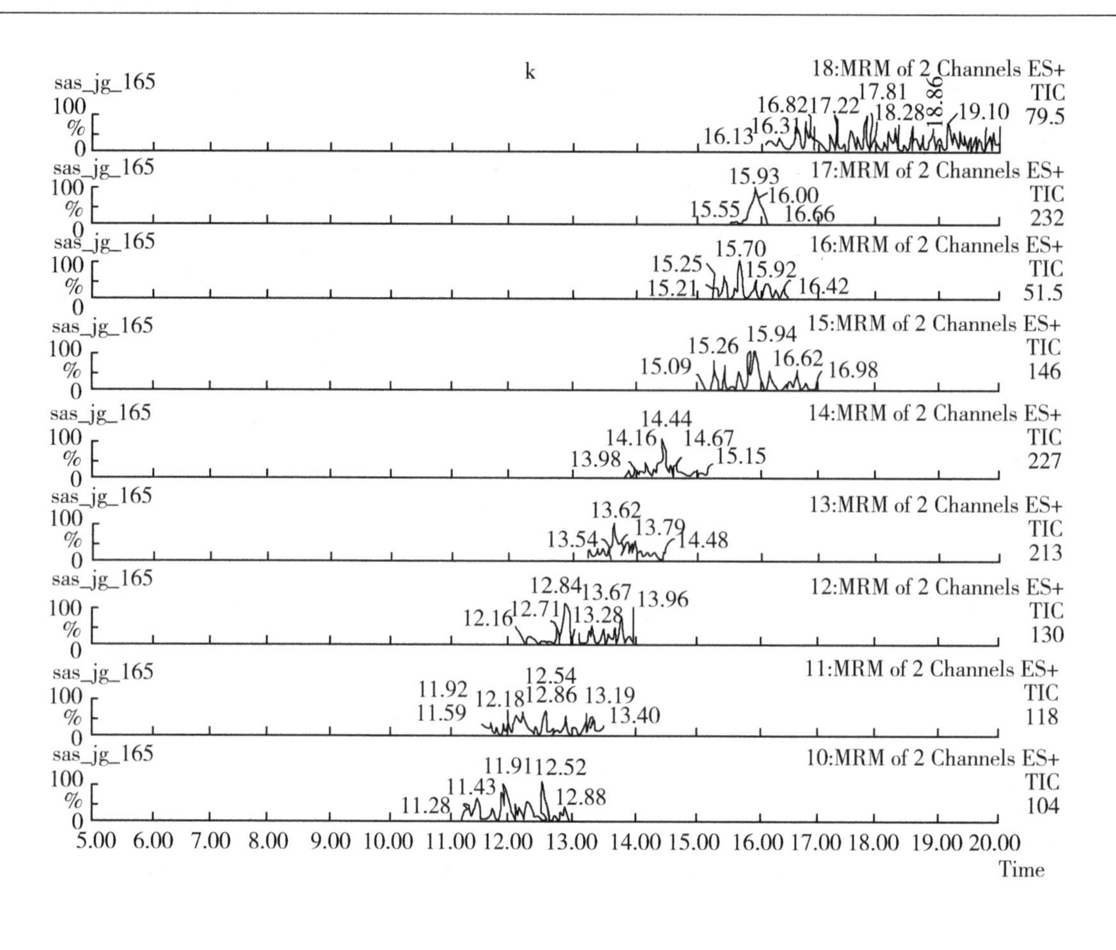

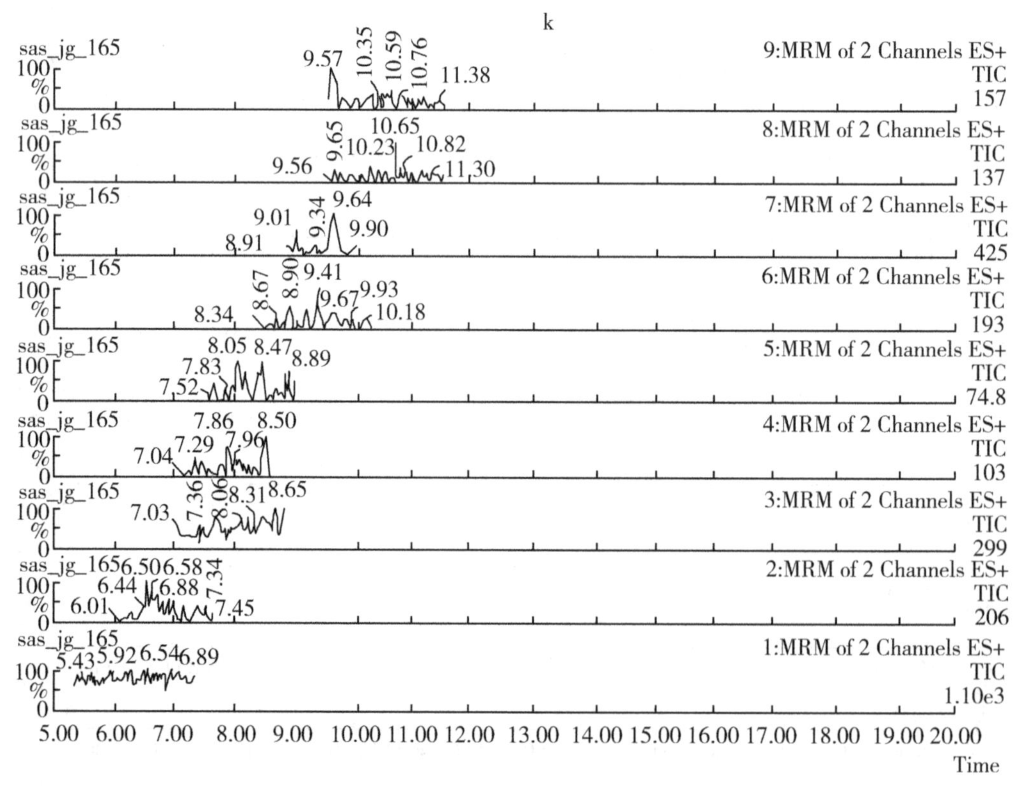

图 A.6　鸡肝空白总离子流图

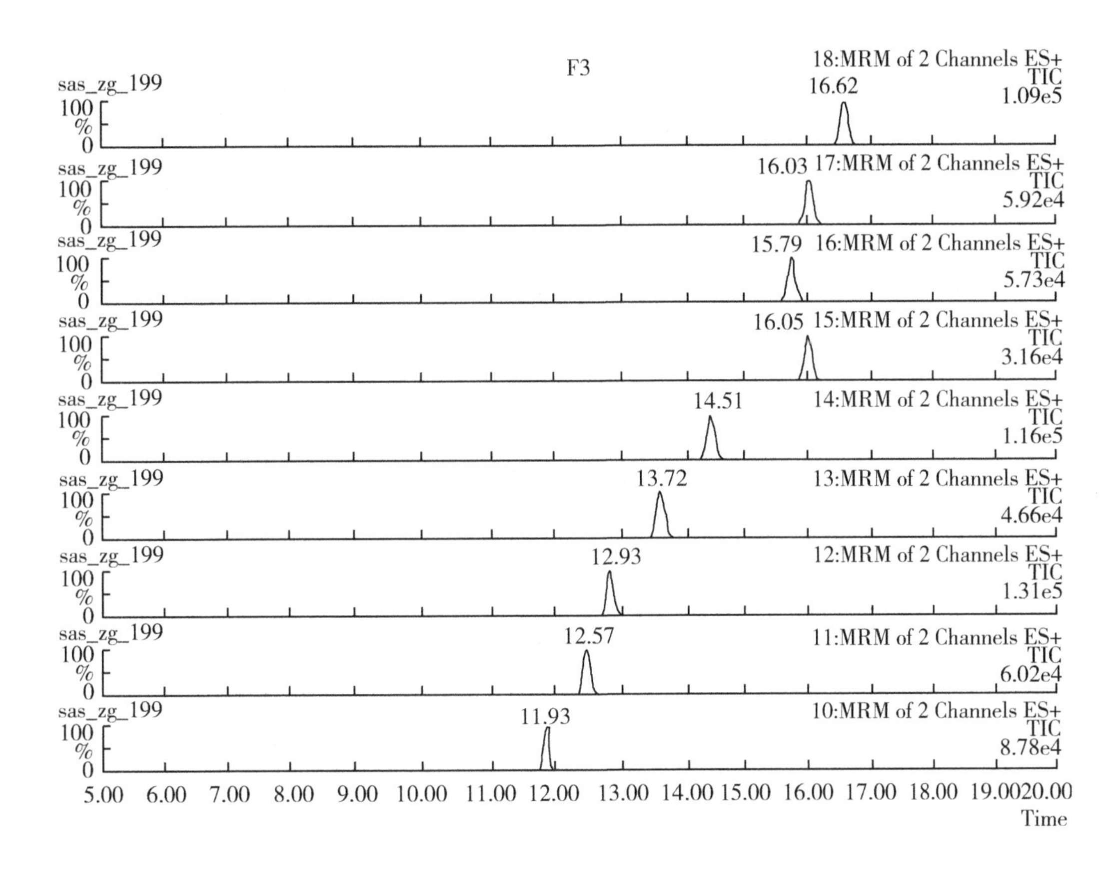

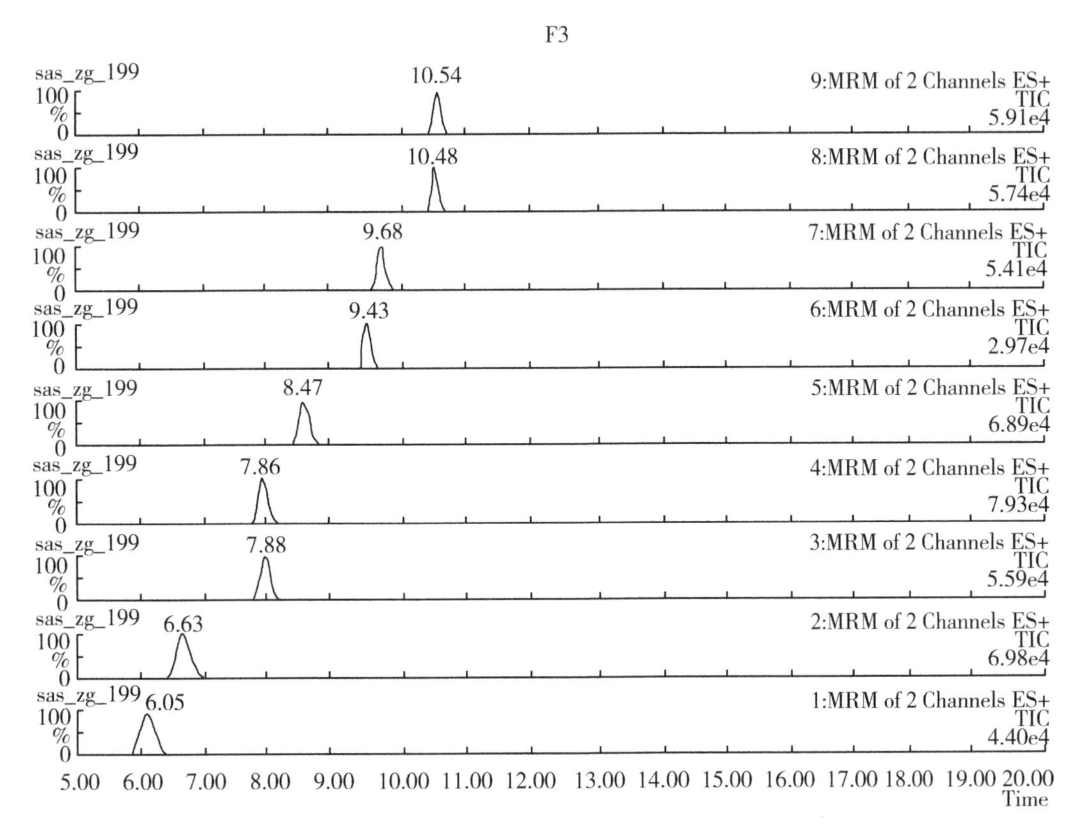

图 A.7　猪肉浓度为 5.0μg/kg 18 种磺胺类药物标准溶液总离子流图

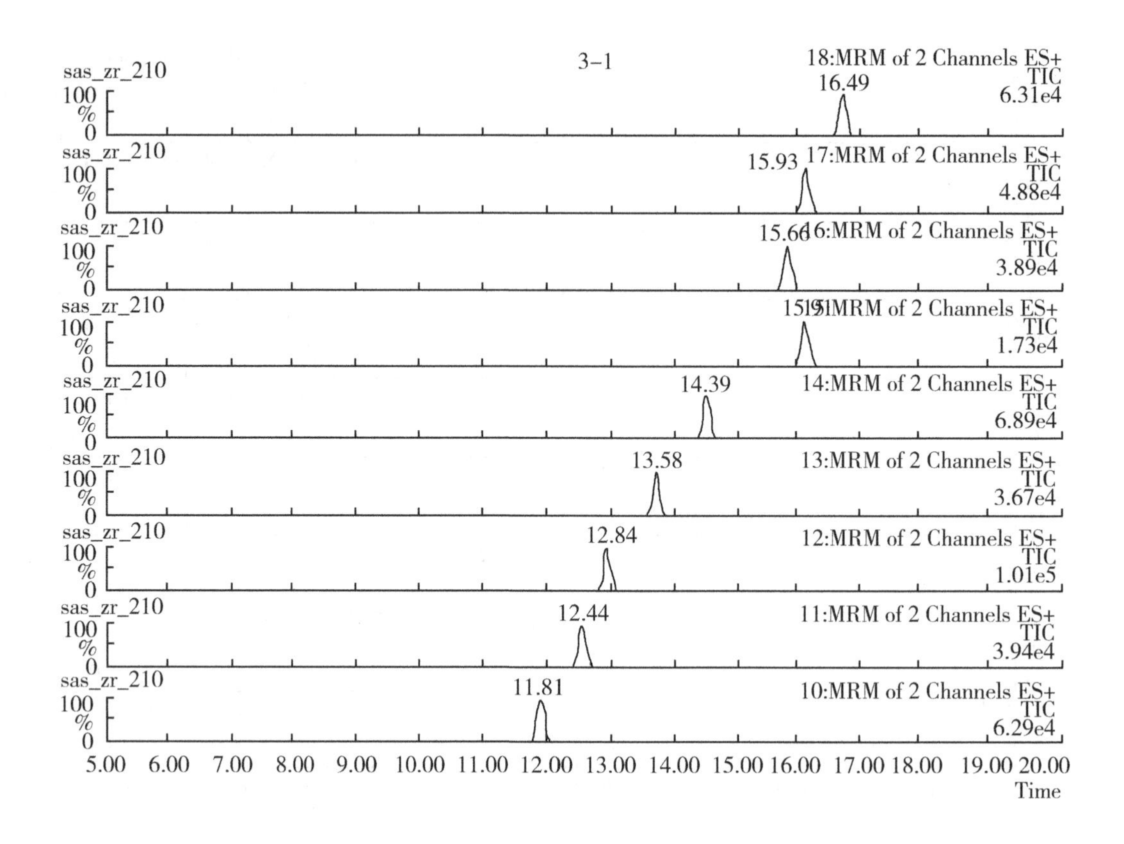

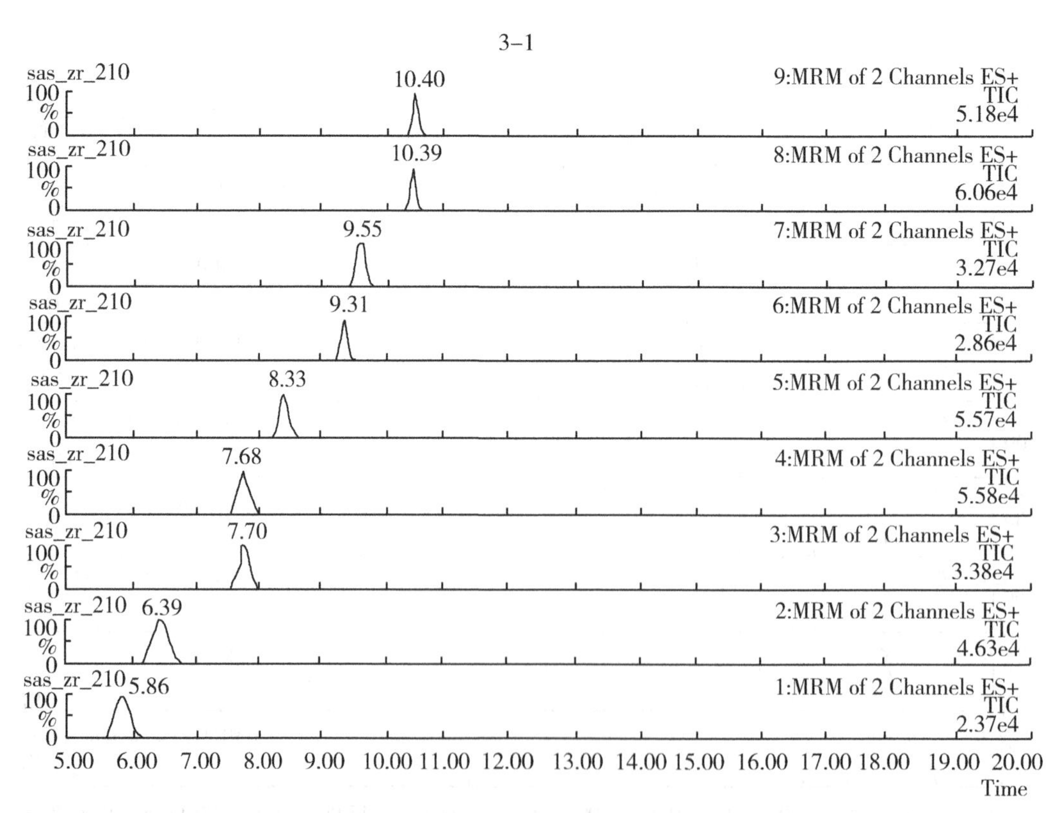

图 A.8　猪肉添加 5.0μg/kg 18 种磺胺类药物总离子流图

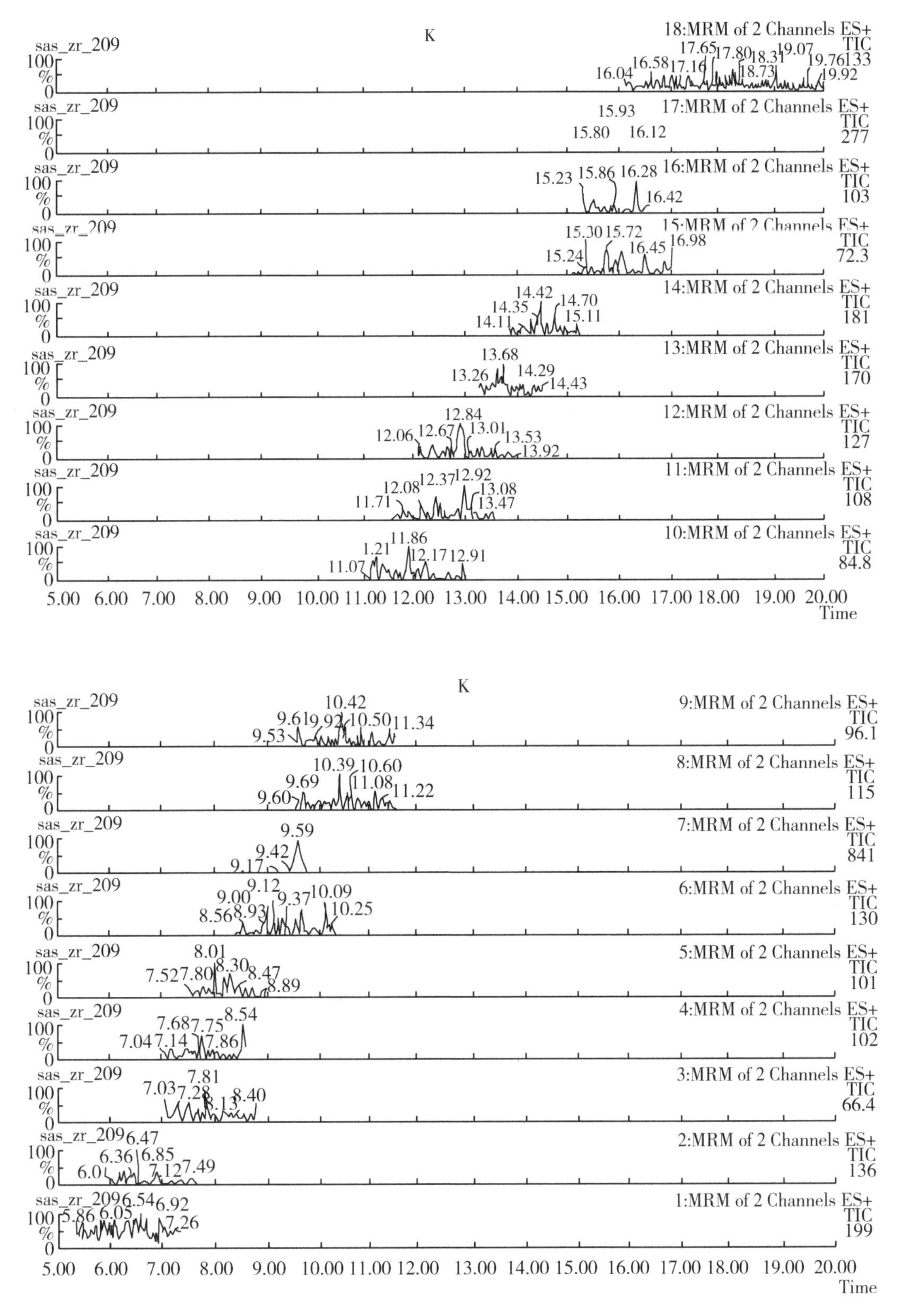

图 **A.9**　猪肉空白总离子流图

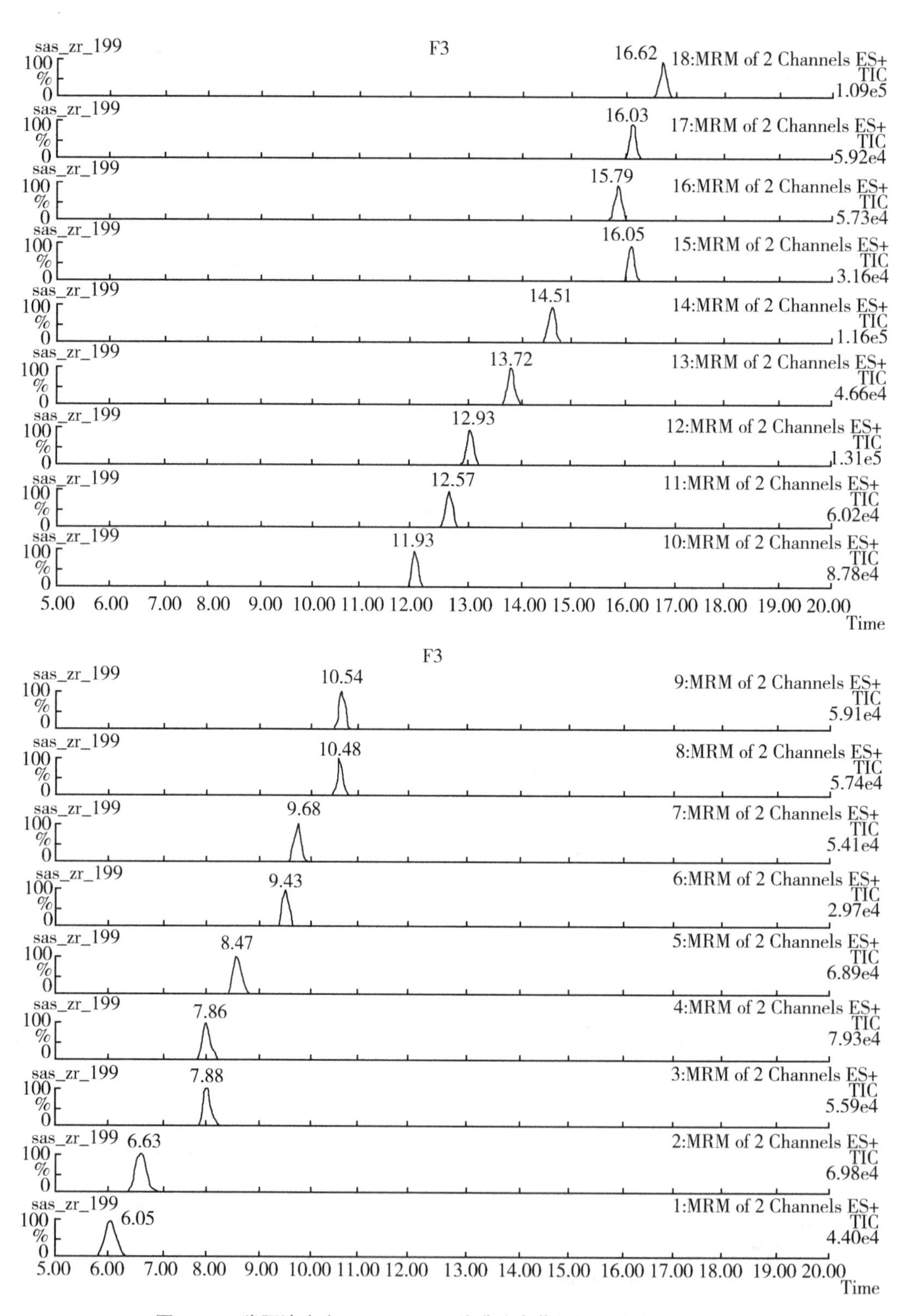

图 A.10 猪肝浓度为 5.0μg/kg 18 种磺胺类药物标准溶液总离子流图

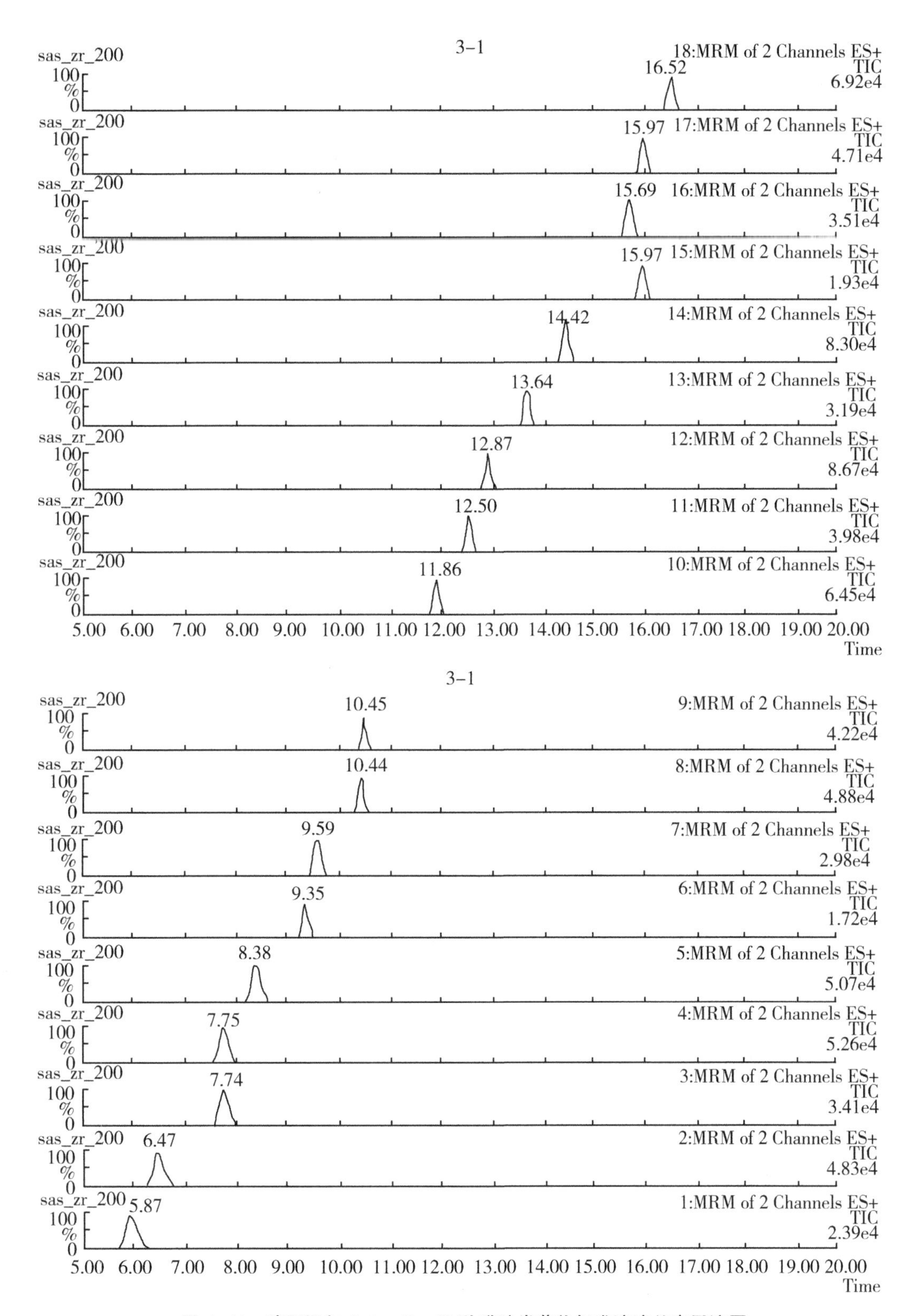

图 A.11　猪肝添加 5.0μg/kg 18 种磺胺类药物标准溶液总离子流图

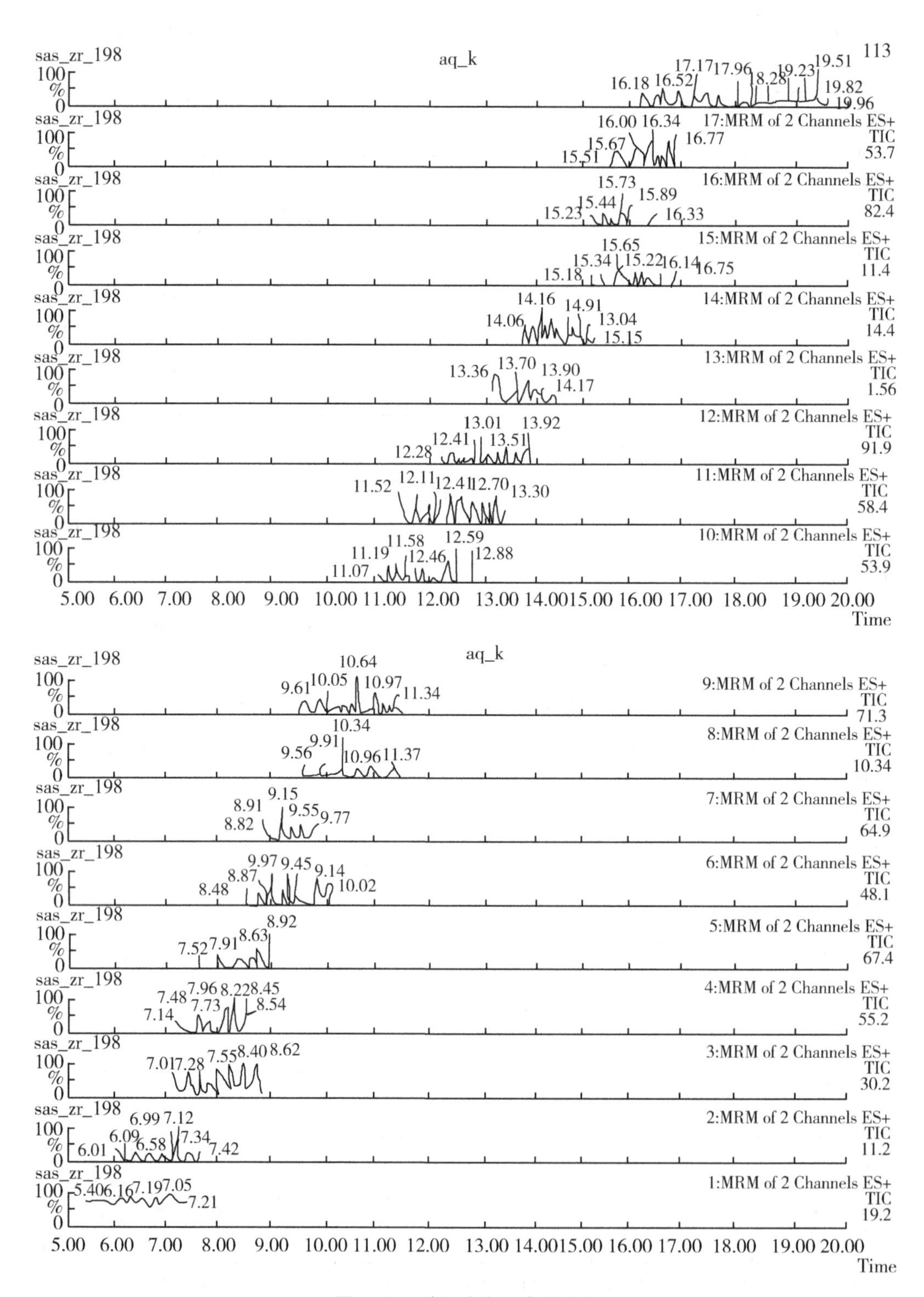

图 A. 12　猪肝空白总离子流图

ICS 67. 120. 20
B 45

中华人民共和国国家标准

农业部 1025 号公告—15—2008

鸡蛋中磺胺喹噁啉残留检测 高效液相色谱法

Determination of Sulfaquinoxaline residue in egg by high performance liquid chromatography

2008-04-29 发布　　2008-04-29 实施

中华人民共和国农业部　发布

前　言

本标准附录 A 为资料性附录。

本标准由中华人民共和国农业部提出并归口。

本标准起草单位：山东省畜产品质量检测中心。

本标准主要起草人：高迎春、陈玲、冯修光、魏秀丽。

鸡蛋中磺胺喹噁啉残留检测
高效液相色谱法

1　范围

本标准规定了鸡蛋中磺胺喹噁啉残留量检测的制样和高效液相色谱测定方法。

本标准适用于鸡蛋中磺胺喹噁啉残留量的检测。

2　规范性引用文件

下列文件中的条款通过本标准的引用而成为本标准的条款。凡是注日期的引用文件，其随后所有的修改单（不包括勘误的内容）或修订版均不适用于本标准，然而，鼓励根据本标准达成协议的各方研究是否可使用这些文件的最新版本。凡是不注日期的引用文件，其最新版本适用于本标准。

GB/T 1.1—2000 标准化工作导则　第1部分：标准的结构和编写规则（ISO/IEC Directives，Part 3，1997，Rules for the structure and drafting of International Standards，NEQ）

GB/T 6682 分析实验室用水规则和试验方法

农业部农牧发〔2003〕1号　兽药残留试验技术规范（试行）

3　制样

3.1　样品的制备

取适量新鲜的空白或供试鸡蛋内容物，匀浆使均匀。

3.2　样品的保存

0~4℃贮存。

4　测定方法

4.1　方法提要或原理

试样中残留的磺胺喹噁啉经乙酸乙酯提取，过无水硫酸钠柱净化，流出液浓缩至干，残余物用0.015mol/L磷酸溶液-乙腈溶液（1+1）溶解，用高效液相色谱-紫外法测定，外标法定量。

4.2　试剂和材料

以下所用试剂，除特别注明外均为分析纯试剂，水为符合GB/T 6682规定的二级水。

4.2.1　磺胺喹噁啉对照品：含磺胺喹噁啉（$C_7H_7C_{12}NO$）不得少于98.0%。

4.2.2　乙腈：色谱纯。

4.2.3　磷酸。

4.2.4　乙酸乙酯。

4.2.5　正己烷。

4.2.6　无水硫酸钠。

4.2.7　0.015mol/L磷酸溶液：量取磷酸1mL，用水稀释至1 000mL。

4.2.8　磺胺喹噁啉标准储备液：取磺胺喹噁啉对照品约25mg，精密称定，置250mL量瓶中，用乙腈溶解并稀释成浓度为100g/mL的储备液。-20℃以下保存，有效期为3个月。

4.2.9　磺胺喹噁啉标准工作液：精密吸取磺胺喹噁啉标准储备液1.0mL于10mL量瓶中，用流动相稀释成浓度为10g/mL的标准工作液。

4.3　仪器与设备

4.3.1　高效液相色谱仪：配紫外检测器。

4.3.2　天平：感量0.01g。

4.3.3　分析天平：感量0.000 01。

4.3.4　旋转蒸发仪。

4.3.5　匀浆机（10 000r/min）。

4.3.6　旋涡混合器。

4.3.7　离心机（5 000r/min）。

4.3.8　玻璃层析柱：3 000mm×10mm，下装 G1 砂芯板。

4.3.9　微孔滤膜：孔径为 0.45μm 有机系滤膜。

4.3.10　具塞离心管：2.5mL、50mL。

4.4　测定步骤

4.4.1　无水硫酸钠柱的制备

称取无水硫酸钠 5g，置入玻璃层析柱中，用约 10mL 乙酸乙酯淋洗后备用。

4.4.2　试料的制备

试料的制备包括：

——取均质后的供试样品，作为供试试料；

——取均质后的空白样品，作为空白试料；

——取均质后的空白样品，添加适宜浓度的标准工作液，作为空白添加试料。

4.4.3　提取

称取试料（5±0.05）g 置 50mL 离心管中，加入 20mL 乙酸乙酯，振摇 5min，4 000r/min离心 10min，取上清液过无水硫酸钠柱，收集流出液于鸡心瓶中，残渣再加乙酸乙酯 20mL，重复提取一遍，并用少量乙酸乙酯洗残渣，过无水硫酸钠柱，合并流出液于同一鸡心瓶中，于 45℃ 旋转蒸发至干。残余物用 0.015mol/L 磷酸溶液-乙腈溶液（1+1）1.0mL 溶解，加入 1mL 水饱和正己烷，旋涡 30s，将溶液转移至 2.5mL 离心管中，5 000r/min离心 10min，取下层清液，用 0.45μm 微孔滤膜过滤，供高效液相色谱分析。

4.4.4　标准曲线的制备

精密吸取 2.0mL、1.0mL、0.5mL、0.2mL、0.1mL、0.05mL、0.025mL 磺胺喹噁啉标准工作液分别于 10mL 量瓶中，用流动相稀释成 2g/mL、1g/mL、0.5g/mL、0.2g/mL、0.1g/mL、0.05g/mL、0.025g/mL 的浓度，供高效液相色谱分析。

4.4.5　测定

4.4.5.1　色谱条件

色谱柱：C_{18}柱，150mm×4.6mm（i.d.，粒径 5μm），或相当者；

流动相：0.015mol/L 磷酸溶液+乙腈（70+30）；

柱温：室温；

流速：1.0mL/min；

检测波长：270nm；

进样量：20μL。

4.4.5.2　测定法

取适量试样溶液和相应的标准工作液，作单点或多点校正，以色谱峰面积积分值定量。标准工作液及试样液中磺胺喹噁啉的响应值均应在仪器检测的线性范围之内。在上述色谱条件下，标准溶液和试样溶液的液相色谱图见附录 A 中图 A.1、图 A.2。

4.4.6　空白试验

除不加试料外，采用完全相同的测定步骤进行平行操作。

4.5　结果计算和表述

按式（1）计算试料中磺胺喹噁啉的残留量（μg/kg）：

$$X = \frac{AC_sV}{A_sM} \quad \cdots\cdots\cdots\cdots (1)$$

式中：

X——试样中磺胺喹啉的残留量，单位为微克每千克（μg/kg）；

A——试样溶液中磺胺喹噁啉的峰面积；

A_s——对照溶液中磺胺喹噁啉的峰面积；

C_s——对照溶液中磺胺喹噁啉的浓度，单位为纳克每毫升（ng/kg）；

M——试样的质量，单位为克（g）；

V——溶解残余物的体积，单位为毫升（mL）。

注：计算结果需扣除空白值，测定结果用2次平行测定的算术平均值表示，保留至小数点后2位。

5　检测方法的灵敏度、准确度、精密度

5.1　灵敏度

本方法在鸡蛋中的检测限20μg/kg，定量限为50μg/kg。

5.2　准确度

本方法在50~200μg/kg添加浓度的回收率为70%~110%。

5.3　精密度

本方法的批内相对标准偏差≤20%，批间相对标准偏差≤20%。

附　录　A
(资料性附录)
高效液相色谱图

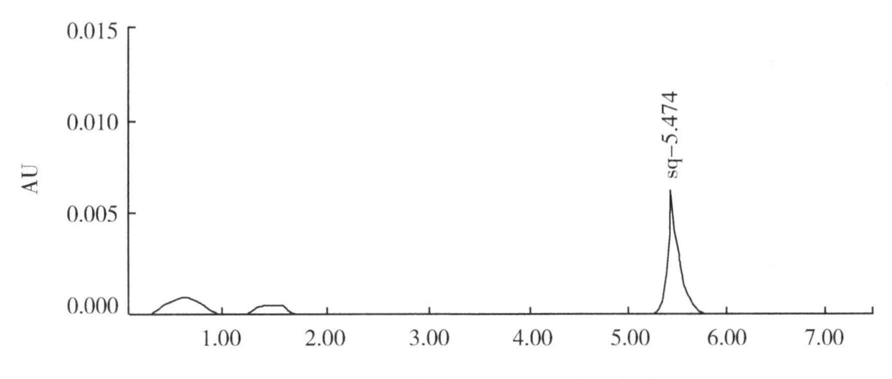

图A.1　0.5g/mL磺胺喹噁啉标准溶液色谱图

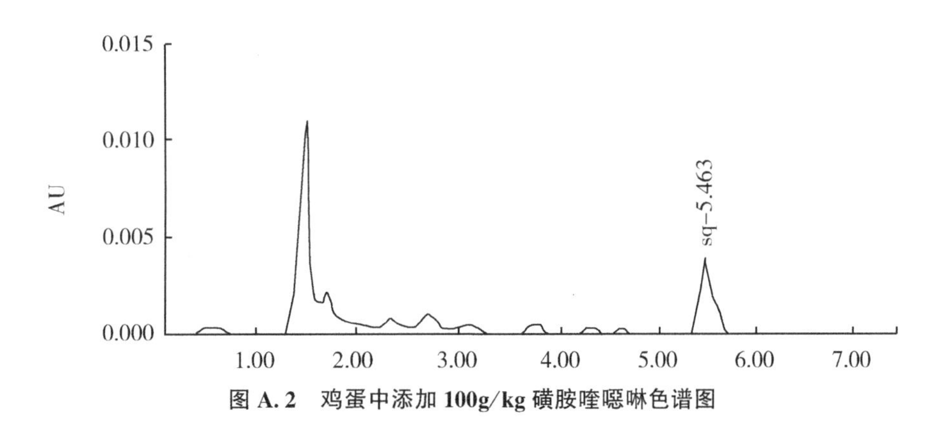

图A.2　鸡蛋中添加100g/kg磺胺喹噁啉色谱图

ICS 65.020.30
B 45

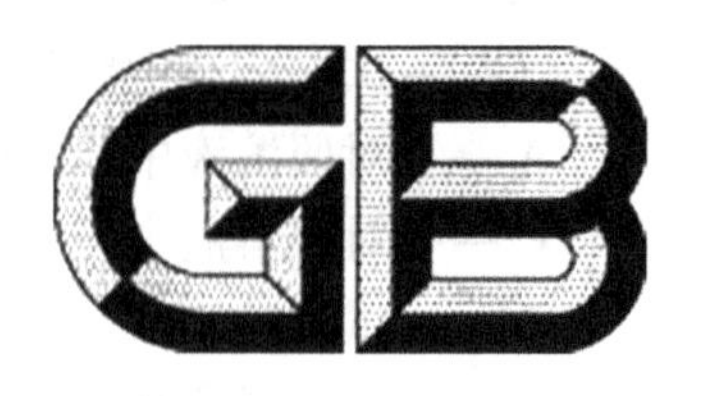

中华人民共和国国家标准

GB/T 20362—2006

鸡蛋中氯羟吡啶残留量的检测方法 高效液相色谱法

Method for the determination of clopidol residues in eggs—High performance liquid chromatographic

2006-06-05 发布　　　　2006-09-01 实施

中华人民共和国国家质量监督检验检疫总局
中国国家标准化管理委员会
发布

前 言

本标准的附录 A 为资料性附录。

本标准由中华人民共和国农业部提出。

本标准起草单位：江苏省兽药监察所、上海兽药监察所。

本标准主要起草人：贡玉清、邵德佳、耿士伟、黄士新、曹莹。

鸡蛋中氯羟吡啶残留量的检测方法
高效液相色谱法

1 范围

本标准规定了鸡蛋中氯羟吡啶残留量检验的制样和高效液相色谱测定方法。

本标准适用于鸡蛋中氯羟吡啶残留量的检测。

2 规范性引用文件

下列文件中的条款通过本标准的引用而成为本标准的条款。凡是注日期的引用文件，其随后所有的修改单（不包括勘误的内容）或修订版均不适用于本标准，然而，鼓励根据本标准达成协议的各方研究是否可使用这些文件的最新版本。凡是不注日期的引用文件，其最新版本适用于本标准。

GB/T 6682 分析实验室用水规则和试验方法（GB/T 6682—1992，neq ISO 3696：1987）

3 制样

3.1 样品的制备

取适量新鲜或冷敷的空白或供试全蛋，打开并搅匀。

3.2 样品的保存

4℃冰箱中贮存备用。

4 测定方法

4.1 方法提要或原理

试样中残留的氨羟吡啶经乙腈提取，用碱性氧化铝柱净化分离，洗脱液浓缩后用甲醇溶解。所得溶液用配有紫外检测器的高效液相色谱仪测定，外标法定量。

4.2 试剂和材料

以下所用的试剂，除特殊注明者外，均为分析纯试剂；水为符合 GB/T 6682 规定的二级水。

4.2.1 氯羟吡啶标准品：含氯羟吡啶（$C_7H_7Cl_{12}NO$）不得少于 98%。

4.2.2 甲醇：色谱纯。

4.2.3 乙腈：色谱纯。

4.2.4 磷酸二氢钾。

4.2.5 磷酸氢二钠。

4.2.6 碱性氧化铝：200~300 目，层析用。

4.2.7 碱性氧化铝 SPE 柱：取适量氧化铝粉末置高温炉中，300~400℃烘烤 3h，冷却后准确称取 100.0g，加水 5.0mL，搅拌使均匀，振摇 3h，加适量甲醇，充入下装 G1 砂芯板的 300mm×18mm 玻璃柱中，填充至 12cm 高度，用两倍柱体积甲醇淋洗后，备用。

4.2.8 磷酸盐缓冲液（pH 7.0）：准确称取磷酸氢二钠（Na_2HPO_4）2.09g，磷酸二氢钾（KH_2PO_4）1.40g，加水溶解并稀释至 500mL，调节 pH 值至 7.0。

4.2.9 氯羟吡啶标准液：准确称取氯羟吡啶约 25mg，置 250mL 容量瓶中，加甲醇溶解，并稀释至刻度，使成浓度为 100μg/mL 的氯羟吡啶标准储备液，置 4℃冰箱中保存。临用前，准确量取适量标准储备液，用甲醇稀释成浓度为适宜浓度的标准工作液。

4.3 仪器和设备

4.3.1 高效液相色谱仪（配紫外检测器）。

4.3.2 旋涡混合器。

4.3.3 离心机。

4.3.4　分析天平：感量 0.000 1g。
4.3.5　天平：感量 0.01g。
4.3.6　旋转蒸发仪。
4.3.7　组织匀浆机。

4.4　测定步骤

4.4.1　试料的制备

试料的制备包括：

——取搅匀后的供试样品，作为供试试料；

——取搅匀后的空白样品，作为空白试料；

——取搅匀后的空白样品，添加适宜浓度的标准溶液，作为空白添加试料。

4.4.2　提取

准确称取 5g±0.05g 试料，置于 50mL 匀浆杯中，用 25mL 乙腈分两次各匀浆 5min，3 000~3 500r/min 离心 5min，分离并合并上清液备用。

4.4.3　净化

将碱性氧化铝柱分别用 10mL 甲醇和乙腈依次润洗，加入提取的上清液，过柱，弃去流出液，用 20mL 甲醇进行洗脱，收集洗脱液于鸡心瓶中，于 60℃旋转蒸发至近干，浓缩液用 1.00mL 甲醇溶解，用 0.45μm 微孔有机滤膜过滤，收集滤液作为试样溶液，供高效液相色谱测定。

4.4.4　测定

4.4.4.1　色谱条件与系统适用性试验

a）色谱柱：反相 C_{18}柱：250mm×4.6mm，粒径 5μmm，或相当者；

b）流动相：磷酸盐缓冲液（pH 7.0）：乙腈（90：10）；

c）流速：1.0mL/min；

d）检测波长：270nm；

e）进样量 20μL；

f）理论板数按氯羟吡啶峰计算，应不低于 1 500。

4.4.4.2　色谱测定法

取适量试样溶液和相应浓度的标准工作液，作单点或多点校准，以色谱峰面积积分值定量。标准工作液及试样液中氯羟吡啶的响应值均应在仪器检测的线性范围内。标准品液相色谱图见附录 A 中图 A.1。

4.4.4.3　空白试验

除不加试料外，采用完全相同的测定步骤进行平行操作。

4.5　结果计算和表述

组织中氯羟吡啶的残留量按式（1）计算：

$$X = \frac{A \times C_s \times 1\,000}{A_s \times C \times 1\,000} \quad \cdots\cdots\cdots\cdots (1)$$

式中：

X——供试组织中氯羟吡啶的残留量，单位为毫克每千克（mg/kg）；

A——供试试料试样溶液中氯羟吡啶色谱峰的峰面积；

A_s——标准工作液中氯羟吡啶的峰面积；

C_s——标准工作液中氯羟吡啶的浓度，单位为微克每毫升（μg/mL）；

C——最终试样溶液的浓度，单位为克每毫升（g/mL）。

注：计算结果需扣除空白值，测定结果用平行测定的算术平均值表示，保留至小数点后 2 位。

5 检测方法灵敏度、准确度、精密度

5.1 灵敏度

本方法在鸡蛋中的定量限为20μg/kg。

5.2 准确度

本方法在20μg/kg、1.25mg/kg、2.5mg/kg、5.0mg/kg添加水平上的回收率范围都≥80%。

5.3 精密度

本方法的批内变异系数CV≤10%，批间变异系数CV≤10%。

附　录　A
(资料性附录)
色谱图

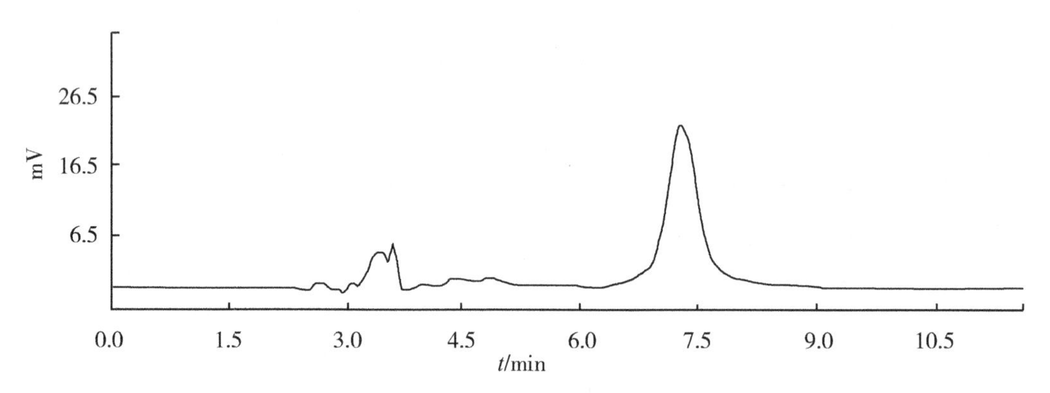

图A.1　氟羟吡啶标准溶液色谱图

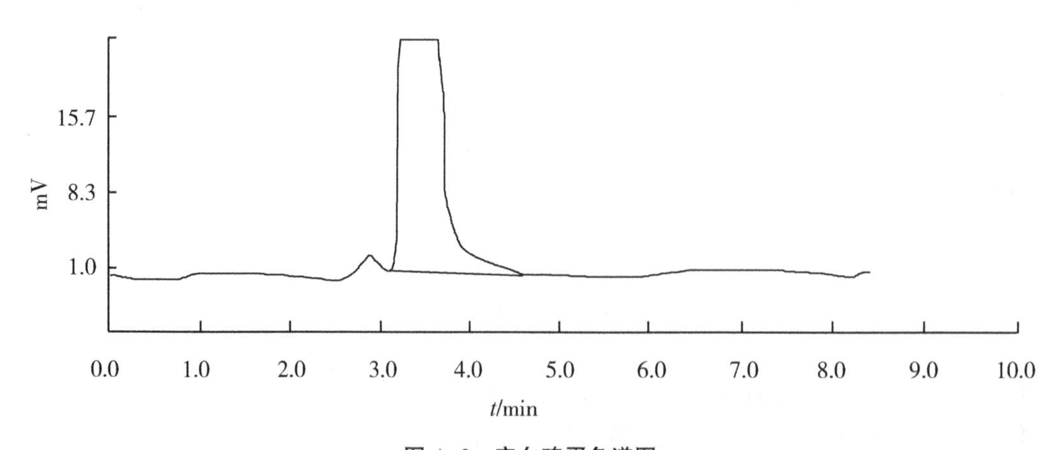

图A.2　空白鸡蛋色谱图

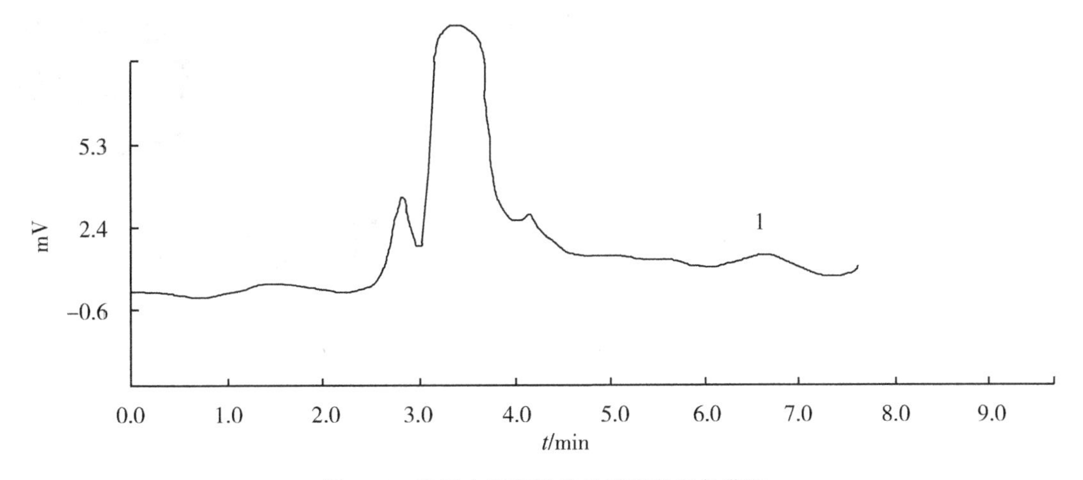

图 A.3　鸡蛋中氯羟吡啶最低定量限色谱图

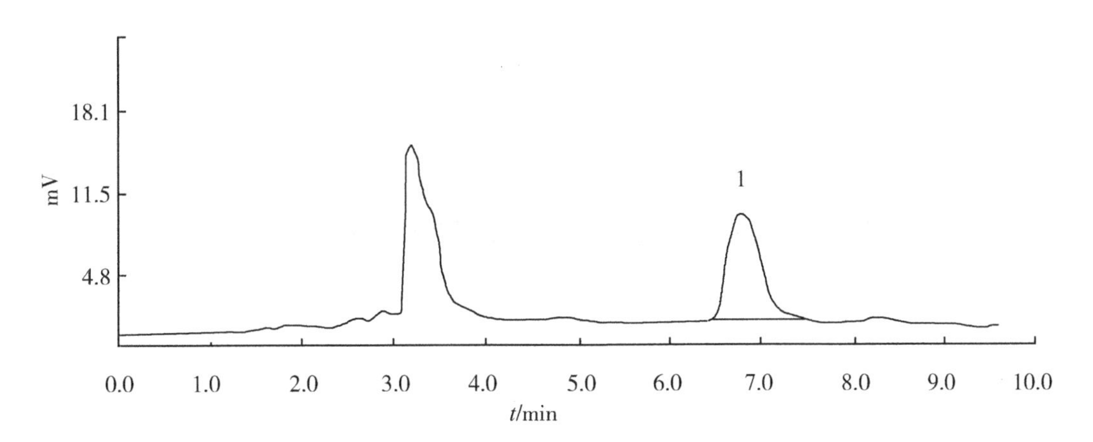

图 A.4　鸡蛋中氯羟吡啶回收率（1.25mg/kg）色谱图

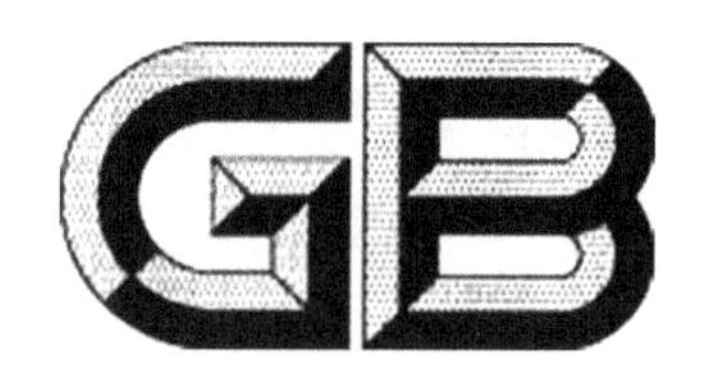

中华人民共和国国家标准

GB 29690—2013

食品安全国家标准
动物性食品中尼卡巴嗪残留标志物残留量的测定　液相色谱-串联质谱法

2013-09-16 发布　　2014-01-01 实施

中华人民共和国农业部
中华人民共和国国家卫生和计划生育委员会　发布

食品安全国家标准
动物性食品中尼卡巴嗪残留标志物残留量的测定 液相色谱-串联质谱法

1 范围

本标准规定了动物性食品中尼卡巴嗪残留标志物4,4' 二硝基苯缩脲残留量检测的制样和液相色谱串联质谱测定方法。

本标准适用于鸡的肌肉组织和鸡蛋中尼卡巴嗪残留标志物4,4'-二硝基均二苯脲残留量的检测。

2 规范性引用文件

下列文件对于本文件的应用是必不可少的。凡是注日期的引用文件，仅注日期的版本适用于本文件。凡是不注日期的引用文件，其最新版本（包括所有的修改单）适用于本文件。

GB/T 6682 分析实验室用水规格和试验方法

3 原理

试料中残留的4,4'-二硝基苯缩脲，用乙腈提取，正己烷除脂，75%甲醇水溶液萃取，液相色谱-串联质谱法测定，内标法定量。

4 试剂和材料

以下所用的试剂，除特别注明者外均为分析纯试剂；水为符合GB/T6682规定的一级水。

4.1 4,4'-二硝基均二苯脲对照品：含量≥98.0%。

4.2 4,4'-二硝基均二苯脲-D_8对照品：含量≥98.0%。

4.3 乙腈：色谱纯。

4.4 甲醇：色谱纯。

4.5 无水硫酸钠。

4.6 正己烷。

4.7 乙酸铵。

4.8 二甲基甲酰胺。

4.9 0.1mol/L乙酸铵溶液：取乙酸铵1.93g，用水溶解并稀释至250mL。

4.10 75%甲醇水溶液：取甲醇75mL，用水溶解并稀释至100mL。

4.11 75%甲醇水溶液饱和的正己烷：取75%甲醇水溶液100mL，加正己烷100mL，摇匀，静置分层，取上层液。

4.12 1mg/mL 4,4'-二硝基均二苯脲标准贮备液：精密称取4,4'-二硝基均二苯脲对照品10mg，于10mL量瓶内，用二甲基甲酰胺溶解并稀释至刻度，配制成浓度为1mg/mL的4,4'-二硝基均二苯脲标准贮备液。2~8℃保存，有效期3个月。

4.13 10μg/mL 4,4'-二硝基均二苯脲标准工作液：精密量取1mg/mL 4,4'-二硝基均二苯脲标准贮备液1.0mL，于100mL量瓶中，用甲醇溶解并稀释至刻度，配制成浓度为10μg/mL的4,4'-二硝基均二苯脲标准工作液。-18℃保存，有效期3个月。

4.14 1mg/mL 4,4'-二硝基均二苯脲-D_8标准贮备液：精密称取4,4'-二硝基均二苯脲-D_8对照品10mg，于10mL量瓶内，用二甲基甲酰胺溶解并稀释至刻度，配制成浓度为1mg/mL的4,4'-二硝基均二苯脲-D_8标准贮备液。2~8℃保存，有效期3个月。

4.15 10μg/mL 4,4'-二硝基均二苯脲-D_8标准工作液：精密量取1mg/mL 4,4'-二硝基均二苯脲-D_8标准贮备液1.0mL，于100mL量瓶中，用甲醇溶解并稀释至刻度，配制成浓度为10μg/mL的4,4'-二硝基均二苯脲-D_8 标准工作液。-18℃保存，有效期 3 个月。

5 仪器和设备

5.1 液相色谱-串联质谱仪：配电喷雾离子源。

5.2 分析天平：感量 0.000 01g。

5.3 天平：感量 0.01g。

5.4 旋涡振荡器。

5.5 离心机。

5.6 氮吹仪。

5.7 离心管：50mL。

5.8 滤膜：0.2μm。

6 试料的制备与保存

6.1 试料的制备

6.1.1 鸡蛋

取适量新鲜或冷藏的空白或供试鸡蛋，去壳，并使均质。

——取均质后的供试样品，作为供试试料。

——取均质后的空白样品，作为空白试料。

——取均质后的空白样品，添加适宜浓度的标准工作液，作为空白添加试料。

6.1.2 鸡肌肉

取适量新鲜或冷冻的空白或供试组织，绞碎，并使均质。

——取均质后的供试样品，作为供试试料。

——取均质后的空白样品，作为空白试料。

——取均质后的空白样品，添加适宜浓度的标准工作液，作为空白添加试料。

6.2 试料的保存

-20℃以下保存。

7 测定步骤

7.1 提取与净化

称取试料 2g±0.02g，于 50mL 离心管中，添加 10μg/mL 4,4'-二硝基均二苯脲-D_8 标准工作液适量，加无水硫酸钠 2g，乙腈 8mL，旋涡 0.5min，超声 5min，5 000r/min离心 10min，取上清液，于 40℃氮气吹干，加 75%甲醇水溶液饱和的正己烷 1mL，旋涡 10s，再加 75%甲醇水溶液 1.0mL，充分旋涡混合，于 40℃水浴中静置 5min，2 000r/min离心 5min，取下层清液，滤膜过滤，供液相色谱-串联质谱测定。

7.2 标准曲线的制备

精密量取 10μg/mL 4,4'-二硝基均二苯脲标准工作液和 10μg/mL 4,4'-二硝基均二苯脲-D_8 标准工作液适量，用 75%甲醇水溶液稀释，配制成 4,4'-二硝基均二苯脲-D_8 浓度均为 100ng/mL 以及 4,4'-二硝基均二苯脲浓度为 2ng/mL、10ng/mL、20ng/mL、50ng/mL、200ng/mL 和 500ng/mL 系列对照溶液，供液相色谱-串联质谱法测定。以特征离子质量色谱峰面积为纵坐标，标准溶液浓度为横坐标，绘制标准曲线。求回归方程和相关系数。

7.3 测定

7.3.1 液相色谱条件

7.3.1.1 色谱柱：C_{18}（150mm×2.1mm，粒径 5μm），或相当者。

7.3.1.2 流动相：甲醇+0.1mol/L 乙酸铵溶液（75+25，体积比）。

7.3.1.3 流速：0.2mL/min。

7.3.1.4 柱温：30℃。

7.3.1.5　进样量：20μL。

7.3.2　质谱条件

7.3.2.1　离子源：电喷雾离子源。

7.3.2.2　扫描方式：负离子扫描。

7.3.2.3　检测方式：多反应监测。

7.3.2.4　电离电压：3.0kV。

7.3.2.5　源温：110℃。

7.3.2.6　雾化温度：350℃。

7.3.2.7　锥孔气流速：50L/h。

7.3.2.8　雾化气流速：450L/h。

7.3.2.9　定性、定量离子对和锥孔电压及碰撞能量见表1。

表1　DNC和内标的定性、定量离子对及锥孔电压、碰撞能量

药物	定性离子对（m/z）	定量离子对（m/z）	锥孔电压（V）	碰撞能量（eV）
DNC	300.9>136.9	300.9>136.9	20	18
	300.300.9>106.9			32
$DNC-D_8$	309.0>141.0	309.0>141.0	20	18

7.3.3　测定法

取试样溶液和对照溶液，作单点或多点校准，按内标法，以峰面积比计算。试料溶液及对照溶液中4,4'-二硝基均二苯脲及4,4'-二硝基均二苯脲-D_8的峰面积比应在仪器检测的线性范围之内。试样溶液中的离子相对丰度与空白添加标准溶液中的离子相对丰度相比，符合表2的要求。对照溶液和空白添加试样溶液中各特征离子质量色谱图见附录A。

表2　试料溶液中离子相对丰度的允许偏差范围

相对丰度（%）	允许偏差（%）
>50	±20
20~50	±25
10~20	±30
≤10	±50

7.4　空白试验

除不加试料外，采用完全相同的步骤进行平行操作。

8　结果计算和表述

单点校准：

$$C = \frac{A \times A'_{is} \times C_s \times C_{is}}{A_{is} \times A_s \times C'_{is}} \quad \cdots\cdots\cdots\cdots (1)$$

或标准曲线校准：由 $\frac{A_s}{A'_{is}} = a\frac{C_s}{C'_{is}} + b$ 求得 a 和 b，则

$$C = \frac{C_{is}}{a}\left(\frac{A}{A_{is}} - b\right) \quad \cdots\cdots\cdots\cdots (2)$$

试料中 DNC 残留量按式（3）计算：

$$X = \frac{CV}{m} \quad \cdots\cdots\cdots\cdots (3)$$

式中：

C——试样溶液中 4,4'-二硝基均二苯脲的浓度，单位为纳克每毫升（ng/mL）；

A——试样溶液中 4,4'-二硝基均二苯脲的峰面积；

A'_{is}——对照溶液中 4,4'-二硝基均二苯脲-D_8 的峰面积；

C_s——对照溶液中 4,4'-二硝基均二苯脲的浓度，单位为纳克每毫升（ng/mL）；

C_{is}——试样溶液中 4,4'-二硝基均二苯脲-D_8 的浓度，单位为纳克每毫升（ng/mL）；

A_{is}——试样溶液中 4,4'-二硝基均二苯脲-D_8 的峰面积；

A_s——对照溶液中 4,4'-二硝基均二苯脲的峰面积；

C'_{is}——对照溶液中 4,4'-二硝基均二苯脲-D_8 的浓度，单位为纳克每毫升（ng/mL）；

X——供试试料中 4,4'-二硝基均二苯脲的残留量，单位为微克每千克（μg/kg）；

V——溶解残余物所用 75%甲醇水溶液的体积，单位为毫升（mL）；

m——供试试料质量，单位为克（g）。

注：计算结果需扣除空白值，测定结果用平行测定的算术平均值表示，保留 3 位有效数字。

9 检测方法灵敏度、准确度和精密度

9.1 灵敏度

本方法的检测限为 0.5μg/kg，定量限为 1μg/kg。

9.2 准确度

本方法鸡蛋试料在 1～10μg/kg 添加浓度、鸡肌肉试料在 1～300μg/kg 添加浓度水平上的回收率为 80%～120%。

9.3 精密度

本方法的批内相对标准偏差≤20%，批间相对标准偏差≤20%。

附　录　A
色谱图

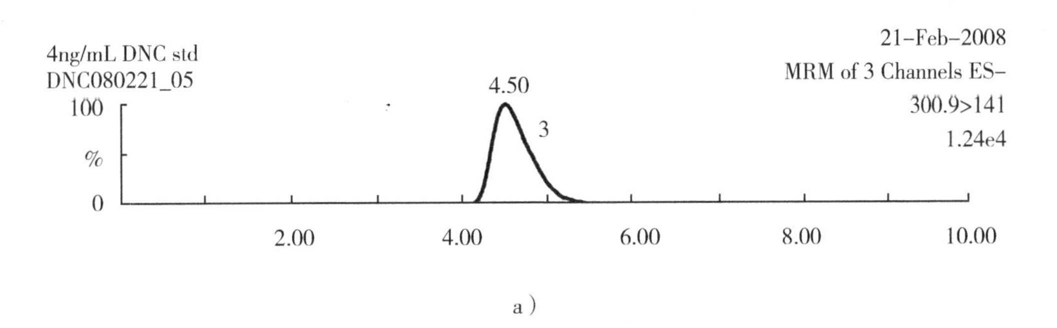

a）

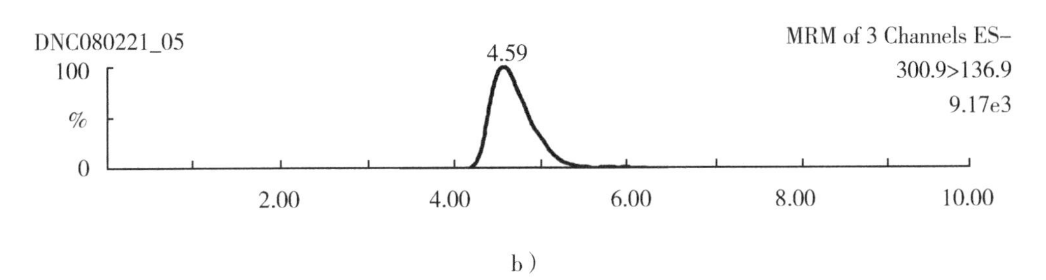

b）

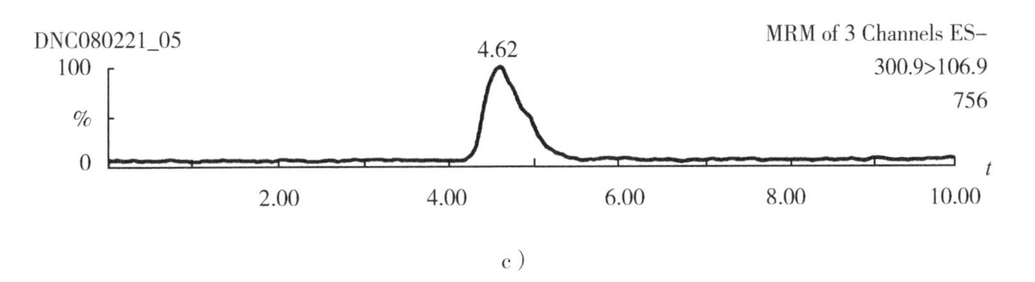

c）

图 A.1　4,4'-二硝基均二苯脲及内标物标准溶液特征离子质量色谱图（4ng/mL）

1—DNC 特征离子质量色谱图（300.9>106.9）；2—DNC 特征离子质量色谱图（300.9>136.9）；3—DNC-D_8 特征离子质量色谱图（309.0>141.0）；4—空白组织总离子流色谱图（TIC）。

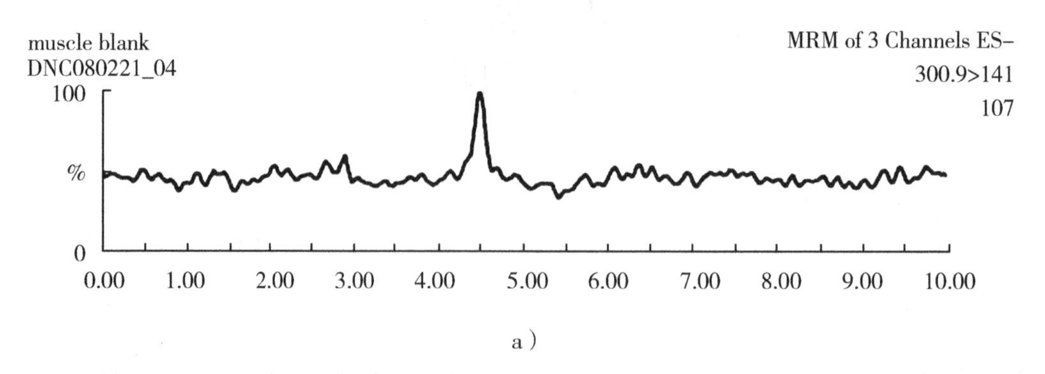

a）

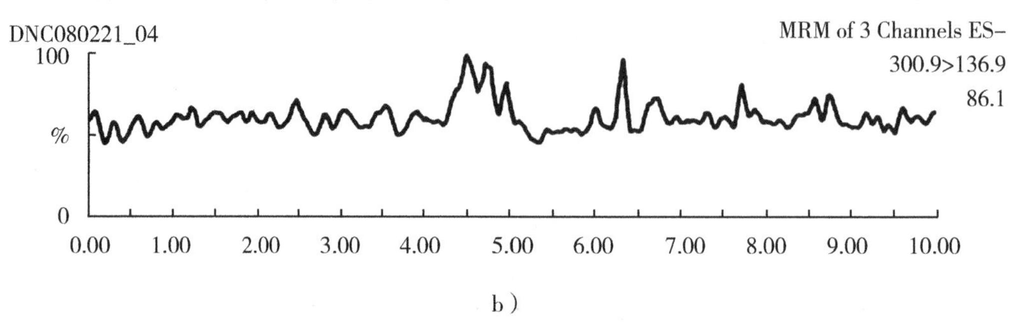

b）

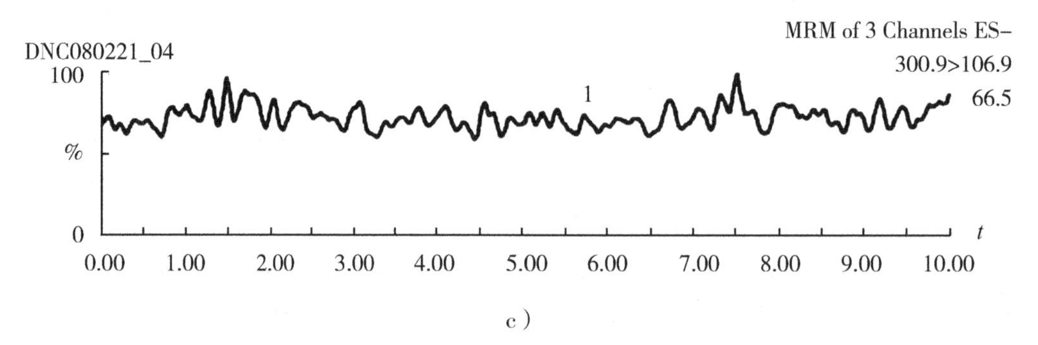

c）

图 A.2　鸡肌肉组织空白试样特征离子质量色谱图

1—DNC 特征离子质量色谱图（300. 9 > 106. 9）；2—DNC 特征离子质量色谱图（300. 9 > 136. 9）；3—DNC-D_8 特征离子质量色谱图（309. 0>141. 0）4—空白组织总离子流色谱图（TIC）。

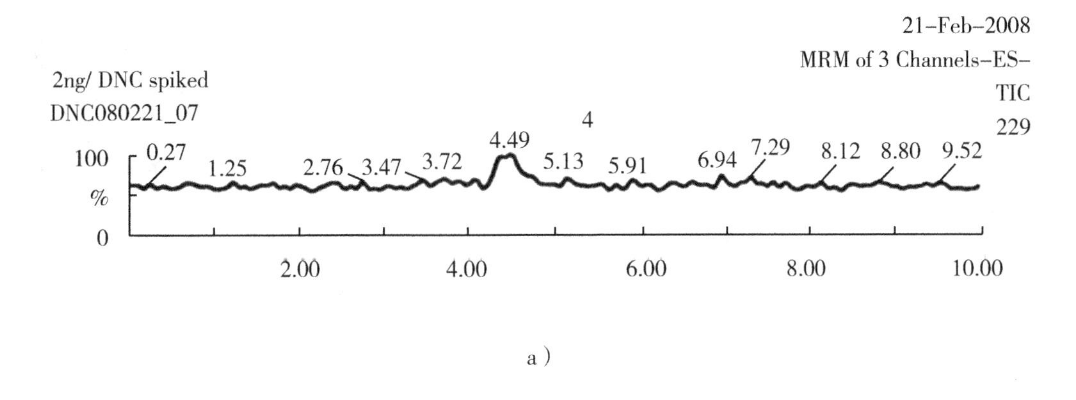

a）

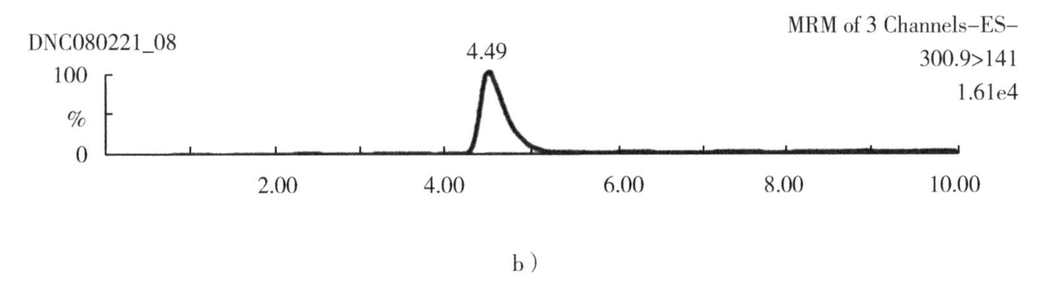

b）

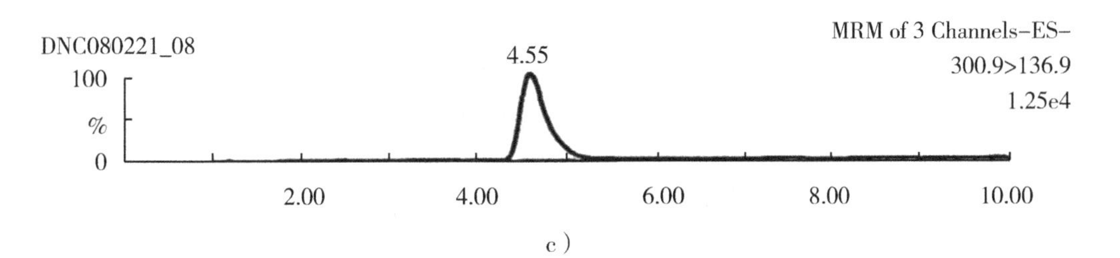

c）

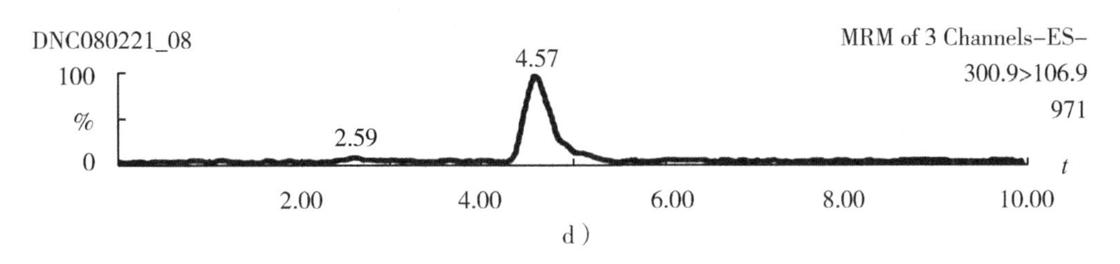

d）

图 A.3　鸡空白肌肉组织添加 4,4'-二硝基均二苯脲及内标物试样特征离子质量色谱图（2ng/g）

1—DNC 特征离子质量色谱图（300.9>106.9）；2—DNC 特征离子质量色谱图（300.9>136.9）；3—DNC-D_8 特征离子质量色谱图（309.0>141.0）；4—空白组织总离子流色谱图（TIC）。

ICS 点击此处添加 ICS 号
点击此处添加中国标准文献分类号

中华人民共和国国家标准

GB 23200.92—2016
代替 SN/T 2445—2010

食品安全国家标准
动物源食品中五氯酚残留量的测定
液相色谱-质谱法

National food safety standards—
Determination of pentachlorophenol residue in animal-derived foods
Liquid chromatography-mass spectrometry

2016-12-18 发布　　2017-06-18 实施

中华人民共和国国家卫生和计划生育委员会
中　华　人　民　共　和　国　农　业　部　发布
国　家　食　品　药　品　监　督　管　理　总　局

前　言

本标准代替 SN/T 2445—2010《进出口动物源食品中五氯酚残留量检测方法　液相色谱-质谱/质谱法》。

本标准与 SN/T 2445—2010 相比，主要变化如下：

——标准文本格式修改为食品安全国家标准文本格式；

——标准名称和“进出口动物源食品”改为“动物源食品”；

——标准范围中增加“其他食品可参照执行”。本标准所代替标准的历次版本发布情况为：

——SN/T 2445—2010。

食品安全国家标准
动物源食品中五氯酚残留量的测定　液相色谱-质谱法

1　范围

本标准规定了动物源食品中五氯酚残留量的制样、液相色谱-质谱测定方法。

本标准适用于猪肝、猪肾、猪肉、牛奶、鱼肉、虾、蟹等动物源食品中五氯酚残留的测定。其他食品可参照执行。

2　规范性引用文件

下列文件对于本文件的应用是必不可少的。凡是注日期的引用文件，仅所注日期的版本适用于本文件。凡是不注日期的引用文件，其最新版本（包括所有的修改单）适用于本文件。

GB 2763 食品安全国家标准食品中农药最大残留限量

GB/T 6682 分析实验室用水规格和试验方法

3　原理

试样中的五氯酚残留用碱性乙腈水溶液提取，经 MAX 固相萃取柱净化，浓缩、定容后，用液相色谱-质谱仪检测和确证，外标法定量。

4　试剂和材料

除另有说明外，所用试剂均为分析纯，水为 GB/T 6682 规定的一级水。

4.1　试剂

4.1.1　甲醇（CH_3OH）：色谱纯。

4.1.2　乙腈（CH_3CN）：色谱纯。

4.1.3　三乙胺（$C_6H_{15}N$）。

4.1.4　甲酸（HCOOH）：色谱纯。

4.1.5　乙酸铵（CH_3COONH_4）。

4.1.6　氨水（$NH_3 \cdot H_2O$）。

4.2　溶液配制

4.2.1　乙腈-水溶液（7+3）：准确量取 70mL 乙腈和 30mL 水，混合摇匀。

4.2.2　5%三乙胺乙腈-水溶液：准确量取 50mL 三乙胺，转移入 1 000mL容量瓶，用乙腈-水溶液（7+3）定容至刻度，混合均匀。

4.2.3　5%氨水溶液：量取 200mL 浓氨水（25%），转移入 1 000mL容量瓶，用水定容至刻度，混合均匀。

4.2.4　4%甲酸甲醇溶液：量取 10mL 甲酸，转移入 250mL 容量瓶，用甲醇定容至刻度，混合均匀。

4.2.5　2%甲酸甲醇水溶液：取一定量 4%甲酸甲醇溶液与水等体积混合均匀。

4.2.6　5mmol/L 乙酸铵水溶液：准确称取 0.3854g 乙酸铵，溶于水中，转移到 1 000mL容量瓶中，定容至刻度，混合均匀。

4.3　标准品

五氯酚钠标准品（Pentachlorophenol sodium salt，CAS 号：131-52-2）：纯度≥94.5%，或相当。

4.4　标准溶液配制

4.4.1　标准储备溶液（200mg/L）：称量经折算相当于 10mg（精确到 0.1mg）五氯酚的标准品，用甲醇溶解并定容至 50mL 棕色容量瓶中。此储备液可在-18℃以下避光存放 12 个月。

4.4.2　标准工作溶液：根据需要使用前用空白样品基质溶液配制。保存于 4℃冰箱内。

4.5 材料

4.5.1 固相萃取（SPE）柱：Oasis MAX，60mg，3mL，或相当。使用前依次用5mL甲醇和5mL水活化。

4.5.2 氮气：纯度≥99.99%。

5 仪器和设备

5.1 液相色谱串联四极杆质谱仪：配电喷雾离子源。

5.2 分析天平：感量0.01g和0.000 1g。

5.3 涡旋混合器。

5.4 离心机，5 000r/min。

5.5 固相萃取真空装置。

5.6 机械真空泵。

5.7 组织捣碎机。

5.8 均质器。

5.9 超声波仪。

5.10 吹氮浓缩仪。

6 试样制备与保存

6.1 试样制备

制样操作过程中必须防止样品受到污染或发生残留物含量的变化。

6.1.1 动物肌肉、肝脏、肾脏、鱼肉、虾和蟹

从所取全部样品中取出有代表性样品约500g，用组织捣碎机充分捣碎均匀，均分成2份，分别装入洁净容器中，密封，并标明标记。

6.1.2 牛奶样品

从所取全部样品中取出有代表性样品约500g，充分混匀，均分成2份，分别装入洁净容器中，密封，并标明标记。

注：以上样品取样部位按GB 2763附录A执行。

6.2 试样保存

样品于-18℃以下冷冻保存。

7 分析步骤

7.1 提取

7.1.1 肌肉、鱼肉、肝脏、肾脏、虾和蟹

称取均质试样2g（精确到0.01g），置于10mL具螺旋盖聚丙烯离心管中，加入6mL 5%三乙胺的乙腈-水溶液。肌肉和鱼肉样品均质提取2min；肝脏、肾脏、虾和蟹样品旋涡混合1min，超声提取5min。3 000r/min离心5min，收集上清液于一具刻度离心管中。离心后的残渣用约6mL 5%三乙胺的乙腈-水溶液重复上述提取步骤1次，合并上清液，混匀。

7.1.2 牛奶

称取均质试样2g（精确到0.01g），置于10mL具刻度螺旋盖聚丙烯离心管中，加入10mL 5%三乙胺的乙腈-水溶液，旋涡混合1min，超声提取5min，5 000r/min离心5min，收集上清液于一具刻度离心管中。

7.2 固相萃取净化

将7.1中所得提取溶液转入经过预处理的MAX固相萃取柱中，以约1滴/秒流速使样品溶液全部通过固相萃取柱，弃去流出液。依次用5mL 5%氨水溶液、5mL甲醇、5mL 2%甲酸的甲醇-水溶液淋洗，淋洗液完全通过小柱后，弃去流出液，用真空泵抽干固相萃取柱5min以上。以4mL 4%甲酸甲醇溶液洗脱，洗脱液用干净的15mL具刻度试管收集，40℃水浴下吹氮浓缩至1mL，用水定容至2mL，混匀。溶液以0.22μm有机滤膜过滤，供测定。

7.3 仪器参考条件

7.3.1 液相色谱参考条件

a）色谱柱：ZORBAX Eclipse XDB-C18，1.8μm，50 x 2.1mm（i.d.），或相当者；

b）流动相：甲醇+5mmol/L 乙酸铵溶液，梯度洗脱（梯度时间见表 1）；

c）流速：250L/min；

d）柱温：30℃；

e）进样量：30μL。

表 1 液相色谱的梯度洗脱条件

时间（min）	流速（L/min）	5mmol/L 乙酸铵溶液（%）	甲醇（%）
0.00	250	60	40
1.00	250	0	100
7.00	250	0	100
7.50	250	60	40
12.00	250	60	40

7.3.2 质谱参考条件

a）离子化模式：电喷雾电离负离子模式（ESI-）；

b）质谱扫描方式：多反应监测（MRM）；

c）分辨率：单位分辨率；

d）其他参考质谱条件见附录 A；

e）定量离子对：262.7>262.7，定性离子对：264.7>264.7、266.7>266.7、268.7>268.7。

7.4 测定

7.4.1 定性测定

选择 4 对母离子进行 MRM 监控，在相同实验条件下，样品中待测物质的保留时间，与基质标准溶液的保留时间偏差在±2.5%之内；且样品中各组分定性离子的相对丰度与浓度接近的基质混合标准工作溶液中对应的定性离子的相对丰度进行比较，偏差不超过表 2 规定的范围，则可判定为样品中存在对应的待测物。

表 2 定性确证时相对离子丰度的最大允许偏差

相对离子丰度	>50%	>20%至 50%	>10%至 20%	≤10%
允许的最大偏差	±20%	±25%	±30%	±50%

7.4.2 定量测定

在仪器最佳工作条件下，对基质混合标准工作溶液进样，以峰面积为纵坐标，基质混合标准工作溶液浓度为横坐标绘制标准工作曲线，用标准工作曲线对样品进行定量，样品溶液中待测物的响应值均应在仪器测定的线性范围内。五氯酚标准物质的多反应监测（MRM）色谱图参见附录 B 中的图 B.1。

7.5 空白试验

除不加试样外，均按上述测定步骤进行。

8 结果计算和表述

采用外标法定量，按式（1）计算五氯酚残留量。

$$X = \frac{c \times V}{m} \times \frac{1\ 000}{1\ 000} \quad \cdots\cdots\cdots\cdots (1)$$

式中：

X——试样中被测组分残留量，单位为微克每千克，μg/kg；

c——从标准工作曲线得到的被测组分溶液浓度，单位为微克每升，μg/L；

V——样品溶液最终定容体积，单位为毫升，mL；

m——最终样品溶液所代表的试样质量，单位为克，g。

注：计算结果须扣除空白值，测定结果用平行测定的算术平均值表示，保留 2 位有效数字。

9　精密度

9.1　在重复性条件下获得的 2 次独立测定结果的绝对差值与其算术平均值的比值（百分率），应符合附录 D 的要求。

9.2　在再现性条件下获得的 2 次独立测定结果的绝对差值与其算术平均值的比值（百分率），应符合附录 E 的要求。

10　定量限和回收率

10.1　定量限

本方法对五氯酚的定量限为 1.0μg/kg。

10.2　回收率

当添加水平为 1.00μg/kg、2.00μg/kg、4.00μg/kg 时，猪肉、猪肝、猪肾、牛奶、鱼肉、虾、蟹中五氯酚的回收率数据参见附录 C。

附　录　A
（资料性附录）

参考质谱条件：

a）气帘气压力（CUR）：20.00psi（氮气）；

b）电喷雾电压（IS）：-4500 V；

c）离子源温度（TEM）：550℃；

d）雾化气压力 35psi（氮气）；

e）辅助气压力 60psi（氮气）；

f）其他质谱参数见附表 A1。

附表 A.1　主要参考质谱参数

化合物	母离子（m/z）	子离子（m/z）	驻留时间（msec）	DP	EP	CE（eV）	CXP
五氯酚	262.7 *	262.7 *	100	-75	-10	-23	-5
	264.7	264.7	100				
	266.7	266.7	100				
	268.7	268.7	100				

注：附表 A1 中带 * 的离子为定量离子；对于不同质谱仪器，仪器参数可能存在差异，测定前应将质谱参数优化到最佳。

非商业性声明：附录 A 所列参考质谱条件是在 API4000QTrap 型液质联用仪上完成的，此处列出试验用仪器型号仅为提供参考，并不涉及商业目的，鼓励标准使用者尝试不同厂家或型号的仪器。

附　录　B
（资料性附录）
标准品的多反应监测（MRM）色谱图

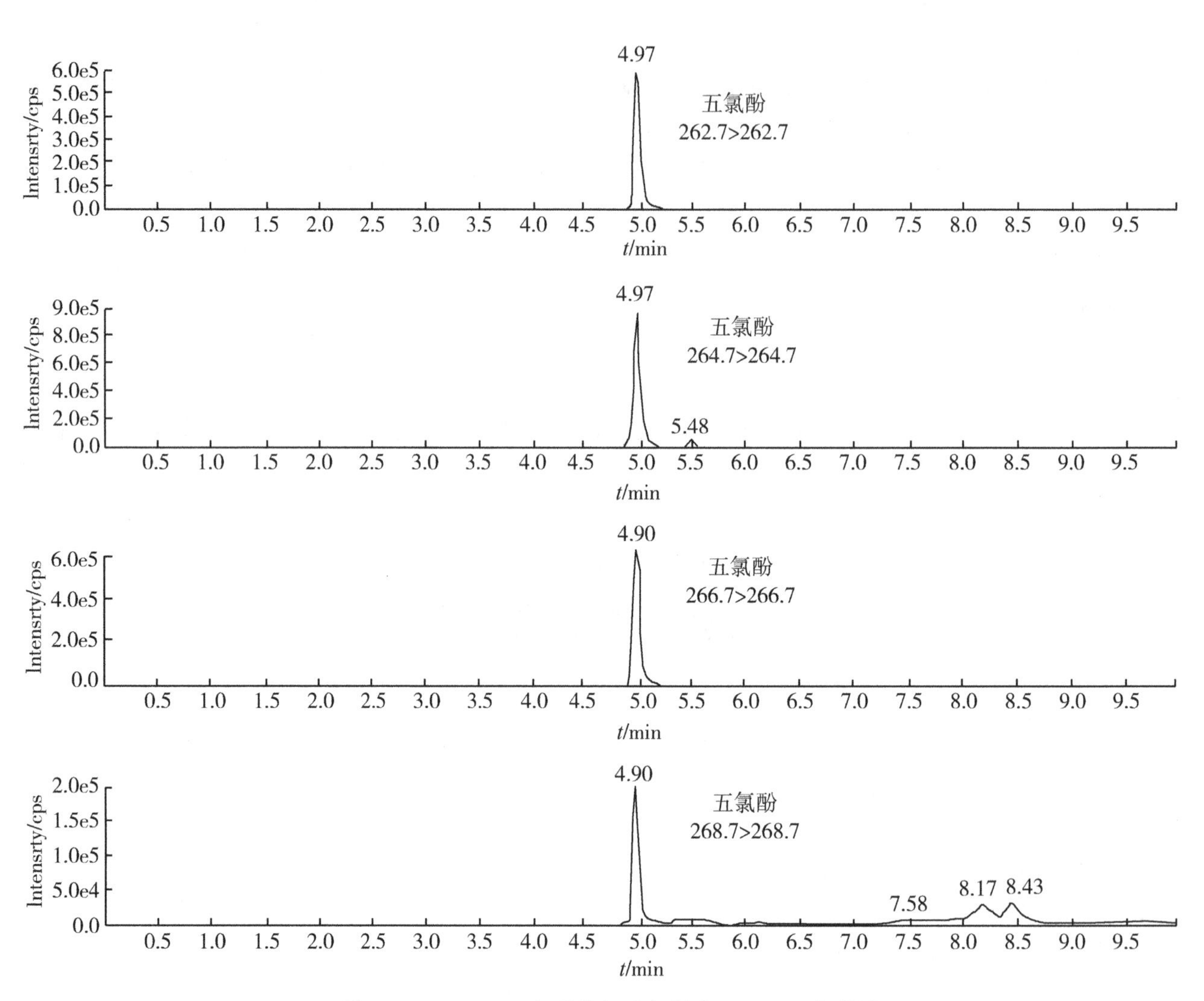

图 B.1　5.0μg/L 五氯酚的多反应监测（MRM）色谱图

附　录　C
（资料性附录）
不同基质中五氯酚药物的添加回收率

表 C.1　不同基质中五氯酚药物的添加回收率

物质种类	添加浓度（μg/kg）	回收率范围（%）						
		猪肉	猪肝	猪肾	牛奶	鱼肉	虾	蟹
五氯酚	1.0	94.9～109	75.8～104	88.0～108	79.0～98.7	80.0～94.1	79.2～104	66.7～94.1
	2.0	82.1～108	81.0～97.5	80.6～103	87.1～98.5	78.4～90.5	77.4～89.6	77.0～99.5
	4.0	91.6～96.7	81.0～97.5	74.7～89.3	92.8～99.0	79.8～92.6	76.8～87.9	83.0～97.2

附　录　D
（规范性附录）
实验室内重复性要求

表 D.1　实验室内重复性要求

被测组分含量（mg/kg）	精密度（%）
≤0.001	36
>0.001，≤0.01	32
>0.01，≤0.1	22
>0.1，≤1	18
>1	14

附　录　E
（规范性附录）
实验室间再现性要求

表 E.1　实验室间再现性要求

被测组分含量（mg/kg）	精密度（%）
≤0.001	54
>0.001，≤0.01	46

（续表）

被测组分含量（mg/kg）	精密度（%）
>0.01，≤0.1	34
>0.1，≤1	25
>1	19

第二节　农药残留检测方法标准

ICS
X

中华人民共和国国家标准

GB 23200.39—2016
代替 SN/T 3139—2012

食品安全国家标准 食品中噻虫嗪及其代谢物噻虫胺残留量的测定 液相色谱-质谱/质谱法

National food safety standards-
Determination of thiamethoxam and its metabolite clothianidin residues in foods Liquid chromatography-mass spectrometry

2016-12-18 发布 2017-06-18 实施

中华人民共和国国家卫生和计划生育委员会
中华人民共和国农业部 发布
国家食品药品监督管理总局

前 言

本标准代替 SN/T 3139—2012《出口农产品中噻虫嗪及其代谢物噻虫胺残留量的测定 液相色谱-质谱/质谱法》。

本标准与 SN/T 3139—2012 相比，主要变化如下：

——标准文本格式修改为食品安全国家标准文本格式；

——标准名称中“出口农产品”改为“食品”；

——标准范围中增加“其他食品可参照执行”。

本标准所代替标准的历次版本发布情况为：

——SN/T 3139—2012。

食品安全国家标准
食品中噻虫嗪及其代谢物噻虫胺残留量的测定
液相色谱-质谱/质谱法

1 范围

本标准规定了食品中噻虫嗪和噻虫胺残留量的液相色谱-质谱/质谱检测方法。

本标准适用于大米、大豆、栗子、菠菜、油麦菜、洋葱、茄子、马铃薯、柑橘、蘑菇、茶等植物源性产品和鸡肝、猪肉、牛奶等动物源性产品中噻虫嗪、噻虫胺残留量的检测和确证，其他食品可参照执行。

2 规范性引用文件

下列文件对于本文件的应用是必不可少的。凡是注日期的引用文件，仅所注日期的版本适用于本文件。凡是不注日期的引用文件，其最新版本（包括所有的修改单）适用于本文件。

GB 2763 食品安全国家标准食品中农药最大残留限量

GB/T 6682 分析实验室用水规格和试验方法

3 原理

用0.1%乙酸-乙腈超声提取试样中的噻虫嗪和噻虫胺残留物，采用基质分散固相萃取剂净化，超高效液相色谱-质谱/质谱仪测定，外标法定量。

4 试剂和材料

除另有说明外，所用试剂均为色谱级，水为符合 GB/T 6682 中规定的一级水。

4.1 试剂

4.1.1 乙腈（CH_3CN）。

4.1.2 乙酸铵（CH_3COONH_4）。

4.1.3 乙酸（CH_3COOH）：分析纯。

4.1.4 甲酸（HCOOH）。

4.1.5 甲醇（CH_3OH）。

4.1.6 正己烷（C_6H_{14}）。

4.1.7 无水硫酸镁（$MgSO_4$）：分析纯。

4.1.8 无水硫酸钠（Na_2SO_4）：分析纯。

4.1.9 N-丙基乙二胺（PSA）吸附剂：粒径40~60μm。

4.1.10 石墨化炭黑吸附剂（GCB）：粒径120~400μm。

4.1.11 十八烷基硅烷（ODS）键合相吸附剂（C18）：粒径40~60μm。

4.1.12 基质分散固相萃取剂：

a）针对大米、茄子、洋葱、马铃薯、柑橘样品：50mg PSA、150mg $MgSO_4$；

b）针对菠菜、油麦菜样品：50mg PSA、150mg $MgSO_4$、10mg GCB；

c）针对栗子、蘑菇、牛奶样品：50mg PSA、150mg $MgSO_4$、50mg C18；

d）针对茶叶、大豆样品：50mg PSA、150mg $MgSO_4$、50mg C18、10mg GCB；

e）针对鸡肝、猪肉样品：50mg PSA、150mg $MgSO_4$、50mg C18。

4.2 溶液配制

4.2.1 0.1%乙酸-乙腈溶液：取1mL 乙酸，加入乙腈定容到1 000mL，混匀。

4.2.2 10mmol/L 乙酸铵溶液（含0.1%甲酸）：准确称取0.16g 乙酸铵于200mL 容量瓶中，先用少量水溶解后加入 200μL 甲酸，再用水定容至刻度，混匀，现用现配。

4.3 标准品

4.3.1 噻虫嗪标准品（thiamethoxam）：CAS 号 153719-23-4，分子式 $C_8H_{10}ClN_5O_3S$，分子量 291.7，纯度 99%。

4.3.2 噻虫胺标准品（clothianidin）：CAS 号 205510-53-8，分子式 $C_6H_8ClN_5O_2S$，分子量 250.2，纯度 99%。

4.4 标准溶液配制

4.4.1 噻虫嗪标准储备溶液：准确称取适量的噻虫嗪标准品（精确至 0.01mg），用乙腈溶解，配制成 1 000μg/mL的标准储备溶液，-18℃下保存。

4.4.2 噻虫胺标准储备溶液：准确称取适量的噻虫胺标准品（精确至 0.01mg），用乙腈溶解，配制成 1 000μg/mL的标准储备溶液，-18℃下保存。

4.4.3 噻虫嗪和噻虫胺混合标准工作溶液：根据需要分别取适量噻虫嗪标准储备溶液和噻虫胺标准储备溶液，用乙腈稀释成 1μg/mL 标准工作溶液，-18℃下保存。

4.4.4 基质空白溶液：将不同基质的阴性样品分别按照“提取与净化”处理后得到的溶液。

4.4.5 基质标准工作液：根据实验需要吸取适量混合标准工作溶液、用基质空白溶液稀释成适当浓度的标准工作液，现用现配。

4.5 材料

4.5.1 微孔滤膜：尼龙，13mm（i. d. ），0.2μm。

5 仪器和设备

5.1 超高效液相色谱-串联质谱仪：配有电喷雾离子源（ESI）。

5.2 粉碎机。

5.3 组织捣碎机。

5.4 分析天平：感量分别为 0.01mg 和 0.01g。

5.5 超声波振荡器。

5.6 旋涡混合器。

5.7 离心机：转速不低于 4 000r/min。

5.8 离心管：具塞，聚四氟乙烯，50mL。

5.9 分液漏斗：100mL，具塞。

6 试样制备与保存

在制样的操作过程中，应防止样品受到污染或发生农药残留含量的变化。

6.1 试样制备

6.1.1 大米、大豆、栗子、茶叶

取代表性样品 500g，用粉碎机粉碎。混匀，均分成 2 份作为试样，分装，密闭，于 0~4℃保存。

6.1.2 菠菜、油麦菜、洋葱、茄子、马铃薯、柑橘、蘑菇

取代表性样品 1 000g，将其（不可用水洗涤）切碎后，依次用捣碎机将样品加工成浆状。混匀，均分成 2 份作为试样，分装，密闭，于 0~4℃保存。

6.1.3 鸡肝、猪肉

取代表性样品 500g，将其切碎后，依次用捣碎机将样品加工成浆状，混匀，均分成 2 份作为试样，分装，密闭，于-18℃保存。

6.1.4 牛奶

取代表性样品约 500g，混匀，均分成 2 份作为试样，分装，密闭，于 0~4℃保存。

注：以上样品取样部位按 GB 2763 附录 A 执行。

7　分析步骤

7.1　提取与净化

7.1.1　大米、大豆、栗子、洋葱、菠菜、油麦菜、茄子、马铃薯、桔子、蘑菇、茶叶、牛奶

称取5g（精确至0.01g）试样于50mL离心管中，如果为干燥样品则加5~8mL水，视具体样品而定，浸泡0.5h。加入乙酸-乙腈溶液使乙腈和水总体积为20mL，均质0.5min，摇匀，在40℃以下超声提取30min，4 000r/min离心10min。取上清液1.0mL，加适量基质分散固相萃取剂净化，剧烈振摇1min，4 000r/min离心10min，取上清液用0.2μm滤膜过滤，用液相色谱-质谱/质谱仪测定。

7.1.2　鸡肝、猪肉

称取5g（精确至0.01g）试样于50mL离心管中，加入约3g无水硫酸钠，混匀，加入10mL乙酸-乙腈溶液，10mL正己烷，均质3min，4 000r/min离心10min，转移提取液到分液漏斗中，充分摇匀后静置分层，收集乙腈层。按同样操作重复提取一次。用10mL乙腈洗涤正己烷层，摇匀后静置分层，收集乙腈层。合并3次收集的乙腈层，在40℃下旋蒸至近干，用乙酸-乙腈溶液定容到20mL，取1.0mL，加适量基质分散固相萃取剂净化，剧烈振摇1min，4 000r/min离心10min，取上清液用0.2μm滤膜过滤，用液相色谱-质谱/质谱仪测定。

7.2　测定

7.2.1　液相色谱参考条件

a）液相色谱柱：ACQUITY UPLC BEH C18，50mm×2.1mm（i.d.），粒度1.7μm，或性能相当者。

b）柱温：35℃。

c）流动相梯度：见表1。

表1　流动相洗脱梯度

	时间（min）	流速（mL/min）	10mmol/L乙酸铵溶液（4.10）（%）	甲醇（%）	曲线类型
1	Initial	0.25	90.0	10.0	
2	0.50	0.25	90.0	10.0	1
3	2.50	0.25	50.0	50.0	6
4	3.00	0.25	90.0	10.0	1

d）进样量：2.0μL。

e）样品室温度：10℃。

7.2.2　质谱参考条件

见附录A。

7.2.3　标准曲线的配制

以5.0g空白样品通过前处理步骤制备基质空白溶液，将标准中间溶液稀释至2.0ng/mL、5.0ng/mL、10.0ng/mL、20.0ng/mL、40.0ng/mL、100.0ng/mL，不过原点做基质标准工作曲线，宜现用现配。

7.2.4　定量测定

本方法中采用外标校准曲线法定量测定。为减少基质对定量测定的影响，定量用标准曲线应采用基质混合标准工作溶液绘制的标准工作曲线，并且保证所测样品中农药的响应值均在线性范围以内。在上述仪器条件下，噻虫嗪和噻虫胺的保留时间分别约为2.51min和2.92min，多反应离子监测色谱图参见附录B中图B.1。

7.2.5　定性测定

在上述条件下进行测定，试液中待测物的保留时间应在标准溶液保留时间的时间窗内，各离子对的相对丰度应与标准品的相对丰度一致，误差不超过表2中规定的范围。噻虫嗪和噻虫胺标准品的多反应离子监测色谱图参见附录B中图B.1。

表 2　定性测定时相对离子丰度最大容许偏差

相对丰度（基峰）	>50%	>20%至 50%	>10%至 20%	≤10%
允许的相对偏差	±20%	±25%	±30%	±50%

7.3　空白试验

除不加试样外，均按上述操作步骤进行。

8　结果计算和表述

液相色谱-质谱/质谱法测定试样中噻虫嗪或噻虫胺农药的残留量采用标准曲线法定量，标准曲线法定量结果按式（1）计算：

$$X_i = C_i \times \frac{V}{m} \qquad \cdots\cdots\cdots\cdots (1)$$

式中：

X_i——试样中噻虫嗪或噻虫胺农药的残留量，单位为毫克每千克（mg/kg）；

C_i——从标准曲线上得到的被测组分溶液浓度，单位为微克每毫升（μg/mL）；

V——样品提取液总体积，单位为毫升（mL）（本方法中为 20.0mL）；

m——最终样品溶液所代表试样的质量，单位为克（g）。

注：计算结果需扣除空白值，测定结果用平行测定的算术平均值表示，保留 2 位有效数字。

9　精密度

9.1　在重复性条件下获得的 2 次独立测定结果的绝对差值与其算术平均值的比值（百分率），应符合附录 D 的要求。

9.2　在再现性条件下获得的 2 次独立测定结果的绝对差值与其算术平均值的比值（百分率），应符合附录 E 的要求。

10　定量限和回收率

10.1　定量限

本方法对噻虫嗪和噻虫胺的测定低限为 0.010mg/kg。

10.2　回收率

本方法的添加浓度和回收率范围见附录 C。

附　录　A
（资料性附录）
噻虫嗪和噻虫胺质谱分析参考条件

噻虫嗪和噻虫胺质谱分析参考条件：

a）电离方式：ESI+；

b）检测方式：MRM；

c）毛细管电压：3.00kV；

d）氮吹气流量：800L/h；

e）锥孔气流量：50L/h；

f）去溶剂气温度：350℃；

g）放大器电压：650V；

h）离子源温度：110℃；

i）监测离子、碰撞能量和锥孔电压（表 A. 1）：

表 A. 1　噻虫嗪和噻虫胺的多反应离子监测分析参数

组分	监测离子对 (Channel Reaction)（m/z）	驻留时间 (Dwell)（s）	锥孔电压（Cone） (V)	碰撞能量 (Collision Energy)（eV）
噻虫嗪	* 292/211	0. 050	20. 0	19. 0
	292/181	0. 050	20. 0	10. 0
噻虫胺	* 250/169	0. 050	16. 0	15. 0
	250/131	0. 050	16. 0	10. 0

* 为定量离子对。

以上所列参数是在 Waters AcquityTM UPLC-Quattro Premier 质谱仪上完成的，列出试验用仪器型号仅是为了提供参考，并不涉及商业目的，鼓励标准使用者尝试采用不同厂家或型号的仪器。

附　录　B
（资料性附录）
噻虫嗪和噻虫胺标准溶液谱图

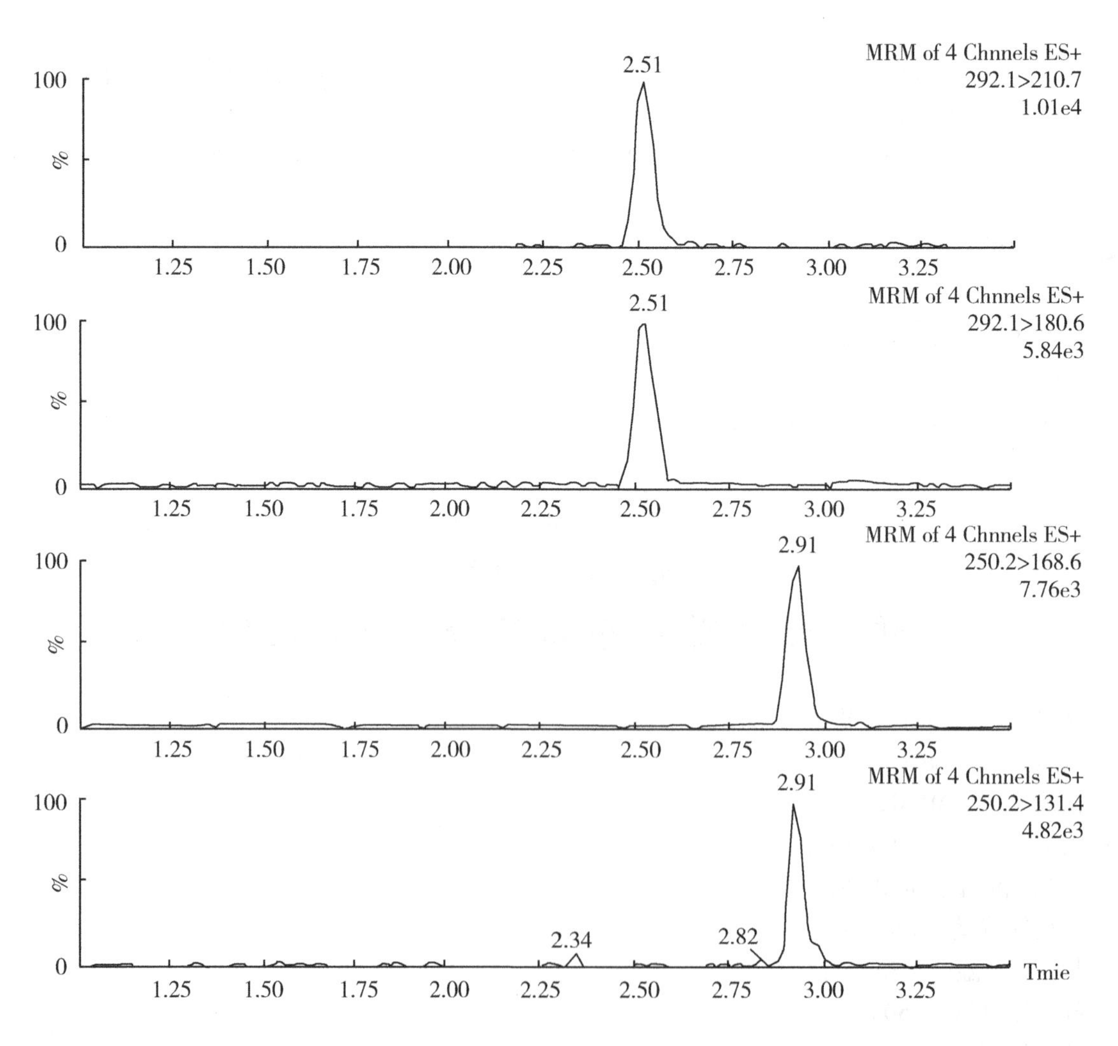

图 B. 1　噻虫嗪/噻虫胺标准溶液（浓度为 10 ng/mL）LC-MS/MS 的多反应监测（MRM）色谱图

附　录　C
(资料性附录)
噻虫嗪、噻虫胺回收率范围

表 C.1　噻虫嗪和噻虫胺在不同基质样品中的添加浓度及回收率范围（%）（n=10）

样品	添加浓度（mg/kg）	噻虫嗪回收率范围（%）	噻虫胺回收率范围（%）
大米	0.010	72.4~79.6	84.4~106.4
	0.020	88.2~103.6	92.2~106.6
	0.040	92.3~102.1	92.4~108.7
大豆	0.010	73.2~93.6	76.8~94
	0.020	71.6~76.2	79.2~93.2
	0.050	70~78.1	90.16~102.8
	0.10	87.2~105.8	87.8~100.6
栗子	0.010	82.0~99.2	74.0~94.4
	0.020	83.2~98.2	83.2~95.8
	0.040	88.5~95.5	85.9~95.1
菠菜	0.010	104.4~109.2	84.4~97.2
	0.020	94.4~109.6	90.4~107.2
	0.040	84.7~108.7	72.6~89.3
	2.0	91.4~95.5	78.2~89.7
油麦菜	0.010	74.8~101.2	73.6~99.6
	0.020	78.2~99.0	75.2~100.2
	0.040	86.1~99.1	80.6~104.2
茄子	0.010	90~102.4	72.8~97.2
	0.50	99.3~108.4	94.7~104.9
	1.0	100.3~105	98.5~107.8
洋葱	0.010	96.8~109.6	82.4~100.8
	0.020	98.0~110.0	86.2~103.2
	0.040	101.1~109.3	84.0~91.0
马铃薯	0.010	75.2~98.8	92.0~100.0
	0.250	72.5~84.0	91.1~100.2
	0.50	70.6~89.0	71.8~87.7
蘑菇	0.010	73.6~99.2	87.6~106.0
	0.020	102.8~107.4	100.6~109.4
	0.040	103.0~112.8	101.1~109.8

（续表）

样品	添加浓度（mg/kg）	噻虫嗪回收率范围（%）	噻虫胺回收率范围（%）
柑橘	0.010	75.6~85.2	84.0~95.6
	0.040	93.0~105.5	94.9~107.1
	0.50	89.6~108.0	96.4~112.4
	1.0	97.6~104.4	98.2~101.8
茶	0.010	71.6~95.2	83.6~101.6
	0.050	82.6~91.1	90.7~101.4
	0.10	80.9~88.1	95.0~100.7
	20（噻虫嗪）/50（噻虫胺）	79.2~97.2	80.3~95.5
鸡肝	0.010	78.0~93.2	88.8~107.6
	0.020	80.4~96.6	83.4~96.8
	0.040	79.6~97.0	74.1~93.3
猪肉	0.010	70.8~86.4	80.8~98.4
	0.020	70.2~84.6	73.4~91.8
	0.040	82.1~92.7	80.5~90.4
牛奶	0.010	83.2~92.8	94.4~109.2
	0.020	76.2~86.8	92.6~103.8
	0.040	95.0~105.3	97.6~108.8

注：因有些样品的 MRL 值较高，为确保定量结果准确以及避免污染仪器，将较高水平的添加浓度在上机前进行如下稀释：

A. 添加水平为 2 000μg/kg 时，稀释 10 倍后上机检测；

B. 添加水平为 1 000μg/kg 时，稀释 10 倍后上机检测；

C. 添加水平为 500μg/kg 时，稀释 5 倍后上机检测；

D. 添加水平为 20mg/kg（噻虫嗪）、50mg/kg（噻虫胺）时，稀释 200 倍后上机检测。

附 录 D
（资料性附录）
实验室内重复性要求

表 D.1 实验室内重复性要求

被测组分含量（mg/kg）	精密度（%）
≤0.001	36
>0.001，≤0.01	32
>0.01，≤0.1	22
>0.1，≤1	18
>1	14

附　录　E
(资料性附录)
实验室间再现性要求

表 E.1　实验室间再现性要求

被测组分含量 (mg/kg)	精密度 (%)
≤0.001	54
>0.001，≤0.01	46
>0.01，≤0.1	34
>0.1，≤1	25
>1	19

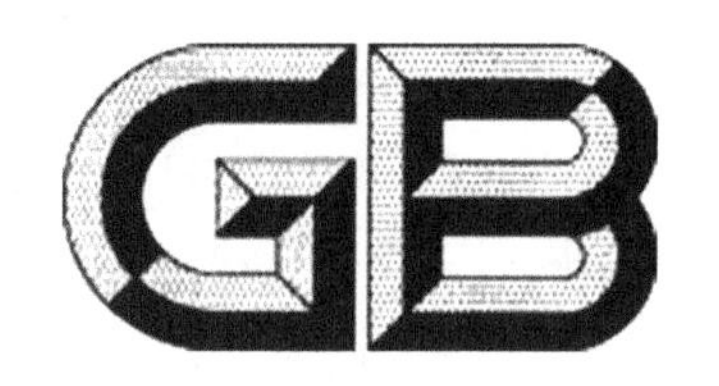

中华人民共和国国家标准

GB 23200.69—2016
代替 SN/T 2795—2011

食品安全国家标准
食品中二硝基苯胺类农药残留量的测定
液相色谱-质谱/质谱法

National food safety standards-
Determination of dinitroaniline pesticides residue in foods
Liquid chromatography-mass spectrometry

2016-12-18 发布　　　　2017-06-18 实施

中华人民共和国国家卫生和计划生育委员会
中华人民共和国农业部
国家食品药品监督管理总局
发布

前　言

本标准代替 SN/T 2795—2011《进出口食品中二硝基苯胺类农药残留量的测定　液相色谱-质谱/串联质谱法》。

本标准与 SN/T 2795—2011 相比，主要变化如下：

——标准文本格式修改为食品安全国家标准文本格式；

——标准名称和范围中“进出口食品”改为“食品”；

——标准范围中增加“其他食品可参照执行”。

本标准所代替标准的历次版本发布情况为：

——SN/T 2795—2011。

食品安全国家标准
食品中二硝基苯胺类农药残留量的测定
液相色谱-质谱/质谱法

1 范围

本标准规定了食品中 8 种二硝基苯胺类农药残留量的液相色谱-质谱/质谱法检测方法。

本标准适用于黄豆、大米、菠菜、生姜、苹果、西瓜、甘蓝、节瓜、茶叶、鸡蛋、猪肉和鸡肝中氟乐灵、二甲戊灵、氨磺乐灵、仲丁灵、氨氟乐灵、氨氟灵、甲磺乐灵和异丙乐灵等二硝基苯胺类农药残留量的测定和确证；其他食品可参照执行。

2 规范性引用文件

文件对于本文件的应用是必不可少的。凡是注日期的引用文件，仅所注日期的版本适用于本文件。凡是不注日期的引用文件，其最新版本（包括所有的修改单）适用于本文件。

GB 2763 食品安全国家标准食品中农药最大残留限量

GB/T 6682 分析实验室用水规格和试验方法

3 原理

试样用乙腈振荡提取，石墨化碳黑固相萃取柱和 HLB 固相萃取柱净化，液相色谱-串联质谱法仪测定和确证，外标法定量。

4 试剂和材料

除另有规定外，所有试剂均为分析纯，水为符合 GB/T 6682 中规定的一级水。

4.1 试剂

4.1.1 甲醇（CH_3OH）：色谱纯。

4.1.2 乙腈（CH_3CN）：色谱纯。

4.1.3 正己烷（C_6H_{14}）：色谱纯。

4.1.4 甲酸（CH_2O_2）：色谱纯。

4.1.5 丙酮（C_3H_6O）：优级纯。

4.1.6 氯化钠（NaCl）：分析纯。

4.1.7 无水硫酸钠（Na_2SO_4）：分析纯，用前经 650℃灼烧 4h，置干燥器中备用。

4.2 溶液配制

4.2.1 乙腈-水溶液（1+1，含 0.05%甲酸）：量取 500mL 乙腈与 0.5mL 甲酸于 1L 容量瓶中，用水定容至 1L，混匀。

4.2.2 正己烷-丙酮溶液（2+8）：取 20mL 正己烷，加入 80mL 丙酮，混匀。

4.3 标准品

二硝基苯胺类农药标准物质：参见附录 A 中表 A.1。

4.4 标准溶液配制

4.4.1 二硝基苯胺类农药标准储备溶液：分别准确称取适量的二硝基苯胺类农药标准物质，用丙酮配制成浓度为 1 000mg/L的标准储备溶液，标准溶液避光于-18℃保存，保存期为 12 个月。

4.4.2 二硝基苯胺类农药混合中间标准溶液：吸取适量的各标准储备溶液，用甲醇稀释成氟乐灵浓度为 5.0mg/L，其他 7 种药物浓度为 1.0mg/L 的混合中间标准溶液，0~4℃避光保存，保存期为 3 个月。

4.4.3 基质混合标准工作溶液：吸取适量的混合中间标准溶液，用空白样品提取液配成氟乐灵浓度为

0μg/L、50.0μg/L、100μg/L、250μg/L、500μg/L 和 1 000μg/L，其他 7 种农药浓度为 0μg/L、10.0μg/L、20.0μg/L、50.0μg/L、100.0μg/L 和 200.0μg/L 的基质混合标准工作溶液。当天配制。

4.5　材料

GB 23200.69—2016

4.5.1　石墨化碳黑固相萃取柱：3mL 250mg，或相当者。用前 3mL 正己烷-丙酮溶液活化，保持柱体湿润。

4.5.2　Oasis HLB1，6mL，200mg，或相当者。使用前用 5mL 乙腈活化，保持柱体湿润。

5　仪器和设备

5.1　液相色谱-质谱/质谱仪：配有电喷雾离子源（ESI）*。

5.2　分析天平：感量 0.01g 和 0.000 1g。

5.3　粉碎机。

5.4　组织捣碎机。

5.5　旋涡混匀器。

5.6　固相萃取装置，带真空泵。

5.7　氮吹浓缩仪。

5.8　离心机：转速不低于 5 000r/min。

6　试样制备与保存

6.1　试样制备

6.1.1　黄豆、茶叶和大米

取代表性样品约 500g（不可用水洗），切碎后，用捣碎机将样品加工成浆状，混匀。试样均分为 2 份，装入洁净容器，密封，并标明标记。

6.1.2　蔬菜、水果、鸡蛋、猪肉及鸡肝

取代表性样品约 500g（不可用水洗），切碎后，用捣碎机将样品加工成浆状，混匀。试样均分为 2 份，装入洁净容器，密封，并标明标记。

注：以上样品取样部位按 GB 2763 附录 A 执行。

6.2　试样保存

在制样的操作过程中，应防止样品受到污染或发生残留物含量的变化。黄豆、茶叶和大米试样于常温下保存。蔬菜、水果、鸡蛋、猪肉及鸡肝试样于-18℃以下冷冻存放。

7　分析步骤

7.1　提取

7.1.1　黄豆、大米、茶叶、鸡蛋、猪肉及鸡肝

对于茶叶、大豆、板栗、玉米样品，称取 2.5g 试样（精确至 0.01g）。对于菠菜、蘑菇、苹果、牛肉、牛肝、鸡肉、鱼肉、牛奶样品，称取 5g 试样（精确至 0.01g）。将称取的试样置于 50mL 离心管中，加入 6mL 饱和氯化钠水溶液，于旋涡混匀器上混合 30s，放置 15min。加入 6mL 丙酮-正己烷溶液，在混匀器上混合 2min。5 000r/min离心 1min，吸取上层提取液于另一试管中。再分别加入 4mL 丙酮-正己烷溶液重复提取 2 次，合并提取液，在 45℃下氮气流吹至约 1mL 待净化。

7.1.2　蔬菜、水果

称取约 5g（精确至 0.01g）样品于 50mL 具塞离心管中，然后加入 2g 氯化钠，再加入 15mL 乙腈高速均质提取 3min，于 5 000r/min离心 5min，将乙腈层转移至 25mL 容量瓶中。残渣再用 10mL 乙腈重复提取

---

* 非商业性声明：此处列出色谱柱型号仅是为了提供参考，不涉及商业目的，鼓励标准使用者尝试采用不同厂家或规格的色谱柱。

一次，合并提取液，并用乙腈定容至25mL。

7.2 净化

7.2.1 黄豆、大米、猪肉

吸取全部浓缩提取液于Supelclean C_{18}固相萃取柱中，以约1.5mL/min的流速使样液全部通过固相萃取柱，再用5mL乙腈淋洗并抽干固相萃取柱，收集全部流出液于1.5mL离心管中，40℃以下用氮气吹至近干，残渣用乙腈+水溶液定容至1.0mL。旋涡混匀后，过微孔滤膜，供液相色谱-质谱/质谱仪测定。

7.2.2 蔬菜、水果

精确吸取5mL提取液5.0mL于15mL离心管中，40℃以下用氮气吹至近干，用2.0mL正己烷-丙酮溶液溶解，转入Envi-carb固相萃取柱中，以约1.5mL/min的流速使样液全部通过固相萃取柱，再用3mL正己烷-丙酮溶液淋洗并抽干固相萃取柱，收集全部流出液于15mL离心管中，40℃以下用氮气吹至近干，残渣用乙腈+水溶液定容至1.0mL。旋涡混匀后，过微孔滤膜供液相色谱-质谱/质谱仪测定。

7.2.3 茶叶、鸡蛋及鸡肝

吸取茶叶、鸡蛋及鸡肝浓缩提取液于Oasis HLB固相萃取柱中，以约1.5mL/min的流速使样液全部通过固相萃取柱，再用5mL乙腈淋洗并抽干固相萃取柱，收集全部流出液于15mL离心管中，40℃以下用氮气吹至近干，用2.0mL正己烷-丙酮溶液溶解，转入Envi-carb固相萃取柱中，以约1.5mL/min的流速使样液全部通过固相萃取柱，再用3mL正己烷-丙酮溶液淋洗并抽干固相萃取柱，收集全部流出液于15mL离心管中，40℃以下用氮气吹至近干，残渣用乙腈+水溶液定容至1.0mL。旋涡混匀后，过微孔滤膜，供液相色谱-质谱/质谱仪测定。

7.3 测定

7.3.1 液相色谱参考条件

a）色谱柱：C_{18}色谱柱，50mm×2.1mm（i.d.），1.7d，或相当者；

b）柱温：40℃；

c）进样量：10μL；

d）流动相、流速及梯度洗脱条件见表1。

表1 流动相、流速及梯度洗脱条件

时间 （min）	流速 （mL/min）	0.05%甲酸-5mM乙酸胺-水溶液 （%）	甲醇 （%）
0	0.30	50	50
5.0	0.30	20	80
8.0	0.30	0	100
9.5	0.30	50	50

7.3.2 质谱参考条件

a）离子化模式：电喷雾离子源；

b）扫描方式：正离子扫描；

c）检测方式：多反应监测（MRM）；

d）分辨率：单位分辨率；

其他参考质谱条件见附录B。

7.3.3 定性测定

每种被测组分选择1个母离子，2个以上子离子，在相同实验条件下，样品中待测物质的保留时间，

与基质标准溶液的保留时间偏差在±2.5%之内；且样品中各组分定性离子的相对丰度与浓度接近的基质混合标准工作溶液中对应的定性离子的相对丰度进行比较，偏差不超过表2规定的范围，则可判定为样

品中存在对应的待测物。

表 2　使用液相色谱-串联质谱法定性时相对离子丰度最大容许误差

相对丰度（基峰）	>50%	>20%至 50%	>10%至 20%	≤10%
允许的相对偏差	±20%	±25%	±30%	±50%

7.3.4　定量测定

仪器最佳工作条件下，对基质混合标准工作溶液进样，以峰面积为纵坐标，基质混合标准工作溶液浓度为横坐标绘制标准工作曲线，用标准工作曲线对样品进行定量。样品溶液中待测物的响应值均应在测定方法的线性范围内，如果超出线性响应范围，应用空白基质溶液进行适当稀释。在上述液相色谱-质谱条件下，二硝基苯胺类农药的保留时间分别为：氨磺乐灵（3.21min）、甲磺乐灵（3.41min）、氨氟灵（4.06min）、氨氟乐灵（5.20min）、二甲戊灵（5.36min）、仲丁灵（5.70min）、氟乐灵（5.70min）和异丙乐灵（6.06min）。标准品的液相色谱-质谱/质谱多反应监测色谱图见附录 C 中的图 C.1。

7.4　空白实验

除不加试样外，均按上述测定步骤进行。

8　结果计算和表述

用色谱数据处理机或按下式（1）计算试样中各二硝基苯胺类农药的含量：

$$X = \frac{A_i \times C_{si} \times V}{A_{si} \times m} \quad \cdots\cdots\cdots\cdots (1)$$

式中：

X——试样中各二硝基苯胺类农药的残留含量，单位为毫克每千克，mg/kg；

A_i——样液中各二硝基苯胺类农药的峰面积；

V——样液最终定容体积，单位为毫升，mL；

A_{si}——标准工作液中各二硝基苯胺类农药的峰面积；

C_{si}——标准工作液中各二硝基苯胺类农药的浓度，单位为微克每毫升，μg/mL；

m——最终样液所代表的试样量，单位为克，g。

注：计算结果需扣除空白值，测定结果用平行测定的算术平均值表示，保留 2 位有效数字。

9　精密度

9.1　在重复性条件下获得的 2 次独立测定结果的绝对差值与其算术平均值的比值（百分率），应符合附录 E 的要求。

9.2　在再现性条件下获得的 2 次独立测定结果的绝对差值与其算术平均值的比值（百分率），应符合附录 F 的要求。

10　定量限和回收率

10.1　定量限

本方法二硝基苯胺类农药定量限均为 0.01mg/kg。

10.2　回收率

当添加水平为 0.05mg/kg、0.1mg/kg、0.2mg/kg 时，二硝基苯胺类农药的添加回收率参见附录 D。

附 录 A
(资料性附录)

表 A.1 二硝基苯胺类农药的相关信息

化合物名称	英文名	Cas No.	分子式	分子量	分子结构
氟乐灵	Trifluralin	1582-09-8	$C_{13}H_{16}F_3N_3O_4$	335.28	O, N, O, F, F, F, N, O, N, O
二甲戊灵	Pendimethalin	40487-42-1	$C_{13}H_{19}N_3O_4$	281.31	O, N, O, H, N, N, O, O
仲丁灵	Butralin	33629-47-9	$C_{14}H_{21}N_3O_4$	295.33	CH_3, HN, CH_3, O_2N, NO_2, H_3C, CH_3, CH_3
异丙乐灵	Isopropalin	33820-53-0	$C_{15}H_{23}N_3O_4$	309.36	H_3C, N, CH_3, O_2N, NO_2, H_3C, CH_3
氨氟灵	Dinitramine	29091-05-2	$C_{11}H_{13}F_3N_4O_4$	322.24	H_3O, N, CH_3, O_2N, NO_3, NH_2, CF_3

（续表）

化合物名称	英文名	Cas No.	分子式	分子量	分子结构
甲磺乐灵	Nitralin	4726-14-1	$C_{13}H_{19}N_3O_6S$	345.37	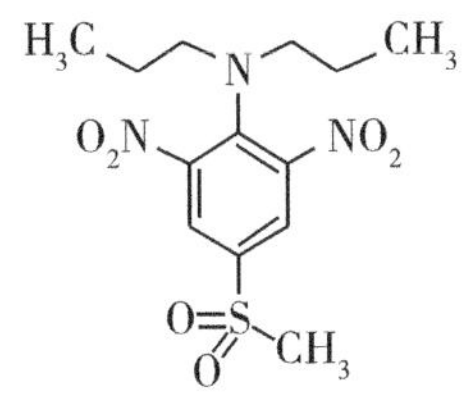 H_3C N CH_3 O_2N NO_2 O=S CH_3 O
氨磺乐灵	Oryzalin	19044-88-3	$C_{12}H_{18}N_4O_6S$	346.36	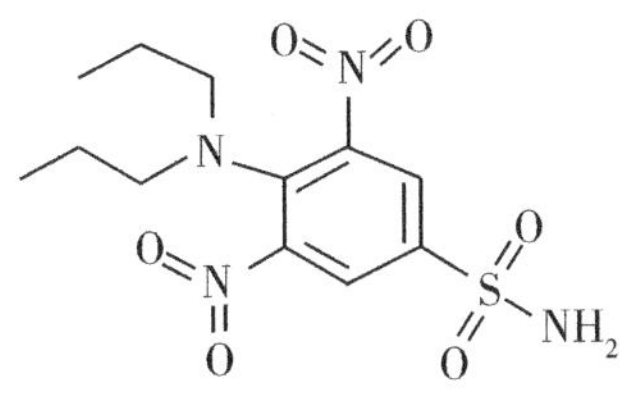 O=N=O N O=N=O O S NH_2 O
氨氟乐灵	Prodiamine	29091-21-2	$C_{13}H_{17}F_3N_4O_4$	350.29	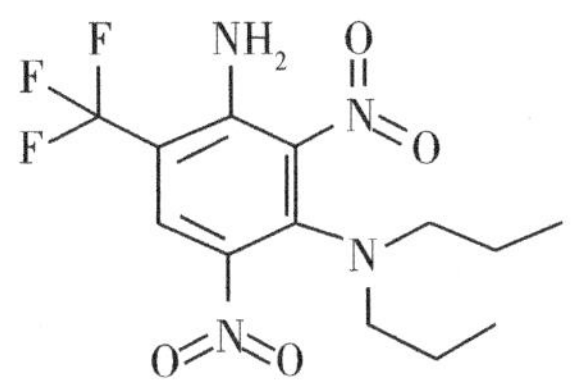 F F F NH_2 O N O N O=N=O

附　录　B
（资料性附录）
质谱条件

a）电喷雾电压：3 000V；
b）辅助气流速：750L/h；
c）碰撞气：氩气；
d）幕帘气流速：50L/h；
e）离子源温度：105 子；
f）辅助气温度：350 辅；
g）定性离子对、定量离子对、采集时间、锥孔电压及碰撞能量见表 B.1。

表 B.1　二硝基苯胺类农药标准物质的质谱参数

分析物	参考保留时间（min）	母离子（m/z）	子离子（m/z）	采集时间（s）	锥孔电压（V）	碰撞能量（eV）
氟乐灵	5.70	336.2	236*	0.1	34	24
			252	0.1		23
二甲戊灵	5.36	282	212*	0.05	32	10
			194	0.05		17

（续表）

分析物	参考保留时间（min）	母离子（m/z）	子离子（m/z）	采集时间（s）	锥孔电压（V）	碰撞能量（eV）
仲丁灵	5.70	296	240*	0.05	20	13
			222	0.05		20
异丙乐灵	6.06	310	226*	0.05	32	19
			268	0.05		14
氨氟灵	4.06	323	289*	0.05	32	20
			247	0.05		16
甲磺乐灵	3.41	346	304*	0.05	32	16
			262	0.05		22
氨磺乐灵	3.21	347	288*	0.05	34	17
			305	0.05		14
氨氟乐灵	5.20	351	267*	0.05	30	20
			291	0.05		18

注：* 为定量离子，对于不同质谱仪器，仪器参数可能存在差异，测定前应将质谱参数优化到最佳。

非商业性声明：表 B.1 中所列参考质谱条件是在 Waters Quattro Premier 型液质联用仪上完成的，此处列出试验用仪器型号仅为提供参考，并不涉及商业目的，鼓励标准使用者尝试不同厂家或型号的仪器。

附　录　C
(资料性附录)
8种二硝基苯胺类农药标准品质谱图

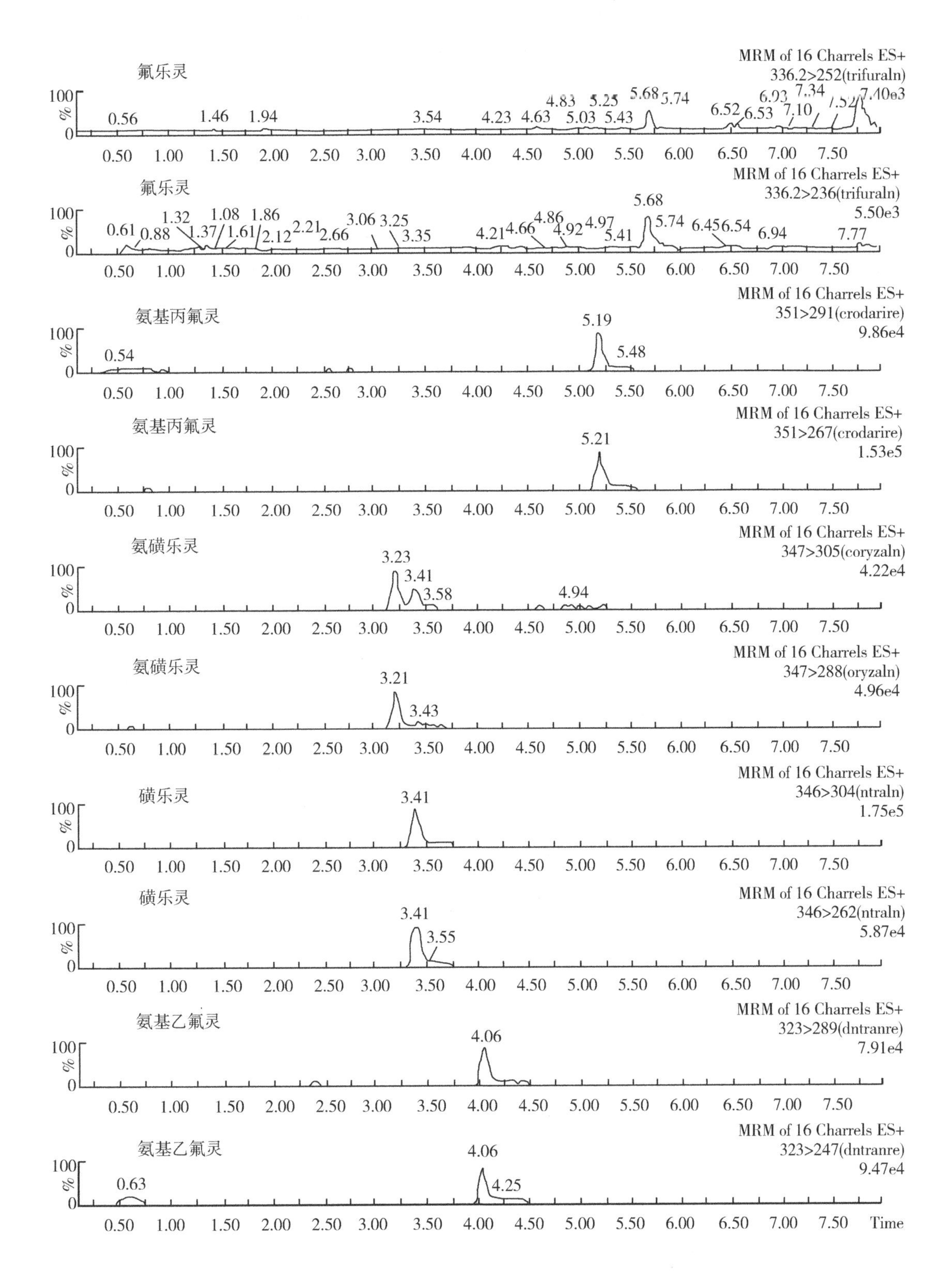

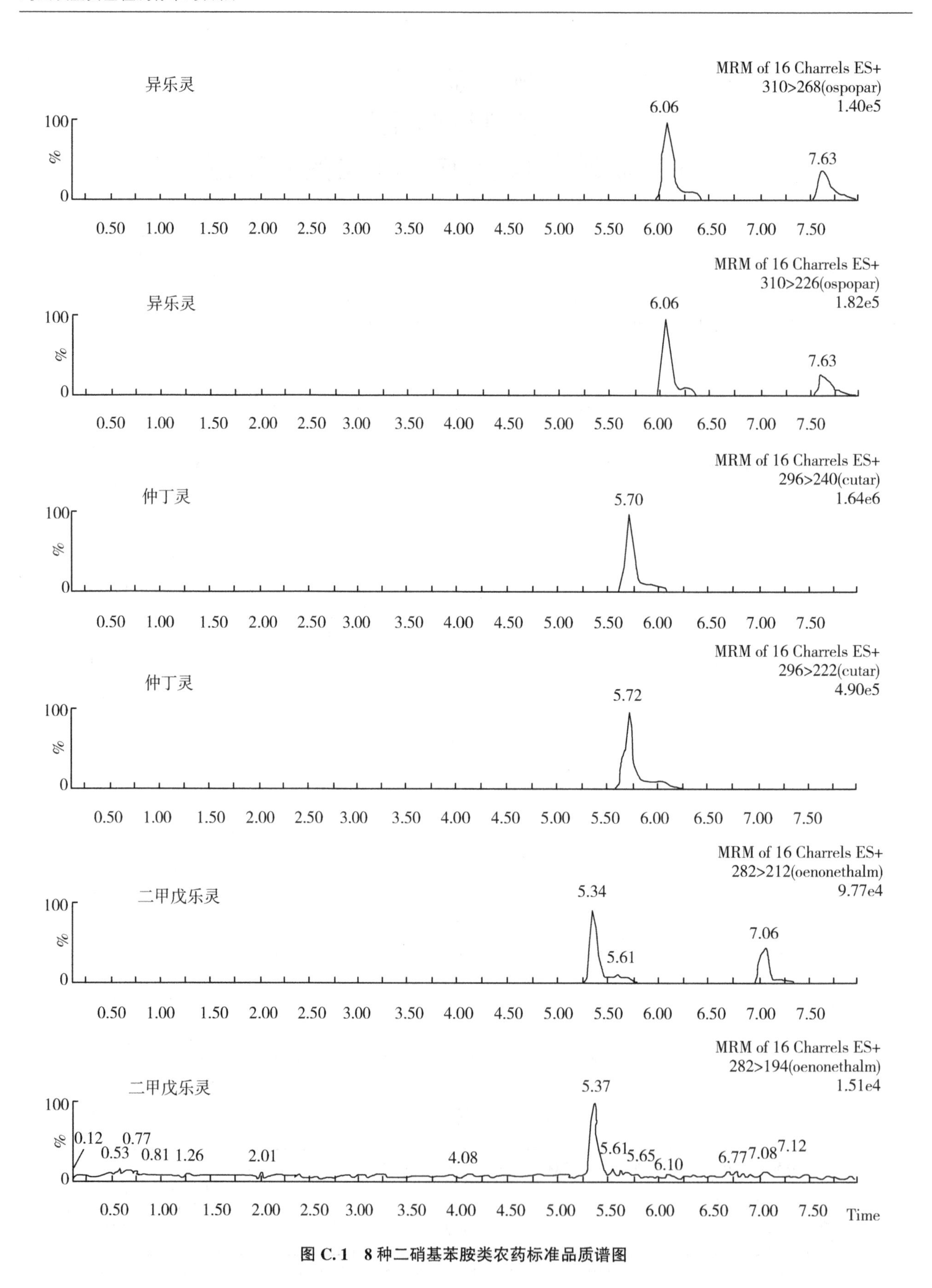

图 C.1　8 种二硝基苯胺类农药标准品质谱图

附　录　D
（资料性附录）

表 D.1　不同基质中二硝基苯胺类药物加标回收率情况

化合物名称	添加水平（μg/kg）	大米回收率范围（%）	黄豆回收率范围（%）	苹果回收率范围（%）	西瓜回收率范围（%）	节瓜回收率范围（%）	生姜回收率范围（%）	菠菜回收率范围（%）	甘蓝回收率范围（%）	茶叶回收率范围（%）	鸡蛋回收率范围（%）	猪肉回收率范围（%）	鸡肝回收率范围（%）
氟乐灵	50.0	74.7~98.8	103~116	74.9~115	93.3~120	79.8~98.6	87.3~111	72.6~82.4	72.5~78.4	75.8~99.6	100~112	71.2~75.5	73.1~79.1
	100	77.1~114	89.2~119	71.8~88.6	79.7~102	85.0~112	76.3~109	71.5~92.6	70.5~81.5	77.3~96.5	99.9~111	70.2~73.0	70.6~77.8
	200	76.0~115	70.8~122	75.1~98.9	76.4~103	72.4~97.4	70.2~81.1	70.5~86.0	71.5~76.8	77.5~84.0	74.0~85.5	71.5~77.3	74.6~80.5
二甲戊灵	10.0	88.0~118	79.0~95.0	95.1~121	70.6~73.7	74.6~118	86.2~116	79.0~95.0	89.4~98.2	71.0~79.0	89.0~96.0	73.5~87.3	85.3~96.9
	50.0	77.7~105	84.6~99.6	82.4~110	70.5~103	83.0~114	86.3~97.8	84.6~95.0	85.9~96.8	71.2~77.8	81.8~91.8	80.2~95.9	80.7~91.0
	200	85.0~119	73.5~96.0	89.1~118	73.8~82.0	76.0~94.2	83.9~101	73.5~96.0	91.2~96.9	85.5~89.0	74.5~82.5	84.5~98.5	70.4~78.8
氨磺乐灵	10.0	91.0~115	80.4~96.8	99.1~121	72.5~115	97.9~119	84.7~107	83.0~101	92.6~94.1	80.0~99.0	87.6~94.2	75.3~96.7	83.6~98.7
	50.0	79.0~115	91.0~117	91.4~108	83.7~100	95.1~116	79.1~104	84.4~109	91.7~98.4	74.2~79.4	78.3~83.3	82.9~96.4	83.7~97.8
	100	79.5~120	71.0~115	90.9~121	85.8~94.0	88.3~108	70.6~92.0	84.4~109	91.7~98.8	72.8~88.8	93.0~99.0	85.3~99.0	91.6~95.9
仲丁灵	10.0	91.0~118	70.7~98.0	103~113	70.6~76.2	95.6~120	91.5~98.7	75.0~98.0	91.9~95.7	71.0~78.0	81.0~94.0	70.6~91.5	77.2~95.6
	20.0	72.5~104	74.5~94.0	87.5~101	70.6~87.8	91.7~106	86.5~96.8	74.5~94.0	91.8~95.5	92.0~105	75.5~83.6	83.9~98.5	79.9~97.9
	50.0	81.4~119	74.8~89.8	85.8~116	70.8~72.8	87.6~99.8	79.6~88.3	74.8~89.8	91.8~94.1	98.0~101	84.0~95.0	86.9~97.9	87.5~98.4

（续表）

化合物名称	添加水平（μg/kg）	大米回收率范围（%）	黄豆回收率范围（%）	苹果回收率范围（%）	西瓜回收率范围（%）	节瓜回收率范围（%）	生姜回收率范围（%）	菠菜回收率范围（%）	甘蓝回收率范围（%）	茶叶回收率范围（%）	鸡蛋回收率范围（%）	猪肉回收率范围（%）	鸡肝回收率范围（%）
异丙乐灵	10.0	86.0~119	76.0~83.0	96.6~122	70.0~75.1	96.1~122	71.7~81.2	76.0~83.0	91.5~98.5	70.0~81.0	81.5~94.0	70.6~90.2	76.2~93.2
	20.0	78.5~107	77.5~89.5	85.6~97.7	72.2~89.8	85.3~106	75.7~83.0	79.0~94.0	90.9~98.8	87.5~100	74.2~78.0	81.4~89.3	78.1~91.4
	50.0	70.8~120	73.0~89.0	76.8~104	70.9~79.9	71.3~95.1	70.5~75.0	71.0~89.0	91.2~95.7	86.1~95.7	74.2~78.0	82.6~90.5	83.1~91.6
氨氟灵	10.0	88.0~120	71.0~89.0	102~116	72.1~82.0	96.4~115	78.4~95.6	79.0~91.5	89.1~97.4	70.0~81.0	94.0~102	72.1~98.9	71.8~92.3
	20.0	76.5~119	82.1~104	90.5~111	70.5~91.8	97.0~118	78.4~90.8	79.0~91.4	91.3~99.0	87.5~100	83.5~92.5	89.9~98.8	84.8~96.7
	50.0	83.8~119	79.0~91.5	93.4~110	71.3~86.8	86.7~107	78.3~92.5	70.0~95.4	90.8~96.1	78.8~88.6	80.2~109	92.0~98.8	90.8~98.7
甲磺乐灵	10.0	91.0~112	70.0~95.4	95.3~120	76.9~118	98.1~125	88.9~111	74.4~94.0	91.9~97.2	86.0~99.0	100~109	74.2~92.5	77.8~97.7
	20.0	70.7~105	74.0~94.0	92.7~104	91.1~98.2	96.5~118	84.9~103	84.0~96.8	90.7~97.4	91.0~110	83.0~103	91.3~98.6	91.7~95.1
	50.0	83.2~115	84.0~97.5	94.2~112	83.4~96.6	97.7~118	81.4~92.4	83.0~96.8	91.2~93.6	82.5~91.5	88.0~95.0	92.1~97.3	91.7~97.6
氨氟乐灵	10.0	77.5~101	79.5~112	93.5~123	71.1~91.5	77.9~119	88.2~107	72.0~89.0	91.9~92.9	70.0~80.0	81.5~97.0	91.9~96.2	85.1~99.4
	20.0	75.5~114	71.0~99.5	82.2~106	71.9~84.7	95.5~106	87.9~106	71.0~99.5	90.8~92.6	91.5~96.5	81.2~83.6	82.9~96.4	80.1~98.1
	50.0	74.8~113	80.4~100	83.1~108	71.9~81.4	85.3~105	80.0~87.2	80.4~100	88.3~96.3	94.5~105	80.2~101	87.3~96.6	76.1~87.1

附　录　E
（规范性附录）

表 E.1　实验室内重复性要求

被测组分含量 （mg/kg）	精密度 （%）
≤0.001	36
>0.001，≤0.01	32
>0.01，≤0.1	22
>0.1，≤1	18
>1	14

附　录　F
（规范性附录）

表 F.1　实验室间再现性要求

被测组分含量 （mg/kg）	精密度 （%）
≤0.001	54
>0.001，≤0.01	46
>0.01，≤0.1	34
>0.1，≤1	25
>1	19

中华人民共和国国家标准

GB 23200.115—2018

食品安全国家标准　鸡蛋中氟虫腈及其代谢物残留量的测定　液相色谱-质谱联用法

National food safety standard—Determination of fipronil and metabolites residues in eggs—Liqiud chromatography-tandem mass spectrometry method

2018-06-21 发布　　　　2018-12-21 实施

中华人民共和国国家卫生健康委员会
中华人民共和国农业农村部　发布
国家市场监督管理总局

食品安全国家标准
鸡蛋中氟虫腈及其代谢物残留量的测定
液相色谱–质谱联用法

1　范围

本标准规定了鸡蛋中氟虫腈及其代谢物残留量的液相色谱–质谱联用测定方法。本标准适用于鸡蛋中氟虫腈及其代谢物残留量的测定。

2　规范性引用文件

下列文件对于本文件的应用是必不可少的。凡是注日期的引用文件，仅注日期的版本适用于本文件。凡是不注日期的引用文件，其最新版本（包括所有的修改单）适用于本文件。

GB 2763　食品安全国家标准食品中农药最大残留限量

GB/T 6682　分析实验室用水规格和试验方法

3　原理

试样用乙腈提取，提取液经分散固相萃取净化，液相色谱–质谱联用仪检测，外标法定量。

4　试剂和材料

除非另有说明，在分析中仅使用分析纯的试剂，水为GB/T 6682规定的一级水。

4.1　试剂

4.1.1　乙腈（CH_8CN，CAS号：75-05-8）：色谱纯。

4.1.2　甲酸（HCOOH，CAS号：64-18-6）：色谱纯。

4.1.3　甲醇（CH_3OH，CAS号：67-56-1）：色谱纯。

4.1.4　乙酸铵（CH_3COONH_4，CAS号：631-61-8）：色谱纯。

4.1.5　无水硫酸镁（$MgSO_4$，CAS号：7487-88-9）。

4.1.6　氯化钠（NaCl，CAS号：7647-14-5）。

4.1.7　无水硫酸钠（Na_2SO_4，CAS号：7757-82-6）。

4.2　溶液配制

4.2.1　甲酸溶液（0.1%）：取1mL甲酸用水稀释至1 000mL，摇匀。

4.2.2　乙酸铵–甲酸溶液（5mmol/L）：称取0.385 4g乙酸铵，用0.1%甲酸溶液溶解并稀释至1 000mL，摇匀。

4.3　标准品

氟虫腈及其代谢物标准品，参见附录A，纯度≥95%。

4.4　标准溶液配制

4.4.1　标准储备溶液（100mg/L）：分别准确称取氟虫腈、氟甲腈、氟虫腈砜和氟虫腈亚砜（4.3）各10mg（精确至0.1mg），用乙腈溶解并稀释至100mL，摇匀，制成质量浓度为100mg/L标准储备溶液，避光-18℃保存，有效期1年。

4.4.2　混合标准中间溶液（1mg/L）：分别准确吸取氟虫腈、氟甲腈、氟虫腈砜和氟虫腈亚砜标准储备溶液（4.4.1）各1mL，用乙腈稀释至100mL，摇匀，制成1mg/L的混合标准中间溶液，避光0~4℃保存，有效期1个月。

4.5　材料

4.5.1　乙二胺-N-丙基硅烷化硅胶（PSA）：40~60μm。

4.5.2　十八烷基硅烷键合硅胶（Cis）：40~60μm。

4.5.3　微孔滤膜（有机相）：0.22μm。

5　仪器

5.1　液相色谱-三重四极杆质谱联用仪：配备 ESI 源。

5.2　分析天平：感量 0.1mg 和 0.01g。

5.3　离心机：转速不低于 5 000r/min。

5.4　旋涡振荡器。

5.5　振荡器。

5.6　组织匀浆机。

6　试样制备

6.1　试样制备

取 16 枚新鲜鸡蛋（约 1kg），洗净去壳后用组织匀浆机充分搅拌均匀，放入聚乙烯瓶中。

6.2　试样储存

将试样按照测试和备用分别存放，于-20～-16℃条件下保存。

7　分析步骤

7.1　提取

准确称取 5g 试样（精确至 0.01g）置于 50mL 离心管中，加入 20mL 乙腈，旋涡混合 1min，振荡提取 5min，加入 2g 氯化钠和 6g 无水硫酸钠，旋涡 1min，以 5 000r/min离心 5min，上清液待净化。

7.2　净化

准确吸取 1mL 上清液于 2mL 聚丙烯离心管中，加入 50mg PSA 粉末、50mg Cis 粉末和 150mg 无水硫酸镁，旋涡混合 30s，以 5 000r/min离心 5min，上清液过 0.22μm 滤膜，用于测定。

7.3　仪器参考条件

7.3.1　液相色谱参考条件

a）色谱柱：Cs（2.1mm×100mm，2.7μm），或性能相当者；

b）柱温：35℃；

c）流动相：乙酸铵-甲酸溶液（A 相），甲醇（B 相）；

d）流速：0.4mL/min；

e）进样量：2μL；

f）流动相及梯度洗脱条件见表 1。

表 1　流动相及梯度洗脱条件（A+B）

时间（min）	流动相 A（%）	流动相 B（%）
0	40	60
3	30	70
3.5	2	98
4.5	2	98
6	40	60

7.3.2　质谱参考条件

a）扫描方式：负离子扫描（ESI）；

b）毛细管电压：3 500V；

c）离子源温度：250℃；

d）干燥气流量：7L/min；
e）雾化气压力：35psi；
f）鞘气温度：325℃；
g）鞘气（N_2）流量：11L/min；
h）喷嘴电压：400V；
i）检测方式：多反应监测（MRM），监测条件见表2。

表2 多反应监测（MRM）条件

序号	中文名称	保留时间（min）	定量离子对（m/z）	碰撞能量（eV）	定性离子对（m/z）	碰撞能量（eV）
1	氟虫腈	3.69	434.9~329.8	15	434.9~249.8	30
2	氟甲腈	3.43	386.9~350.8	10	386.9~281.8	35
3	氟虫腈砜	4.11	450.9~281.8	10	450.9~243.8	66
4	氟虫腈亚砜	3.91	418.9~382.8	30	418.9~261.8	30

7.4 基质混合标准工作曲线

准确吸取一定量的混合标准中间溶液，用空白基质提取液逐级稀释成质量组度为0.001mg/L、0.002mg/L、0.004mg/L和0.01mg/L、0.02mg/L的基质混合标准工作溶液，供液相色谱-质谱联用仪测定。以农药定量离子峰面积为纵坐标、农药基质标准溶液质量浓度为横坐标，绘制标准曲线。

7.5 定性及定量

7.5.1 保留时间

被测试样中目标农药色谱峰的保留时间与相应标准色谱峰的保留时间相比较，相对误差应在±2.5%之内。

7.5.2 定量离子、定性离子及子离子丰度比

在相同实验条件下进行样品测定时，如果检出的色谱峰的保留时间与标准样品相一致，并且在扣除背景后的样品质谱图中，目标化合物的质谱定量和定性离子均出现，而且同一检测批次，对同一化合物，样品中目标化合物的定性离子和定量离子的相对丰度比与质量浓度相当的基质标准溶液相比，其允许偏差不超过表3规定的范围，则可判断样品中存在目标农药。

表3 定性测定时相对离子丰度的最大允许偏差

相对离子丰度（%）	>50	20~50（含）	10~20（含）	≤10
允许相对偏差（%）	±20	±25	±30	±50

7.5.3 试样溶液的测定

将基质混合标准工作溶液和试样溶液依次注入液相色谱-质谱联用仪中，保留时间和定性离子定性，测得定量离子峰面积，待测样液中农药的响应值应在仪器检测的定量测定线性范围之内，超过线性范围时应根据测定浓度进行适当倍数稀释后再进行分析。

7.6 平行试验

按7.1~7.3、7.5的规定对同一试样进行平行试验测定。

7.7 空白试验

除不加试料外，按7.1~7.3、7.5的规定进行平行操作。

8 结果计算

试样中各农药残留量以质量分数ω计，单位以毫克每千克（mg/kg）表示，按式（1）计算：

$$\omega = \frac{\rho \times A \times V}{A_s \times m} \qquad \cdots\cdots\cdots\cdots (1)$$

式中：

ω——试样中被测物残留量，单位为毫克每千克（mg/kg）；

ρ——基质标准工作溶液中被测物的质量浓度，单位为微克每毫升（μg/mL）；

A——试样溶液中被测物的色谱峰面积；

A_s——基质标准工作溶液中被测物的色谱峰面积；

V——试样溶液最终定容体积，单位为毫升（mL）；

m——试样溶液所代表试样的质量，单位为克（g）。

计算结果以重复性条件下获得的 2 次独立测定结果的算术平均值表示，保留 2 位有效数字。含量超 1mg/kg 时，保留 3 位有效数字。

9 精密度

在重复性条件下，获得的 2 次独立测试结果的绝对差值不得超过重复性限（r），见表 4。在再现性条件下，获得的 2 次独立测试结果的绝对差值不得超过再现性限（R），见表 4。

表 4 重复性限（r）和再现性限（R）

序号	中文名称	重复性（r）			再现性（R）		
		0. 005mg/kg	0. 02mg/kg	0. 5mg/kg	0. 005mg/kg	0. 02mg/kg	0. 5mg/kg
1	氟虫腈	0. 000 50	0. 003 6	0. 044	0. 000 91	0. 009 2	0. 089
2	氟甲腈	0. 000 59	0. 002 5	0. 024	0. 000 63	0. 011	0. 083
3	氟虫腈砜	0. 000 42	0. 004 1	0. 031	0. 000 56	0. 0071	0. 10
4	氟虫腈亚砜	0. 000 60	0. 002 7	0. 008 0	0. 001 02	0. 012	0. 054

10 其他

本方法氟虫腈、氟甲腈、氟虫腈砜和氟虫腈亚砜的定量限均为 0. 005mg/kg。

11 谱图

0. 004mg/L 氟虫腈、氟甲腈、氟虫腈亚砜和氟虫腈砜标准溶液的总离子流色谱图见图 1。

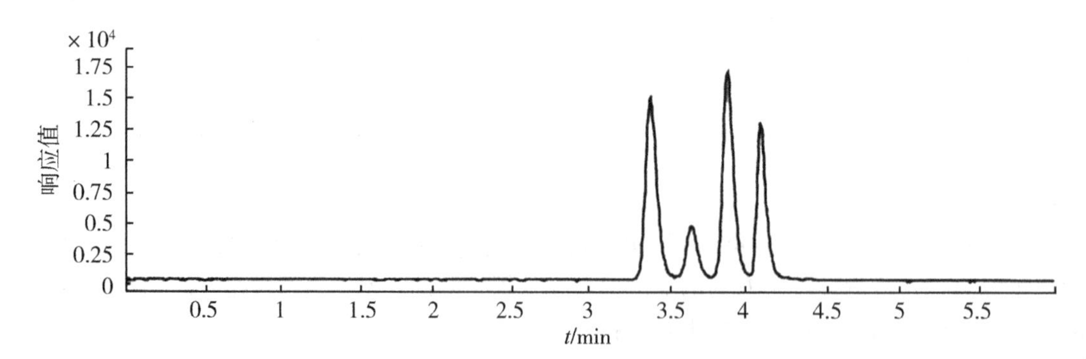

图 1 0. 04mg/L 氟虫腈、氟甲腈、氟虫腈亚砜和氟虫腈砜标准溶液的总离子流色谱图

0. 004mg/L 氟虫腈、氟甲腈、氟虫腈亚砜、氟虫腈砜标准溶液的提取离子色谱图见图 2。

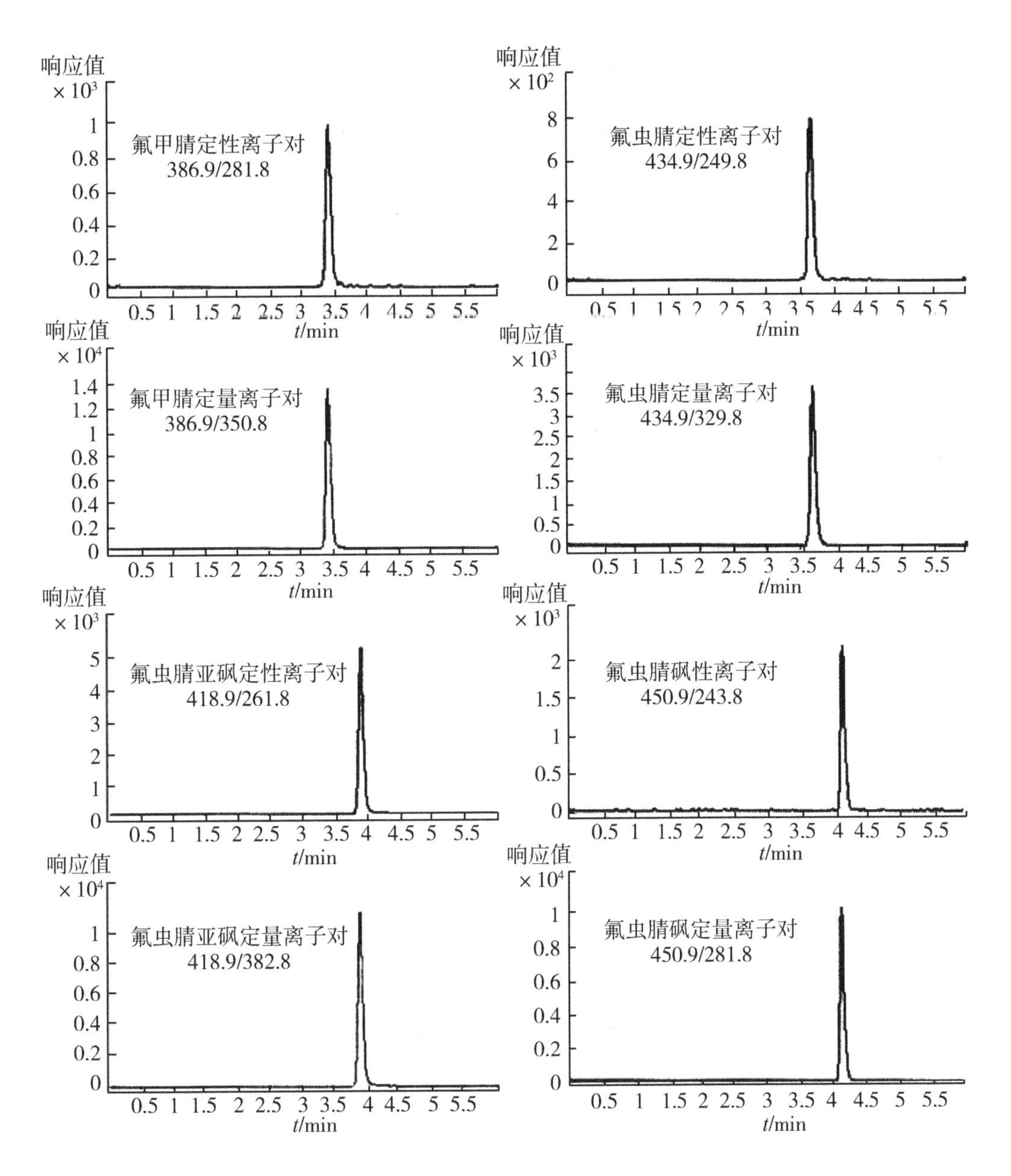

图 2　0.004mg/L 氟虫腈、氟甲腈、氟虫腈亚砜、氟虫腈砜标准溶液的提取离子色谱图

附　录　A
（资料性附录）
化合物相关信息

表 A.1　化合物中文名称、英文名称、CAS 号、分子式、相对分子质量、结构式

序号	中文名称	英文名称	CAS 号	分子式	相对分子质量	结构式
1	氟虫腈	fipronil	120068-37-3	$C_{12}H_4Cl_2F_6N_4OS$	437.15	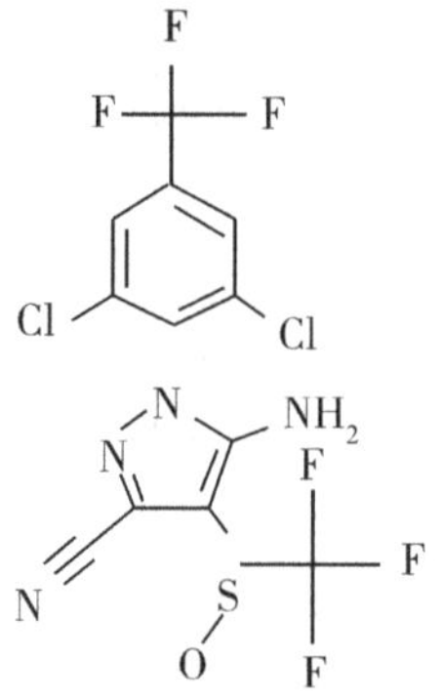
2	氟甲腈	fipronil-desulfinyl	205650-65-3	$C_{12}H_4Cl_2F_6N_4$	389.09	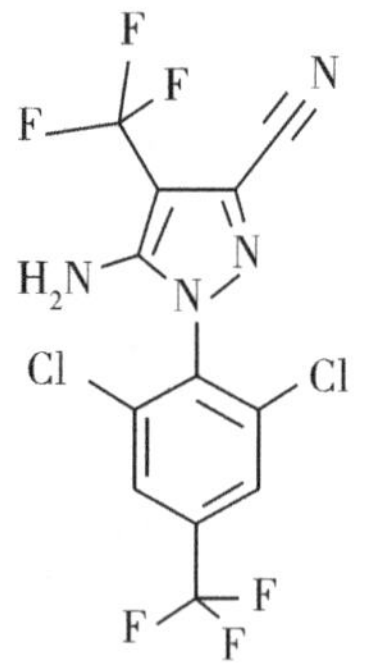
3	氟虫腈亚砜	fipronil-sulfde	120067-83-6	$C_{12}H_4Cl_2F_6N_4S$	421.15	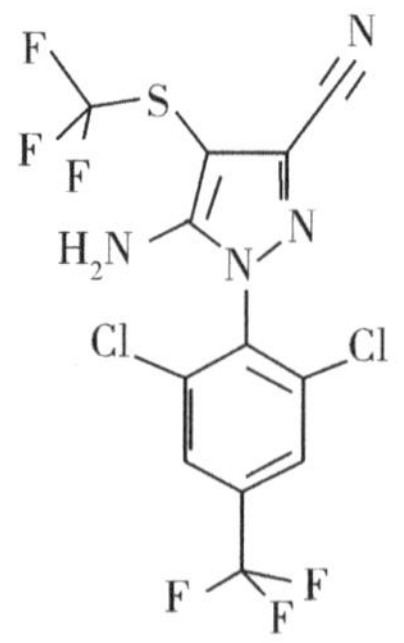
4	氟虫腈砜	fipronil-sulfone	120068-36-2	$C_{12}H_4Cl_2F_6N_4O_2S$	453.15	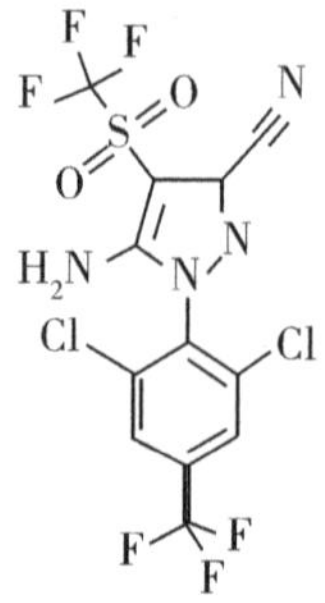

中华人民共和国国家标准

GB/T 5009.19—2008
代替 GB/T 5009.19—2003

食品中有机氯农药多组分残留量的测定

Determination of organochlorine pesticide multiresidues in foods

2008-12-03 发布　　2009-03-01 实施

中华人民共和国卫生部
中国国家标准化管理委员会　**发布**

前　言

本标准代替 GB/T5009. 19—2003《食品中六六六、滴滴涕残留量的测定》。

本标准与 GB/T 5009. 19—2003 相比主要修改如下：

——标准名称修改为《食品中有机氯农药多组分残留量的测定》。

——增加了毛细管柱的气相色谱-电子捕获检测器法，作为第一法。该法与 GB/T 5009. 19—2003 第一法的检测组分相比，增加了六氯苯，灭蚁灵，七氯及其代谢物环氧七氯，艾氏剂，狄氏剂，异狄氏剂及其裂解产物异狄氏剂醛和光解产物异狄氏剂酮，氯丹异构体顺氯丹、反氯丹及其代谢产物氧氯丹，硫丹异构体 a-硫丹、β 硫丹和硫丹硫酸盐，五氯硝基苯及其代谢产物五氯苯基硫醚和五氯苯胺。本方法除了提供采用凝胶渗透色谱法进行样品提取液的净化方法外，也提供了全自动凝胶渗透色谱系统净化方法，供选择使用。

——原 GB/T5009. 19—2003 的第一法作为本标准的第二法，即填充柱气相色谱-电子捕获检测器法，检测的组分为六六六和滴滴涕的残留量。

——删除原 GB/T 5009. 19—2003 的第二法。

本标准的附录 A、附录 B、附录 C 为资料性附录。

本标准由中华人民共和国卫生部提出并归口。

本标准由中华人民共和国卫生部负责解释。

本标准负责起草单位：中国疾病预防控制中心营养与食品安全所。

本标准参加起草单位：北京市疾病预防控制中心、东南大学、浙江省疾病预防控制中心、沈阳市疾病预防控制中心、首都医科大学。

本标准主要起草人：第一法，吴永宁、赵云峰、陈惠京、栾燕、邵兵、王灿楠、任一平、封锦芳；第二法，王绪卿、陈惠京、林媛真。

本标准所代替标准的历次版本发布情况为：

——GB 5009. 19—1981、GB 5009. 19—1985、GB/T 5009. 19—1996、GB/T 5009. 19—2003。

食品中有机氯农药多组分残留量的测定

1　范围

本标准第一法规定了食品中六六六（HCH）、滴滴滴（DDD）、六氯苯、灭蚁灵、七氯、氯丹、艾氏剂、狄氏剂、异狄氏剂、硫丹、五氯硝基苯的测定方法。第二法规定了食品中六六六、滴滴涕（DDT）残留量的测定方法。

本标准第一法适用于肉类、蛋类、乳类动物性食品和植物（含油脂）中α-HCH、六氯苯、β-HCH、γ-HCH、五氯硝基苯、δ-HCH、五氯苯胺、七氯、五氯苯基硫醚、艾氏剂、氧氯丹、环氧七氯、反式氯丹、α-硫丹、顺式氯丹、p,p′-滴滴伊（DDE）、狄氏剂、异狄氏剂、β-硫丹、p,p′-DDD、o,p′-DDT、异狄氏剂醛、硫丹硫酸盐、p,p′-DDT、异狄氏剂酮、灭蚁灵的分析。第二法适用于各类食品中HCH、DDT残留量的测定。

第一法测定的检出限随试样基质而不同，参见附录A。第二法的检出限：取样量2g，最终体积为5mL，进样体积为10μL时，α-HCH、β-HCH、γ-HCH、δ-HCH依次为0.038μg/kg、0.16μg/kg、0.047μg/kg、0.070μg/kg；p,p′-DDE、o,p′-DDT、p,p′-DDD、p,p′-DDT依次为0.23μg/kg、0.50μg/kg、1.8μg/kg、2.1μg/kg。

第一法　毛细管柱气相色谱-电子捕获检测器法

2　原理

试样中有机氯农药组分经有机溶剂提取、凝胶色谱层析净化，用毛细管柱气相色谱分离，电子捕获检测器检测，以保留时间定性，外标法定量。

3　试剂

3.1　丙酮（CH_3COCH_3）：分析纯，重蒸。

3.2　石油醚：沸程30~60℃，分析纯，重蒸。

3.3　乙酸乙酯（$CH_3COOC_2H_5$）：分析纯，重蒸。

3.4　环己烷（C_6H_{12}）：分析纯，重蒸。

3.5　正己烷（n-C_6H_{14}）：分析纯，重蒸。

3.6　氯化钠（NaCl）：分析纯。

3.7　无水硫酸钠（Na_2SO_4）：分析纯，将无水硫酸钠置干燥箱中，于120℃干燥4h，冷却后，密闭保存。

3.8　聚苯乙烯凝胶（Bio-Beads S-X3）：200~400目，或同类产品。

3.9　农药标准品：α-六六六（a-HCH）、六氯苯（HCB）、β六六六（βHCH）、x-六六六（y-HCH）、五氯硝基苯（PCNB）、δ-六六六（δ-HCH）、五氯苯胺（PCA）、七氯（Heptachlor）、五氯苯基硫醚（PCPs）、艾氏剂（Aldrin）、氧氯丹（Oxychlordane）、环氧七氯（Heptachlor epoxide）、反氯丹（trans-chlordane）、α-硫丹（a-endosulfan）、顺氯丹（cis-chlordane）、p,p′-滴滴伊（p,p′-DDE）、狄氏剂（Dieldrin）、异狄氏剂（Endrin）、β硫丹（β-endosulfan）、p,p′-滴滴滴（p,p′-DDD）、o,p′-滴滴涕（o,p′-DDT）、异狄氏剂醛（Endrin aldehyde）、硫丹硫酸盐（Endosulfan sulfate）、p,p′-滴滴涕（p,p′-DDT）、异狄氏剂酮（Endrin ketone）、灭蚁灵（Mirex），纯度均应不低于98%。

3.10　标准溶液的配制：分别准确称取或量取上述农药标准品适量，用少量苯溶解，再用正己烷稀释成一定浓度的标准储备溶液。量取适量标准储备溶液，用正己烷稀释为系列混合标准溶液。

4 仪器

4.1 气相色谱仪（GC）：配有电子捕获检测器（ECD）。

4.2 凝胶净化柱：长 30cm，内径 2.3~2.5cm 具活塞玻璃层析柱，柱底垫少许玻璃棉。用洗脱剂乙酸乙酯-环己烷（1+1）浸泡的凝胶，以湿法装入柱中，柱床高约 26cm，凝胶始终保持在洗脱剂中。

4.3 全自动凝胶色谱系统：带有固定波长（254nm）紫外检测器，供选择使用。

4.4 旋转蒸发仪。

4.5 组织匀浆器。

4.6 振荡器。

4.7 氮气浓缩器。

5 分析步骤

5.1 试样制备

蛋品去壳，制成匀浆；肉品去筋后，切成小块，制成肉糜；乳品混匀待用。

5.2 提取与分配

5.2.1 蛋类：称取试样 20g（精确到 0.01g）于 200mL 具塞三角瓶中，加水 5mL（视试样水分含量加水，使总水量约为 20g。通常鲜蛋水分含量约 75%，加水 5mL 即可），再加入 40mL 丙酮，振摇 30min 后，加入氯化钠 6g，充分摇匀，再加入 30mL 石油醚，振摇 30min。静置分层后，将有机相全部转移至 100mL 具塞三角瓶中经无水硫酸钠干燥，并量取 35mL 于旋转蒸发瓶中，浓缩至约 1mL，加入 2mL 乙酸乙酯-环己烷（1+1）溶液再浓缩，如此重复 3 次，浓缩至约 1mL，供凝胶色谱层析净化使用，或将浓缩液转移至全自动凝胶渗透色谱系统配套的进样试管中，用乙酸乙酯-环己烷（1+1）溶液洗涤旋转蒸发瓶数次，将洗涤液合并至试管中，定容至 10mL。

5.2.2 肉类：称取试样 20g（精确到 0.01g），加水 15mL（视试样水分含量加水，使总水量约 20g）。加 40mL 丙酮，振摇 30min，以下按照 5.2.1 蛋类试样的提取、分配步骤处理。

5.2.3 乳类：称取试样 20g（精确到 0.01g），鲜乳不需加水，直接加丙酮提取。以下按照 5.2.1 蛋类试样的提取、分配步骤处理。

5.2.4 大豆油：称取试样 1g（精确到 0.01g），直接加入 30mL 石油醚，振摇 30min 后，将有机相全部转移至旋转蒸发瓶中，浓缩至约 1mL，加 2mL 乙酸乙酯-环己烷（1+1）溶液再浓缩，如此重复 3 次，浓缩至约 1mL，供凝胶色谱层析净化使用，或将浓缩液转移至全自动凝胶渗透色谱系统配套的进样试管中，用乙酸乙酯-环己烷（1+1）溶液洗涤旋转蒸发瓶数次，将洗涤液合并至试管中，定容至 10mL。

5.2.5 植物类：称取试样匀浆 20g，加水 5mL（视其水分含量加水，使总水量约 20mL），加丙酮 40mL，振荡 30min，加氯化钠 6g，摇匀。加石油醚 30mL，再振荡 30min，以下按照 5.2.1 蛋类试样的提取、分配步骤处理。

5.3 净化

选择手动或全自动净化方法的任何一种进行。

5.3.1 手动凝胶色谱柱净化：将试样浓缩液经凝胶柱以乙酸乙酯-环己烷（1+1）溶液洗脱，弃去 0~35mL 流分，收集 35~70mL 流分。将其旋转蒸发浓缩至约 1mL，再经凝胶柱净化收集 35~70mL 流分，蒸发浓缩，用氮气吹除溶剂，用正己烷定容至 1mL，留待 GC 分析。

5.3.2 全自动凝胶渗透色谱系统净化：试样由 5mL 试样环注入凝胶渗透色谱（GPC）柱，泵流速 5.0mL/min，以乙酸乙酯-环己烷（1+1）溶液洗脱，弃去 0~7.5min 流分，收集 7.5~15min 流分，15~20min 冲洗 GPC 柱。将收集的流分旋转蒸发浓缩至约 1mL，用氮气吹至近干，用正己烷定容至 1mL，留待 GC 分析。

5.4 测定

5.4.1 气相色谱参考条件

5.4.1.1 色谱柱：DM-5 石英弹性毛细管柱，长 30m、内径 0.32mm、膜厚 0.25μm；或等效柱。

5.4.1.2　柱温：程序升温

$$90^\circ C\ (1min) \xrightarrow{40^\circ C/min} 170^\circ C \xrightarrow{2.3^\circ C/min} 230^\circ C\ (17min) \xrightarrow{40^\circ C/min} 280^\circ C\ (5min)$$

5.4.1.3　进样口温度：280℃。不分流进样，进样量1μL。

5.4.1.4　检测器：电子捕获检测器（ECD），温度300℃。

5.4.1.5　载气流速：氮气（N_2），流速1mL/min；尾吹，25mL/min。

5.4.1.6　柱前压：0.5MPa。

5.4.2　色谱分析

分别吸取1μL混合标准液及试样净化液注入气相色谱仪中，记录色谱图，以保留时间定性，以试样和标准的峰高或峰面积比较定量。

5.4.3　色谱图

色谱图参见附录B。出峰顺序为：α-六六六、六氯苯、β-六六六、γ-六六六、五氯硝基苯、δ-六六六、五氯苯胺、七氯、五氯苯基硫醚、艾氏剂、氧氯丹、环氧七氯、反氯丹、α-硫丹、顺氯丹、p,p′-滴滴伊、狄氏剂、异狄氏剂、β-硫丹、p,p′-滴滴滴、o,p′-滴滴涕、异狄氏剂醛、硫丹硫酸盐、p,p′-滴滴涕、异狄氏剂酮、灭蚁灵。

6　结果计算

试样中各农药的含量按式（1）进行计算：

$$X = \frac{m_1 \times V_1 \times f \times 1\,000}{m \times V_2 \times 1\,000} \qquad \cdots\cdots\cdots\cdots (1)$$

式中：

X——试样中各农药的含量，单位为毫克每千克（mg/kg）；

m_1——被测样液中各农药的含量，单位为纳克（ng）；

V_1——样液进样体积，单位为微升（μL）；

f——稀释因子；

m——试样质量，单位为克（g）；

V_2——样液最后定容体积，单位为毫升（mL）。

计算结果保留2位有效数字。

7　精密度

在重复性条件下获得的两次独立测定结果的绝对差值不得超过算术平均值的20%，方法测定不确定度参见附录C。

第二法　填充柱气相色谱-电子捕获检测器法

8　原理

试样中六六六、滴滴涕经提取、净化后用气相色谱法测定，与标准比较定量。电子捕获检测器对于负电极强的化合物具有极高的灵敏度，利用这一特点，可分别测出痕量的六六六、滴滴涕。不同异构体和代谢物可同时分别测定。

出峰顺序：α-HCH、γ-HCH、β-HCH、δ-HCH、p,p′-DDE、o,p′-DDT、p,p′-DDD、p,p′-DDT。

GB/T 5009.19—2008

9　试剂

9.1　丙酮（CH_3COCH_3）：分析纯，重蒸。

9.2　正己烷（n-C_6H_{14}）：分析纯，重蒸。
9.3　石油醚：沸程 30~60℃，分析纯，重蒸。
9.4　苯（C_6H_6）：分析纯。
9.5　硫酸（H_2SO_4）：优级纯。
9.6　无水硫酸钠（Na_2SO_4）：分析纯。
9.7　硫酸钠溶液（20g/L）。
9.8　农药标准品：六六六（α-HCH、β-HCH、γ-HCH 和 δHCH）纯度>99%，滴滴涕（p,p′-DDE、o,p′-DDT、p,p′-DDD 和 p,p′-DDT）纯度>99%。
9.9　农药标准储备液：精密称取 a-HCH、γHCH、BHCH、δ-HCH、p,p′-DDE、o,p′-DDT、p,p′-DDD 和 p,p′-DDT 各 10mg，溶于苯中，分别移于 100mL 容量瓶中，以苯稀释至刻度，混匀，浓度为 100mg/L，贮存于冰箱中。
9.10　农药混合标准工作液：分别量取上述各标准储备液于同一容量瓶中，以正己烷稀释至刻度。α-HCH、γ-HCH 和 δ-HCH 的浓度为 0.005mg/L，β-HCH 和 p,p′-DDE 浓度为 0.01mg/L，o,p′-DDT 浓度为 0.05mg/L，p,p′-DDD 浓度为 0.02mg/L，p,p′-DDT 浓度为 0.1mg/L。

10　仪器

10.1　气相色谱仪：具电子捕获检测器。
10.2　旋转蒸发器。
10.3　氮气浓缩器。
10.4　匀浆机。
10.5　调速多用振荡器。
10.6　离心机。
10.7　植物样本粉碎机。

11　分析步骤

11.1　试样制备

谷类制成粉末，其制品制成匀浆；蔬菜、水果及其制品制成匀浆；蛋品去壳制成匀浆；肉品去皮、筋后，切成小块，制成肉糜；鲜乳混匀待用；食用油混匀待用。

11.2　提取

11.2.1　称取具有代表性的各类食品样品匀浆 20g，加水 5mL（视样品水分含量加水，使总水量约 20mL），加丙酮 40mL，振荡 30min，加氯化钠 6g，摇匀。加石油醚 30mL，再振荡 30min，静置分层。取上清液 35mL 经无水硫酸钠脱水，于旋转蒸发器中浓缩至近干，以石油醚定容至 5mL，加浓硫酸 0.5mL 净化，振摇 0.5min，于 3 000r/min离心 15min。取上清液进行 GC 分析。
11.2.2　称取具有代表性的 2g 粉末样品，加石油醚 20mL，振荡 30min，过滤，浓缩，定容至 5mL，加 0.5mL 浓硫酸净化，振摇 0.5min，于 3 000r/min离心 15min。取上清液进行 GC 分析。
11.2.3　称取具有代表性的食用油试样 0.5g，以石油醚溶解于 10mL 刻度试管中，定容至刻度。加 1.0mL 浓硫酸净化，振摇 0.5min，于 3 000r/min离心 15min。取上清液进行 GC 分析。

11.3　气相色谱测定

填充柱气相色谱条件：

色谱柱：内径 3mm，长 2m 的玻璃柱，内装涂以 1.5% OV-17 和 2% QF-1 混合固定液的 80~100 目硅藻土；

载气：高纯氮，流速 110mL/min；

柱温：185℃；检测器温度：225℃；

进样口温度：195℃。

进样量为 1~10μL。

外标法定量。

11.4　色谱图

8 种农药的色谱图见图 1。

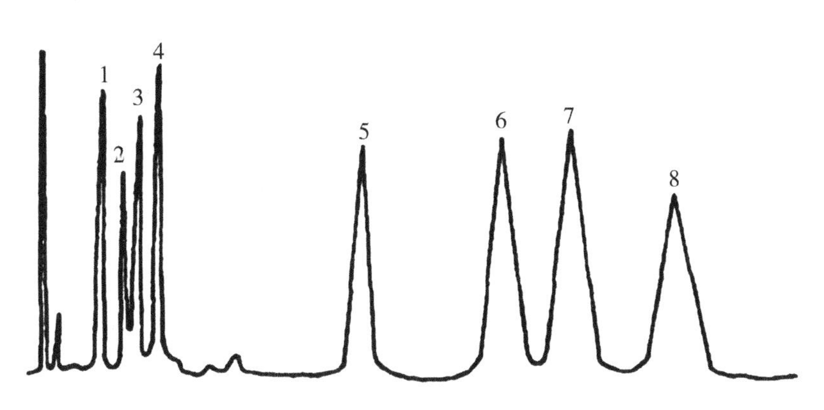

图 1　8 种农药的色谱图

1、2、3、4 为 α-HCH、β-HCH、γ-HCH、δ-HCH；5、6、7、8 为 p,p′-DDE、o,p′-DDT、p,p′-DDD、p,p′-DDT。

12　结果计算

试样中六六六、滴滴涕及其异构体或代谢物的单一含量按式（2）进行计算：

$$X=\frac{A_1}{A_2}\times\frac{m_1}{m_2}\times\frac{V_1}{V_2}\times\frac{1\,000}{100} \qquad \cdots\cdots\cdots\cdots(2)$$

式中：

X——试样中六六六、滴滴涕及其异构体或代谢物的单一含量，单位为毫克每千克（mg/kg）；

A_1——被测定试样各组分的峰值（峰高或面积）；

A_2——各农药组分标准的峰值（峰高或面积）；

m_1——单一农药标准溶液的含量，单位为纳克（ng）；

m_2——被测定试样的取样量，单位为克（g）；

V_1——被测定试样的稀释体积，单位为毫升（mL）；

V_2——被测定试样的进样体积，单位为微升（μL）。

13　精密度

在重复性条件下获得的 2 次独立测定结果的绝对差值不得超过算术平均值的 15%。

附　录　A
（资料性附录）
不同基质试样的检出限

表 A.1　不同基质试样的检出限　　单位：μg/kg

农药	猪肉	牛肉	羊肉	鸡肉	鱼	鸡蛋	植物油
α-六六六	0.135	0.034	0.045	0.018	0.039	0.053	0.097
六氯苯	0.114	0.098	0.051	0.089	0.030	0.060	0.194

（续表）

农药	猪肉	牛肉	羊肉	鸡肉	鱼	鸡蛋	植物油
β 六六六	0.210	0.376	0.107	0.161	0.179	0.179	0.634
γ-六六六	0.075	0.134	0.118	0.077	0.064	0.096	0.226
五氯硝基苯	0.089	0.160	0.149	0.104	0.040	0.114	0.270
δ-六六六	0.284	0.169	0.045	0.092	0.038	0.161	0.179
五氯苯胺	0.248	0.153	0.055	0.141	0.139	0.291	0.250
七氯	0.125	0.192	0.079	0.134	0.027	0.053	0.247
五氯苯基硫醚	0.083	0.089	0.078	0.050	0.131	0.082	0.151
艾氏剂	0.148	0.095	0.090	0.034	0.138	0.087	0.159
氧氯丹	0.078	0.062	0.256	0.181	0.187	0.126	0.253
环氧七氯	0.058	0.034	0.166	0.042	0.132	0.089	0.088
反氯丹	0.071	0.044	0.051	0.087	0.048	0.094	0.307
α-硫丹	0.088	0.027	0.154	0.140	0.060	0.191	0.382
顺氯丹	0.055	0.039	0.029	0.088	0.040	0.066	0.240
p,p′-滴滴伊	0.136	0.183	0.070	0.046	0.126	0.174	0.345
狄氏剂	0.033	0.025	0.024	0.015	0.050	0.101	0.137
异狄氏剂	0.155	0.185	0.131	0.324	0.101	0.481	0.481
β-硫丹	0.030	0.042	0.200	0.066	0.063	0.080	0.246
p,p′-滴滴滴	0.032	0.165	0.378	0.230	0.211	0.151	0.465
o,p′-滴滴涕	0.029	0.147	0.335	0.138	0.156	0.048	0.412
异狄氏剂醛	0.072	0.051	0.088	0.069	0.078	0.072	0.358
硫丹硫酸盐	0.140	0.183	0.153	0.293	0.200	0.267	0.260
p,p′-滴滴涕	0.138	0.086	0.119	0.168	0.198	0.461	0.481
异狄氏剂酮	0.038	0.061	0.036	0.054	0.041	0.222	0.239
灭蚁灵	0.133	0.145	0.153	0.175	0.167	0.276	0.127

附　录　B
（资料性附录）

有机氯农药混合标准溶液的色谱图见图 B.1。

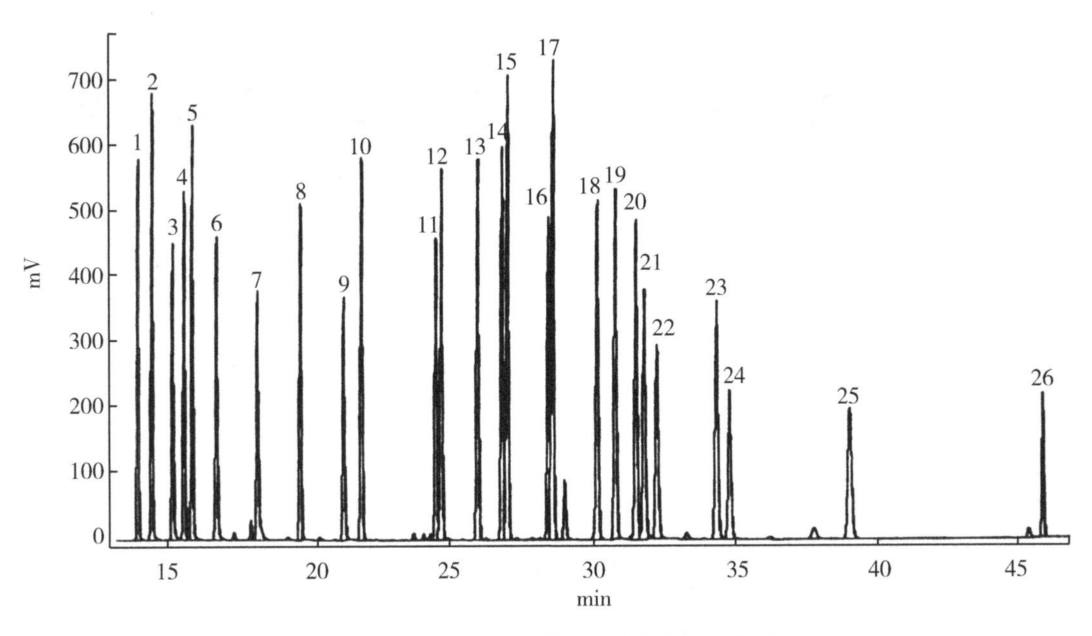

图 B.1　有机氯农药混合标准溶液的色谱图

1. α-六六六；2. 六氯苯；3. β 六六六；4. γ-六六六；5. 五氯硝基苯；6. δ-六六六；7. 五氯苯胺；8. 七氯；9. 五氯苯基硫醚；10. 艾氏剂；11. 氧氯丹；12. 环氧七氯；13. 反氯丹；14. α-硫丹；15. 顺氯丹；16. p,p′-滴滴伊；17. 狄氏剂；18. 异狄氏剂；19. β-硫丹；20. p,p′-滴滴滴；21. o,p′-滴滴涕；22. 异狄氏剂醛；23. 硫丹硫酸盐；24. p,p′-滴滴涕；25. 异狄氏剂酮；26. 灭蚁灵。

附　录　C
（资料性附录）

第一法的不确定度见表 C.1。

表 C.1　以六氯苯和灭蚁灵为目标化合物，采用第一法测定的不确定度结果

农药组分	量值（μg/kg）	相对标准不确定度	扩展不确定度
六氯苯	15.6	0.0572	0.114
灭蚁灵	20.0	0.0369	0.0778

中华人民共和国国家标准

GB/T 5009.161—2003

动物性食品中有机磷农药多组分残留量的测定

Determination of organophosphorus pesticide multiresidues in animal foods

2003-08-11 发布　　　　2004-01-01 实施

中华人民共和国卫生部
中国国家标准化管理委员会　发布

前　言

本标准对应于 WHO/GEMS/FOOD 推荐的测定方法：Steinwandter，H.：农药残留和工业化学物的提取和分析通用方法，Anal Chem（1985）322：752-754。

本标准与 WHO/GEMS/FOOD 推荐的测定方法的一致性程度为非等效。

本标准由中华人民共和国卫生部提出并归口。

本标准负责起草单位：中国预防医学科学院营养与食品卫生研究所、卫生部食品卫生监督检验所、北京市卫生防疫站。

本标准主要起草人：陈惠京、王绪卿、杨大进、吴国华。

引　言

有机磷农药是我国农业上常用的一类农药。由于动物性食品基质的特殊性，试样净化是测定方法的关键技术之一。本标准提出采用凝胶渗透净化技术的动物性食品中甲胺磷、敌敌畏、乙酰甲胺磷、久效磷、乐果、乙拌磷、甲基对硫磷、杀螟硫磷、甲基嘧啶磷、马拉硫磷、倍硫磷、对硫磷、乙硫磷 13 种有机磷农药的多组分残留量测定方法。

动物性食品中有机磷农药多组分残留量的测定

1　范围

本标准规定了动物性食品中甲胺磷、敌敌畏、乙酰甲胺磷、久效磷、乐果、乙拌磷、甲基对硫磷、杀螟硫磷、甲基嘧啶磷、马拉硫磷、倍硫磷、对硫磷、乙硫磷13种常用有机磷农药多组分残留测定方法。

本标准适用于畜禽肉及其制品、乳与乳制品、蛋与蛋制品中甲胺磷、敌敌畏、乙酰甲胺磷、久效磷、乐果、乙拌磷、甲基对硫磷、杀螟硫磷、甲基嘧啶磷、马拉硫磷、倍硫磷、对硫磷、乙硫磷13种常用有机磷农药多组分残留测定方法。

本方法各种农药检出限（μg/kg）为：甲胺磷5.7；敌敌畏3.5；乙酰甲胺磷10.0；久效磷12.0；乐果2.6；乙拌磷1.2；甲基对硫磷2.6；杀螟硫磷2.9；甲基嘧啶磷2.5；马拉硫磷2.8；倍硫磷2.1；对硫磷2.6；乙硫磷1.7。

2　原理

试样经提取、净化、浓缩、定容，用毛细管柱气相色谱分离，火焰光度检测器检测，以保留时间定性，外标法定量。出峰顺序：甲胺磷、敌敌畏、乙酰甲胺磷、久效磷、乐果、乙拌磷、甲基对硫磷、杀螟硫磷、甲基嘧啶磷、马拉硫磷、倍硫磷、对硫磷、乙硫磷。

3　试剂

3.1　丙酮：重蒸。

3.2　二氯甲烷：重蒸。

3.3　乙酸乙酯：重蒸。

3.4　环已烷：重蒸。

3.5　氯化钠。

3.6　无水硫酸钠。

3.7　凝胶：Bio-Beads S-X_3 200~400目。

3.8　有机磷农药标准品：见表1。

3.9　有机磷农药标准溶液的配制

3.9.1　单体有机磷农药标准储备液：准确称取各有机磷农药标准品0.010 0g，分别置于25mL容量瓶中，用乙酸乙酯溶解、定容（浓度各为400μg/mL）。

3.9.2　混合有机磷农药标准应用液：测定前，量取不同体积的各单体有机磷农药储备液（3.9.1）于10mL容量瓶中，用氮气吹尽溶剂，用经5.2.3和5.3提取、净化处理的鲜牛乳提取液稀释、定容。此混合标准应用液中各有机磷农药浓度（μg/mL）为：甲胺磷16、敌敌畏80、乙酰甲胺磷24、久效磷80、乐果16、乙拌磷24、甲基对硫磷16、杀螟硫磷16、甲基嘧啶磷16、马拉硫磷16、倍硫磷24、对硫磷16、乙硫磷8。

表1　农药标准品

农药名称	英文名称	纯度
甲胺磷	methamidophos	≥99%
敌敌畏	dichlorvos	≥99%
乙酰甲胺磷	acephate	≥99%

（续表）

农药名称	英文名称	纯度
久效磷	monocrotophos	≥99%
乐果	dimethoate	≥99%
乙拌磷	disulfaton	≥99%
甲基对硫磷	methyl-parathion	≥99%
杀螟硫磷	fenitrothion	≥99%
甲基嘧啶磷	pirimiphos methyl	≥99%
马拉硫磷	malathion	≥99%
倍硫磷	fenthion	≥99%
对硫磷	parathion	≥99%
乙硫磷	ethion	≥99%

4 仪器

4.1 气相色谱仪：具火焰光度检测器，毛细管色谱柱。

4.2 旋转蒸发仪。

4.3 凝胶净化柱：长 30cm，内径 2.5cm 具活塞玻璃层析柱，柱底垫少许玻璃棉。用洗脱液乙酸乙酯-环己烷（1+1）浸泡的凝胶以湿法装入柱中，柱床高约 26cm，胶床始终保持在洗脱液中。

5 分析步骤

5.1 试样制备

蛋品去壳，制成匀浆；肉品去筋后，切成小块，制成肉糜；乳品混匀待用。

5.2 提取与分配

5.2.1 称取蛋类试样 20g（精确到 0.01g）于 100mL 具塞三角瓶中，加水 5mL（视试样水分含量加水，使总量约 20g），加 40mL 丙酮，振摇 30min，加氯化钠 6g，充分摇匀，再加 30mL 二氯甲烷，振摇 30min。取 35mL 上清液，经无水硫酸钠滤于旋转蒸发瓶中，浓缩至约 1mL，加 2mL 乙酸乙酯-环己烷（1+1）溶液再浓缩，如此重复 3 次，浓缩至约 1mL。

5.2.2 称取肉类试样 20g（精确到 0.01g），加水 6mL（视试样水分含量加水，使总水量约 20g），以下按照 5.2.1 蛋类试样的提取、分配步骤处理。

5.2.3 称取乳类试样 20g（精确到 0.01g），以下按照 5.2.1 蛋类试样的提取、分配步骤处理。

5.3 净化

将此浓缩液经凝胶柱，以乙酸乙酯-环己烷（1+1）溶液洗脱，弃去 0~35mL 流分，收集 35~70mL 流分。将其旋转蒸发浓缩至约 1mL，再经凝胶柱净化收集 35~70mL 流分，旋转蒸发浓缩，用氮气吹至约 1mL，以乙酸乙酯定容至 1mL，留待 GC 分析。

5.4 气相色谱测定

5.4.1 色谱条件

5.4.1.1 色谱柱：涂以 SE-540.25μm，30m×0.32mm（内径）石英弹性毛细管柱。

5.4.1.2 柱温：程序升温

$$60℃,\ 1\text{min} \xrightarrow{40℃/\text{min}} 110℃ \xrightarrow{5℃/\text{min}} 235℃ \xrightarrow{40℃/\text{min}} 265℃$$

5.4.1.3 进样口温度：270℃。

5.4.1.4 检测器：火焰光度检测器（FPD-P）。

5.4.1.5 气体流速：氮气（载气），1mL/min；尾吹，50mL/min；氢气，50mL/min；空气，500mL/min。

5.4.2 色谱分析：分别量取 1μL 混合标准液及试样净化液注入色谱仪中，以保留时间定性，以试样和标准的峰高或峰面积比较定量。

5.4.3 色谱图

见图 1。

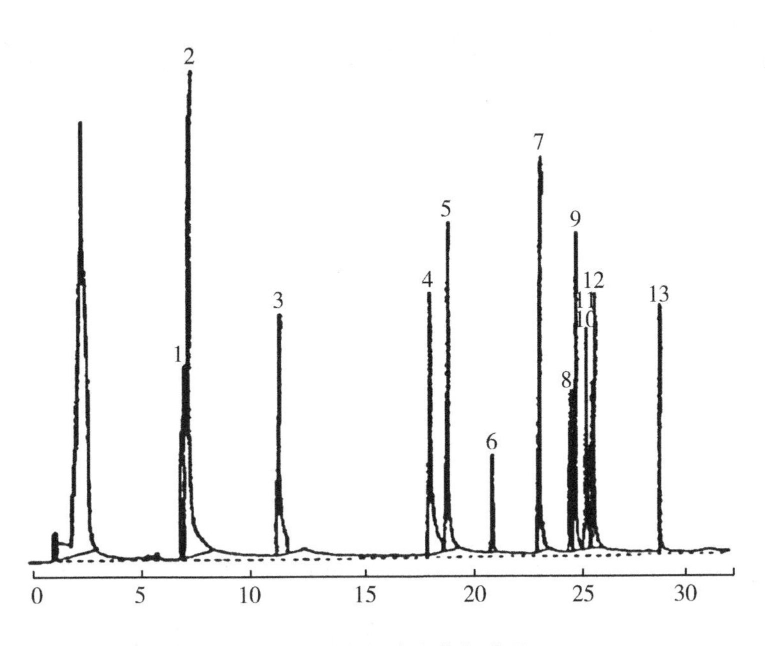

图 1 13 种有机磷农药色谱图

1—甲胺磷；2—敌敌畏；3—乙酰甲胺磷；4—久效磷；5—乐果；6—乙拌磷；7—甲基对硫磷；8—杀螟硫磷；9—虫螨磷；10—马拉硫磷；11—倍硫磷；12—乙基对硫磷；13—乙硫磷。

6 结果计算

按下式计算：

$$X = \frac{m_1 \times V_2 \times 1\,000}{m \times V_1 \times 1\,000}$$

式中：

X——试样中各农药的含量，单位为毫克每千克（mg/kg）；

m_1——被测样液中各农药的含量，单位为纳克（ng）；

m——试样质量，单位为克（g）；

V_1——样液进样体积，单位为微升（μL）；

V_2——试样最后定容体积，单位为毫升（mL）。

计算结果保留 2 位有效数字。

7 精密度

在重复性条件下获得的 2 次独立测定结果的绝对差值不得超过算术平均值的 15%。

中华人民共和国国家标准

GB/T 5009.162—2008
代替 GB/T 5009.162—2003

动物性食品中有机氯农药和拟除虫菊酯农药多组分残留量的测定

Determination of organochlorine pesticide and pyrethroid pesticide multiresidues in animal original foods

2008-12-03 发布　　2009-03-01 实施

中华人民共和国卫生部
中国国家标准化管理委员会　发布

前 言

本标准代替 GB/T5009. 162—2003《动物性食品中有机氯农药和拟除虫菊酯农药多组分残留量的测定》。

本标准与 GB/T 5009. 162—2003 相比主要修改如下：

——将 GB/T 5009. 162—2003 方法作为本标准的第二法。

——增加以稳定性同位素六氯苯和灭蚁灵为内标的气相色谱-质谱法（GC-MS）作为阳性样品的确证方法（第一法），且增加六氯苯、灭蚁灵、氯丹的异构体顺氯丹、反氯丹及其代谢产物氧氯丹，硫丹的异构体 α-硫丹、β-硫丹和硫丹硫酸盐，异狄氏剂及其裂解产物异狄氏剂醛和光解产物异狄氏剂酮，五氯硝基苯及其代谢产物五氯苯基硫醚和五氯苯胺、丙烯菊酯、杀螨黄及甲氰菊酯组分的检测。

——提供全自动凝胶渗透色谱系统进行净化的方法，供选择使用。

本标准的附录 A、附录 B、附录 C 为资料性附录。

本标准由中华人民共和国卫生部提出并归口。

本标准由中华人民共和国卫生部负责解释。

本标准负责起草单位：中国疾病预防控制中心营养与食品安全所。

本标准主要起草人：第一法，吴永宁、王绪卿、赵云峰、陈惠京、杨欣、杨大进；第二法，王绪卿、陈惠京、林媛真。

本标准所代替标准的历次版本发布情况为：

——GB/T 5009. 162—2003。

动物性食品中有机氯农药和拟除虫菊酯农药多组分残留量的测定

1 范围

本标准第一法规定了动物性食品中六六六、滴滴涕、六氯苯、七氯、环氧七氯、氯丹、艾氏剂、狄氏剂、异狄氏剂、灭蚁灵、五氯硝基苯、硫丹、除螨酯、丙烯菊酯、杀螨黄、杀螨酯、胺菊酯、甲氰菊酯、氯菊酯、氯氰菊酯、氰戊菊酯、溴氰菊酯的气相色谱-质谱（GC-MS）测定方法。

本标准第二法规定了动物性食品中六六六、滴滴涕、五氯硝基苯、七氯、环氧七氯、艾氏剂、狄氏剂、除螨酯、杀螨酯、胺菊酯、氯菊酯、氯氰菊酯、a-氰戊菊酯、溴氰菊酯的气相色谱-电子捕获器（GC-ECD）测定方法。

本标准第一法适用于肉类、蛋类、乳类食品及油脂（含植物油）中α-六六六、六氯苯、β-六六六、γ-六六六、五氯硝基苯、δ-六六六、五氯苯胺、七氯、五氯苯基硫醚、艾氏剂、氧氯丹、环氧七氯、反氯丹、α-硫丹、顺氯丹、p,p′-滴滴伊、狄氏剂、异狄氏剂、β-硫丹、p,p′-滴滴滴、o,p′-滴滴涕、异狄氏剂醛、硫丹硫酸盐、p,p′-滴滴涕、异狄氏剂酮、灭蚁灵、除螨酯、丙烯菊酯、杀螨黄、杀螨酯、胺菊酯、甲氰菊酯、氯菊酯、氯氰菊酯、氰戊菊酯、溴氰菊酯的确证分析。

本标准第二法适用于肉类、蛋类及乳类动物性食品中α-六六六、β-六六六、γ-六六六、δ-六六六、五氯硝基苯、七氯、环氧七氯、艾氏剂、狄氏剂、除螨酯、杀螨酯、p,p′-滴滴伊、p,p′-滴滴滴、o,p′-滴滴涕、p,p′-滴滴涕、胺菊酯、氯菊酯、氯氰菊酯、α-氰戊菊酯、溴氰菊酯20种常用有机氯农药和拟除虫菊酯农药残留量分析，

本标准第一法的各种农药检出限（μg/kg）为：α-六六六，0.20；六氯苯，0.20；β-六六六，0.20；γ-六六六，0.20；五氯硝基苯，0.50；δ-六六六，0.20；五氯苯胺，0.50；七氯，0.50；五氯苯基硫醚，0.50；艾氏剂，0.50；氧氯丹，0.20；环氧七氯，0.50；反氯丹，0.20；α-硫丹，0.50；顺氯丹，0.20；p,p′-滴滴伊，0.20；狄氏剂，0.20；异狄氏剂，0.50；β-硫丹，0.50；p,p′-滴滴滴，0.20；o,p′-滴滴涕，0.20；异狄氏剂醛，0.50；硫丹硫酸盐，0.50；p,p′-滴滴涕，0.20；异狄氏剂酮，0.50；灭蚁灵，0.20；除螨酯，0.50；丙烯菊酯，0.50；杀螨黄，0.50；杀螨酯，0.50；胺菊酯，1.00；甲氰菊酯，1.00；氯菊酯，1.00；氯氰菊酯，2.00；氰戊菊酯，2.00；溴氰菊酯，2.00。

本标准第二法的各种农药检出限（μg/kg）为：a-六六六，0.25；β-六六六，0.50；γ-六六六，0.25；8-六六六，0.25；五氯硝基苯，0.25；七氯，0.50；环氧七氯，0.50；艾氏剂，0.25；狄氏剂，0.50；除螨酯，1.25；杀螨酯，1.25；p,p′-滴滴涕，0.50；o,p′-滴滴涕，0.50；p,p′-滴滴伊，0.60；p,p′-滴滴滴，0.75；胺菊酯，12.50；氯菊酯，7.50；氯氰菊酯，2.00；a-氰戊菊酯，2.50；溴氰菊酯，2.50。

第一法　气相色谱-质谱法

2 原理

在均匀的试样溶液中定量加入^{3}C-六氯苯和^{13}C-灭蚁灵稳定性同位素内标，经有机溶剂振荡提取、凝胶色谱层析净化，采用选择离子监测的气相色谱-质谱法（GC-MS）测定，以内标法定量。

3 试剂

3.1　丙酮（CH_3COCH_3）：分析纯，重蒸。

3.2　石油醚：沸程 30~60℃，分析纯，重蒸。

3.3　乙酸乙酯（$CH_3COOC_2H_5$）：分析纯，重蒸。

3.4　环己烷（C_6H_2）：分析纯，重蒸。

3.5　正己烷（$n-C_6H_4$）：分析纯，重蒸。

3.6　氯化钠（NaCl）：分析纯。

3.7　无水硫酸钠（Na_2SO_4）：分析纯，将无水硫酸钠置于干燥箱中，于 120℃干燥 4h，冷却后，密闭保存。

3.8　凝胶：Bio-Beads S-X3 200~400 目。

3.9　农药标准品：见表 1。

表 1　农药标准品

序号	农药组分	英文名称	农药纯度
有机氯农药			
1	α-六六六	α-benzenehexachloride（a-HCH）	>99%
2	六氯苯	Hexachlorobenzene（HCB）	>99%
3	β-六六六	β-benzenehexachloride（β-HCH）	>99%
4	γ-六六六	γ-benzenehexachloride（y-HCH）	>99%
5	五氯硝基苯	Pentachloronitrobenzene（PCNB）	>99%
6	δ-六六六	δ-benzenehexachloride（δ-HCH）	>99%
7	五氯苯胺	Pentachloraniline（PCA）	>99%
8	七氯	Heptachlor（HEPT）	>99%
9	五氯苯基硫醚	Pentachlorophenyl sulfide（PCPs）	>99%
10	艾氏剂	Aldrin（ALD）	>99%
11	氧氯丹	Oxychlordane	>99%
12	环氧七氯	Heptachlor epoxide（HCE）	>99%
13	反氯丹	trans-chlordane	>99%
14	α-硫丹	α-endosulfan	>99%
15	顺氯丹	cis-chlordane	>99%
16	p,p′-滴滴伊	p,p′-DDE	>99%
17	狄氏剂	Dieldrin（DIE）	>99%
18	异狄氏剂	Endrin	>99%
19	β-硫丹	β-endosulfan	>99%
20	p,p′-滴滴滴	p,p′-DDD	>99%
21	o,p′-滴滴涕	o,p′-DDT	>99%
22	异狄氏剂醛	Endrin aldehyde	>99%
23	硫丹硫酸盐	Endosulfan sulfate	>99%
24	p,p′-滴滴涕	p,p′-DDT	>99%
25	异狄氏剂酮	Endrin ketone	>99%
26	灭蚁灵	Mirex	>99%

（续表）

序号	农药组分	英文名称	农药纯度
拟除虫菊酯			
27	除螨酯	Fenson	>99%
28	丙烯菊酯	Allethrin	>99%
29	杀螨螨	2，4-dichlorophenyl benzensulfonate	>99%
30	杀螨酯	Ovex	>99%
31	胺菊酯	Tetramethrin	>99%
32	甲氰菊酯	Fenpropathrin	>99%
33	氯菊酯	Permethrin	>99%
34	氯氰菊酯	Cypermethrin	>99%
35	氰戊菊酯	Fenralerate	>99%
36	溴氰菊酯	Deltamenthrin	>99%
同位素内标			
37	13C_5-六氯苯	1：Cs-hexachlorobenzene（$^{13}C_6$-HCB）	>99%
38	1：Cao-灭蚁灵	13C_1o-mirex（$^{13}C_{13}$-mirex）	>99%

3.10　标准溶液：分别准确称取上述农药标准品适量，用少量苯溶解，再用正己烷稀释成一定浓度的标准储备溶液。量取适量标准储备溶液，用正己烷稀释为系列混合标准溶液。

3.11　内标溶液：将浓度为 1 000mg/L、体积为 1mL 的$^{13}C_6$-六氯苯和$^{13}C_{10}$-灭蚁灵稳定性同位素内标溶液转移至容量瓶中，分别用正己烷定容至 10.00mL，配制成 100mg/L 的标准储备液，-20℃冰箱保存。取此标准储备液 0.6mL，分别用正己烷定容至 10.00mL，配制成 6.0mg/L 的标准工作液。

4　仪器

4.1　气相色谱-质谱联用仪（GC-MS）。

4.2　凝胶净化柱：长 30cm、内径 2.3~2.5cm 具活塞玻璃层析柱，柱底垫少许玻璃棉。用洗脱剂乙酸乙酯-环己烷（1+1）浸泡的凝胶，以湿法装入柱中，柱高约 26cm，使凝胶始终保持在洗脱剂中。

4.3　全自动凝胶色谱系统，带有固定波长（254nm）紫外检测器，供选择使用。

4.4　旋转蒸发仪。

4.5　组织匀浆器。

4.6　振荡器。

4.7　氮气浓缩器。

5　分析步骤

5.1　试样制备

蛋品去壳，制成匀浆；肉品去筋后，切成小块，制成肉糜；乳品混匀待用。

5.2　提取与分配

5.2.1　蛋类：称取试样 20g（精确到 0.01g），置于 200mL 具塞三角瓶中，加水 5mL（视试样水分含量加水，使总含水量约 20g。通常鲜蛋水分含量约 75%，加水 5mL 即可），加入$^{13}C_6$-六氯苯（6mg/L）和$^{13}C_{10}$-灭蚁灵（6mg/L）各 5μL，加入 40mL 丙酮，振摇 30min 后，加入氯化钠 6g，充分摇匀，再加入 30mL 石油醚，振摇 30min。静置分层后，将有机相全部转移至 100mL 具塞三角瓶中经无水硫酸钠干燥，并量取35mL于旋转蒸发瓶中，浓缩至约1mL，加2mL乙酸乙酯-环已烷（1+1）溶液再浓缩，如此重复3次，浓缩至约1mL，供凝胶色谱层析净化使用，或将浓缩液转移至全自动凝胶渗透色谱系统配套的进样试管中，用乙酸乙酯-环已烷（1+1）溶液洗涤旋转蒸发瓶数次，将洗涤液合并至试管中，定容至10mL。

5.2.2　肉类：称取试样20g（精确到0.01g），加水6mL（视试样水分含量加水，使总含水量约为20g。通常鲜肉水分含量约70%，加水6mL即可），加入$^{13}C_6$-六氯苯（6mg/L）和$^{13}C_{10}$-灭蚁灵（6mg/L）各5μL，再加入40mL丙酮，振摇30min。其余操作与5.2.1从“加入氯化钠6g”开始的蛋类操作相同，按照执行。

5.2.3　乳类：称取试样20g（精确到0.01g。鲜乳不需加水，直接加丙酮提取），加入$^{13}C_6$-六氯苯（6mg/L）和$^{13}C_{10}$-灭蚁灵（6mg/L）各5μL，再加入40mL丙酮，振摇30min。其余操作与5.2.1从“加入氯化钠6g”开始的蛋类操作相同，按照执行。

5.2.4　油脂：称取1g（精确到0.01g），加$^{13}C_6$-六氯苯（6mg/L）和$^{13}C_{10}$-灭蚁灵（6mg/L）各5μL，加入30mL石油醚振摇30min后，将有机相全部转移至旋转蒸发瓶中，浓缩至约1mL，加入2mL乙酸乙酯-环已烷（1+1）溶液再浓缩，如此重复3次，浓缩至约1mL，供凝胶色谱层析净化使用，或将浓缩液转移至全自动凝胶渗透色谱系统配套的进样试管中，用乙酸乙酯-环已烷（1+1）溶液洗涤旋转蒸发瓶数次，将洗涤液合并至试管中，定容至10mL。

5.3　净化

选择手动或全自动净化方法的任何一种进行。

5.3.1　手动凝胶色谱柱净化：将试样浓缩液经凝胶柱以乙酸乙酯-环已烷（1+1）溶液洗脱，弃去0~35mL流分，收集35~70mL流分。将其旋转蒸发浓缩至约1mL，再重复上述步骤，收集35~70mL流分，蒸发浓缩，用氮气吹除溶剂，再用正已烷定容至1mL，留待GC-MS分析。

5.3.2　全自动凝胶渗透色谱系统（GPC）净化：试样由5mL试样环注入GPC柱，泵流速5.0mL/min，用乙酸乙酯-环已烷（1+1）溶液洗脱，时间程序为：弃去0~7.5min流分，收集7.5~15min流分，15~20min冲洗GPC柱。将收集的流分旋转蒸发浓缩至约1mL，用氮气吹至近干，以正已烷定容至1mL，留待GC-MS分析。

5.4　测定

5.4.1　气相色谱参考条件

5.4.1.1　色谱柱：CP-sil8毛细管柱或等效柱，柱长30m，膜厚0.25μm，内径0.25mm。

5.4.1.2　进样口温度：230℃。

5.4.1.3　柱温程序：初始温度50℃，保持1min，以30℃/min升至150℃，再以5℃/min升至185℃，然后以10℃/min升至280℃，保持10min。

5.4.1.4　进样方式：不分流进样，不分流阀关闭时间1min。

5.4.1.5　进样量：1μL。

5.4.1.6　载气：使用高纯氦气（纯度>99.999%），柱前压为41.4kPa（相当于6psi）。

5.4.2　质谱参数

5.4.2.1　离子化方式：电子轰击源（EI），能量为70eV。

5.4.2.2　离子检测方式：选择离子监测（SIM），各组分选择的特征离子参见附录A。

5.4.2.3　离子源温度：250℃。

5.4.2.4　接口温度：285℃。

5.4.2.5　分析器电压：450V。

5.4.2.6　扫描质量范围：50~450u。

5.4.2.7　溶剂延迟：9min。

5.4.2.8　扫描速度：每秒扫描1次。

5.4.3　测定

吸取试样溶液 1μL 进样，记录色谱图（参见附录 B）及各目标化合物和内标的峰面积，计算目标化合物与相应内标的峰面积比。

6 结果计算

试样中各农药组分的含量按式（1）进行计算：

$$X = \frac{A \times f}{m} \qquad \cdots\cdots\cdots\cdots (1)$$

式中：

X——试样中各农药组分的含量，单位为微克每千克（μg/kg）；

A——试样色谱峰与内标色谱峰的峰面积比值对应的目标化合物质量，单位为纳克（ng）；

f——试样溶液的稀释因子；

m——试样的取样量，单位为克（g）。

计算结果保留 3 位有效数字。

7 精密度

在重复性条件下获得的 2 次独立测定结果的绝对差值不得超过算术平均值的 20%，方法测定不确定度参见附录 C。

第二法　气相色谱-电子捕获检测器法（GC-ECD）

8 原理

样品经提取、净化、浓缩、定容，用毛细管柱气相色谱分离，电子捕获检测器检测，以保留时间定性，外标法定量。出峰顺序：α-HCH、β-HCH、γ-HCH、五氯硝基苯、δ-HCH、七氯、艾氏剂、除螨酯、环氧七氯、杀螨酯、狄氏剂、p,p′-DDE、p,p′-DDD、o,p′-DDT、p,p′-DDT、胺菊酯、氯菊酯、氯氰菊酯、α-氰戊菊酯、溴氰菊酯。

9 试剂

9.1　丙酮：重蒸。

9.2　二氯甲烷：重蒸。

9.3　乙酸乙酯：重蒸。

9.4　环己烷：重蒸。

9.5　正己烷：重蒸。

9.6　石油醚：沸程 30~60℃，分析纯，重蒸。

9.7　氯化钠。

9.8　无水硫酸钠。

9.9　凝胶：Bio-Beads S-X3 200~400 目。

9.10　农药标准品：见表 2。

表 2　农药标准品一览表

序号	农药组分	英文名称	纯度
1	α-六六六	α-HCH	>99%
2	β-六六六	β-HCH	>99%
3	γ-六六六	γ-HCH	>99%

（续表）

序号	农药组分	英文名称	纯度
4	δ-六六六	δ-HCH	>99%
5	p,p'-滴滴涕	p,p'-DDT	>99%
6	o,p'-滴滴涕	o,p'-DDT	>99%
7	p,p'-滴滴伊	p,p'-DDE	>99%
8	p,p'-滴滴滴	p,p'-DDD	>99%
9	五氯硝基苯	Quintozene	>99%
10	七氯	Heptachlor	>99%
11	环氧七氯	Heptachlor epoxide	>99%
12	艾氏剂	Aldrin	>99%
13	狄氏剂	Dieldrin	>99%
14	除螨酯	Fenson	>99%
15	杀螨酯	Chlorfenson	>99%
16	胺菊酯	Phthalthrin	>99%
17	氯菊酯	Permethrin	>99%
18	氯氰菊酯	Cypermethrin	>99%
19	α-氰戊菊酯	α-fenvalerate	>99%
20	溴氰菊酯	Deltamethrin	>99%

9.11　标准溶液：分别准确称取表2中标准品，用少量苯溶解，再以正己烷稀释成一定浓度的储备液。根据各农药在仪器上的响应情况，以正己烷配制混合标准应用液。

10　仪器

10.1　气相色谱仪：具电子捕获检测器，毛细管色谱柱。

10.2　旋转蒸发仪。

10.3　凝胶净化柱：长30cm、内径2.5cm具活塞玻璃层析柱，柱底垫少许玻璃棉。用洗脱剂乙酸乙酯-环己烷（1+1）浸泡的凝胶以湿法装入柱中，柱高约26cm，使凝胶始终保持在洗脱液中。

11　分析步骤

11.1　试样制备

蛋品去壳，制成匀浆；肉品去筋后，切成小块，制成肉糜；乳品混匀待用。

11.2　提取与分配

11.2.1　称取蛋类样品20g（精确至0.01g），于100mL具塞三角瓶中，加水5mL（视样品水分含量加水，使总水量约20g。通常鲜蛋水分含量约75%，加水5mL即可），加40mL丙酮，振摇30min，加氯化钠6g，充分摇匀，再加30mL石油醚，振摇30min。取35mL上清液，经无水硫酸钠滤于旋转蒸发瓶中，浓缩至约1mL，加2mL乙酸乙酯-环己烷（1+1）溶液再浓缩，如此重复3次，浓缩至约1mL。

11.2.2　称取肉类样品20g（精确至0.01g），加水6mL（视样品水分含量加水，使总水量约20g。通常鲜肉水分含量约70%，加水6mL即可），以下按照11.2.1蛋类样品的提取、分配步骤处理。

11.2.3　称取乳类样品20g（精确至0.01g。鲜乳不需加水，直接加丙酮提取），以下按照11.2.1蛋类样品的提取、分配步骤处理。

11.3　净化

将此浓缩液经凝胶柱以乙酸乙酯-环己烷（1+1）溶液洗脱，弃去0~35mL流分，收集35~70mL流分。将其旋转蒸发浓缩至约1mL，再经凝胶柱净化收集35~70mL流分，蒸发浓缩，用氮气吹除溶剂，以石油醚定容至 1mL，留待 GC 分析。

11.4 测定

11.4.1 气相色谱参考条件

11.4.1.1 色谱柱：涂以 0 V-101 0.25μm，30m×0.32mm（内径）石英弹性毛细管柱。

11.4.1.2 柱温：程序升温

$$60℃\ (1min) \xrightarrow{40℃/min} 170℃ \xrightarrow{2℃/min} 235℃ \xrightarrow{40℃/min} 280℃\ (10min)$$

11.4.1.3 进样口温度：270℃。

11.4.1.4 检测器：电子捕获检测器（ECD），300℃。

11.4.1.5 载气流速：氮气（N_2）1mL/min，尾吹 50mL/min。

11.4.2 色谱分析

分别量取 1L 混合标准液及试样净化液注入气相色谱仪中，以保留时间定性，以试样和标准的峰高或峰面积比较定量。

11.4.3 色谱图

见图 1。

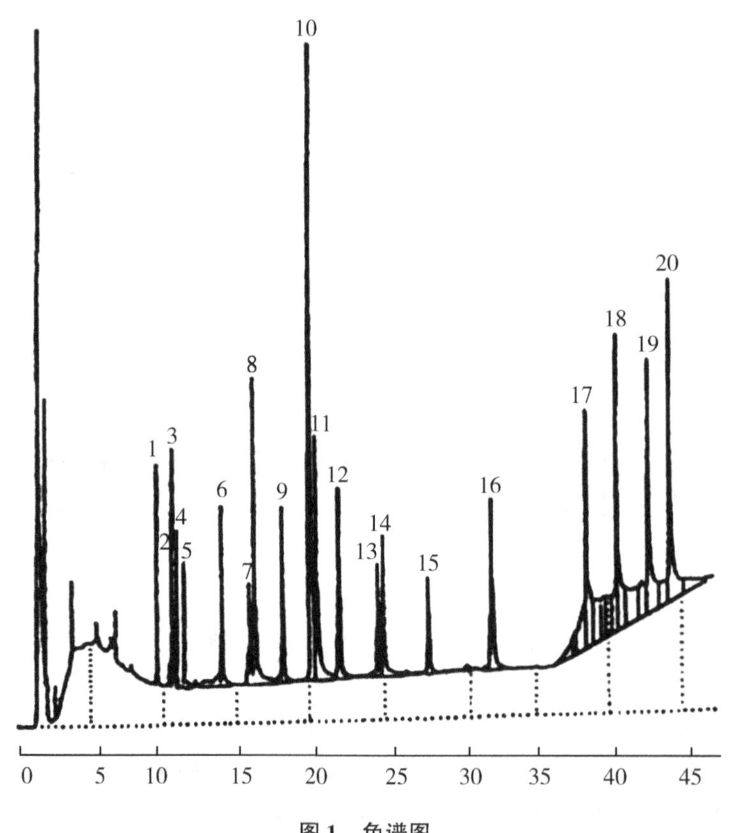

图 1 色谱图

1—α-六六六；2—β-六六六；3—γ-六六六；4—五氯硝基苯；5—δ-六六六；6—七氯；7—艾氏剂；8—除螨酯；9—环氧七氯；10—杀螨酯磺；11—狄氏剂；12—p,p′-滴滴伊；13—p,p′-滴滴滴；14—o,p′-滴滴涕；15—p,p′-滴滴涕；16—胺菊酯；17—氯菊酯；18—氯氰菊酯；19—α-氰戊菊酯；20—溴氰菊酯。

12 结果计算

试样中各农药的含量按式（2）进行计算：

$$X = \frac{m_1 \times V_2 \times 1\ 000}{m \times V_1 \times 1\ 000} \quad \cdots\cdots\cdots\cdots (2)$$

式中：

X——样品中各农药的含量，单位为毫克每千克（mg/kg）；

m_1——被测样液中各农药的含量，单位为纳克（ng）；

V_2——样液最后定容体积，单位为毫升（mL）；

m——试样质量，单位为克（g）；

V_1——样液进样体积，单位为微升（μL）。

计算结果保留 2 位有效数字。

13　精密度

在重复性条件下获得的 2 次独立测定结果的绝对差值不得超过算术平均值的 15%。

附　录　A
（资料性附录）

第一法（GC-MS）中各目标化合物时间窗口及定量离子，见表 A.1。

表 A.1　第一法（GC-MS）中各目标化合物时间窗口及定量离子

离子通道	农药组分	时间窗口（min）	定量离子（m/z）
1	α-六六六 β-六六六 γ-六六六 δ-六六六	9.0~12.9	181、183
2	六氯苯	9.0~12.9	284、282
3	$^{13}C_6$-六氯苯	9.0~12.9	290、292
4	五氯硝基苯	9.0~12.9	295、293
5	五氯苯胺	9.0~12.9	265、267
6	七氯 五氯苯基硫醚 艾氏剂	12.9~14.5	272、274 296、298 263、265
7	除螨酯	14.5~15.0	77、141
8	氧氯丹 环氧七氯	15.0~15.7	185、187 353、351
9	丙烯菊酯	15.0~15.7	136、123
10	反式氯丹 顺式氯丹	15.7~17.1	373、375
11	α-硫丹	15.7~17.1	195、197
12	杀螨黄	15.7~17.1	141、77
13	杀螨酯 p,p′-DDE	15.7~17.1	175、111 316、318
14	狄氏剂	15.7~17.1	263、265
15	异狄氏剂 β-硫丹 异狄氏剂醛	17.1~19.0	317、315 195、193 345、347

（续表）

离子通道	农药组分	时间窗口（min）	定量离子（m/z）
16	p,p′-DDD o,p′-DDT p,p′-DDT	17.1~19.0	235、237
17	硫丹硫酸酯	17.1~19.0	272、274
18	异狄氏剂酮	19.0~20.1	317、319
19	胺菊酯	19.0~20.1	164、123
20	甲氰菊酯	19.0~20.1	181、97
21	灭蚁灵	20.1~21.1	272、274
22	$^{13}C_{10}$-灭蚁灵	20.1~21.1	277、279
23	氯菊酯	21.1~22.1	183、163
24	氯氰菊酯	22.1~23.1	181、163
25	氰戊菊酯	23.1~24.8	167、125
26	溴氰菊酯	24.8~26.5	181、253

附　录　B
（资料性附录）
色谱图

第一法（GC-MS）测定的混合标准溶液全扫描总离子流图及选择离子扫描的质量色谱图，见图 B.1 和图 B.2。

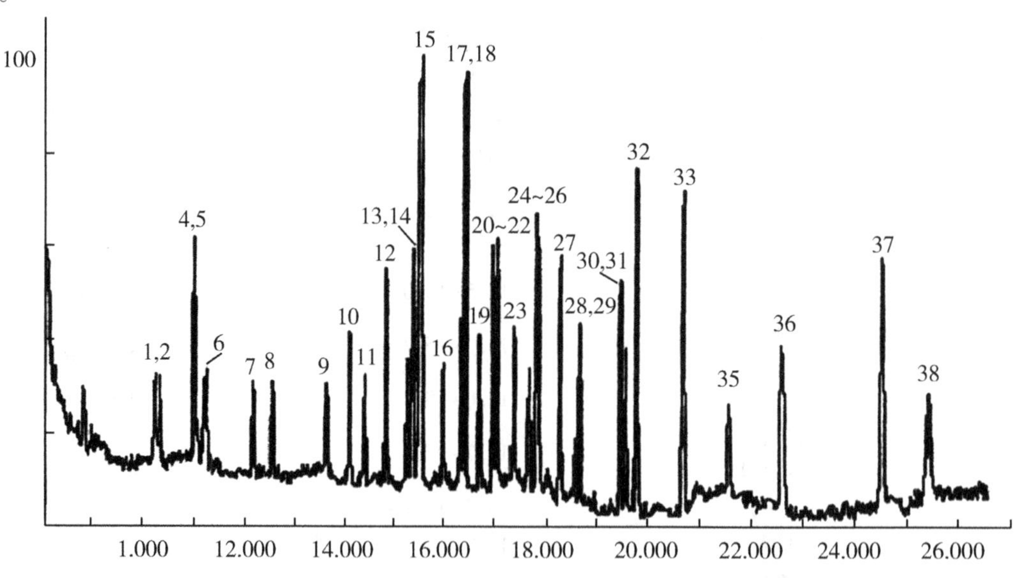

图 B.1　第一法（GC-MS）测定的混合标准溶液全扫描总离子流图

α-六六六、六氯苯、$^{13}C_6$-六氯苯、β-六六六、五氯硝基苯、γ-六六六、δ-六六六、五氯苯胺、七氯、五氯苯基硫醚、艾氏剂、除螨酯、氧氯丹、环氧七氯、丙烯菊酯、反式氯丹、顺式氯丹、α-硫丹、杀螨螨、杀螨酯、p,p′-DDE、狄氏剂、异氏试剂、β-硫丹、p,p′-DDD、o,p′-DDT、异狄氏剂醛、硫丹硫酸酯、p,p′-DDT、异狄氏剂酮、胺菊酯、甲氰菊酯、灭蚁灵、$^{13}C_{10}$-灭蚁灵、氯菊酯、氯氰菊酯、氰戊菊酯、溴氰菊酯。

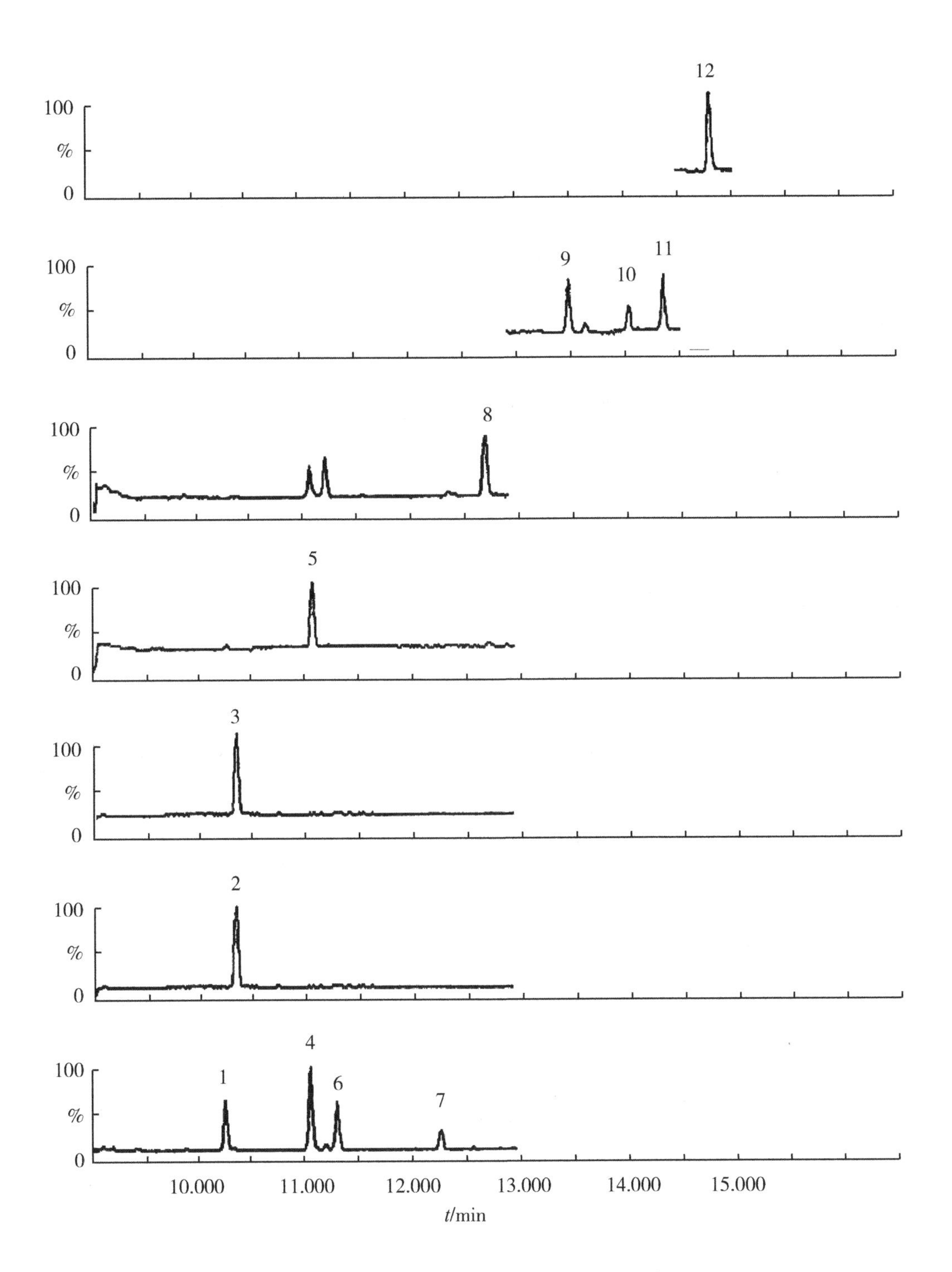

图 B.2　混合标准溶液的 SIM 扫描的质量色谱图

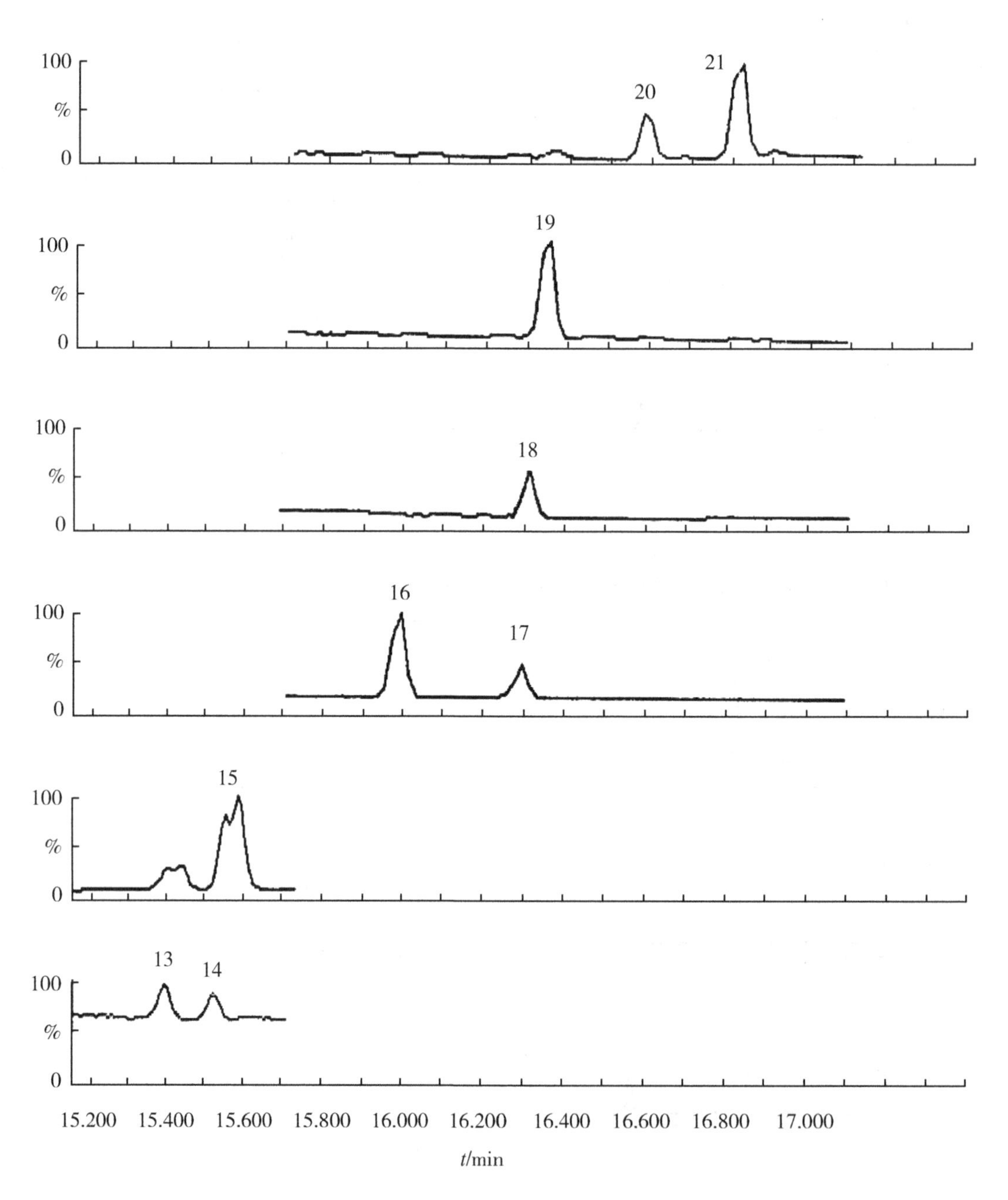

100
%
0
21
20
19
18
16
17
15
13
14
15.200
15.400
15.600
15.800
16.000
16.200
16.400
16.600
16.800
17.000
t/min

图 B. 2（续）

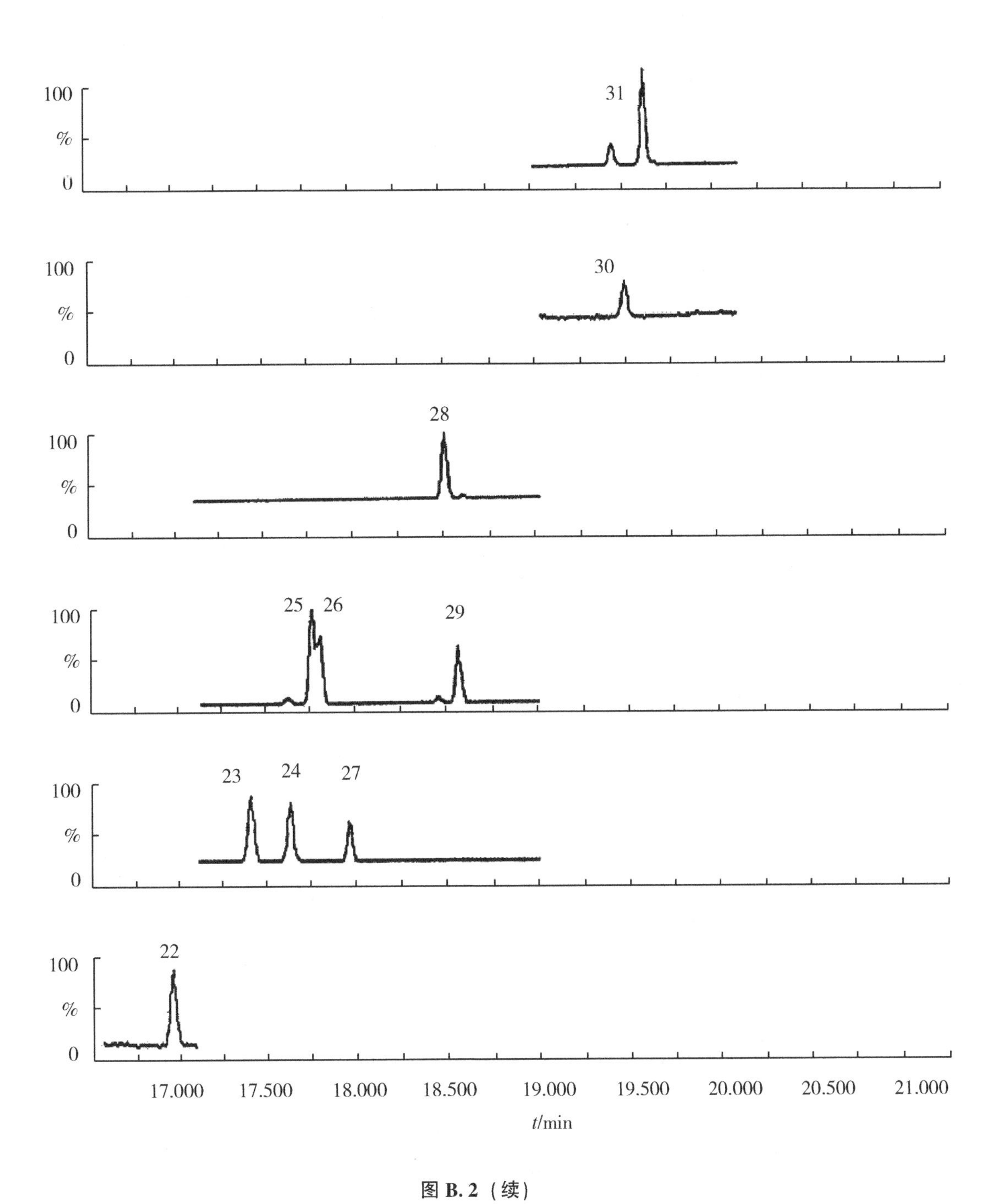
100
%
0
31
30
28
25
26
29
23
24
27
22
17.000
17.500
18.000
18.500
19.000
19.500
20.000
20.500
21.000
t/min

图 B.2（续）

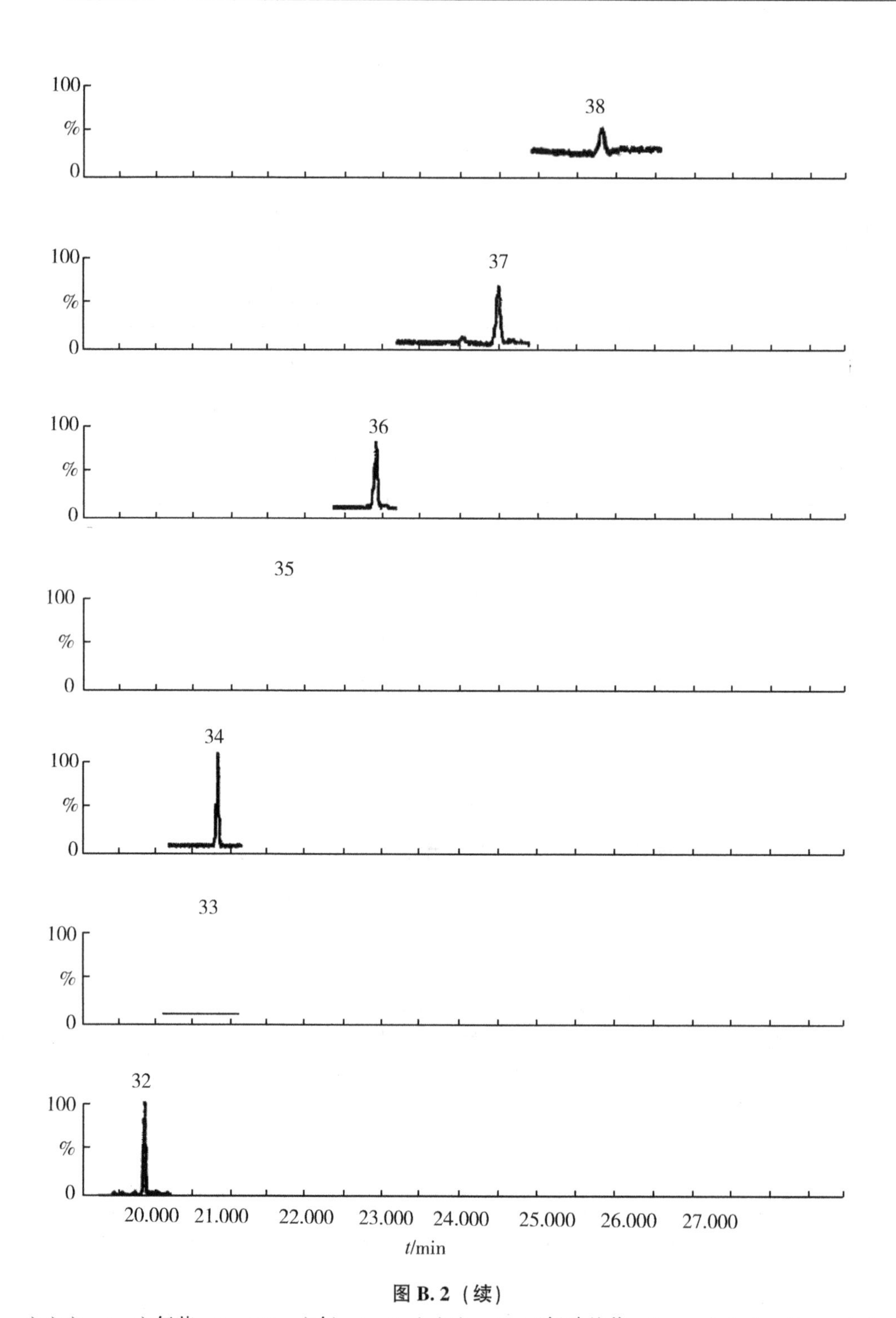

图 B.2（续）

1—α-六六六；2—六氯苯；3—13C_6-六氯；4—β-六六六；5—五氯硝基苯；6—γ-六六六；7—δ-六六六；8—五氯苯胺；9—七氯；10—五氯苯基硫醚；11—艾氏剂；12—除螨酯；13—氧氯丹；14—环氧七氯；15—丙烯菊酯；16—反式氯丹；17—顺式氯丹；18—α-硫丹；19—杀螨黄；20—杀螨酯；21—p,p′-DDE；22—狄氏剂；23—异氏试剂；24—β-硫丹；25—p,p′-DDD；26—o,p′-DDT：27—异狄氏剂醛；28—硫丹硫酸酯；29—p,p′-DDT；30—异狄氏剂酮；31—胺菊酯；32—甲氰菊酯；33—灭蚁灵；34—$^{13}C_{10}$-灭蚁灵；35—氯菊酯；36—氯氰菊酯；37—氰戊菊酯；38—溴氰菊酯。

附　录　C
（资料性附录）

以六氯苯和灭蚁灵为目标化合物，采用本标准第一法测定的不确定度结果见表 C. 1。

表 C. 1　第一法的不确定度结果

农药组分	量值（μg/L）	相对标准不确定度	扩展不确定度
六氯苯	3. 33	0. 028 2	0. 056 4
灭蚁灵	3. 20	0. 032 2	0. 064 4

第三节　重金属元素检测方法标准

中华人民共和国国家标准

GB 5009.92—2016
代替 GB/T 5009.92—2003

食品安全国家标准　食品中钙的测定

2016-12-23 发布　　2017-06-23 实施

前　言

本标准代替 GB/T 5009.92—2003《食品中钙的测定》、GB 5413.21—2010《食品安全国家标准　婴幼儿食品和乳品中钙、铁、锌、钠、钾、镁、铜和锰的测定》、GB/T 23375—2009《蔬菜及其制品中铜、铁、锌、钙、镁、磷的测定》、GB/T 14609—2008《粮油检验　谷物及其制品中铜、铁、锰、锌、钙、镁的测定　火焰原子吸收光谱法》、GB/T 14610—2008《粮油检验　谷物及制品中钙的测定》、GB/T 9695.13—2009《肉与肉制品　钙含量测定》和 NY 82.19—1988《果汁测定方法　钙和镁的测定》中钙的测定方法。

本标准与 GB/T 5009.92—2003 相比，主要变化如下：

——标准名称修改为“食品安全国家标准　食品中钙的测定”；

——增加了微波消解、压力罐消解；

——修改了火焰原子吸收光谱法和 EDTA 滴定法；

——增加了电感耦合等离子体发射光谱法；

——增加了电感耦合等离子体质谱法。

食品安全国家标准
食品中钙的测定

1　范围

本标准规定了食品中钙含量测定的火焰原子吸收光谱法、滴定法、电感耦合等离子体发射光谱法和电感耦合等离子体质谱法。

本标准适用于食品中钙含量的测定。

第一法　火焰原子吸收光谱法

2　原理

试样经消解处理后，加入镧溶液作为释放剂，经原子吸收火焰原子化，在422.7nm处测定的吸光度值在一定浓度范围内与钙含量成正比，与标准系列比较定量。

3　试剂和材料

除非另有规定，本方法所用试剂均为优级纯，水为GB/T 6682规定的二级水。

3.1　试剂

3.1.1 硝酸（HNO_3）。

3.1.2　高氯酸（$HClO_4$）。

3.1.3　盐酸（HCl）。

3.1.4　氧化镧（La_2O_3）。

3.2　试剂配制

3.2.1　硝酸溶液（5+95）：量取50mL硝酸，加入950mL水，混匀。

3.2.2　硝酸溶液（1+1）：量取500mL硝酸，与500mL水混合均匀。

3.2.3　盐酸溶液（1+1）：量取500mL盐酸，与500mL水混合均匀。

3.2.4　镧溶液（20g/L）：称取23.45g氧化镧，先用少量水湿润后再加入75mL盐酸溶液（1+1）溶解，转入1 000mL容量瓶中，加水定容至刻度，混匀。

3.3　标准品

碳酸钙（$CaCO_3$，CAS号471-34-1）：纯度>99.99%，或经国家认证并授予标准物质证书的一定浓度的钙标准溶液。

3.4　标准溶液的配制

3.4.1　钙标准储备液（1 000mg/L）：准确称取2.4963g（精确至0.000 1g）碳酸钙，加盐酸溶液溶解，移入1 000mL容量瓶中，加水定容至刻度，混匀。

3.4.2　钙标准中间液（100mg/L）：准确吸取钙标准储备液（1 000mg/L）10mL于100mL容量瓶中，加硝酸溶液（5+95）至刻度，混匀。

3.4.3　钙标准系列溶液：分别吸取钙标准中间液（100mg/L）0mL，0.50mL，1.00mL，2.00mL，4.00mL，6.00mL于100mL容量瓶中，另在各容量瓶中加入5mL镧溶液（20g/L），最后加硝酸溶液（5+95）定容至刻度，混匀。此钙标准系列溶液中钙的质量浓度分别为0mg/L、0.50mg/L、1.00mg/L、2.00mg/L、4.00mg/L和6.00mg/L。

注：可根据仪器的灵敏度及样品中钙的实际含量确定标准溶液系列中元素的具体浓度。

4 仪器设备

注：所有玻璃器皿及聚四氟乙烯消解内罐均需硝酸溶液（1+5）浸泡过夜，用自来水反复冲洗，最后用水冲洗干净。

4.1 原子吸收光谱仪：配火焰原子化器，钙空心阴极灯。

4.2 分析天平：感量为 1mg 和 0.1mg。

4.3 微波消解系统：配聚四氟乙烯消解内罐。

4.4 可调式电热炉。

4.5 可调式电热板。

4.6 压力消解罐：配聚四氟乙烯消解内罐。

4.7 恒温干燥箱。

4.8 马弗炉。

5 分析步骤

5.1 试样制备

注：在采样和试样制备过程中，应避免试样污染。

5.1.1 粮食、豆类样品

样品去除杂物后，粉碎，储于塑料瓶中。

5.1.2 蔬菜、水果、鱼类、肉类等样品

样品用水洗净，晾干，取可食部分，制成匀浆，储于塑料瓶中。

5.1.3 饮料、酒、醋、酱油、食用植物油、液态乳等液体样品

将样品摇匀。

5.2 试样消解

5.2.1 湿法消解

准确称取固体试样 0.2~3g（精确至 0.001g）或准确移取液体试样 0.50~5.00mL 于带刻度消化管中，加入 10mL 硝酸、0.5mL 高氯酸，在可调式电热炉上消解（参考条件：120℃/0.5~120℃/1h、升至 180℃/2~180℃/4h、升至 200~220℃）。若消化液呈棕褐色，再加硝酸，消解至冒白烟，消化液呈无色透明或略带黄色。取出消化管，冷却后用水定容至 25mL，再根据实际测定需要稀释，并在稀释液中加入一定体积的镧溶液（20g/L），使其在最终稀释液中的浓度为 1g/L，混匀备用，此为试样待测液。同时做试剂空白试验。也可采用锥形瓶，于可调式电热板上，按上述操作方法进行湿法消解。

5.2.2 微波消解

准确称取固体试样 0.2~0.8g（精确至 0.001g）或准确移取液体试样 0.50~3.00mL 于微波消解罐中，加入 5mL 硝酸，按照微波消解的操作步骤消解试样，消解条件参考附录 A。冷却后取出消解罐，在电热板上于 140~160℃ 赶酸至 1mL 左右。消解罐放冷后，将消化液转移至 25mL 容量瓶中，用少量水洗涤消解罐 2~3 次，合并洗涤液于容量瓶中并用水定容至刻度。根据实际测定需要稀释，并在稀释液中加入一定体积镧溶液（20g/L）使其在最终稀释液中的浓度为 1g/L，混匀备用，此为试样待测液。同时做试剂空白试验。

5.2.3 压力罐消解

准确称取固体试样 0.2~1g（精确至 0.001g）或准确移取液体试样 0.50~5.00mL 于消解内罐中，加入 5mL 硝酸。盖好内盖，旋紧不锈钢外套，放入恒温干燥箱，于 140~160℃ 下保持 4~5h。冷却后缓慢旋松外罐，取出消解内罐，放在可调式电热板上于 140~160℃ 赶酸至 1mL 左右。冷却后将消化液转移至 25mL 容量瓶中，用少量水洗涤内罐和内盖 2~3 次，合并洗涤液于容量瓶中并用水定容至刻度，混匀备用。根据实际测定需要稀释，并在稀释液中加入一定体积的镧溶液（20g/L），使其在最终稀释液中的浓度为 1g/L，混匀备用，此为试样待测液。同时做试剂空白试验。

5.2.4　干法灰化

准确称取固体试样 0.5~5g（精确至 0.001g）或准确移取液体试样 0.50~10.0mL 于坩埚中，小火加热，炭化至无烟，转移至马弗炉中，于 550℃灰化 3~4h。冷却，取出。对于灰化不彻底的试样，加数滴硝酸，小火加热，小心蒸干，再转入 550℃马弗炉中，继续灰化 1~2h，至试样呈白灰状，冷却，取出，用适量硝酸溶液（1+1）溶解转移至刻度管中，用水定容至 25mL。根据实际测定需要稀释，并在稀释液中加入一定体积的镧溶液，使其在最终稀释液中的浓度为 1g/L，混匀备用，此为试样待测液。同时做试剂空白试验。

5.3　仪器参考条件

参考条件见附录 B。

5.4　标准曲线的制作

将钙标准系列溶液按浓度由低到高的顺序分别导入火焰原子化器，测定吸光度值，以标准系列溶液中钙的质量浓度为横坐标，相应的吸光度值为纵坐标，制作标准曲线。

5.5　试样溶液的测定

在与测定标准溶液相同的实验条件下，将空白溶液和试样待测液分别导入原子化器，测定相应的吸光度值，与标准系列比较定量。

6　分析结果的表述

试样中钙的含量按式（1）计算：

$$X = \frac{(\rho - \rho_0) \times f \times V}{m} \qquad \cdots\cdots\cdots\cdots (1)$$

X——试样中钙的含量，单位为毫克每千克或毫克每升（mg/kg 或 mg/L）；

ρ——试样待测液中钙的质量浓度，单位为毫克每升（mg/L）；

ρ_0——空白溶液中钙的质量浓度，单位为毫克每升（mg/L）；

f——试样消化液的稀释倍数；

V——试样消化液的定容体积，单位为毫升（mL）；

m——试样质量或移取体积，单位为克或毫升（g 或 mL）。

当钙含量≥10.0mg/kg 或 10.0mg/L 时，计算结果保留 3 位有效数字，当钙含量<10.0mg/kg 或 10.0mg/L 时，计算结果保留 2 位有效数字。

7　精密度

在重复性条件下获得的 2 次独立测定结果的绝对差值不得超过算术平均值的 10%。

8　其他

以称样量 0.5g（或 0.5mL），定容至 25mL 计算，方法检出限为 0.5mg/kg（或 0.5mg/L），定量限为 1.5mg/kg（或 1.5mg/L）。

第二法　EDTA 滴定法

9　原理

在适当的 pH 值范围内，钙与 EDTA（乙二胺四乙酸二钠）形成金属络合物。以 EDTA 滴定，在达到当量点时，溶液呈现游离指示剂的颜色。根据 EDTA 用量，计算钙的含量。

10　试剂和材料

除非另有规定，本方法所用试剂均为分析纯，水为 GB/T 6682 规定的三级水。

10.1 试剂

10.1.1 氢氧化钾（KOH）。

10.1.2 硫化钠（Na_2S）。

10.1.3 柠檬酸钠（$Na_3C_6H_5O_7 \cdot 2H_2O$）。

10.1.4 乙二胺四乙酸二钠（EDTA，$C_{10}H_{14}N_2O_8Na_2 \cdot 2H_2O$）。

10.1.5 盐酸（HCl）：优级纯。

10.1.6 钙红指示剂（$C_{21}O_7N_2SH_{14}$）。

10.1.7 硝酸（HNO_3）：优级纯。

10.1.8 高氯酸（$HClO_4$）：优级纯。

10.2 试剂配制

10.2.1 氢氧化钾溶液（1.25mol/L）：称取 70.13g 氢氧化钾，用水稀释至 1 000mL，混匀。

10.2.2 硫化钠溶液（10g/L）：称取 1g 硫化钠，用水稀释至 100mL，混匀。

10.2.3 柠檬酸钠溶液（0.05mol/L）：称取 14.7g 柠檬酸钠，用水稀释至 1 000mL，混匀。

10.2.4 EDTA 溶液：称取 4.5g EDTA，用水稀释至 1 000mL，混匀，贮存于聚乙烯瓶中，4℃保存。使用时稀释 10 倍即可。

10.2.5 钙红指示剂：称取 0.1g 钙红指示剂，用水稀释至 100mL，混匀。

10.2.6 盐酸溶液（1+1）：量取 500mL 盐酸，与 500mL 水混合均匀。

10.3 标准品

碳酸钙（$CaCO_3$，CAS 号 471-34-1）：纯度>99.99%，或经国家认证并授予标准物质证书的一定浓度的钙标准溶液。

10.4 标准溶液配制

钙标准储备液（100.0mg/L）：准确称取 0.249 6g（精确至 0.000 1g）碳酸钙，加盐酸溶液（1+1）溶解，移入 1 000mL容量瓶中，加水定容至刻度，混匀。

11 仪器设备

注：所有玻璃器皿均需硝酸溶液（1+5）浸泡过夜，用自来水反复冲洗，最后用水冲洗干净。

11.1 分析天平：感量为 1mg 和 0.1mg。

11.2 可调式电热炉。

11.3 可调式电热板。

11.4 马弗炉。

12 分析步骤

12.1 试样制备

同 5.1。

12.2 试样消解

12.2.1 湿法消解

同 5.2.1。

12.2.2 干法灰化

同 5.2.4。

12.3 滴定度（T）的测定

吸取 0.50mL 钙标准储备液（100.0mg/L）于试管中，加 1 滴硫化钠溶液（10g/L）和 0.1mL 柠檬酸钠溶液（0.05mol/L），加 1.5mL 氢氧化钾溶液（1.25mol/L），加 3 滴钙红指示剂，立即以稀释 10 倍的 EDTA 溶液滴定，至指示剂由紫红色变蓝色为止，记录所消耗的稀释 10 倍的 EDTA 溶液的体积。根据滴定结果计算出每毫升稀释 10 倍的 EDTA 溶液相当于钙的毫克数，即滴定度（T）。

12.4　试样及空白滴定

分别吸取0.10~1.00mL（根据钙的含量而定）试样消化液及空白液于试管中，加1滴硫化钠溶液（10g/L）和0.1mL柠檬酸钠溶液（0.05mol/L），加1.5mL氢氧化钾溶液（1.25mol/L），加3滴钙红指示剂，立即以稀释10倍的EDTA溶液滴定，至指示剂由紫红色变蓝色为止，记录所消耗的稀释10倍的EDTA溶液的体积。

13　分析结果的表述

试样中钙的含量按式（2）计算：

$$X = \frac{T \times (V_1 - V_0) \times V_2 \times 1\ 000}{m \times V_3} \qquad \cdots\cdots\cdots\cdots (2)$$

式中：

X——试样中钙的含量，单位为毫克每千克或毫克每升（mg/kg或mg/L）；

T——EDTA滴定度，单位为毫克每毫升（mg/mL）；

V_1——滴定试样溶液时所消耗的稀释10倍的EDTA溶液的体积，单位为毫升（mL）；

V_0——滴定空白溶液时所消耗的稀释10倍的EDTA溶液的体积，单位为毫升（mL）；

V_2——试样消化液的定容体积，单位为毫升（mL）；

1 000——换算系数；

m——试样质量或移取体积，单位为克或毫升（g或mL）；

V_3——滴定用试样待测液的体积，单位为毫升（mL）。

计算结果保留3位有效数字。

14　精密度

在重复性条件下获得的2次独立测定结果的绝对差值不得超过算术平均值的10%。

15　其他

以称样量4g（或4mL），定容至25mL，吸取1.00mL试样消化液测定时，方法的定量限为100mg/kg（或100mg/L）。

第三法　电感耦合等离子体发射光谱法

见GB 5009.268。

第四法　电感耦合等离子体质谱法

见GB 5009.268。

附　录　A
微波消解升温程序参考条件

微波消解升温程序参考条件见表A.1。

表 A.1 微波消解升温程序参考条件

步骤	设定温度（℃）	升温时间（min）	恒温时间（min）
1	120	5	5
2	160	5	10
3	180	5	10

附 录 B
火焰原子吸收光谱法参考条件

火焰原子吸收光谱法参考条件见表 B.1。

表 B.1 火焰原子吸收光谱法参考条件

元素	波长（nm）	狭缝（nm）	灯电流（mA）	燃烧头高度（mm）	空气流量（L/min）	乙炔流量（L/min）
钙	422.7	1.3	5~15	3	9	2

中华人民共和国国家标准

GB/T 5009.15—2014
代替 GB/T 5009.15—2003

食品安全国家标准 食品中镉的测定

2015-01-28 发布　　　　2020-07-28 实施

前　言

本标准代替 GB/T 5009.15—2003《食品中镉的测定》。

本标准与 GB/T 5009.15—2003 相比，主要变化如下：

——标准名称修改为“食品安全国家标准食品中镉的测定”；

——删除第二法原子吸收光谱法、第三法比色法、第四法原子荧光法。

食品安全国家标准
食品中镉的测定

1　范围

本标准规定了各类食品中镉的石墨炉原子吸收光谱测定方法。

本标准适用于各类食品中镉的测定。

2　原理

试样经灰化或酸消解后，注入一定量样品消化液于原子吸收分光光度计石墨炉中，电热原子化后吸收228.8nm共振线，在一定浓度范围内，其吸光度值与镉含量成正比，采用标准曲线法定量。

3　试剂和材料

注1：除非另有说明，本方法所用试剂均为分析纯，水为GB/T6682规定的二级水。

注2：所用玻璃仪器均需以硝酸溶液（1+4）浸泡24h以上，用水反复冲洗，最后用去离子水冲洗干净。

3.1　试剂

3.1.1　硝酸（HNO_3）：优级纯。

3.1.2　盐酸（HCl）：优级纯。

3.1.3　高氯酸（$HClO_4$）：优级纯。

3.1.4　过氧化氢（H_2O_2，30%）。

3.1.5　磷酸二氢铵（$NH_4H_2PO_4$）。

3.2　试剂配制

3.2.1　硝酸溶液（1%）：取10.0mL硝酸加入100mL水中，稀释至1 000mL。

3.2.2　盐酸溶液（1+1）：取50mL盐酸慢慢加入50mL水中。

3.2.3　硝酸-高氯酸混合溶液（9+1），取9份硝酸与1份高氯酸混合。

3.2.4　磷酸二氢铵溶液（10g/L）：称取10.0g磷酸二氢铵，用100mL硝酸溶液（1%）溶解后定量移入1 000mL容量瓶，用硝酸溶液（1%）定容至刻度。

3.3　标准品

金属镉（Cd）标准品，纯度为99.99%或经国家认证并授予标准物质证书的标准物质。

3.4　标准溶液配制

3.4.1　镉标准储备液（1 000mg/L））：准确称取1g金属镉标准品（精确至0.000 1g)于小烧杯中，分次加20mL盐酸溶液（1+1）溶解，加2滴硝酸，移入1 000mL容量瓶中，用水定容至刻度，混匀；或购买经国家认证并授予标准物质证书的标准物质。

3.4.2　镉标准使用液（100ng/mL)：吸取镉标准储备液10.0mL于100mL容量瓶中，用硝酸溶液（1%）定容至刻度，如此经多次稀释成每毫升含100.0ng镉的标准使用液。

3.4.3　镉标准曲线工作液：准确吸取镉标准使用液0mL、0.5mL、1.0mL、1.5mL、2.0mL、3.0mL于100mL容量瓶中，用硝酸溶液（1%）定容至刻度，即得到含镉量分别为0ng/mL、0.5ng/mL、1.0ng/mL、1.5ng/mL、2.0ng/mL、3.0ng/mL的标准系列溶液。

4　仪器和设备

4.1　原子吸收分光光度计，附石墨炉。

4.2　镉空心阴极灯。

4.3　电子天平：感量为0.1mg和1mg。
4.4　可调温式电热板、可调温式电炉。
4.5　马弗炉。
4.6　恒温干燥箱。
4.7　压力消解器、压力消解罐。
4.8　微波消解系统：配聚四氟乙烯或其他合适的压力罐。

5　分析步骤

5.1　试样制备

5.1.1　干试样：粮食、豆类，去除杂质；坚果类去杂质、去壳；磨碎成均匀的样品，颗粒度不大于0.425mm。储于洁净的塑料瓶中，并标明标记，于室温下或按样品保存条件下保存备用。
5.1.2　鲜（湿）试样：蔬菜、水果、肉类、鱼类及蛋类等，用食品加工机打成匀浆或碾磨成匀浆，储于洁净的塑料瓶中，并标明标记，于-18～-16℃冰箱中保存备用。
5.1.3　液态试样：按样品保存条件保存备用。含气样品使用前应除气。

5.2　试样消解

可根据实验室条件选用以下任何一种方法消解，称量时应保证样品的均匀性。

a）压力消解罐消解法：称取干试样0.3～0.5g（精确至0.000 1g）、鲜（湿）试样1～2g（精确到0.001g）于聚四氟乙烯内罐，加硝酸5mL浸泡过夜。再加过氧化氢溶液（30%）2～3mL（总量不能超过罐容积的1/3）。盖好内盖，旋紧不锈钢外套，放入恒温干燥箱，120～160℃保持4～6h，在箱内自然冷却至室温，打开后加热赶酸至近干，将消化液洗入10mL或25mL容量瓶中，用少量硝酸溶液（1%）洗涤内罐和内盖3次，洗液合并于容量瓶中并用硝酸溶液（1%）定容至刻度，混匀备用；同时做试剂空白试验。

b）微波消解：称取干试样0.3～0.5g（精确至0.000 1g）、鲜（湿）试样1g（精确到0.001g）置于微波消解罐中，加5mL硝酸和2mL过氧化氢。微波消化程序可以根据仪器型号调至最佳条件。消解完毕，待消解罐冷却后打开，消化液呈无色或淡黄色，加热赶酸至近干，用少量硝酸溶液（1%）冲洗消解罐3次，将溶液转移至10mL或25mL容量瓶中，并用硝酸溶液（1%）定容至刻度，混匀备用；同时做试剂空白试验。

c）湿式消解法：称取干试样0.3～0.5g（精确至0.000 1g）、鲜（湿）试样1～2g（精确到0.001g）于锥形瓶中，放数粒玻璃珠，加10mL硝酸-高氯酸混合溶液（9+1），加盖浸泡过夜，加一小漏斗在电热板上消化，若变棕黑色，再加硝酸，直至冒白烟，消化液呈无色透明或略带微黄色，放冷后将消化液洗入10～25mL容量瓶中，用少量硝酸溶液（1%）洗涤锥形瓶3次，洗液合并于容量瓶中并用硝酸溶液（1%）定容至刻度，混匀备用；同时做试剂空白试验。

d）干法灰化：称取0.3～0.5g干试样（精确至0.000 1g）、鲜（湿）试样1～2g（精确到0.001g）、液态试样1～2g（精确到0.001g）于瓷坩埚中，先小火在可调式电炉上炭化至无烟，移入马弗炉500℃灰化6～8h，冷却。若个别试样灰化不彻底，加1mL混合酸在可调式电炉上小火加热，将混合酸蒸干后，再转入马弗炉中500℃继续灰化1～2h，直至试样消化完全，呈灰白色或浅灰色。放冷，用硝酸溶液（1%）将灰分溶解，将试样消化液移入10mL或25mL容量瓶中，用少量硝酸溶液（1%）洗涤瓷坩埚3次，洗液合并于容量瓶中并用硝酸溶液（1%）定容至刻度，混匀备用；同时做试剂空白试验。

注：实验要在通风良好的通风橱内进行。对含油脂的样品，尽量避免用湿式消解法消化，最好采用干法消化，如果必须采用湿式消解法消化，样品的取样量最大不能超过1g。

5.3　仪器参考条件

根据所用仪器型号将仪器调至最佳状态。原子吸收分光光度计（附石墨炉及镉空心阴极灯）测定参考条件如下：

——波长228.8nm，狭缝0.2～1.0nm，灯电流2～10mA，干燥温度105℃，干燥时间20s；
——灰化温度400～700℃，灰化时间20～40s；

——原子化温度 1 300~2 300℃，原子化时间 3~5s；

——背景校正为氘灯或塞曼效应。

5.4　标准曲线的制作

将标准曲线工作液按浓度由低到高的顺序各取 20μL 注入石墨炉，测其吸光度值，以标准曲线工作液的浓度为横坐标，相应的吸光度值为纵坐标，绘制标准曲线并求出吸光度值与浓度关系的一元线性回归方程。

标准系列溶液应不少于 5 个点的不同浓度的镉标准溶液，相关系数不应小于 0.995。如果有自动进样装置，也可用程序稀释来配制标准系列。

5.5　试样溶液的测定

于测定标准曲线工作液相同的实验条件下，吸取样品消化液 20μL（可根据使用仪器选择最佳进样量），注入石墨炉，测其吸光度值。代入标准系列的一元线性回归方程中求样品消化液中镉的含量，平行测定次数不少于 2 次。若测定结果超出标准曲线范围，用硝酸溶液（1%）稀释后再行测定。

5.6　基体改进剂的使用

对有干扰的试样，和样品消化液一起注入石墨炉 5μL 基体改进剂磷酸二氢铵溶液（10g/L），绘制标准曲线时也要加入与试样测定时等量的基体改进剂。

6　分析结果的表述

试样中镉含量按式（1）进行计算：

$$X = \frac{(C_1 - C_0) \times V}{m \times 1\ 000} \qquad \cdots\cdots\cdots\cdots (1)$$

式中：

X——试样中镉含量，单位为毫克每千克或毫克每升（mg/kg 或 mg/L）

C_1——试样消化液中镉含量，单位为纳克每毫升（ng/mL）；

C_0——空白液中镉含量，单位为纳克每毫升（ng/mL）；

V——试样消化液定容总体积，单位为毫升（mL）；

m——试样质量或体积，单位为克或毫升（g 或 mL）；

1 000——换算系数。

以重复性条件下获得的 2 次独立测定结果的算术平均值表示，结果保留 2 位有效数字。

7　精密度

在重复性条件下获得的 2 次独立测定结果的绝对差值不得超过算术平均值的 20%。

8　其他

方法检出限为 0.001mg/kg，定量限为 0.003mg/kg。

中华人民共和国国家标准

GB/T 5009.123—2014
代替 GB/T 5009.123—2003

食品安全国家标准　食品中铬的测定

2015-01-28 发布　　2015-07-28 实施

中华人民共和国
国家卫生和计划生育委员会 发布

前　言

本标准代替 GB/T 5009.123—2003《食品中铬的测定方法》。

本标准与 GB/T 5009.123—2003 相比，主要变化如下：

——标准名称修改为“食品安全国家标准　食品中铬的测定方法”；

——样品前处理增加了微波消解法和湿法消解法；

——增加了方法定量限（LOQ）；

——基体改进剂采用磷酸二氢铵代替磷酸铵；

——删除第二法示波极谱法。

食品安全国家标准
食品中铬的测定

1 范围

本标准规定了食品中铬的石墨炉原子吸收光谱测定方法。

本标准适用于各类食品中铬的含量测定。

2 原理

试样经消解处理后，采用石墨炉原子吸收光谱法，在357.9nm处测定吸收值，在一定浓度范围内其吸收值与标准系列溶液比较定量。

3 试剂和材料

注：除非另有规定，本方法所用试剂均为优级纯，水为GB/T 6682规定的二级水。

3.1 试剂

3.1.1 硝酸（HNO_3）。

3.1.2 高氯酸（$HClO_4$）。

3.1.3 磷酸二氢铵（$NH_4H_2PO_4$）。

3.2 试剂配制

3.2.1 硝酸溶液（5+95）：量取50mL硝酸慢慢倒入950mL水中，混匀。

3.2.2 硝酸溶液（1+1）：量取250mL硝酸慢慢倒入250mL水中，混匀。

3.2.3 磷酸二氢铵溶液（20g/L）：称取2.0g磷酸二氢铵，溶于水中，并定容至100mL，混匀。

3.3 标准品

重铬酸钾（$K_2Cr_2O_7$）：纯度度>99.5%或经国家认证并授予标准物质证书的标准物质。

3.4 标准溶液配制

3.4.1 铬标准储备液：准确称取基准物质重铬酸钾（110℃，烘2h）1.431 5g（精确至0.000 1g），溶于水中，移入500mL容量瓶中，用硝酸溶液（5+95）稀释至刻度，混匀。此溶液每毫升含1.000mg铬。或购置经国家认证并授予标准物质证书的铬标准储备液。

3.4.2 铬标准使用液：将铬标准储备液用硝酸溶液（5+95）逐级稀释至每毫升含100ng铬。

3.4.3 标准系列溶液的配制：分别吸取铬标准使用液（100ng/mL）0mL、0.50mL、1.00mL、2.00mL、3.00mL、4.00mL于25mL容量瓶中，用硝酸溶液（5+95）稀释至刻度，混匀。各容量瓶中每毫升分别含铬0ng、2.00ng、4.00ng、8.00ng、12.00ng、16.00ng。或采用石墨炉自动进样器自动配制。

4 仪器设备

注：所用玻璃仪器均需以硝酸溶液（1+4）浸泡24h以上，用水反复冲洗，最后用去离子水冲洗干净。

4.1 原子吸收光谱仪，配石墨炉原子化器，附铬空心阴极灯。

4.2 微波消解系统，配有消解内罐。

4.3 可调式电热炉。

4.4 可调式电热板。

4.5 压力消解器：配有消解内罐。

4.6 马弗炉。

4.7 恒温干燥箱。

4.8　电子天平：感量为0.1mg和1mg。

5　分析步骤

5.1　试样的预处理

5.1.1　粮食、豆类等去除杂物后，粉碎，装入洁净的容器内，作为试样。密封，并标明标记，试样应于室温下保存。

5.1.2　蔬菜、水果、鱼类、肉类及蛋类等水分含量高的鲜样，直接打成匀浆，装入洁净的容器内，作为试样。密封，并标明标记。试样应于冰箱冷藏室保存。

5.2　样品消解

5.2.1　微波消解

准确称取试样0.2~0.6g（精确至0.001g）于微波消解罐中，加入5mL硝酸，按照微波消解的操作步骤消解试样（消解条件参见A.1）。冷却后取出消解罐，在电热板上于140~160℃赶酸至0.5~1.0mL。消解罐放冷后，将消化液转移至10mL容量瓶中，用少量水洗涤消解罐2~3次，合并洗涤液，用水定容至刻度。同时做试剂空白试验。

5.2.2　湿法消解

准确称取试样0.5~3g（精确至0.001g）于消化管中，加入10mL硝酸、0.5mL高氯酸，在可调式电热炉上消解（参考条件：120℃保持0.5~1h、升温至180℃ 2~4h、升温至200~220℃）。若消化液呈棕褐色，再加硝酸，消解至冒白烟，消化液呈无色透明或略带黄色，取出消化管，冷却后用水定容至10mL。同时做试剂空白试验。

5.2.3　高压消解

准确称取试样0.3~1g（精确至0.001g）于消解内罐中，加入5mL硝酸。盖好内盖，旋紧不锈钢外套，放入恒温干燥箱，于140~160℃下保持4~5h。在箱内自然冷却至室温，缓慢旋松外罐，取出消解内罐，放在可调式电热板上于140~160℃赶酸至0.5~1.0mL。冷却后将消化液转移至10mL容量瓶中，用少量水洗涤内罐和内盖2~3次，合并洗涤液于容量瓶中并用水定容至刻度。同时做试剂空白试验。

5.2.4　干法灰化

准确称取试样0.5~3g（精确至0.001g）于坩埚中，小火加热，炭化至无烟，转移至马弗炉中，于550℃恒温3~4h。取出冷却，对于灰化不彻底的试样，加数滴硝酸，小火加热，小心蒸干，再转入550℃高温炉中，继续灰化1~2h，至试样呈白灰状，从高温炉取出冷却，用硝酸溶液（1+1）溶解并用水定容至10mL。同时做试剂空白试验。

5.3　测定

5.3.1　仪器测试条件

根据各自仪器性能调至最佳状态。参考条件见A.2。

5.3.2　标准曲线的制作

将标准系列溶液工作液按浓度由低到高的顺序分别取10μL（可根据使用仪器选择最佳进样量），注入石墨管，原子化后测其吸光度值，以浓度为横坐标，吸光度值为纵坐标，绘制标准曲线。

5.3.3　试样测定

在与测定标准溶液相同的实验条件下，将空白溶液和样品溶液分别取10μL（可根据使用仪器选择最佳进样量），注入石墨管，原子化后测其吸光度值，与标准系列溶液比较定量。

对有干扰的试样应注入5μL（可根据使用仪器选择最佳进样量）的磷酸二氢铵溶液（20.0g/L）（标准系列溶液的制作过程应按5.3.3操作）。

6　分析结果的表述

试样中铬含量的计算见式（1）：

$$X = \frac{(C - C_0) \times V}{m \times 1\,000} \qquad \cdots\cdots\cdots\cdots (1)$$

式中：

X——试样中铬的含量，单位为毫克每千克（mg/kg）；

C——测定样液中铬的含量，单位为纳克每毫升（ng/mL）；

C_0——空白液中铬的含量，单位为纳克每毫升（ng/mL）；

V——样品消化液的定容总体积，单位为毫升（mL）；

m——样品称样量，单位为克（g）；

1 000——换算系数。

当分析结果≥1mg/kg 时，保留 3 位有效数字；当分析结果≥1mg/kg、<1mg/kg 时，保留 2 位有效数字。

7 精密度

在重复性条件下获得的 2 次独立测定结果的绝对差值不得超过算术平均值的 20%。

8 其他

以称样量 0.5g，定容至 10mL 计算，方法检出限为 0.01mg/kg，定量限为 0.03mg/kg。

附 录 A
样品测定参考条件

微波消解参考条件见表 A.1。

表 A.1 微波消解参考条件

步骤	功率（1 200W）变化（%）	设定温度（℃）	升温时间（min）	恒温时间（min）
1	0~80	120	5	5
2	0~80	160	5	10
3	0~80	180	5	10

石墨炉原子吸收法参考条件见表 A.2。

表 A.2 石墨炉原子吸收法参考条件

元素	波长（nm）	狭缝（nm）	灯电流（mA）	干燥（℃/s）	灰化（℃/s）	原子化（℃/s）
铬	357.9	0.2	5~7	（85~120）/（40~50）	900/（20~30）	2 700/（4~5）

中华人民共和国国家标准

GB 5009.12—2017
代替 GB 5009.12—2010

食品安全国家标准　食品中铅的测定

2017-04-06 发布　　　　2017-10-06 实施

中华人民共和国国家卫生和计划生育委员会
国家食品药品监督管理总局　发布

前　言

本标准代替 GB 5009.12—2010《食品安全国家标准　食品中铅的测定》、GB/T 20380.3—2006《淀粉及其制品重金属含量第 3 部分：电热原子吸收光谱法测定铅含量》、GB/T 23870—2009《蜂胶中铅的测定 微波消解—石墨炉原子吸收分光光度法》、GB/T 18932.12—2002《蜂蜜中钾、钠、钙、镁、锌、铁、铜、锰、铬、铅、镉含量的测定方法　原子吸收光谱法》、NY/T 1100—2006《稻米中铅、镉的测定　石墨炉原子吸收光谱法》，SN/T 2211—2008《蜂皇浆中铅和镉的测定　石墨炉原子吸收光谱法》中铅的测定方法。

本标准与 GB 5009.12—2010 相比，主要变化如下：

——在前处理方法中，保留湿法消解和压力罐消解，删除干法灰化和过硫酸铵灰化法，增加微波消解；

——保留石墨炉原子吸收光谱法为第一法，采用磷酸二氢铵-硝酸钯溶液作为基体改进剂；保留火焰原子吸收光谱法为第三法；保留二硫腙比色法为第四法；

——增加电感耦合等离子体质谱法作为第二法；

——删除氢化物原子荧光光谱法、单扫描极谱法；

——增加了微波消解升温程序、石墨炉原子吸收光谱法和火焰原子吸收光谱法的仪器参考条件；

——附录。

食品安全国家标准
食品中铅的测定

1　范围

本标准规定了食品中铅含量测定的石墨炉原子吸收光谱法、电感耦合等离子体质谱法、火焰原子吸收光谱法和二硫腙比色法。

本标准适用于各类食品中铅含量的测定。

第一法　石墨炉原子吸收光谱法

2　原理

试样消解处理后，经石墨炉原子化，在 283.3nm 处测定吸光度。在一定浓度范围内铅的吸光度值与铅含量成正比，与标准系列比较定量。

3　试剂和材料

除非另有说明，本方法所用试剂均为优级纯，水为 GB/T 6682 规定的二级水。

3.1　试剂

3.1.1　硝酸（HNO_3）。

3.1.2　高氯酸（$HClO_4$）。

3.1.3　磷酸二氢铵（$NH_4H_2PO_4$）。

3.1.4　硝酸钯［$Pd(NO_3)_2$］。

3.2　试剂配制

3.2.1　硝酸溶液（5+95）：量取 50mL 硝酸，缓慢加入到 950mL 水中，混匀。

3.2.2　硝酸溶液（1+9）：量取 50mL 硝酸，缓慢加入到 450mL 水中，混匀。

3.2.3　磷酸二氢铵-硝酸钯溶液：称取 0.02g 硝酸钯，加少量硝酸溶液（1+9）溶解后，再加入 2g 磷酸二氢铵，溶解后用硝酸溶液（5+95）定容至 100mL，混匀。

3.3　标准品

硝酸铅［Pb（NO3）2，CAS 号：10099-74-8］：纯度>99.99%。或经国家认证并授予标准物质证书的一定浓度的铅标准溶液。

3.4　标准溶液配制

3.4.1　铅标准储备液（1 000mg/L）：准确称取 1.598 5g（精确至 0.000 1g）硝酸铅，用少量硝酸溶液（1+9）溶解，移入 1 000mL容量瓶，加水至刻度，混匀。

3.4.2　铅标准中间液（1.00mg/L）：准确吸取铅标准储备液（1 000mg/L）1.00mL 于 1 000mL容量瓶中，加硝酸溶液（5+95）至刻度，混匀。

3.4.3　铅标准系列溶液：分别吸取铅标准中间液（1.00mg/L）0mL、0.50mL、1.00mL、2.00mL、3.00mL 和 4.00mL 于 100mL 容量瓶中，加硝酸溶液（5+95）至刻度，混匀。此铅标准系列溶液的质量浓度分别为 0μg/L、5.0μg/L、10.0μg/L、20.0μg/L、30.0μg/L 和 40.0μg/L。

注：可根据仪器的灵敏度及样品中铅的实际含量确定标准系列溶液中铅的质量浓度。

4　仪器和设备

注：所有玻璃器皿及聚四氟乙烯消解内罐均需硝酸溶液（1+5）浸泡过夜，用自来水反复冲洗，最后

用水冲洗干净。

4.1 原子吸收光谱仪：配石墨炉原子化器，附铅空心阴极灯。

4.2 分析天平：感量0.1mg和1mg。

4.3 可调式电热炉。

4.4 可调式电热板。

4.5 微波消解系统：配聚四氟乙烯消解内罐。

4.6 恒温干燥箱。

4.7 压力消解罐：配聚四氟乙烯消解内罐。

5 分析步骤

5.1 试样制备

注：在采样和试样制备过程中，应避免试样污染。

5.1.1 粮食、豆类样品

样品去除杂物后，粉碎，储于塑料瓶中。

5.1.2 蔬菜、水果、鱼类、肉类等样品

样品用水洗净，晾干，取可食部分，制成匀浆，储于塑料瓶中。

5.1.3 饮料、酒、醋、酱油、食用植物油、液态乳等液体样品

将样品摇匀。

5.2 试样前处理

5.2.1 湿法消解

称取固体试样0.2~3g（精确至0.001g）或准确移取液体试样0.50~5.00mL于带刻度消化管中，加入10mL硝酸和0.5mL高氯酸，在可调式电热炉上消解（参考条件：120℃/0.5~1h；升至180℃/2~4h、升至200~220℃）。若消化液呈棕褐色，再加少量硝酸，消解至冒白烟，消化液呈无色透明或略带黄色，取出消化管，冷却后用水定容至10mL，混匀备用。同时做试剂空白试验。亦可采用锥形瓶，于可调式电热板上，按上述操作方法进行湿法消解。

5.2.2 微波消解

称取固体试样0.2~0.8g（精确至0.001g）或准确移取液体试样0.50~3.00mL于微波消解罐中，加入5mL硝酸，按照微波消解的操作步骤消解试样，消解条件参考附录A。冷却后取出消解罐，在电热板上于140~160℃赶酸至1mL左右。消解罐放冷后，将消化液转移至10mL容量瓶中，用少量水洗涤消解罐2~3次，合并洗涤液于容量瓶中并用水定容至刻度，混匀备用。同时做试剂空白试验。

5.2.3 压力罐消解

称取固体试样0.2~1g（精确至0.001g）或准确移取液体试样0.50~5.00mL于消解内罐中，加入5mL硝酸。盖好内盖，旋紧不锈钢外套，放入恒温干燥箱，于140~160℃下保持4~5h。冷却后缓慢旋松外罐，取出消解内罐，放在可调式电热板上于140~160℃赶酸至1mL左右。冷却后将消化液转移至10mL容量瓶中，用少量水洗涤内罐和内盖2~3次，合并洗涤液于容量瓶中并用水定容至刻度，混匀备用。同时做试剂空白试验。

5.3 测定

5.3.1 仪器参考条件

根据各自仪器性能调至最佳状态。参考条件见附录B。

5.3.2 标准曲线的制作

按质量浓度由低到高的顺序分别将10μL铅标准系列溶液和5μL磷酸二氢铵-硝酸钯溶液（可根据所使用的仪器确定最佳进样量）同时注入石墨炉，原子化后测其吸光度值，以质量浓度为横坐标，吸光度值为纵坐标，制作标准曲线。

5.3.3　试样溶液的测定

在与测定标准溶液相同的实验条件下，将 10μL 空白溶液或试样溶液与 5μL 磷酸二氢铵-硝酸钯溶液（可根据所使用的仪器确定最佳进样量）同时注入石墨炉，原子化后测其吸光度值，与标准系列比较定量。

6　分析结果的表述

试样中铅的含量按式（1）计算：

$$X = \frac{(\rho - \rho_0) \times V}{m \times 1\,000} \qquad \cdots\cdots\cdots\cdots (1)$$

式中：

X——试样中铅的含量，单位为毫克每千克或毫克每升（mg/kg 或 mg/L）；

ρ——试样溶液中铅的质量浓度，单位为微克每升（μg/L）；

ρ_0——空白溶液中铅的质量浓度，单位为微克每升（μg/L）；

V——试样消化液的定容体积，单位为毫升（mL）；

m——试样称样量或移取体积，单位为克或毫升（g 或 mL）；

1 000——换算系数。

当铅含量≥1.00mg/kg（或 mg/L）时，计算结果保留 3 位有效数字；当铅含量<1.00mg/kg（或 mg/L）时，计算结果保留 2 位有效数字。

7　精密度

在重复性条件下获得的 2 次独立测定结果的绝对差值不得超过算术平均值的 20%。

8　其他

当称样量为 0.5g（或 0.5mL），定容体积为 10mL 时，方法的检出限为 0.02mg/kg（或 0.02mg/L），定量限为 0.04mg/kg（或 0.04mg/L）。

第二法　电感耦合等离子体质谱法

见 GB 5009.268。

第三法　火焰原子吸收光谱法

9　原理

试样经处理后，铅离子在一定 pH 值条件下与二乙基二硫代氨基甲酸钠（DDTC）形成络合物，经 4-甲基-2-戊酮（MIBK）萃取分离，导入原子吸收光谱仪中，经火焰原子化，在 283.3nm 处测定吸光度。在一定浓度范围内铅的吸光度值与铅含量成正比，与标准系列比较定量。

10　试剂和材料

注：除非另有说明，本方法所用试剂均为分析纯，水为 GB/T 6682 规定的二级水。

10.1　试剂

10.1.1　硝酸（HNO_3）：优级纯。

10.1.2　高氯酸（$HClO_4$）：优级纯。

10.1.3　硫酸铵［$(NH_4)_2SO_4$］。

10.1.4 柠檬酸铵［$C_6H_5O_7(NH_4)_3$］。
10.1.5 溴百里酚蓝（$C_{27}H_{28}O_5SBr_2$）。
10.1.6 二乙基二硫代氨基甲酸钠［DDTC，$(C_2H_5)_2NCSSNa \cdot 3H_2O$］。
10.1.7 氨水（$NH_3 \cdot H_2O$）：优级纯。
10.1.8 4-甲基-2-戊酮（MIBK，$C_6H_{12}O$）。
10.1.9 盐酸（HCl）：优级纯。

10.2 试剂配制

10.2.1 硝酸溶液（5+95）：量取50mL硝酸，加入到950mL水中，混匀。
10.2.2 硝酸溶液（1+9）：量取50mL硝酸，加入到450mL水中，混匀。
10.2.3 硫酸铵溶液（300g/L）：称取30g硫酸铵，用水溶解并稀释至100mL，混匀。
10.2.4 柠檬酸铵溶液（250g/L）：称取25g柠檬酸铵，用水溶解并稀释至100mL，混匀。
10.2.5 溴百里酚蓝水溶液（1g/L）：称取0.1g溴百里酚蓝，用水溶解并稀释至100mL，混匀。
10.2.6 DDTC溶液（50g/L）：称取5g DDTC，用水溶解并稀释至100mL，混匀。
10.2.7 氨水溶液（1+1）：吸取100mL氨水，加入100mL水，混匀。
10.2.8 盐酸溶液（1+11）：吸取10mL盐酸，加入110mL水，混匀。

10.3 标准品

硝酸铅［$Pb(NO_3)_2$，CAS号：10099-74-8］：纯度>99.99%。或经国家认证并授予标准物质证书的一定浓度的铅标准溶液。

10.4 标准溶液配制

10.4.1 铅标准储备液（1 000mg/L）：准确称取1.598 5g（精确至0.000 1g）硝酸铅，用少量硝酸溶液（1+9）溶解，移入1 000mL容量瓶，加水至刻度，混匀。
10.4.2 铅标准使用液（10.0mg/L）：准确吸取铅标准储备液（1 000mg/L）1.00mL于100mL容量瓶中，加硝酸溶液（5+95）至刻度，混匀。

11 仪器和设备

注：所有玻璃器皿均需硝酸（1+5）浸泡过夜，用自来水反复冲洗，最后用水冲洗干净。

11.1 原子吸收光谱仪：配火焰原子化器，附铅空心阴极灯。
11.2 分析天平：感量0.1mg和1mg。
11.3 可调式电热炉。
11.4 可调式电热板。

12 分析步骤

12.1 试样制备

同5.1。

12.2 试样前处理

同5.2.1

12.3 测定

12.3.1 仪器参考条件

根据各自仪器性能调至最佳状态。参考条件参见附录C。

12.3.2 标准曲线的制作

分别吸取铅标准使用液0mL、0.25mL、0.50mL、1.00mL、1.50mL和2.00mL（相当0μg、2.5μg、5.0μg、10.0μg、15.0μg和20.0μg铅）于125mL分液漏斗中，补加水至60mL。加2mL柠檬酸铵溶液（250g/L），溴百里酚蓝水溶液（1g/L）3~5滴，用氨水溶液（1+1）调pH值至溶液由黄变蓝，加硫酸铵溶液（300g/L）10mL，DDTC溶液（1g/L）10mL，摇匀。放置5min左右，加入10mL MIBK，剧烈振摇

提取 1min，静置分层后，弃去水层，将 MIBK 层放入 10mL 带塞刻度管中，得到标准系列溶液。

将标准系列溶液按质量由低到高的顺序分别导入火焰原子化器，原子化后测其吸光度值，以铅的质量为横坐标，吸光度值为纵坐标，制作标准曲线。

12.3.3　试样溶液的测定

将试样消化液及试剂空白溶液分别置于 125mL 分液漏斗中，补加水至 60mL。加 2mL 柠檬酸铵溶液（250g/L），溴百里酚蓝水溶液（1g/L）3~5 滴，用氨水溶液（1+1）调 pH 值至溶液由黄变蓝，加硫酸铵溶液（300g/L）10mL，DDTC 溶液（1g/L）10mL，摇匀。放置 5min 左右，加入 10mL MIBK，剧烈振摇提取 1min，静置分层后，弃去水层，将 MIBK 层放入 10mL 带塞刻度管中，得到试样溶液和空白溶液。

将试样溶液和空白溶液分别导入火焰原子化器，原子化后测其吸光度值，与标准系列比较定量。

13　分析结果的表述

试样中铅的含量按式（2）计算：

$$X = \frac{m_1 - m_0}{m_2} \qquad \cdots\cdots\cdots\cdots (2)$$

式中：

X——试样中铅的含量，单位为毫克每千克或毫克每升（mg/kg 或 mg/L）；

m_1——试样溶液中铅的质量，单位为微克（μg）；

m_0——空白溶液中铅的质量，单位为微克（μg）；

m_2——试样称样量或移取体积，单位为克或毫升（g 或 mL）。

当铅含量≥10.0mg/kg（或 mg/L）时，计算结果保留 3 位有效数字；当铅含量<10.0mg/kg（或 mg/L）时，计算结果保留 2 位有效数字。

14　精密度

在重复性条件下获得的两次独立测定结果的绝对差值不得超过算术平均值的 20%。

15　其他

以称样量 0.5g（或 0.5mL）计算，方法的检出限为 0.4mg/kg（或 0.4mg/L），定量限为 1.2mg/kg（或 1.2mg/L）。

第四法　二硫腙比色法

16　原理

试样经消化后，在 pH 值为 8.5~9.0 时，铅离子与二硫腙生成红色络合物，溶于三氯甲烷。加入柠檬酸铵、氰化钾和盐酸羟胺等，防止铁、铜、锌等离子干扰。于波长 510nm 处测定吸光度，与标准系列比较定量。

17　试剂和材料

除非另有说明，本方法所用试剂均为分析纯，水为 GB/T 6682 规定的三级水。

17.1　试剂

17.1.1　硝酸（HNO_3）：优级纯。

17.1.2　高氯酸（$HClO_4$）：优级纯。

17.1.3　氨水（$NH_3 \cdot H_2O$）：优级纯。

17.1.4　盐酸（HCl）：优级纯。

17.1.5　酚红（$C_{19}H_{14}O_5S$）。

17.1.6　盐酸羟胺（$NH_2OH \cdot HCl$）。
17.1.7　柠檬酸铵［$C_6H_5O_7(NH_4)_3$］。
17.1.8　氰化钾（KCN）。
17.1.9　三氯甲烷（$CHCl_3$，不应含氧化物）。
17.1.10　二硫腙（$C_6H_5NHNHCSN=NC_6H_5$）。
17.1.11　乙醇（C_2H_5OH）：优级纯。

17.2　试剂配制

17.2.1　硝酸溶液（5+95）：量取50mL硝酸，缓慢加入到950mL水中，混匀。
17.2.2　硝酸溶液（1+9）：量取50mL硝酸，缓慢加入到450mL水中，混匀。
17.2.3　氨水溶液（1+1）：量取100mL氨水，加入100mL水，混匀。
17.2.4　氨水溶液（1+99）：量取10mL氨水，加入990mL水，混匀。
17.2.5　盐酸溶液（1+1）：量取100mL盐酸，加入100mL水，混匀。
17.2.6　酚红指示液（1g/L）：称取0.1g酚红，用少量多次乙醇溶解后移入100mL容量瓶中并定容至刻度，混匀。
17.2.7　二硫腙-三氯甲烷溶液（0.5g/L）：称取0.5g二硫腙，用三氯甲烷溶解，并定容至1 000mL，混匀，保存于0~5℃下，必要时用下述方法纯化。

称取0.5g研细的二硫腙，溶于50mL三氯甲烷中，如不全溶，可用滤纸过滤于250mL分液漏斗中，用氨水溶液（1+99）提取3次，每次100mL，将提取液用棉花过滤至500mL分液漏斗中，用盐酸溶液（1+1）调至酸性，将沉淀出的二硫腙用三氯甲烷提取2~3次，每次20mL，合并三氯甲烷层，用等量水洗涤2次，弃去洗涤液，在50℃水浴上蒸去三氯甲烷。精制的二硫腙置硫酸干燥器中，干燥备用。或将沉淀出的二硫腙用200mL、200mL、100mL三氯甲烷提取3次，合并三氯甲烷层为二硫腙-三氯甲烷溶液。

17.2.8　盐酸羟胺溶液（200g/L）：称取20g盐酸羟胺，加水溶解至50mL，加2滴酚红指示液（1g/L），加氨水溶液（1+1），调pH值至8.5~9.0（由黄变红，再多加2滴），用二硫腙-三氯甲烷溶液（0.5g/L）提取至三氯甲烷层绿色不变为止，再用三氯甲烷洗2次，弃去三氯甲烷层，水层加盐酸溶液（1+1）至呈酸性，加水至100mL，混匀。
17.2.9　柠檬酸铵溶液（200g/L）：称取50g柠檬酸铵，溶于100mL水中，加2滴酚红指示液（1g/L），加氨水溶液（1+1），调pH值至8.5~9.0，用二硫腙-三氯甲烷溶液（0.5g/L）提取数次，每次10~20mL，至三氯甲烷层绿色不变为止，弃去三氯甲烷层，再用三氯甲烷洗2次，每次5mL，弃去三氯甲烷层，加水稀释至250mL，混匀。
17.2.10　氰化钾溶液（100g/L）：称取10g氰化钾，用水溶解后稀释至100mL，混匀。
17.2.11　二硫腙使用液：吸取1.0mL二硫腙-三氯甲烷溶液（0.5g/L），加三氯甲烷至10mL，混匀。用1cm比色杯，以三氯甲烷调节零点，于波长510nm处测吸光度（A），用式（3）算出配制100mL二硫腙使用液（70%透光率）所需二硫腙-三氯甲烷溶液（0.5g/L）的毫升数（V）。量取计算所得体积的二硫腙-三氯甲烷溶液，用三氯甲烷稀释至100mL。

$$V=\frac{10\times(2-\lg 70)}{A}=\frac{1.55}{A} \qquad \cdots\cdots\cdots\cdots（3）$$

17.3　标准品

硝酸铅［$Pb(NO_3)_2$，CAS号：10099-74-8］：纯度>99.99%。或经国家认证并授予标准物质证书的一定浓度的铅标准溶液。

17.4　标准溶液配制

同10.4。

18　仪器和设备

注：所有玻璃器皿均需硝酸（1+5）浸泡过夜，用自来水反复冲洗，最后用水冲洗干净。

18.1　分光光度计。

18.2　分析天平：感量 0.1mg 和 1mg。

18.3　可调式电热炉。

18.4　可调式电热板。

19　分析步骤

19.1　试样制备

同 5.1。

19.2　试样前处埋

同 5.2.1。

19.3　测定

19.3.1　仪器参考条件

根据各自仪器性能调至最佳状态。测定波长：510nm。

19.3.2　标准曲线的制作

吸取 0mL、0.10mL、0.20mL、0.30mL、0.40mL 和 0.50mL 铅标准使用液（相当 0μg、1.00μg、2.00μg、3.00μg、4.00μg 和 5.00μg 铅）分别置于 125mL 分液漏斗中，各加硝酸溶液（5+95）至 20mL。再各加 2mL 柠檬酸铵溶液（200g/L），1mL 盐酸羟胺溶液（200g/L）和 2 滴酚红指示液（1g/L），用氨水溶液（1+1）调至红色，再各加 2mL 氰化钾溶液（100g/L），混匀。各加 5mL 二硫腙使用液，剧烈振摇 1min，静置分层后，三氯甲烷层经脱脂棉滤入 1cm 比色杯中，以三氯甲烷调节零点于波长 510nm 处测吸光度，以铅的质量为横坐标，吸光度值为纵坐标，制作标准曲线。

19.3.3　试样溶液的测定

将试样溶液及空白溶液分别置于 125mL 分液漏斗中，各加硝酸溶液至 20mL。于消解液及试剂空白液中各加 2mL 柠檬酸铵溶液（200g/L），1mL 盐酸羟胺溶液（200g/L）和 2 滴酚红指示液（1g/L），用氨水溶液（1+1）调至红色，再各加 2mL 氰化钾溶液（100g/L），混匀。各加 5mL 二硫腙使用液，剧烈振摇 1min，静置分层后，三氯甲烷层经脱脂棉滤入 1cm 比色杯中，于波长 510nm 处测吸光度，与标准系列比较定量。

20　分析结果的表述

同 13。

21　精密度

在重复性条件下获得的 2 次独立测定结果的绝对差值不得超过算术平均值的 10%。

22　其他

以称样量 0.5g（或 0.5mL）计算，方法的检出限为 1mg/kg（或 1mg/L），定量限为 3mg/kg（或 3mg/L）。

附　录　A
微波消解升温程序

微波消解升温程序见表 A.1。

表 A.1　微波消解升温程序

步骤	设定温度（℃）	升温时间（min）	恒温时间（min）
1	120	5	5

（续表）

步骤	设定温度（℃）	升温时间（min）	恒温时间（min）
2	160	5	10
3	180	5	10

附　录　B
石墨炉原子吸收光谱法仪器参考条件

石墨炉原子吸收光谱法仪器参考条件见表 B. 1。

表 B. 1　石墨炉原子吸收光谱法仪器参考条件

元素	波长（nm）	狭缝（nm）	灯电流（mA）	干燥	灰化	原子化
铅	283. 3	0. 5	8～12	85～120℃/40～50s	750℃/20～30s	2 300℃/4～5s

附　录　C
火焰原子吸收光谱法仪器参考条件

火焰原子吸收光谱法仪器参考条件见表 C. 1。

表 C. 1　火焰原子吸收光谱法仪器参考条件

元素	波长（nm）	狭缝（nm）	灯电流（mA）	燃烧头高度（mm）	空气流量（L/min）
铅	283. 3	0. 5	8～12	6	8

中华人民共和国国家标准

GB 5009.90—2016
代替 GB 5413.21—2010

食品安全国家标准 食品中铁的测定

2016-12-23 发布 2017-06-23 实施

中华人民共和国国家卫生和计划生育委员会
国家食品药品监督管理总局 发布

前　言

本标准代替 GB 5413. 21—2010《食品安全国家标准　婴幼儿食品和乳品中钙、铁、锌、钠、钾、镁、铜和锰的测定》、GB/T 23375—2009《蔬菜及其制品中铜、铁、锌、钙、镁、磷的测定》、GB/T 5009. 90—2003《食品中铁、镁、锰的测定》、GB/T 14609—2008《粮油检测　谷物及其制品中铜、铁、锰、锌、钙、镁的测定　火焰原子吸收光谱法》、GB/T 18932. 12—2002《蜂蜜中钾、钠、钙、镁、锌、铁、铜、锰、铬、铅、镉含量的测定方法　原子吸收光谱法》、GB/T 9695. 3—2009《肉与肉制品　铁含量测定》、NY/T 1201—2006《蔬菜及其制品中铜、铁、锌的测定》中铁含量测定方法。

本标准与 GB/T 5009. 90—2003 相比，主要变化如下：

——标准名称改为“食品安全国家标准　食品中铁的测定”；

——增加了微波消解、压力罐消解和干法消解；

——增加了电感耦合等离子体发射光谱法；

——增加了电感耦合等离子体质谱法；

——删除分光光度法。

食品安全国家标准
食品中铁的测定

1　范围

本标准规定了食品中铁含量测定的火焰原子吸收光谱法、电感耦合等离子体发射光谱法和电感耦合等离子体质谱法。

本标准适用于食品中铁含量的测定。

第一法　火焰原子吸收光谱法

2　原理

试样消解后，经原子吸收火焰原子化，在248.3nm处测定吸光度值。在一定浓度范围内铁的吸光度值与铁含量成正比，与标准系列比较定量。

3　试剂和材料

除非另有说明，本方法所用试剂均为优级纯，水为GB/T 6682规定的二级水。

3.1　试剂

3.1.1　硝酸（HNO_3）。

3.1.2　高氯酸（$HClO_4$）。

3.1.3　硫酸（H_2SO_4）

3.2　试剂配制

3.2.1　硝酸溶液（5+95）：量取50mL硝酸，倒入950mL水中，混匀。

3.2.2　硝酸溶液（1+1）：量取250mL硝酸，倒入250mL水中，混匀。

3.2.3　硫酸溶液（1+3）：量取50mL硫酸，缓慢倒入150mL水中，混匀。

3.3　标准品

硫酸铁铵［$NH_4Fe(SO_4)_2 \cdot 12H_2O$，CAS号7783-83-7］：纯度>99.99%。或一定浓度经国家认证并授予标准物质证书的铁标准溶液。

3.4　标准溶液配制

3.4.1　铁标准储备液（1 000mg/L）：准确称取0.863 1g（精确至0.000 1g）硫酸铁铵，加水溶解，加1.00mL硫酸溶液（1+3），移入100mL容量瓶，加水定容至刻度。混匀。此铁溶液质量浓度为1 000mg/L。

3.4.2　铁标准中间液（100mg/L）：准确吸取铁标准储备液（1 000mg/L）10mL于100mL容量瓶中，加硝酸溶液（5+95）定容至刻度，混匀。此铁溶液质量浓度为100mg/L。

3.4.3　铁标准系列溶液：分别准确吸取铁标准中间液（100mg/L）0mL、0.50mL、1.00mL、2.00mL、4.00mL、6.00mL于100mL容量瓶中，加硝酸溶液（5+95）定容至刻度，混匀。此铁标准系列溶液中铁的质量浓度分别为0mg/L、0.50mg/L、1.00mg/L、2.00mg/L、4.00mg/L、6.00mg/L。

注：可根据仪器的灵敏度及样品中铁的实际含量确定标准溶液系列中铁的具体浓度。

4　仪器设备

注：所有玻璃器皿及聚四氟乙烯消解内罐均需硝酸溶液（1+5）浸泡过夜，用自来水反复冲洗，最后用水冲洗干净。

4.1 原子吸收光谱仪：配火焰原子化器，铁空心阴极灯。
4.2 分析天平：感量 0.1mg 和 1mg。
4.3 微波消解仪：配聚四氟乙烯消解内罐。
4.4 可调式电热炉。
4.5 可调式电热板。
4.6 压力消解罐：配聚四氟乙烯消解内罐。
4.7 恒温干燥箱。
4.8 马弗炉。

5 分析步骤

5.1 试样制备

注：在采样和制备过程中，应避免试样污染。

5.1.1 粮食、豆类样品

样品去除杂物后，粉碎，储于塑料瓶中。

5.1.2 蔬菜、水果、鱼类、肉类等样品

样品用水洗净，晾干，取可食部分，制成匀浆，储于塑料瓶中。

5.1.3 饮料、酒、醋、酱油、食用植物油、液态乳等液体样品将样品摇匀。

5.2 试样消解

5.2.1 湿法消解

准确称取固体试样 0.5~3g（精确至 0.001g）或准确移取液体试样 1.00~5.00mL 于带刻度消化管中，加入 10mL 硝酸和 0.5mL 高氯酸，在可调式电热炉上消解（参考条件：120℃/0.5~1h、升至 180℃/2~4h、升至 200~220℃）。若消化液呈棕褐色，再加硝酸，消解至冒白烟，消化液呈无色透明或略带黄色，取出消化管，冷却后将消化液转移至 25mL 容量瓶中，用少量水洗涤 2~3 次，合并洗涤液于容量瓶中并用水定容至刻度，混匀备用。同时做试样空白试验。也可采用锥形瓶，于可调式电热板上，按上述操作方法进行湿法消解。

5.2.2 微波消解

准确称取固体试样 0.2~0.8g（精确至 0.001g）或准确移取液体试样 1.00~3.00mL 于微波消解罐中，加入 5mL 硝酸，按照微波消解的操作步骤消解试样，消解条件参考表 A.1。冷却后取出消解罐，在电热板上于 140~160℃赶酸至 1.0mL 左右。冷却后将消化液转移至 25mL 容量瓶中，用少量水洗涤内罐和内盖 2~3 次，合并洗涤液于容量瓶中并用水定容至刻度，混匀备用。同时做试样空白试验。

5.2.3 压力罐消解

准确称取固体试样 0.3~2g（精确至 0.001g）或准确移取液体试样 2.00~5.00mL 于消解内罐中，加入 5mL 硝酸。盖好内盖，旋紧不锈钢外套，放入恒温干燥箱，于 140~160℃下保持 4~5h。冷却后缓慢旋松外罐，取出消解内罐，放在可调式电热板上于 140~160℃赶酸至 1.0mL 左右。冷却后将消化液转移至 25mL 容量瓶中，用少量水洗涤内罐和内盖 2~3 次，合并洗涤液于容量瓶中并用水定容至刻度，混匀备用。同时做试样空白试验。

5.2.4 干法消解

准确称取固体试样 0.5~3g（精确至 0.001g）或准确移取液体试样 2.00~5.00mL 于坩埚中，小火加热，炭化至无烟，转移至马弗炉中，于 550℃灰化 3~4h。冷却，取出，对于灰化不彻底的试样，加数滴硝酸，小火加热，小心蒸干，再转入 550℃马弗炉中，继续灰化 1~2h，至试样呈白灰状，冷却，取出，用适量硝酸溶液（1+1）溶解，转移至 25mL 容量瓶中，用少量水洗涤内罐和内盖 2~3 次，合并洗涤液于容量瓶中并用水定容至刻度。同时做试样空白试验。

5.3 测定

5.3.1 仪器测试条件

参考条件见表 B.1。

5.3.2　标准曲线的制作

将标准系列工作液按质量浓度由低到高的顺序分别导入火焰原子化器，测定其吸光度值。以铁标准系列溶液中铁的质量浓度为横坐标，以相应的吸光度值为纵坐标，制作标准曲线。

5.3.3　试样测定

在与测定标准溶液相同的实验条件下，将空白溶液和样品溶液分别导入原子化器，测定吸光度值，与标准系列比较定量。

6　分析结果的表述

试样中铁的含量按式（1）计算：

$$X = \frac{(\rho - \rho_0) \times V}{m} \qquad \cdots\cdots\cdots\cdots (1)$$

式中：

X——试样中铁的含量，单位为毫克每千克或毫克每升（mg/kg 或 mg/L）；

ρ——测定样液中铁的质量浓度，单位为毫克每升（mg/L）；

ρ_0——空白液中铁的质量浓度，单位为毫克每升（mg/L）；

V——试样消化液的定容体积，单位为毫升（mL）；

m——试样称样量或移取体积，单位为克或毫升（g 或 mL）。

当铁含量≥10.0mg/kg 或 10.0mg/L 时，计算结果保留 3 位有效数字；当铁含量<10.0mg/kg 或 10.0mg/L 时，计算结果保留 2 位有效数字。

7　精密度

在重复性条件下获得的 2 次独立测定结果的绝对差值不得超过算术平均值的 10%。

8　其他

当称样量为 0.5g（或 0.5mL），定容体积为 25mL 时，方法检出限为 0.75mg/kg（或 0.75mg/L），定量限为 2.5mg/kg（或 2.5mg/L）。

第二法　电感耦合等离子体发射光谱法

见 GB 5009.268。

第三法　电感耦合等离子体质谱法

见 GB 5009.268。

附　录　A
微波消解升温程序

微波消解升温程序见表 A.1。

表 A.1　微波消解升温程序

步骤	设定温度（℃）	升温时间（min）	恒温时间（min）
1	120	5	5
2	160	5	10
3	180	5	10

附　录　B
火焰原子吸收光谱法参考条件

火焰原子吸收光谱法参考条件见表 B.1。

表 B.1　火焰原子吸收光谱法参考条件

元素	波长（nm）	狭缝（nm）	灯电流（mA）	燃烧头高度（mm）	空气流量（L/min）	乙炔流量（L/min）
铁	248.3	0.2	5~15	3	9	2

中华人民共和国国家标准

GB 5009.93—2017
代替 GB 5009.93—2010

食品安全国家标准　食品中硒的测定

2017-04-06 发布　　　　2017-10-06 实施

中华人民共和国国家卫生和计划生育委员会
国家食品药品监督管理总局　发布

前　言

本标准代替 GB 5009. 93—2010《食品安全国家标准　食品中硒的测定》、GB/T 21729—2008《茶叶中硒含量的检测方法》、SN/T 0860—2000《出口蘑菇罐头中硒的测定方法　荧光分光光度法》和 SN/T 0926—2000《进出口茶叶中硒的检验方法　荧光光度法》。

本标准与 GB 5009. 93—2010 相比，主要变化如下：

——保留氢化物原子荧光光谱法为第一法，荧光分光光度法为第二法；

——增加电感耦合等离子体质谱法为第三法。

食品安全国家标准
食品中硒的测定

1　范围

本标准规定了食品中硒含量测定的氢化物原子荧光光谱法、荧光分光光度法和电感耦合等离子体质谱法。

本标准适用于各类食品中硒的测定。

第一法　氢化物原子荧光光谱法

2　原理

试样经酸加热消化后，在 6mol/L 盐酸介质中，将试样中的六价硒还原成四价硒，用硼氢化钠或硼氢化钾作还原剂，将四价硒在盐酸介质中还原成硒化氢，由载气（氩气）带入原子化器中进行原子化，在硒空心阴极灯照射下，基态硒原子被激发至高能态，在去活化回到基态时，发射出特征波长的荧光，其荧光强度与硒含量成正比，与标准系列比较定量。

3　试剂和材料

除非另有说明，本方法所用试剂均为分析纯，水为 GB/T 6682 规定的二级水。

3.1　试剂

3.1.1　硝酸（HNO_3）：优级纯。

3.1.2　高氯酸（$HClO_4$）：优级纯。

3.1.3　盐酸（HCl）：优级纯。

3.1.4　氢氧化钠（NaOH）：优级纯。

3.1.5　过氧化氢（H_2O_2）。

3.1.6　硼氢化钠（$NaBH_4$）：优级纯。

3.1.7　铁氰化钾［$K_3Fe(CN)_6$］。

3.2　试剂的配制

3.2.1　硝酸-高氯酸混合酸（9+1）：将 900mL 硝酸与 100mL 高氯酸混匀。

3.2.2　氢氧化钠溶液（5g/L）：称取 5g 氢氧化钠，溶于 1 000mL 水中，混匀。

3.2.3　硼氢化钠碱溶液（8g/L）：称取 8g 硼氢化钠，溶于氢氧化钠溶液（5g/L）中，混匀。现配现用。

3.2.4　盐酸溶液（6mol/L）：量取 50mL 盐酸，缓慢加入 40mL 水中，冷却后用水定容至 100mL，混匀。

3.2.5　铁氰化钾溶液（100g/L）：称取 10g 铁氰化钾，溶于 100mL 水中，混匀。

3.2.6　盐酸溶液（5+95）：量取 25mL 盐酸，缓慢加入 475mL 水中，混匀。

3.3　标准品

硒标准溶液：1 000mg/L，或经国家认证并授予标准物质证书的一定浓度的硒标准溶液。

3.4　标准溶液的制备

3.4.1　硒标准中间液（100mg/L）：准确吸取 1.00mL 硒标准溶液（1 000mg/L）于 10mL 容量瓶中，加盐酸溶液（5+95）定容至刻度，混匀。

3.4.2　硒标准使用液（1.00mg/L）：准确吸取硒标准中间液（100mg/L）1.00mL 于 100mL 容量瓶中，用盐酸溶液（5+95）定容至刻度，混匀。

3.4.3　硒标准系列溶液：分别准确吸取硒标准使用液（1.00mg/L）0mL、0.50mL、1.00mL、2.00mL 和 3.00mL 于 100mL 容量瓶中，加入铁氰化钾溶液（100g/L）10mL，用盐酸溶液（5+95）定容至刻度，混匀待测。此硒标准系列溶液的质量浓度分别为 0μg/L、5.0μg/L、10.0μg/L、20.0μg/L 和 30.0μg/L。

注：可根据仪器的灵敏度及样品中硒的实际含量确定标准系列溶液中硒元素的质量浓度。

4　仪器和设备

注：所有玻璃器皿及聚四氟乙烯消解内罐均需硝酸溶液（1+5）浸泡过夜，用自来水反复冲洗，最后用水冲洗干净。

4.1　原子荧光光谱仪：配硒空心阴极灯。

4.2　天平：感量为 1mg。

4.3　电热板。

4.4　微波消解系统：配聚四氟乙烯消解内罐。

5　分析步骤

5.1　试样制备

注：在采样和制备过程中，应避免试样污染。

5.1.1　粮食、豆类样品

样品去除杂物后，粉碎，储于塑料瓶中。

5.1.2　蔬菜、水果、鱼类、肉类等样品

样品用水洗净，晾干，取可食部分，制成匀浆，储于塑料瓶中。

5.1.3　饮料、酒、醋、酱油、食用植物油、液态乳等液体样品将样品摇匀。

5.2　试样消解

5.2.1　湿法消解

称取固体试样 0.5～3g（精确至 0.001g）或准确移取液体试样 1.00～5.00mL，置于锥形瓶中，加 10mL 硝酸-高氯酸混合酸（9+1）及几粒玻璃珠，盖上表面皿冷消化过夜。次日于电热板上加热，并及时补加硝酸。当溶液变为清亮无色并伴有白烟产生时，再继续加热至剩余体积为 2mL 左右，切不可蒸干。冷却，再加 5mL 盐酸溶液（6mol/L），继续加热至溶液变为清亮无色并伴有白烟出现。冷却后转移至 10mL 容量瓶中，加入 2.5mL 铁氰化钾溶液（100g/L），用水定容，混匀待测。同时做试剂空白试验。

5.2.2　微波消解

称取固体试样 0.2～0.8g（精确至 0.001g）或准确移取液体试样 1.00～3.00mL，置于消化管中，加 10mL 硝酸、2mL 过氧化氢，振摇混合均匀，于微波消解仪中消化，微波消化推荐条件见附录 A（可根据不同的仪器自行设定消解条件）。消解结束待冷却后，将消化液转入锥形烧瓶中，加几粒玻璃珠，在电热板上继续加热至近干，切不可蒸干。再加 5mL 盐酸溶液（6mol/L），继续加热至溶液变为清亮无色并伴有白烟出现，冷却，转移至 10mL 容量瓶中，加入 2.5mL 铁氰化钾溶液（100g/L），用水定容，混匀待测。同时做试剂空白试验。

5.3　测定

5.3.1　仪器参考条件

根据各自仪器性能调至最佳状态。参考条件为：负高压 340V；灯电流 100mA；原子化温度 800℃；炉高 8mm；载气流速 500mL/min；屏蔽气流速 1 000mL/min；测量方式标准曲线法；读数方式峰面积；延迟时间 1s；读数时间 15s；加液时间 8s；进样体积 2mL。

5.3.2　标准曲线的制作

以盐酸溶液（5+95）为载流，硼氢化钠碱溶液（8g/L）为还原剂，连续用标准系列的零管进样，待读数稳定之后，将标硒标准系列溶液按质量浓度由低到高的顺序分别导入仪器，测定其荧光强度，以质量浓度为横坐标，荧光强度为纵坐标，制作标准曲线。

5.3.3　试样测定

在与测定标准系列溶液相同的实验条件下，将空白溶液和试样溶液分别导入仪器，测其荧光值强度，与标准系列比较定量。

6　分析结果的表述

试样中硒的含量按式（1）计算：

$$X = \frac{(\rho - \rho_0) \times V}{m \times 1\ 000} \qquad \cdots\cdots\cdots\cdots (1)$$

式中：

X——试样中硒的含量，单位为毫克每千克或毫克每升（mg/kg 或 mg/L）；

ρ——试样溶液中硒的质量浓度，单位为微克每升（μg/L）；

ρ_0——空白溶液中硒的质量浓度，单位为微克每升（μg/L）；

V——试样消化液总体积，单位为毫升（mL）；

m——试样称样量或移取体积，单位为克或毫升（g 或 mL）；

1 000——换算系数。

当硒含量≥1.00mg/kg（或 mg/L）时，计算结果保留 3 位有效数字，当硒含量<1.00mg/kg（或 mg/L）时，计算结果保留 2 位有效数字。

7　精密度

在重复性条件下获得的 2 次独立测定结果的绝对差值不得超过算术平均值的 20%。

8　其他

当称样量为 1g（或 1mL），定容体积为 10mL 时，方法的检出限为 0.002mg/kg（或 0.002mg/L），定量限为 0.006mg/kg（或 0.006mg/L）。

第二法　荧光分光光度法

9　原理

将试样用混合酸消化，使硒化合物转化为无机硒 Se^{4+}，在酸性条件下 Se^{4+} 与 2,3-二氨基萘（2,3-Diaminonaphthalene，缩写为 DAN）反应生成 4,5-苯并苤硒脑（4,5-Benzopiaselenol），然后用环己烷萃取后上机测定。4,5-苯并苤硒脑在波长为 376nm 的激发光作用下，发射波长为 520nm 的荧光，测定其荧光强度，与标准系列比较定量。

10　试剂和材料

除非另有说明，本方法所用试剂均为分析纯，水为 GB/T 6682 规定的二级水。

10.1　试剂

10.1.1　盐酸（HCl）：优级纯。

10.1.2　环己烷（C_6H_{12}）：色谱纯。

10.1.3　2,3-二氨基萘（DAN，$C_{10}H_{10}N_2$）。

10.1.4　乙二胺四乙酸二钠（EDTA-2Na，$C_{10}H_{14}N_2Na_2O_8$）。

10.1.5　盐酸羟胺（$NH_2OH \cdot HCl$）。

10.1.6　甲酚红（$C_{21}H_{18}O_5$）。

10.1.7　氨水（$NH_3 \cdot H_2O$）：优级纯。

10.2　试剂的配制

10.2.1　盐酸溶液（1%）：量取 5mL 盐酸，用水稀释至 500mL，混匀。

10.2.2　DAN 试剂（1g/L）：此试剂在暗室内配制。称取 DAN 0.2g 于一带盖锥形瓶中，加入盐酸溶液（1%）200mL，振摇约 15min 使其全部溶解。加入约 40mL 环己烷，继续振荡 5min。将此液倒入塞有玻璃棉（或脱脂棉）的分液漏斗中，待分层后滤去环己烷层，收集 DAN 溶液层，反复用环己烷纯化直至环己烷中荧光降至最低时为止（约纯化 5~6 次）。将纯化后的 DAN 溶液储于棕色瓶中，加入约 1cm 厚的环己烷覆盖表层，于 0~5℃保存。必要时在使用前再以环己烷纯化一次。

注：此试剂有一定毒性，使用本试剂的人员应注意防护。

10.2.3　硝酸-高氯酸混合酸（9+1）：将 900mL 硝酸与 100mL 高氯酸混匀。

10.2.4　盐酸溶液（6mol/L）：量取 50mL 盐酸，缓慢加入 40mL 水中，冷却后用水定容至 100mL，混匀。

10.2.5　氨水溶液（1+1）：将 5mL 水与 5mL 氨水混匀。

10.2.6　EDTA 混合液：

a）EDTA 溶液（0.2mol/L）：称取 EDTA－2Na 37g，加水并加热至完全溶解，冷却后用水稀释至 500mL；

b）盐酸羟胺溶液（100g/L）：称取 10g 盐酸羟胺溶于水中，稀释至 100mL，混匀；

c）甲酚红指示剂（0.2g/L）：称取甲酚红 50mg 溶于少量水中，加氨水溶液（1+1）1 滴，待完全溶解后加水稀释至 250mL，混匀；

d）取 EDTA 溶液（0.2mol/L）及盐酸羟胺溶液（100g/L）各 50mL，加甲酚红指示剂（0.2g/L）5mL，用水稀释至 1L，混匀。

10.2.7　盐酸溶液（1+9）：量取 100mL 盐酸，缓慢加入到 900mL 水中，混匀。

10.3　标准品

硒标准溶液：1 000mg/L，或经国家认证并授予标准物质证书的一定浓度的硒标准溶液。

10.4　标准溶液的制备

10.4.1　硒标准中间液（100mg/L）：准确吸取 1.00mL 硒标准溶液（1 000mg/L）于 10mL 容量瓶中，加盐酸溶液（1%）定容至刻度，混匀。

10.4.2　硒标准使用液（50.0μg/L）：准确吸取硒标准中间液（100mg/L）0.50mL，用盐酸溶液（1%）定容至 1 000mL，混匀。

10.4.3　硒标准系列溶液：准确吸取硒标准使用液（50.0μg/L）0mL、0.20mL、1.00mL、2.00mL 和 4.00mL，相当于含有硒的质量为 0μg、0.01μg、0.05μg、0.10μg 及 0.20μg，加盐酸溶液（1+9）至 5mL 后，加入 20mL EDTA 混合液，用氨水溶液（1+1）及盐酸溶液（1+9）调至淡红橙色（pH1.5~2.0）。以下步骤在暗室操作：加 DAN 试剂（1g/L）3mL，混匀后，置沸水浴中加热 5min，取出冷却后，加环己烷 3mL，振摇 4min，将全部溶液移入分液漏斗，待分层后弃去水层，小心将环己烷层由分液漏斗上口倾入带盖试管中，勿使环己烷中混入水滴。环己烷中反应产物为 4,5-苯并苤硒脑，待测。

11　仪器和设备

注：所有玻璃器皿均需硝酸溶液（1+5）浸泡过夜，用自来水反复冲洗，最后用水冲洗干净。

11.1　荧光分光光度计。

11.2　天平：感量 1mg。

11.3　粉碎机。

11.4　电热板。

11.5　水浴锅。

12　分析步骤

12.1　试样制备

同 5.1。

12.2　试样消解

准确称取 0.5~3g（精确至 0.001g）固体试样，或准确吸取液体试样 1.00~5.00mL，置于锥形瓶中，加 10mL 硝酸-高氯酸混合酸（9+1）及几粒玻璃珠，盖上表面皿冷消化过夜。次日于电热板上加热，并及时补加硝酸。当溶液变为清亮无色并伴有白烟产生时，再继续加热至剩余体积 2mL 左右，切不可蒸干，冷却后再加 5mL 盐酸溶液（6mol/L），继续加热至溶液变为清亮无色并伴有白烟出现，再继续加热至剩余体积 2mL 左右，冷却。同时做试剂空白试验。

12.3　测定

12.3.1　仪器参考条件

根据各自仪器性能调至最佳状态。参考条件为：激发光波长 376nm、发射光波长 520nm。

12.3.2　标准曲线的制作

将硒标准系列溶液按质量由低到高的顺序分别上机测定 4,5-苯并苤硒脑的荧光强度。以质量为横坐标，荧光强度为纵坐标，制作标准曲线。

12.3.3　试样溶液的测定

将 12.2 消化后的试样溶液以及空白溶液加盐酸溶液（1+9）至 5mL 后，加入 20mL EDTA 混合液，用氨水溶液（1+1）及盐酸溶液（1+9）调至淡红橙色（pH1.5~2.0）。以下步骤在暗室操作：加 DAN 试剂（1g/L）3mL，混匀后，置沸水浴中加热 5min，取出冷却后，加环已烷 3mL，振摇 4min，将全部溶液移入分液漏斗，待分层后弃去水层，小心将环已烷层由分液漏斗上口倾入带盖试管中，勿使环已烷中混入水滴，待测。

13　分析结果的表述

试样中硒的含量按式（2）计算：

$$X = \frac{m_1}{F_1 - F_0} \times \frac{F_2 - F_0}{m} \qquad \cdots\cdots\cdots\cdots (2)$$

式中：

X——试样中硒含量，单位为毫克每千克或毫克每升（mg/kg 或 mg/L）；

m_1——试样管中硒的质量，单位为微克（μg）；

F_1——标准管硒荧光读数；

F_0——空白管荧光读数；

F_2——试样管荧光读数；

m——试样称样量或移取体积，单位为克或毫升（g 或 mL）。

当硒含量≥1.00mg/kg（或 mg/L）时，计算结果保留 3 位有效数字；当硒含量<1.00mg/kg（或 mg/L）时，计算结果保留 2 位有效数字。

14　精密度

在重复性条件下获得的 2 次独立测定结果的绝对差值不得超过算术平均值的 20%。

15　其他

当称样量为 1g（或 1mL）时，方法的检出限为 0.01mg/kg（或 0.01mg/L），定量限为 0.03mg/kg（或 0.03mg/L）。

第三法　电感耦合等离子体质谱法

见 GB 5009.268。

附　录　A
微波消解升温程序

微波消解升温程序见表 A. 1。

表 A. 1　微波消解升温程序

步骤	设定温度（℃）	升温时间（min）	恒温时间（min）
1	120	6	1
2	150	3	5
3	200	5	10

中华人民共和国国家标准

GB 5009.14—2017

食品安全国家标准　食品中锌的测定

2017-04-06 发布　　2017-10-06 实施

中华人民共和国国家卫生和计划生育委员会
国家食品药品监督管理总局　发布

前　言

本标准代替 GB/T 5009.14—2003《食品中锌的测定》、GB 5413.21—2010《食品安全国家标准　婴幼儿食品和乳品中钙、铁、锌、钠、钾、镁、铜和锰的测定》、GB/T 23375—2009《蔬菜及其制品中铜、铁、锌、钙、镁、磷的测定》、GB/T 9695.20—2008《肉与肉制品　锌的测定》、GB/T 14609—2008《粮油检验　谷物及其制品中铜、铁、锰、锌、钙、镁的测定　火焰原子吸收光谱法》、GB/T 18932.12—2002《蜂蜜中钾、钠、钙、镁、锌、铁、铜、锰、铬、铅、镉含量的测定方法　原子吸收光谱法》、NY/T 1201—2006《蔬菜及其制品中铜、铁、锌的测定》中锌的测定方法。

本标准与 GB/T 5009.14—2003 相比，主要变化如下：

——标准名称修改为“食品安全国家标准　食品中锌的测定”；

——在前处理方法中，保留干法灰化，增加湿法消解、微波消解和压力罐消解；

——保留火焰原子吸收光谱法为第一法，二硫腙比色法为第四法；

——增加电感耦合等离子体发射光谱法为第二法；

——增加电感耦合等离子体质谱法为第三法；

——增加了微波消解升温程序和火焰原子吸收光谱法的仪器参考条件为附录。

食品安全国家标准
食品中锌的测定

1　范围

本标准规定了食品中锌含量测定的火焰原子吸收光谱法、电感耦合等离子体发射光谱法、电感耦合等离子体质谱法和二硫腙比色法。

本标准适用于各类食品中锌含量的测定。

第一法　火焰原子吸收光谱法

2　原理

试样消解处理后，经火焰原子化，在 213.9nm 处测定吸光度。在一定浓度范围内锌的吸光度值与锌含量成正比，与标准系列比较定量。

3　试剂和材料

除非另有说明，本方法所用试剂均为优级纯，水为 GB/T 6682 规定的二级水。

3.1　试剂

3.1.1 硝酸（HNO_3）。

3.1.2　高氯酸（$HClO_4$）。

3.2　试剂配制

3.2.1　硝酸溶液（5+95）：量取 50mL 硝酸，缓慢加入到 950mL 水中，混匀。

3.2.2　硝酸溶液（1+1）：量取 250mL 硝酸，缓慢加入到 250mL 水中，混匀。

3.3　标准品

氧化锌（ZnO，CAS 号：1314-13-2）：纯度>99.99%，或经国家认证并授予标准物质证书的一定浓度的锌标准溶液。

3.4　标准溶液配制

3.4.1　锌标准储备液（1 000mg/L）：准确称取 1.244 7g（精确至 0.000 1g）氧化锌，加少量硝酸溶液（1+1），加热溶解，冷却后移入 1 000mL容量瓶，加水至刻度，混匀。

3.4.2　锌标准中间液（10.0mg/L）：准确吸取锌标准储备液（1 000mg/L）1.00mL 于 100mL 容量瓶中，加硝酸溶液（5+95）至刻度，混匀。

3.4.3　锌标准系列溶液：分别准确吸取锌标准中间液 0mL、1.00mL、2.00mL、4.00mL、8.00mL 和 10.00mL 于 100mL 容量瓶中，加硝酸溶液（5+95）至刻度，混匀。此锌标准系列溶液的质量浓度分别为 0mg/L、0.10mg/L、0.20mg/L、0.40mg/L、0.80mg/L 和 1.00mg/L。

注：可根据仪器的灵敏度及样品中锌的实际含量确定标准系列溶液中锌元素的质量浓度。

4　仪器和设备

注：所有玻璃器皿及聚四氟乙烯消解内罐均需硝酸（1+5）浸泡过夜，用自来水反复冲洗，最后用水冲洗干净。

4.1　原子吸收光谱仪：配火焰原子化器，附锌空心阴极灯。

4.2　分析天平：感量 0.1mg 和 1mg。

4.3　可调式电热炉。

4.4　可调式电热板。

4.5　微波消解系统：配聚四氟乙烯消解内罐。

4.6　压力消解罐：配聚四氟乙烯消解内罐。

4.7　恒温干燥箱。

4.8　马弗炉。

5　分析步骤

5.1　试样制备

注：在采样和试样制备过程中，应避免试样污染。

5.1.1　粮食、豆类样品

样品去除杂物后，粉碎，储于塑料瓶中。

5.1.2　蔬菜、水果、鱼类、肉类等样品

样品用水洗净，晾干，取可食部分，制成匀浆，储于塑料瓶中。

5.1.3　饮料、酒、醋、酱油、食用植物油、液态乳等液体样品

将样品摇匀。

5.2　试样前处理

5.2.1　湿法消解

准确称取固体试样0.2~3g（精确至0.001g）或准确移取液体试样0.50~5.00mL于带刻度消化管中，加入10mL硝酸、0.5mL高氯酸，在可调式电热炉上消解（参考条件：120℃/0.5~1h、升至180℃/2~4h、升至200~220℃）。若消化液呈棕褐色，再加少量硝酸，消解至冒白烟，消化液呈无色透明或略带黄色，取出消化管，冷却后用水定容至25mL或50mL，混匀备用。同时做试剂空白试验。也可采用锥形瓶，于可调式电热板上，按上述操作方法进行湿法消解。

5.2.2　微波消解

准确称取固体试样0.2~0.8g（精确至0.001g）或准确移取液体试样0.50~3.00mL于微波消解罐中，加入5mL硝酸，按照微波消解的操作步骤消解试样，消解条件参考附录A。冷却后取出消解罐，在电热板上于140~160℃赶酸至1mL左右。消解罐放冷后，将消化液转移至25mL或50mL容量瓶中，用少量水洗涤消解罐2~3次，合并洗涤液于容量瓶中，用水定容至刻度，混匀备用。同时做试剂空白试验。

5.2.3　压力罐消解

准确称取固体试样0.2~1g（精确至0.001g）或准确移取液体试样0.50~5.00mL于消解内罐中，加入5mL硝酸。盖好内盖，旋紧不锈钢外套，放入恒温干燥箱，于140~160℃下保持4~5h。冷却后缓慢旋松外罐，取出消解内罐，放在可调式电热板上于140~160℃赶酸至1mL左右。冷却后将消化液转移至25~50mL容量瓶中，用少量水洗涤内罐和内盖2~3次，合并洗涤液于容量瓶中并用水定容至刻度，混匀备用。同时做试剂空白试验。

5.2.4　干法灰化

准确称取固体试样0.5~5g（精确至0.001g）或准确移取液体试样0.50~10.0mL于坩埚中，小火加热，炭化至无烟，转移至马弗炉中，于550℃灰化3~4h。冷却，取出，对于灰化不彻底的试样，加数滴硝酸，小火加热，小心蒸干，再转入550℃马弗炉中，继续灰化1~2h，至试样呈白灰状，冷却，取出，用适量硝酸溶液（1+1）溶解并用水定容至25mL或50mL。同时做试剂空白试验。

5.3　测定

5.3.1　仪器参考条件

根据各自仪器性能调至最佳状态。参考条件见附录B。

5.3.2　标准曲线的制作

将锌标准系列溶液按质量浓度由低到高的顺序分别导入火焰原子化器，原子化后测其吸光度值，以质

量浓度为横坐标，吸光度值为纵坐标，制作标准曲线。

5.3.3　试样测定

在与测定标准溶液相同的实验条件下，将空白溶液和试样溶液分别导入火焰原子化器，原子化后测其吸光度值，与标准系列比较定量。

6　分析结果的表述

$$X = \frac{(\rho - \rho_0) \times V}{m} \quad \cdots\cdots\cdots\cdots (1)$$

式中：

X——试样中锌的含量，单位为毫克每千克或毫克每升（mg/kg 或 mg/L）；

ρ——试样溶液中锌的质量浓度，单位为毫克每升（mg/L）；

ρ_0——空白溶液中锌的质量浓度，单位为毫克每升（mg/L）；

V——试样消化液的定容体积，单位为毫升（mL）；

m——试样称样量或移取体积，单位为克或毫升（g 或 mL）。

当锌含量≥10.0mg/kg（或 mg/L）时，计算结果保留 3 位有效数字；当锌含量<10.0mg/kg（或 mg/L）时，计算结果保留 2 位有效数字。

7　精密度

在重复性条件下获得的 2 次独立测定结果的绝对差值不得超过算术平均值的 10%。

8　其他

当称样量为 0.5g（或 0.5mL），定容体积为 25mL 时，方法的检出限为 1mg/kg（或 1mg/L），定量限为 3mg/kg（或 3mg/L）。

第二法　电感耦合等离子体发射光谱法

见 GB 5009.268。

第三法　电感耦合等离子体质谱法

见 GB 5009.268。

第四法　二硫腙比色法

9　原理

试样经消化后，在 pH 值为 4.0~5.5 时，锌离子与二硫腙形成紫红色络合物，溶于四氯化碳，加入硫代硫酸钠，防止铜、汞、铅、铋、银和镉等离子干扰。于 530nm 处测定吸光度与标准系列比较定量。

10　试剂

除非另有说明，本方法所用试剂均为分析纯，水为 GB/T 6682 规定的二级水。

10.1　试剂

10.1.1　硝酸（HNO_3）：优级纯。

10.1.2　高氯酸（$HClO_4$）：优级纯。
10.1.3　三水合乙酸钠（$CH_3COONa \cdot 3H_2O$）。
10.1.4　冰乙酸（CH_3COOH）：优级纯。
10.1.5　氨水（$NH_3 \cdot H_2O$）：优级纯。
10.1.6　盐酸（HCl）：优级纯。
10.1.7　二硫腙（$C_6H_5NHNHCSN=NC_6H_5$）。
10.1.8　盐酸羟胺（$NH_2OH \cdot HCl$）。
10.1.9　硫代硫酸钠（$Na_2S_2O_3$）。
10.1.10　酚红（$C_{19}H_{14}O_5S$）。
10.1.11　乙醇（C_2H_5OH）：优级纯。

10.2　试剂配制

10.2.1　硝酸溶液（5+95）：量取50mL硝酸，缓慢加入950mL水中，混匀。
10.2.2　硝酸溶液（1+9）：量取50mL硝酸，缓慢加入450mL水中，混匀。
10.2.3　氨水溶液（1+1）：量取100mL氨水，加入100mL水中，混匀。
10.2.4　氨水溶液（1+99）：量取10mL氨水，加入990mL水中，混匀。
10.2.5　盐酸溶液（2mol/L）：量取10mL盐酸，加水稀释至60mL，混匀。
10.2.6　盐酸溶液（0.02mol/L）：吸取1mL盐酸溶液（2mol/L），加水稀释至100mL，混匀。
10.2.7　盐酸溶液（1+1）：量取100mL盐酸，加入100mL水中，混匀。
10.2.8　乙酸钠溶液（2mol/L）：称取68g三水合乙酸钠，加水溶解后稀释至250mL，混匀。
10.2.9　乙酸溶液（2mol/L）：量取10mL冰乙酸，加水稀释至85mL，混匀。
10.2.10　二硫腙-四氯化碳溶液（0.1g/L）：称取0.1g二硫腙，用四氯化碳溶解，定容至1 000mL，混匀，保存于0~5℃下。必要时用下述方法纯化。

称取0.1g研细的二硫腙，溶于50mL四氯化碳中，如不全溶，可用滤纸过滤于250mL分液漏斗中，用氨水溶液（1+99）提取3次，每次100mL，将提取液用棉花过滤至500mL分液漏斗中，用盐酸溶液（1+1）调至酸性，将沉淀出的二硫腙用四氯化碳提取2~3次，每次20mL，合并四氯化碳层，用等量水洗涤2次，弃去洗涤液，在50℃水浴上蒸去四氯化碳。精制的二硫腙置硫酸干燥器中，干燥备用。或将沉淀出的二硫腙用200mL、200mL、100mL四氯化碳提取3次，合并四氯化碳层为二硫腙-四氯化碳溶液。

10.2.11　乙酸-乙酸盐缓冲液：乙酸钠溶液（2mol/L）与乙酸溶液（2mol/L）等体积混合，此溶液pH值为4.7左右。用二硫腙-四氯化碳溶液（0.1g/L）提取数次，每次10mL，除去其中的锌，至四氯化碳层绿色不变为止，弃去四氯化碳层，再用四氯化碳提取乙酸-乙酸盐缓冲液中过剩的二硫腙，至四氯化碳无色，弃去四氯化碳层。

10.2.12　盐酸羟胺溶液（200g/L）：称取20g盐酸羟胺，加60mL水，滴加氨水溶液（1+1），调节pH值至4.0~5.5，加水至100mL。用二硫腙-四氯化碳溶液（0.1g/L）提取数次，每次10mL，除去其中的锌，至四氯化碳层绿色不变为止，弃去四氯化碳层，再用四氯化碳提取乙酸-乙酸盐缓冲液中过剩的二硫腙，至四氯化碳无色，弃去四氯化碳层。

10.2.13　硫代硫酸钠溶液（250g/L）：称取25g硫代硫酸钠，加60mL水，用乙酸溶液（2mol/L）调节pH值至4.0~5.5，加水至100mL。用二硫腙-四氯化碳溶液（0.1g/L）提取数次，每次10mL，除去其中的锌，至四氯化碳层绿色不变为止，弃去四氯化碳层，再用四氯化碳提取乙酸-乙酸盐缓冲液中过剩的二硫腙，至四氯化碳无色，弃去四氯化碳层。

10.2.14　二硫腙使用液：吸取1.0mL二硫腙-四氯化碳溶液（0.1g/L），加四氯化碳至10.0mL，混匀。用1cm比色杯，以四氯化碳调节零点，于波长530nm处测吸光度（A）。用式（2）计算出配制100mL二硫腙使用液（57%透光率）所需的二硫腙-四氯化碳溶液（0.1g/L）毫升数（V）。量取计算所得体积的二硫腙-四氯化碳溶液（0.1g/L），用四氯化碳稀释至100mL。

$$V=\frac{10\times(2-\lg 57)}{A}=\frac{2.44}{A}$$

10.2.15　酚红指示液（1g/L）：称取0.1g酚红，用乙醇溶解并定容至100mL，混匀。

10.3　标准品

氧化锌（ZnO，CAS号：1314-13-2）：纯度>99.99%，或经国家认证并授予标准物质证书的一定浓度的锌标准溶液。

10.4　标准溶液配制

10.4.1　锌标准储备液（1 000mg/L）：准确称取1.244 7g（精确至0.000 1g）氧化锌，加少量硝酸溶液（1+1），加热溶解，冷却后移入1 000mL容量瓶，加水至刻度。混匀。

10.4.2　锌标准使用液（1.00mg/L）：准确吸取锌标准储备液（1 000mg/L）1.00mL于1 000mL容量瓶中，加硝酸溶液（5+95）至刻度，混匀。

11　仪器和设备

注：所有玻璃器皿均需硝酸（1+5）浸泡过夜，用自来水反复冲洗，最后用水冲洗干净。

11.1　分光光度计。

11.2　分析天平：感量0.1mg和1mg。

11.3　可调式电热炉。

11.4　可调式电热板。

11.5　马弗炉。

12　分析步骤

12.1　试样制备

同5.1。

12.2　试样前处理

同5.2.1和5.2.4。

12.3　测定

12.3.1　仪器参考条件

根据各自仪器性能调至最佳状态。测定波长：530nm。

12.3.2　标准曲线的制作

准确吸取0mL、1.00mL、2.00mL、3.00mL、4.00mL和5.00mL锌标准使用液（相当0μg、1.00μg、2.00μg、3.00μg、4.00μg和5.00μg锌），分别置于125mL分液漏斗中，各加盐酸溶液（0.02mol/L）至20mL。于各分液漏斗中，各加10mL乙酸-乙酸盐缓冲液、1mL硫代硫酸钠溶液（250g/L），摇匀，再各加入10mL二硫腙使用液，剧烈振摇2min。静置分层后，经脱脂棉将四氯化碳层滤入1cm比色杯中，以四氯化碳调节零点，于波长530nm处测吸光度，以质量为横坐标，吸光度值为纵坐标，制作标准曲线。

12.3.3　试样测定

准确吸取5.0~10.0mL试样消化液和相同体积的空白消化液，分别置于125mL分液漏斗中，加5mL水、0.5mL盐酸羟胺溶液（200g/L），摇匀，再加2滴酚红指示液（1g/L），用氨水溶液（1+1）调节至红色，再多加2滴。再加5mL二硫腙-四氯化碳溶液（0.1g/L），剧烈振摇2min，静置分层。将四氯化碳层移入另一分液漏斗中，水层再用少量二硫腙-四氯化碳溶液（0.1g/L）振摇提取，每次2~3mL，直至二硫腙-四氯化碳溶液（0.1g/L）绿色不变为止。合并提取液，用5mL水洗涤，四氯化碳层用盐酸溶液（0.02mol/L）提取2次，每次10mL，提取时剧烈振摇2min，合并盐酸溶液（0.02mol/L）提取液，并用少量四氯化碳洗去残留的二硫腙。

将上述试样提取液和空白提取液移入125mL分液漏斗中，各加10mL乙酸-乙酸盐缓冲液、1mL硫代硫酸钠溶液（250g/L），摇匀，再各加入10mL二硫腙使用液，剧烈振摇2min。静置分层后，经脱脂棉将四氯化碳层滤入 1cm 比色杯中，以四氯化碳调节零点，于波长 530nm 处测定吸光度，与标准曲线比较定量。

13　分析结果的表述

试样中锌的含量按式（3）计算：

$$X = \frac{(m_1 - m_0) \times V_1}{m_2} \qquad \cdots\cdots\cdots\cdots (3)$$

式中：

X——试品中锌的含量，单位为毫克每千克（mg/kg）或毫克每升（mg/L）；

m_1——测定用试样溶液中锌的质量，单位为微克（μg）；

m_0——空白溶液中锌的质量，单位为微克（μg）；

m_2——试样称样量或移取体积，单位为克或毫升（g 或 mL）；

V_1——试样消化液的定容体积，单位为毫升（mL）；

V_2——测定用试样消化液的体积，单位为毫升（mL）。

计算结果保留 3 位有效数字。

14　精密度

在重复性条件下获得的 2 次独立测定结果的绝对差不得超过算术平均值的 10%。

15　其他

当称样量为 1g（或 1mL），定容体积为 25mL 时，方法的检出限为 7mg/kg（或 7mg/L），定量限为 21mg/kg（或 21mg/L）。

附　录　A
微波消解升温程序

微波消解升温程序见表 A. 1。

表 A. 1　微波消解升温程序

步骤	设定温度（℃）	升温时间（min）	恒温时间（min）
1	120	5	5
2	160	5	10
3	180	5	10

附　录　B
火焰原子吸收光谱法仪器参考条件

火焰原子吸收光谱法仪器参考条件见表 B. 1。

表 B. 1　火焰原子吸收光谱法仪器参考条件

元素	波长（nm）	狭缝（nm）	灯电流（mA）	燃烧头高度（mm）	空气流量（L/min）	乙炔流量（L/min）
锌	213. 9	0. 2	3~5	3	9	2

中华人民共和国国家标准

GB 5009.17—2021
代替 GB 5009.17—2014

食品安全国家标准
食品中总汞及有机汞的测定

2021-09-07 发布　　2022-03-0 实施

中华人民共和国国家卫生健康委员会
国家市场监督管理总局　发布

前　言

本标准代替 GB 5009.17—2014《食品安全国家标准　食品中总汞及有机汞的测定》。本标准与 GB 5009.17—2014 相比，主要变化如下：

第一篇　食品中总汞的测定

——修改第一法的名称为原子荧光光谱法，修改了试样消解和附录的相关内容；

——增加直接进样测汞法作为第二法，增加电感耦合等离子体质谱法作为第三法；

——修改冷原子吸收光谱法作为第四法。

第二篇　食品中甲基汞的测定

——修改液相色谱-原子荧光光谱联用法作为第一法，修改了方法的适用范围；

——增加液相色谱-电感耦合等离子体质谱联用法作为第二法。

食品安全国家标准
食品中总汞及有机汞的测定

1　范围

本标准第一篇规定了食品中总汞的测定方法。

本标准第一篇适用于食品中总汞的测定。

本标准第二篇规定了食品中甲基汞的测定方法。

本标准第二篇适用于水产动物及其制品、大米、食用菌中甲基汞的测定。

第一篇　食品中总汞的测定

第一法　原子荧光光谱法

2　原理

试样经酸加热消解后，在酸性介质中，试样中汞被硼氢化钾或硼氢化钠还原成原子态汞，由载气（氩气）带入原子化器中，在汞空心阴极灯照射下，基态汞原子被激发至高能态，在由高能态回到基态时，发射出特征波长的荧光，其荧光强度与汞含量成正比，外标法定量。

3　试剂和材料

除非另有说明，本方法所用试剂均为优级纯，水为 GB/T 6682 规定的一级水。

3.1　试剂

3.1.1　硝酸（HNO_3）。

3.1.2　过氧化氢（H_2O_2）。

3.1.3　硫酸（H_2SO_4）。

3.1.4　氢氧化钾（KOH）。

3.1.5　硼氢化钾（KBH_4）：分析纯。

3.1.6　重铬酸钾（$K_2Cr_2O_7$）。

3.2　试剂配制

3.2.1　硝酸溶液（1+9）：量取 50mL 硝酸，缓缓加入 450mL 水中，混匀。

3.2.2　硝酸溶液（5+95）：量取 50mL 硝酸，缓缓加入 950mL 水中，混匀。

3.2.3　氢氧化钾溶液（5g/L）：称取 5.0g 氢氧化钾，用水溶解并稀释至 1 000mL，混匀。

3.2.4　硼氢化钾溶液（5g/L）：称取 5.0g 硼氢化钾，用氢氧化钾溶液（5g/L）溶解并稀释至 1 000mL，混匀。临用现配。

3.2.5　重铬酸钾的硝酸溶液（0.5g/L）：称取 0.5g 重铬酸钾，用硝酸溶液（5+95）溶解并稀释至 1 000mL，混匀。

注：本方法也可用硼氢化钠作为还原剂：称取 3.5g 硼氢化钠，用氢氧化钠溶液（3.5g/L）溶解并定容至 1 000mL，混匀。临用现配。

3.3 标准品

氯化汞（$HgCl_2$，CAS 号：7487-94-7）：纯度≥99%。

3.4 标准溶液配制

3.4.1 汞标准储备液（1 000mg/L）：准确称取 0.1354g 氯化汞，用重铬酸钾的硝酸溶液（0.5g/L）溶解并转移至 100mL 容量瓶中，稀释并定容至刻度，混匀。于 2~8℃冰箱中避光保存，有效期 2 年。或经国家认证并授予标准物质证书的汞标准溶液。

3.4.2 汞标准中间液（10.0mg/L）：准确吸取汞标准储备液（1 000mg/L）1.00mL 于 100mL 容量瓶中，用重铬酸钾的硝酸溶液（0.5g/L）稀释并定容至刻度，混匀。于 2~8℃冰箱中避光保存，有效期 1 年。

3.4.3 汞标准使用液（50.0μg/L）：准确吸取汞标准中间液（10.0mg/L）1.00mL 于 200mL 容量瓶中，用重铬酸钾的硝酸溶液（0.5g/L）稀释并定容至刻度，混匀。临用现配。

3.4.4 汞标准系列溶液：分别吸取汞标准使用液（50.0μg/L）0mL、0.20mL、0.50mL、1.00mL、1.50mL、2.00mL、2.50mL 于 50mL 容量瓶中，用硝酸溶液（1+9）稀释并定容至刻度，混匀，相当于汞浓度为 0.00μg/L、0.20μg/L、0.50μg/L、1.00μg/L、1.50μg/L、2.00μg/L、2.50μg/L。临用现配。

4 仪器和设备

4.1 原子荧光光谱仪：配汞空心阴极灯。

4.2 电子天平：感量为 0.01mg、0.1mg 和 1mg。

4.3 微波消解系统。

4.4 压力消解器。

4.5 恒温干燥箱（50~300℃）。

4.6 控温电热板（50~200℃）。

4.7 超声水浴箱。

4.8 匀浆机。

4.9 高速粉碎机。

注：玻璃器皿及聚四氟乙烯消解内罐均需以硝酸溶液（1+4）浸泡 24h，用自来水反复冲洗，最后用水冲洗干净。

5 分析步骤

5.1 试样预处理

5.1.1 粮食、豆类等样品取可食部分粉碎均匀，装入洁净聚乙烯瓶中，密封保存备用。

5.1.2 蔬菜、水果、鱼类、肉类及蛋类等新鲜样品，洗净晾干，取可食部分匀浆，装入洁净聚乙烯瓶中，密封，于 2~8℃冰箱冷藏备用。

5.1.3 乳及乳制品匀浆或均质后装入洁净聚乙烯瓶中，密封于 2~8℃冰箱冷藏备用。

5.2 试样消解

5.2.1 微波消解法

称取固体试样 0.2~0.5g（精确到 0.001g，含水分较多的样品可适当增加取样量至 0.8g）或准确称取液体试样 1.0~3.0g（精确到 0.001g），对于植物油等难消解的样品称取 0.2~0.5g（精确到 0.001g），置于消解罐中，加入 5~8mL 硝酸，加盖放置 1h，对于难消解的样品再加入 0.5~1mL 过氧化氢，旋紧罐盖，按照微波消解仪的标准操作步骤进行消解（微波消解参考条件见附录 A 中表 A.1）。冷却后取出，缓慢打开罐盖排气，用少量水冲洗内盖，将消解罐放在控温电热板上或超声水浴箱中，80℃下加热或超声脱气 3~6min 赶去棕色气体，取出消解内罐，将消化液转移至 25mL 容量瓶中，用少量水分 3 次洗涤内罐，洗涤液合并于容量瓶中并定容至刻度，混匀备用；同时做空白试验。

5.2.2 压力罐消解法

称取固体试样 0.2~1.0g（精确到 0.001g，含水分较多的样品可适当增加取样量至 2g），或准确称取液体试样 1.0~5.0g（精确到 0.001g），对于植物油等难消解的样品称取 0.2~0.5g（精确到 0.001g），置于消解内罐中，加入 5mL 硝酸，放置 1h 或过夜，盖好内盖，旋紧不锈钢外套，放入恒温干燥箱，140~160℃下保持 4~5h，在箱内自然冷却至室温，缓慢旋松不锈钢外套，将消解内罐取出，用少量水冲洗内盖，将消解罐放在控温电热板上或超声水浴箱中，80℃下加热或超声脱气 3~6min 赶去棕色气体。取出消解内罐，将消化液转移至 25mL 容量瓶中，用少量水分 3 次洗涤内罐，洗涤液合并于容量瓶中并定容至刻度，混匀备用；同时做空白试验。

5.2.3　回流消化法

5.2.3.1　粮食

称取 1.0~4.0g（精确到 0.001g）试样，置于消化装置锥形瓶中，加玻璃珠数粒，加 45mL 硝酸、10mL 硫酸，转动锥形瓶防止局部炭化。装上冷凝管后，低温加热，待开始发泡即停止加热，发泡停止后，加热回流 2h。如加热过程中溶液变棕色，再加 5mL 硝酸，继续回流 2h，消解到样品完全溶解，一般呈淡黄色或无色，待冷却后从冷凝管上端小心加入 20mL 水，继续加热回流 10min，放置冷却后，用适量水冲洗冷凝管，冲洗液并入消化液中，将消化液经玻璃棉过滤于 100mL 容量瓶内，用少量水洗涤锥形瓶、滤器，洗涤液并入容量瓶内，加水至刻度，混匀备用；同时做空白试验。

5.2.3.2　植物油及动物油脂

称取 1.0~3.0g（精确到 0.001g）试样，置于消化装置锥形瓶中，加玻璃珠数粒，加入 7mL 硫酸，小心混匀至溶液颜色变为棕色，然后加 40mL 硝酸。后续步骤同 5.2.3.1“装上冷凝管后，低温加热……同时做空白试验”。

5.2.3.3　薯类、豆制品

称取 1.0~4.0g（精确到 0.001g）试样，置于消化装置锥形瓶中，加玻璃珠数粒及 30mL 硝酸、5mL 硫酸，转动锥形瓶防止局部炭化。后续步骤同 5.2.3.1“装上冷凝管后，低温加热……同时做空白试验”。

5.2.3.4　肉、蛋类

称取 0.5~2.0g（精确到 0.001g）试样，置于消化装置锥形瓶中，加玻璃珠数粒及 30mL 硝酸、5mL 硫酸，转动锥形瓶防止局部炭化。后续步骤同 5.2.3.1“装上冷凝管后，低温加热……同时做空白试验”。

5.2.3.5　乳及乳制品

称取 1.0~4.0g（精确到 0.001g）试样，置于消化装置锥形瓶中，加玻璃珠数粒及 30mL 硝酸，乳加 10mL 硫酸，乳制品加 5mL 硫酸，转动锥形瓶防止局部炭化。后续步骤同 5.2.3.1“装上冷凝管后，低温加热……同时做空白试验”。

5.3　测定

5.3.1　仪器参考条件

根据各自仪器性能调至最佳状态。光电倍增管负高压：240V；汞空心阴极灯电流：30mA；原子化器温度：200℃；载气流速：500mL/min；屏蔽气流速：1 000mL/min。

5.3.2　标准曲线的制作

设定好仪器最佳条件，连续用硝酸溶液（1+9）进样，待读数稳定之后，转入标准系列溶液测量，由低到高浓度顺序测定标准溶液的荧光强度，以汞的质量浓度为横坐标，荧光强度为纵坐标，绘制标准曲线。

注：可根据仪器的灵敏度及样品中汞的实际含量微调标准系列溶液中汞的质量浓度范围。

5.3.3　试样溶液的测定

转入试样测量，先用硝酸溶液（1+9）进样，使读数基本回零，再分别测定处理好的试样空白和试样溶液。

6　分析结果的表述

试样中汞含量按式（1）计算。

$$X = \frac{(\rho - \rho_0) \times V \times 1\,000}{m \times 1\,000 \times 1\,000} \qquad \cdots\cdots\cdots\cdots (1)$$

式中：

X——试样中汞的含量，单位为毫克每千克（mg/kg）；

ρ——试样溶液中汞含量，单位为微克每升（μg/L）；

ρ_0——空白液中汞含量，单位为微克每升（μg/L）；

V——试样消化液定容总体积，单位为毫升（mL）；

m——试样称样量，单位为克（g）；

1 000——换算系数。

当汞含量≥1.00mg/kg时，计算结果保留3位有效数字；当汞含量<1.00mg/kg时，计算结果保留2位有效数字。

7 精密度

样品中汞含量大于1mg/kg时，在重复性条件下获得的2次独立测定结果的绝对差值不得超过算术平均值的10%；小于或等于1mg/kg且大于0.1mg/kg时，在重复性条件下获得的2次独立测定结果的绝对差值不得超过算术平均值的15%；小于或等于0.1mg/kg时，在重复性条件下获得的2次独立测定结果的绝对差值不得超过算术平均值的20%。

8 其他

当样品称样量为0.5g，定容体积为25 0.01mg/kg。

第二法 直接进样测汞法

9 原理

样品经高温灼烧及催化热解后，汞被还原成汞单质，用金汞齐富集或直接通过载气带入检测器，在253.7nm波长处测量汞的原子吸收信号，或由汞灯激发检测汞的原子荧光信号，外标法定量。

10 试剂和材料

除非另有说明，本方法所用试剂均为优级纯，水为GB/T 6682规定的一级水。

10.1 试剂

10.1.1 硝酸（HNO_3）。

10.1.2 重铬酸钾（$K_2Cr_2O_7$）：分析纯。

10.2 试剂配制

10.2.1 硝酸溶液（5+95）：量取50mL硝酸，缓慢加入950mL水中，混匀。

10.2.2 重铬酸钾的硝酸溶液（0.5g/L）：称取0.5g重铬酸钾，用硝酸溶液（5+95）溶解并稀释至1 000mL，混匀。

10.3 标准品

氯化汞（HgCl2，CAS号：7487-94-7）：纯度≥99%。

10.4 标准溶液配制

10.4.1 汞标准储备液（1 000mg/L）：同3.4.1。

10.4.2 汞标准中间液（100mg/L）：准确吸取汞标准储备液（1 000mg/L）10.0mL于100mL容量瓶中，用重铬酸钾的硝酸溶液（0.5g/L）稀释并定容至刻度，混匀。于2~8℃冰箱中避光保存，可保存1年。

10.4.3 汞标准使用液（10.0mg/L）：准确吸取汞标准中间液（100mg/L）10.0mL于100mL容量瓶中，

用重铬酸钾的硝酸溶液（0.5g/L）稀释并定容至刻度，混匀。于2~8℃冰箱中避光保存，可保存1年。

10.4.4　汞标准系列溶液：准确吸取汞标准使用液（10.0mg/L），用重铬酸钾的硝酸溶液（0.5g/L）逐级稀释成浓度为0.0μg/L、10.0μg/L、50.0μg/L、100μg/L、200μg/L、300μg/L和400μg/L的低浓度系列标准溶液；准确吸取汞标准中间液（100mg/L），用重铬酸钾的硝酸溶液（0.5g/L）逐级稀释成浓度为0.4mg/L、0.8mg/L、1.0mg/L、2.0mg/L、3.0mg/L、4.0mg/L和6.0mg/L的高浓度系列标准溶液。

注：可根据仪器所配置检测器的类型、量程或样品中汞的实际含量确定标准系列溶液中汞的质量浓度范围。

11　仪器和设备

11.1　直接测汞仪。

11.2　电子天平：感量为0.01mg、0.1mg和1mg。

11.3　匀浆机。

11.4　高速粉碎机。

11.5　样品舟：镍舟或石英舟。

11.6　载气：氧气（99.9%）或空气；氩氢混合气（9：1，体积比）（99.9%）。

11.7　筛网：粒径≤425μm（或筛孔≥40目）。

注：玻璃器皿均需以硝酸溶液（1+4）浸泡24h，用自来水反复冲洗，最后用水冲洗干净。

12　分析步骤

12.1　试样预处理

12.1.1　粮食、豆类等样品，取可食部分粉碎均匀，粒径达425μm以下（相当于40目以上），装入洁净聚乙烯瓶中，密封保存备用。

12.1.2　蔬菜等高含水量样品，必要时洗净，沥干，取可食部分匀浆至均质；对于水产品、肉类、蛋类等样品取可食部分匀浆至均质，装入洁净聚乙烯瓶中，密封，于2~8℃冰箱冷藏备用。

12.1.3　速冻及罐头食品经解冻的速冻食品及罐头样品，取可食部分匀浆至均质，装入洁净聚乙烯瓶中，密封，于2~8℃冰箱冷藏备用。

12.1.4　乳及其制品摇匀。

12.2　测定

12.2.1　仪器参考条件

根据所使用的直接测汞仪仪器性能调至最佳状态，催化热解金汞齐冷原子吸收测汞仪参考条件见附录B中表B.1，催化热解金汞齐原子荧光测汞仪参考条件见表B.2，热解冷原子吸收测汞仪参考条件见表B.3。

12.2.2　样品舟净化

将样品舟中残留的样品灰烬处理干净后，可使用仪器自带加热程序或马弗炉高温灼烧（600~800℃）20min以上，去除汞残留。

12.2.3　标准曲线的制作

分别吸取0.1mL的低浓度和高浓度汞标准系列溶液置于样品舟中，低浓度标准系列汞质量为0ng、1.0ng、5.0ng、10.0ng、20.0ng、30.0ng、40.0ng，高浓度标准系列汞质量为40.0ng、80.0ng、100ng、200ng、300ng、400ng、600ng，按仪器参考条件（附录B）调整仪器到最佳状态，按照汞质量由低到高的顺序，依次进行标准系列溶液的测定，记录信号响应值。以各系列标准溶液中汞的质量（ng）为横坐标，以其对应的信号响应值为纵坐标，分别绘制低浓度或高浓度汞标准曲线。

12.2.4　试样的测定

根据样品类型，准确称取0.05~0.5g（精确至0.000 1g或0.001g）样品于样品舟中，按照仪器设定的参考条件（附录B）进行测定，获得相应的原子吸收或原子荧光光谱信号值，从标准曲线读取对应的汞质量，计算出样品中汞的含量，每个样品做平行样品测定，取平均值。

13　分析结果的表述

试样中汞的含量按式（2）计算：

$$X=\frac{m_0\times 1\ 000}{m\times 1\ 000\times 1\ 000} \qquad \cdots\cdots\cdots\cdots(2)$$

式中：

X——试样中汞的含量，单位为毫克每千克（mg/kg）；

m_0——试样中汞的质量，单位为纳克（ng）；

m——试样称样量，单位为克（g）；

1 000——换算系数。

当汞含量≥1.00mg/kg 时，计算结果保留 3 位有效数字；当汞含量<1.00mg/kg 时，计算结果保留 2 位有效数字。

14　精密度

同第 7 章。

15　其他

当样品称样量为 0.1g 时，方法检出限为 0.000 2mg/kg，方法定量限为 0.000 5mg/kg。

第三法　电感耦合等离子体质谱法

参见 GB 5009.268。

第四法　冷原子吸收光谱法

16　原理

汞蒸气对波长 253.7nm 的共振线具有强烈的吸收作用。试样经过酸消解或催化酸消解使汞转为离子状态，在强酸性介质中以氯化亚锡还原成元素汞，载气将元素汞吹入汞测定仪，进行冷原子吸收测定，在一定浓度范围其吸收值与汞含量成正比，外标法定量。

17　试剂和材料

除非另有说明，本方法所用试剂均为优级纯，水为 GB/T 6682 规定的一级水。

17.1　试剂

17.1.1　硝酸（HNO_3）。

17.1.2　盐酸（HCl）。

17.1.3　过氧化氢（H_2O_2）（30%）。

17.1.4　无水氯化钙（$CaCl_2$）：分析纯。

17.1.5　高锰酸钾（$KMnO_4$）：分析纯。

17.1.6　重铬酸钾（$K_2Cr_2O_7$）：分析纯。

17.1.7　氯化亚锡（$SnCl_2\cdot 2H_2O$）：分析纯。

17.2　试剂配制

17.2.1　高锰酸钾溶液（50g/L）：称取 5.0g 高锰酸钾，置于 100mL 棕色瓶中，用水溶解并稀释至

100mL，混匀。

17.2.2　硝酸溶液（5+95）：量取50mL硝酸，缓缓倒入950mL水中，混匀。

17.2.3　重铬酸钾的硝酸溶液（0.5g/L）：称取0.5g重铬酸钾，用硝酸溶液（5+95）溶解并稀释至1 000mL，混匀。

17.2.4　氯化亚锡溶液（100g/L）：称取10g氯化亚锡，溶于20mL盐酸中，90℃水浴中加热，轻微振荡，待氯化亚锡溶解成透明状后，冷却，用水稀释至100mL，加入几粒金属锡，置阴凉、避光处保存。一经发现浑浊应重新配制。

17.2.5　硝酸溶液（1+9）：量取50mL硝酸，缓缓加入450mL水中，混匀。

17.3　标准品

氯化汞（$HgCl_2$，CAS号：7487-94-7）：纯度≥99%。

17.4　标准溶液配制

17.4.1　汞标准储备液（1 000.0mg/L）：同3.4.1。

17.4.2　汞标准中间液（10.0mg/L）：同3.4.2。

17.4.3　汞标准使用液（50.0μg/L）：同3.4.3。

17.4.4　汞标准系列溶液：同3.4.4。

18　仪器和设备

18.1　测汞仪：配气体循环泵、气体干燥装置、汞蒸气发生装置及汞蒸气吸收瓶，或全自动测汞仪。

18.2　天平：感量为0.01mg、0.1mg和1mg。

18.3　微波消解系统。

18.4　压力消解器。

18.5　恒温干燥箱（200~300℃）。

18.6　控温电热板（50~200℃）。

18.7　超声水浴箱。

18.8　匀浆机。

18.9　高速粉碎机。

注：玻璃器皿及聚四氟乙烯消解内罐均需以硝酸溶液（1+4）浸泡24h，用自来水反复冲洗，最后用水冲洗干净。

19　分析步骤

19.1　试样预处理

同5.1。

19.2　试样消解

同5.2。

19.3　测定

19.3.1　仪器参考条件

打开测汞仪，预热1h，并将仪器性能调至最佳状态。

19.3.2　标准曲线的制作

分别将5.0mL标准系列溶液置于测汞仪的汞蒸气发生器中，连接抽气装置，沿壁迅速加入3.0mL还原剂氯化亚锡（100g/L），迅速盖紧瓶塞，随后有气泡产生，立即通过流速为1.0L/min的氮气或经活性炭处理的空气，使汞蒸气经过氯化钙干燥管进入测汞仪中，从仪器读数显示的最高点测得其吸收值。然后，打开吸收瓶上的三通阀将产生的剩余汞蒸气吸收于高锰酸钾溶液（50g/L）中，待测汞仪上的读数达到零点时进行下一次测定。同时做空白试验。求得吸光度值与汞质量关系的一元线性回归方程。

19.3.3　试样溶液的测定

分别吸取样液和试剂空白液各 5.0mL 置于测汞仪的汞蒸气发生器的还原瓶中，以下按照 19.3.2 “连接抽气装置……同时做空白试验” 进行操作。将所测得吸光度值，代入标准系列溶液的一元线性回归方程中求得试样溶液中汞含量。

20　分析结果的表述

试样中汞含量按式（3）计算。

$$X = \frac{(m_1 - m_2) \times V_1 \times 1\,000}{m \times V_2 \times 1\,000 \times 1\,000} \qquad \cdots\cdots\cdots\cdots(3)$$

式中：

X——试样中汞的含量，单位为毫克每千克（mg/kg）；

m_1——试样溶液中汞的质量，单位为纳克（ng）；

m_2——空白液中汞的质量，单位为纳克（ng）；

V_1——试样消化液定容总体积，单位为毫升（mL）；

m——试样称样量，单位为克（g）；

V_2——测定样液体积，单位为毫升（mL）；

1 000——换算系数。

当汞的含量≥1.00mg/kg 时，计算结果保留 3 位有效数字；当汞的含量<1.00mg/kg 时，计算结果保留 2 位有效数字。

21　精密度

同第 7 章。

22　其他

当样品称样量为 0.5g，定容体积为 25mL 时，方法检出限为 0.002mg/kg，方法定量限为 0.007mg/kg。

第二篇　食品中甲基汞的测定

第一法　液相色谱-原子荧光光谱联用法

23　原理

试样中甲基汞经超声波辅助 5mol/L 盐酸溶液提取后，使用 C_{18} 反相色谱柱分离，色谱流出液进入在线紫外消解系统，在紫外光照射下与强氧化剂过硫酸钾反应，甲基汞转变为无机汞。酸性环境下，无机汞与硼氢化钾在线反应生成汞蒸气，由原子荧光光谱仪测定。保留时间定性，外标法定量。

24　试剂和材料

除非另有说明，本方法所用试剂均为分析纯，水为 GB/T 6682 规定的一级水。

24.1　试剂

24.1.1　甲醇（CH_3OH）：色谱纯。

24.1.2　氢氧化钠（NaOH）。

24.1.3　氢氧化钾（KOH）。

24.1.4　硼氢化钾（KBH_4）。

24.1.5　过硫酸钾（$K_2S_2O_8$）。
24.1.6　乙酸铵（CH_3COONH_4）。
24.1.7　盐酸（HCl）：优级纯。
24.1.8　硝酸（HNO_3）：优级纯。
24.1.9　重铬酸钾（$K_2Cr_2O_7$）。
24.1.10　L-半胱氨酸［L-$HSCH_2CH(NH_2)COOH$］：生化试剂，≥98.5%。

24.2　试剂配制

24.2.1　盐酸溶液（5mol/L）：量取208mL盐酸，加水稀释至500mL。
24.2.2　盐酸溶液（1+9）：量取100mL盐酸，加水稀释至1 000mL。
24.2.3　氢氧化钾溶液（2g/L）：称取2.0g氢氧化钾，加水溶解并稀释至1 000mL。
24.2.4　氢氧化钠溶液（6mol/L）：称取24g氢氧化钠，加水溶解，冷却后稀释至100mL。
24.2.5　硼氢化钾溶液（2g/L）：称取2.0g硼氢化钾，用氢氧化钾溶液（2g/L）溶解并稀释至1 000mL。临用现配。
24.2.6　过硫酸钾溶液（2g/L）：称取1.0g过硫酸钾，用氢氧化钾溶液（2g/L）溶解并稀释至500mL。临用现配。
24.2.7　硝酸溶液（5+95）：量取5mL硝酸，缓缓倒入95mL水中，混匀。
24.2.8　重铬酸钾的硝酸溶液（0.5g/L）：称取0.5g重铬酸钾，用硝酸溶液（5+95）溶解并稀释至1 000mL，混匀。
24.2.9　L-半胱氨酸溶液（10g/L）：称取0.1g L-半胱氨酸，加10mL水溶解，混匀。临用现配。
24.2.10　甲醇水溶液（1+1）：量取甲醇100mL，加100mL水，混匀。
24.2.11　流动相（3%甲醇+0.04mol/L乙酸铵+1g/L L-半胱氨酸）：称取0.5g L-半胱氨酸、1.6g乙酸铵，用100mL水溶解，加入15mL甲醇，用水稀释至500mL。经0.45μm有机系滤膜过滤后，于超声水浴中超声脱气30min。临用现配。

24.3　标准品

24.3.1　氯化汞（$HgCl_2$，CAS号：7487-94-7）：纯度≥99%。
24.3.2　氯化甲基汞（$HgCH_3Cl$，CAS号：115-09-3）：纯度≥99%。
24.3.3　氯化乙基汞（$HgCH_3CH_2Cl$，CAS号：107-27-7）：纯度≥99%。

24.4　标准溶液配制

24.4.1　汞标准储备液（200mg/L，以Hg计）：准确称取0.027 0g氯化汞，用重铬酸钾的硝酸溶液（0.5g/L）溶解，稀释并定容至100mL。于2~8℃冰箱中避光保存，有效期1年。或经国家认证并授予标准物质证书的汞标准溶液。
24.4.2　甲基汞标准储备液（200mg/L，以Hg计）：准确称取0.025 0g氯化甲基汞，加入少量甲醇溶解，用甲醇水溶液（1+1）稀释并定容至100mL。于2~8℃冰箱中避光保存，有效期1年。或经国家认证并授予标准物质证书的甲基汞标准溶液。
24.4.3　乙基汞标准储备液（200mg/L，以Hg计）：准确称取0.0265g氯化乙基汞，加入少量甲醇溶解，用甲醇水溶液（1+1）稀释并定容至100mL。于2~8℃冰箱中避光保存，有效期1年。或经国家认证并授予标准物质证书的乙基汞标准溶液。
24.4.4　混合标准使用液（1.0mg/L，以Hg计）：分别准确吸取氯化汞标准储备液、甲基汞标准储备液和乙基汞标准储备液各0.50mL，置于100mL容量瓶中，以流动相稀释并定容至刻度，摇匀。临用现配。
24.4.5　混合标准溶液（10.0μg/L，以Hg计）：准确吸取0.25mL混合标准使用液（1.0mg/L）于25mL容量瓶中，用流动相稀释并定容至刻度。临用现配。
24.4.6　甲基汞标准使用液（1.0mg/L，以Hg计）：准确吸取0.50mL甲基汞标准储备液（200mg/L）于

100mL 容量瓶中，以流动相稀释并定容至刻度，摇匀。临用现配。

24.4.7　甲基汞标准系列溶液：分别准确吸取甲基汞标准使用液（1.0mg/L）0.00mL、0.01mL、0.05mL、0.10mL、0.30mL、0.50mL 于 10mL 容量瓶中，用流动相稀释并定容至刻度。此标准系列溶液的浓度分别为 0.0μg/L、1.0μg/L、5.0μg/L、10.0μg/L、30.0μg/L、50.0μg/L。临用现配。

注：可根据样品中甲基汞的实际含量适当调整标准系列溶液中甲基汞的质量浓度范围。

25　仪器和设备

25.1　液相色谱-原子荧光光谱联用仪（LC-AFS）：由液相色谱仪、在线紫外消解系统及原子荧光光谱仪组成。

25.2　电子天平：感量为 0.01mg、0.1mg 和 1mg。

25.3　匀浆机。

25.4　高速粉碎机。

25.5　冷冻离心机：转速≥8 000r/min。

25.6　超声波清洗器。

25.7　有机系滤膜：0.45μm。

注：玻璃器皿均需以硝酸溶液（1+4）浸泡 24h，用自来水反复冲洗，最后用水冲洗干净。

25.8　筛网：粒径≤425μm（或筛孔≥40 目）。

26　分析步骤

26.1　试样制备

26.1.1　大米、食用菌、水产动物及其制品的干剂样品，取可食部分粉碎均匀，粒径达 425μm 以下（相当于 40 目以上），装入洁净聚乙烯瓶中，密封保存备用。

26.1.2　食用菌、水产动物等湿剂样品，洗净晾干，取可食部分匀浆至均质，装入洁净聚乙烯瓶中，密封，于 2~8℃冰箱冷藏备用。

注：在采样和制备过程中，应注意避免试样污染。

26.2　试样提取

称取固体样品 0.2~1.0g 或新鲜样品 0.5~2.0g（精确到 0.001g），置于 15mL 塑料离心管中，加入 10mL 盐酸溶液（5mol/L）。室温下超声水浴提取 60min，期间振摇数次。4℃下以 8 000r/min 离心 15min。准确吸取 2.0mL 上清液至 5mL 容量瓶或刻度试管中，逐滴加入氢氧化钠溶液（6mol/L），至样液 pH 值 3~7。加入 0.1mL 的 L-半胱氨酸溶液（10g/L），用水稀释定容至刻度。经 0.45μm 有机系滤膜过滤，待测。同时做空白试验。

注：滴加 6mol/L 氢氧化钠溶液时应缓慢逐滴加入，避免酸碱中和产生的热量来不及扩散，使温度很快升高，导致汞化合物挥发，造成测定值偏低。可选择加入 1~2 滴 0.1%的甲基橙溶液作为指示剂，当滴定至溶液由红色变为橙色时即可。

26.3　测定

26.3.1　液相色谱参考条件

液相色谱参考条件如下：

a）色谱柱：C_{18}分析柱（150mm×4.6mm，5μm）或等效色谱柱，C_{18}预柱（10mm×4.6mm，5μm）或等效色谱预柱；

b）流动相：3%甲醇+0.04mol/L 乙酸铵+1g/L L-半胱氨酸；

c）流速：1mL/min；

d）进样体积：100μL。

26.3.2　原子荧光检测参考条件

原子荧光检测参考条件如下：

a）负高压：300V；

b）汞灯电流：30mA；

c）原子化方式：冷原子；

d）载液：盐酸溶液（1+9）；

e）载液流速：4.0mL/min；

f）还原剂：2g/L 硼氢化钾溶液；

g）还原剂流速：4.0mL/min；

h）氧化剂：2g/L 过硫酸钾溶液；

i）氧化剂流速：1.6mL/min；

j）载气（氩气）流速：500mL/min；

k）辅助气（氩气）流速：600mL/min。

26.4 标准曲线的制作

设定仪器最佳条件，待基线稳定后，测定汞形态混合标准溶液（10μg/L），确定各汞形态的分离度，待分离度（R>1.5）达到要求后，将甲基汞标准系列溶液按质量浓度由低到高分别注入液相色谱-原子荧光光谱联用仪中进行测定，以标准系列溶液中目标化合物的浓度为横坐标，以色谱峰面积为纵坐标，制作标准曲线。汞形态混合标准溶液的色谱图参见附录 C 中图 C.1。

26.5 试样溶液的测定

依次将空白溶液和试样溶液注入液相色谱-原子荧光光谱联用仪中，得到色谱图，以保留时间定性。根据标准曲线得到试样溶液中甲基汞的浓度。试样溶液的色谱图参见附录 C 中图 C.2 至图 C.4。

27 分析结果的表述

试样中甲基汞含量按式（4）计算。

$$X=\frac{f\times(\rho-\rho_0)\times V\times 1\,000}{m\times 1\,000\times 1\,000} \quad\cdots\cdots\cdots\cdots(4)$$

式中：

X——试样中甲基汞的含量（以 Hg 计），单位为毫克每千克（mg/kg）；

f——稀释因子，2.5；

ρ——经标准曲线得到的测定液中甲基汞的浓度，单位为微克每升（μg/L）；

ρ_0——经标准曲线得到的空白溶液中甲基汞的浓度，单位为微克每升（μg/L）；

V——加入提取试剂的体积，单位为毫升（mL）；

m——试样称样量，单位为克（g）；

1 000——换算系数。

当甲基汞含量≥1.00mg/kg 时，计算结果保留 3 位有效数字；当甲基汞含量<1.00mg/kg 时，计算结果保留 2 位有效数字。

28 精密度

同第 7 章。

29 其他

当样品称样量为 1.0g，加入 10mL 提取试剂，稀释因子为 2.5 时，方法检出限为 0.008mg/kg，方法定量限为 0.03mg/kg。

第二法　液相色谱-电感耦合等离子体质谱联用法

30　原理

试样中甲基汞经超声波辅助5mol/L盐酸溶液提取后，使用C18反相色谱柱分离，分离后的目标化合物经过雾化由载气送入电感耦合等离子体（ICP）炬焰中，经过蒸发、解离、原子化、电离等过程，大部分转化为带正电荷的离子，经离子采集系统进入质谱仪，质谱仪根据质荷比进行分离测定。以保留时间和质荷比定性，外标法定量。

31　试剂和材料

除非另有说明，本方法所用试剂均为优级纯，水为GB/T 6682规定的一级水。

31.1　试剂

31.1.1　盐酸（HCl）。

31.1.2　硝酸（HNO_3）。

31.1.3　重铬酸钾（$K_2Cr_2O_7$）：分析纯。

31.1.4　氨水（$NH_3 \cdot H_2O$）。

31.1.5　甲醇（CH_3OH）：色谱纯。

31.1.6　L-半胱氨酸［$L-HSCH_2CH(NH_2)COOH$］：生化试剂，≥98.5%。

31.1.7　乙酸铵（CH_3COONH_4）：分析纯。

31.2　试剂配制

31.2.1　氨水溶液（1+1）：准确量取50mL氨水，缓慢倒入50mL水中，混匀。

31.2.2　盐酸溶液（5mol/L）：量取208mL盐酸，加水稀释至500mL。

31.2.3　硝酸溶液（5+95）：量取5mL硝酸，缓缓倒入95mL水中，混匀。

31.2.4　重铬酸钾的硝酸溶液（0.5g/L）：称取0.5g重铬酸钾，用硝酸溶液（5+95）溶解并稀释至1 000mL，混匀。

31.2.5　L-半胱氨酸溶液（10g/L）：称取0.1g L-半胱氨酸，加10mL水溶解，混匀。临用现配。

31.2.6　甲醇水溶液（1+1）：量取甲醇100mL，加100mL水，混匀。

31.2.7　流动相（3%甲醇+0.04mol/L乙酸铵+1g/L L-半胱氨酸）：称取0.5g L-半胱氨酸、1.6g乙酸铵，用100mL水溶解，加入15mL甲醇，用水稀释至500mL。经0.45μm有机系滤膜过滤后，于超声水浴中超声脱气30min。临用现配。

31.3　标准品

31.3.1　氯化汞（$HgCl_2$，CAS号：7487-94-7）：纯度≥99%。

31.3.2　氯化甲基汞（$HgCH_3Cl$，CAS号：115-09-3）：纯度≥99%。

31.3.3　氯化乙基汞（$HgCH_3CH_2Cl$，CAS号：107-27-7）：纯度≥99%。

31.4　标准溶液配制

31.4.1　汞标准储备液（200mg/L，以Hg计）：准确称取0.027 0g氯化汞，用重铬酸钾的硝酸溶液（0.5g/L）溶解，稀释并定容至100mL。于2~8℃冰箱中避光保存，有效期1年。或经国家认证并授予标准物质证书的汞标准溶液。

31.4.2　甲基汞标准储备液（200mg/L，以Hg计）：准确称取0.025 0g氯化甲基汞，加入少量甲醇溶解，用甲醇水溶液（1+1）稀释并定容至100mL。于2~8℃冰箱避光保存，有效期1年。或经国家认证并授予标准物质证书的甲基汞标准溶液。

31.4.3　乙基汞标准储备液（200mg/L，以Hg计）：准确称取0.026 5g氯化乙基汞，加入少量甲醇溶解，用甲醇水溶液（1+1）稀释并定容至100mL。于2~8℃冰箱避光保存，有效期1年。或经国家认证并授予标准物质证书的乙基汞标准溶液。

31.4.4　混合标准使用液（1.0mg/L，以Hg计）：分别准确吸取氯化汞标准储备液、甲基汞标准储备液和乙基汞标准储备液各0.50mL，置于100mL容量瓶中，以流动相稀释并定容至刻度，摇匀。临用现配。

31.4.5　混合标准溶液（10.0μg/L）：准确吸取0.25mL混合标准使用液（1.0mg/L）于25mL容量瓶中，用流动相稀释并定容至刻度。临用现配。

31.4.6　甲基汞标准使用液（1.0mg/L，以Hg计）：准确吸取0.50mL甲基汞标准储备液（200mg/L）于100mL容量瓶中，以流动相稀释并定容至刻度，摇匀。临用现配。

31.4.7　甲基汞标准系列溶液：分别准确吸取甲基汞标准使用液（1.0mg/L）0.00mL、0.01mL、0.05mL、0.10mL、0.30mL、0.50mL于10mL容量瓶中，用流动相稀释并定容至刻度。此标准系列溶液的浓度分别为0.0μg/L、1.0μg/L、5.0μg/L、10.0μg/L、30.0μg/L、50.0μg/L。临用现配。

注：可根据样品中甲基汞的实际含量适当调整标准系列溶液中甲基汞的质量浓度范围。

32　仪器和设备

32.1　液相色谱-电感耦合等离子体质谱仪（LC-ICP-MS）：由液相色谱与电感耦合等离子体质谱仪组成。

32.2　电子天平：感量为0.01mg、0.1mg和1mg。

32.3　匀浆机。

32.4　高速粉碎机。

32.5　冷冻离心机：转速≥8 000r/min。

32.6　超声波清洗器。

32.7　有机系滤膜：0.45μm。

注：玻璃器皿均需以硝酸溶液（1+4）浸泡24h，用自来水反复冲洗，最后用水冲洗干净。

32.8　筛网：粒径≤425μm（或筛孔≥40目）。

33　分析步骤

33.1　试样制备

同26.1。

33.2　试样提取

称取固体样品0.2~1.0g或新鲜样品0.5~2.0g（精确到0.001g），置于15mL塑料离心管中，加入10mL盐酸溶液（5mol/L）。室温下超声水浴提取60min，期间振摇数次。4℃下8 000r/min离心15min。准确移取2.0mL上清液至5mL容量瓶或刻度试管中，逐滴加入氨水溶液（1+1），至样液pH值3~7。加入0.1mL的L-半胱氨酸溶液（10g/L），用水稀释并定容至刻度。经0.45μm有机系滤膜过滤，待测。同时做空白试验。

注：滴加氨水溶液（1+1）时应缓慢逐滴加入，避免酸碱中和产生的热量来不及扩散而使温度很快升高，导致汞化合物挥发，造成测定值偏低。可选择加入1~2滴0.1%的甲基橙溶液作为指示剂，当滴定至溶液由红色变为橙色时即可。

33.3　测定

33.3.1　液相色谱参考条件

液相色谱参考条件如下：

a）色谱柱：C_{18}分析柱（150mm×4.6mm，5μm）或等效色谱柱，C_{18}预柱（10mm×4.6mm，5μm）或等效色谱预柱；

b）流动相：3%甲醇+0.04mol/L乙酸铵+1g/L L-半胱氨酸；

c）流速：1.0mL/min；

d）进样量：50μL。

33.3.2　电感耦合等离子体质谱检测参考条件

电感耦合等离子体质谱仪参考条件如下：

a）射频功率：1 200~1 550W；

b）采样深度：8mm；

c）雾化室温度：2℃；

d）载气（氩气）流量：0.85L/min；

e）补偿气（氩气）流量：0.15L/min；

f）积分时间：0.5s；

g）检测质荷比（m/z）：202。

33.4　标准曲线的制作

设定仪器最佳条件，待基线稳定后，测定汞形态混合标准溶液（10μg/L），确定各汞形态的分离度，待分离度（R>1.5）达到要求后，将甲基汞标准系列溶液按质量浓度由低到高分别注入液相色谱-电感耦合等离子体质谱联用仪中进行测定，以标准系列溶液中目标化合物的浓度为横坐标，以色谱峰面积为纵坐标，制作标准曲线。汞形态混合标准溶液的色谱图参见附录 D 中图 D.1。

33.5　试样溶液的测定

依次将空白溶液和试样溶液注入液相色谱-电感耦合等离子体质谱联用仪中，得到色谱图，以保留时间定性。根据标准曲线得到试样溶液中甲基汞的浓度。试样溶液的色谱图参见附录 D 中图 D.2 至图 D.4。

34　分析结果的表述

试样中甲基汞的含量按式（5）计算。

$$X = \frac{f \times (\rho - \rho_0) \times V \times 1\,000}{m \times 1\,000 \times 1\,000} \quad \cdots\cdots\cdots\cdots (5)$$

式中：

X——试样中甲基汞的含量（以 Hg 计），单位为毫克每千克（mg/kg）；

f——稀释因子，2.5；

ρ——经标准曲线得到的测定液中甲基汞的浓度，单位为微克每升（μg/L）；

ρ_0——经标准曲线得到的空白溶液中甲基汞的浓度，单位为微克每升（μg/L）；

V——加入提取试剂的体积，单位为毫升（mL）；

m——试样称样量，单位为克（g）；

1 000——换算系数。

当甲基汞含量≥1.00mg/kg 时，计算结果保留 3 位有效数字；当甲基汞含量<1.00mg/kg 时，计算结果保留 2 位有效数字。

35　精密度

同第 7 章。

36　其他

当样品称样量为 1.0g，加入 10mL 提取试剂，稀释因子为 2.5 时，方法检出限为 0.005mg/kg，方法定量限为 0.02mg/kg。

附　录　A
微波消解参考条件

试样微波消解参考条件见表 A.1。

表 A.1　试样微波消解参考条件

步骤	温度（℃）	升温时间（min）	保温时间（min）
1	120	5	5
2	160	5	10
3	190	5	25

附　录　B
仪器参考条件

催化热解金汞齐冷原子吸收测汞仪参考条件见表 B.1。

表 B.1　催化热解金汞齐冷原子吸收测汞仪参考条件

步骤	仪器参数	指标值
1	样品灼烧温度	200~300℃
	样品灼烧时间	30~70s
2	完全分解温度	650~800℃
	完全分解时间	60~180s
3	催化热解温度	650~800℃
4	汞齐分解温度	600~900℃
	汞齐分解时间	12~60s
5	载气（氧气）流速	200~350mL/min

催化热解金汞齐原子荧光测汞仪参考条件见表 B.2。

表 B.2　催化热解金汞齐原子荧光测汞仪参考条件

步骤	仪器参数	指标值
1	样品干燥温度	200~300℃
	样品干燥时间	30~70s
2	完全分解温度	650~800℃
	完全分解时间	60~180s
3	催化热解温度	650~800℃

（续表）

步骤	仪器参数	指标值
4	汞齐分解温度	600~900℃
	汞齐分解时间	10~30s
5	助燃气（空气）流速	500~700mL/min
	载气（氩氢气）流速	500~1 000mL/min

热解冷原子吸收测汞仪参考条件见表 B. 3。

表 B. 3　热解冷原子吸收测汞仪参考条件

推荐运行加热模式	载气（空气）流速（L/min）	第一热处理室温度（蒸发室）（℃）	第二热处理室（补燃室）温度（℃）	分析单元温度（℃）
一般样品	0. 8~1. 2	370~430	600~770	680~730
高脂样品	0. 8~1. 2	170~230	600~770	680~730

附　录　C
LC-AFS 法色谱图

甲基汞测定的标准溶液色谱图（LC-AFS 法）见图 C. 1。

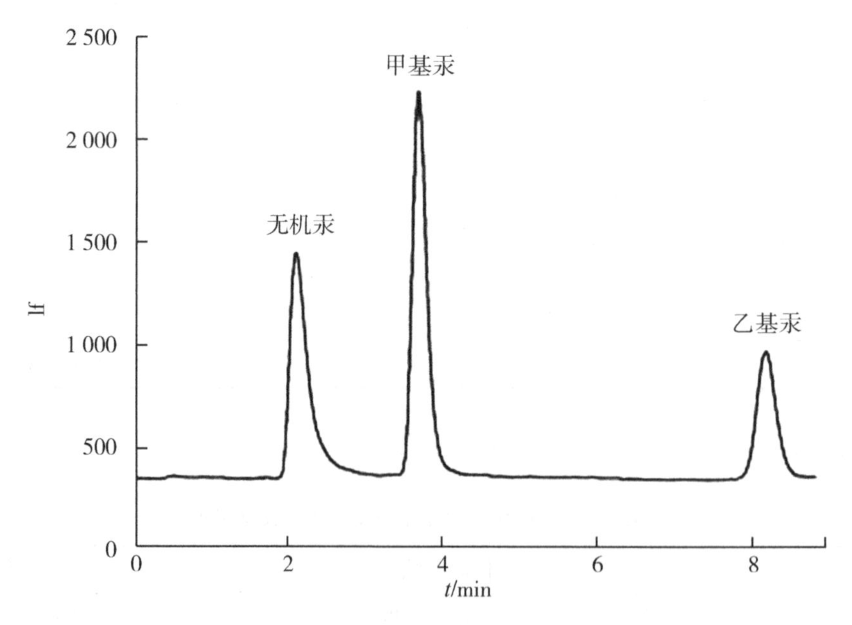

图 C. 1　标准溶液色谱图（LC-AFS 法，10μg/L）

参考试样（鱼肉）色谱图（LC-AFS 法）见图 C. 2。

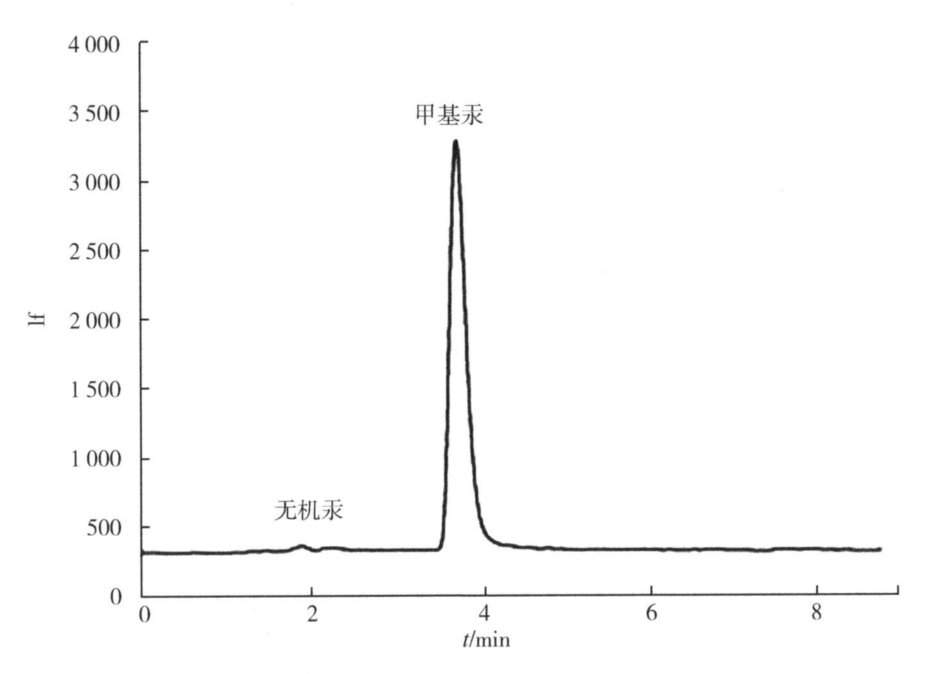

图 C.2　参考试样（鱼肉）色谱图（LC-AFS 法）

参考试样（大米）色谱图（LC-AFS 法）见图 C.3。

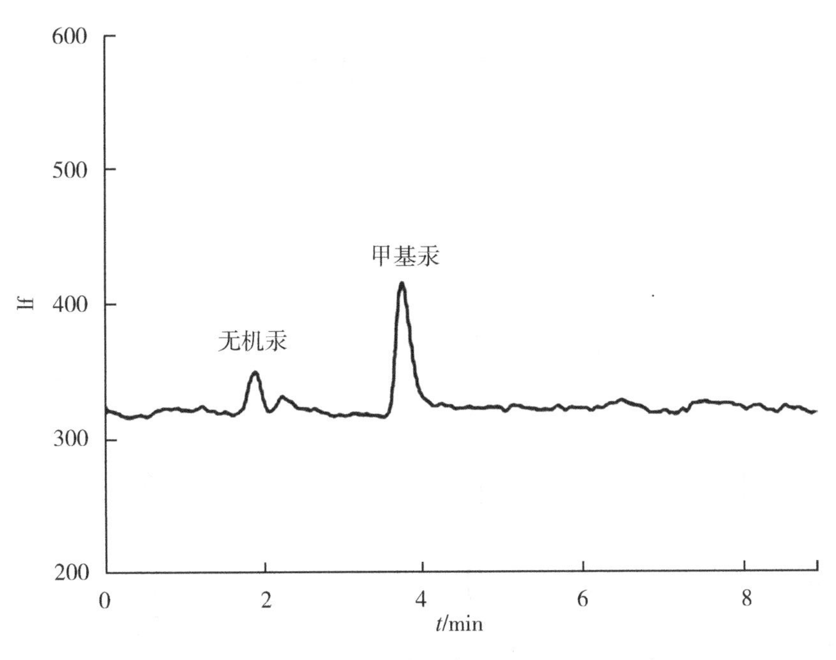

图 C.3　参考试样（大米）色谱图（LC-AFS 法）

参考试样（食用菌）色谱图（LC-AFS 法）见图 C.4。

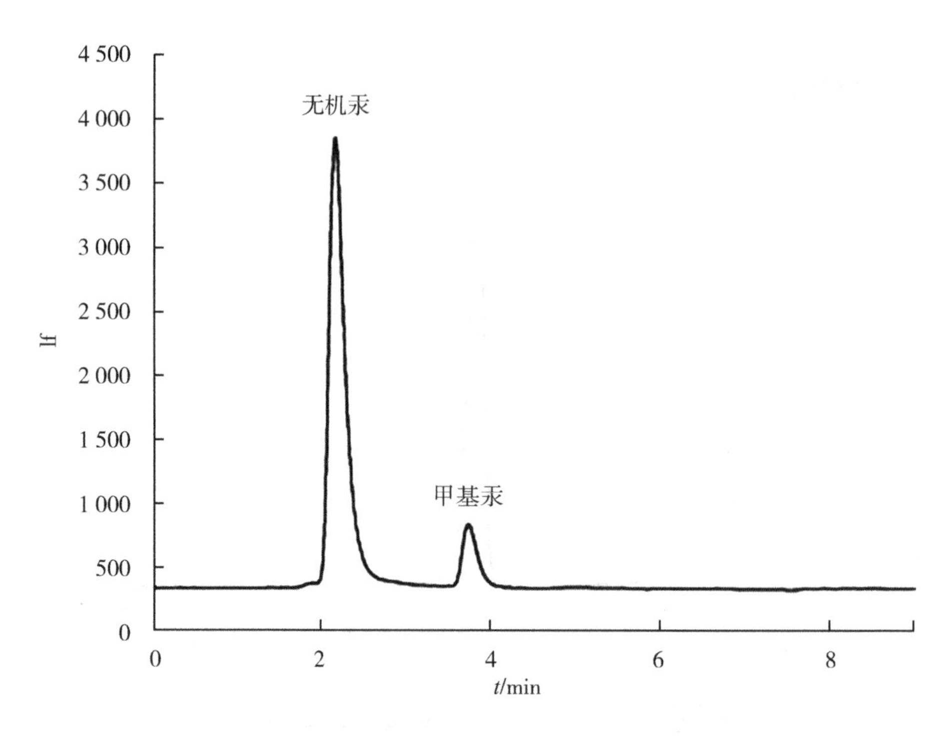

图 C.4 参考试样（食用菌）色谱图（LC-AFS 法）

附 录 D
LC-ICP-MS 法色谱图

甲基汞测定的标准溶液色谱图（LC-ICP-MS 法）见图 D.1。

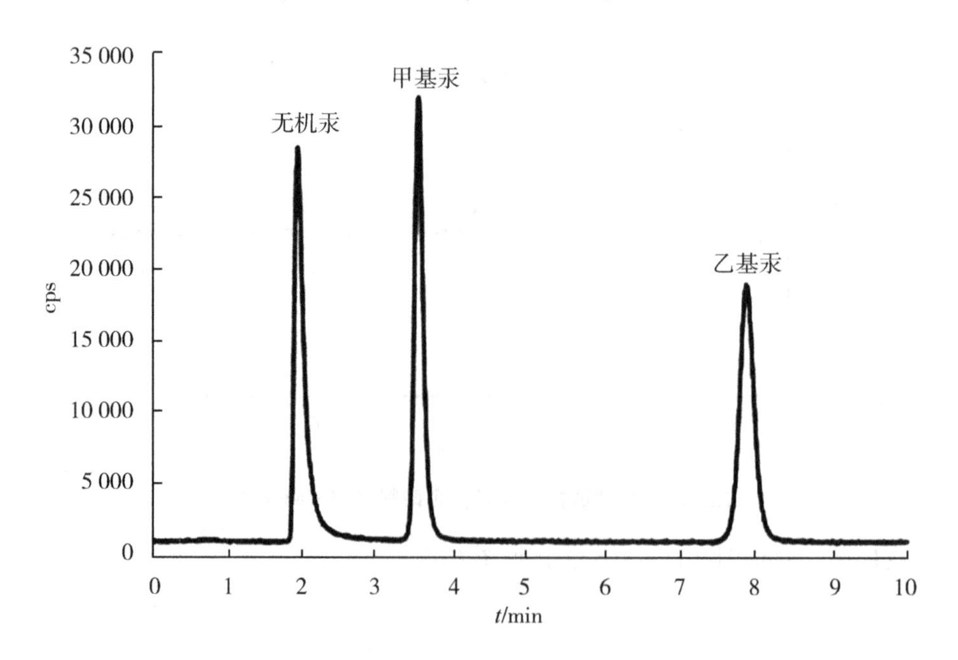

图 D.1 标准溶液色谱图（LC-ICP-MS 法，10μg/L）

参考试样（深海鳕鱼）色谱图（LC-ICP-MS 法）见图 D. 2。

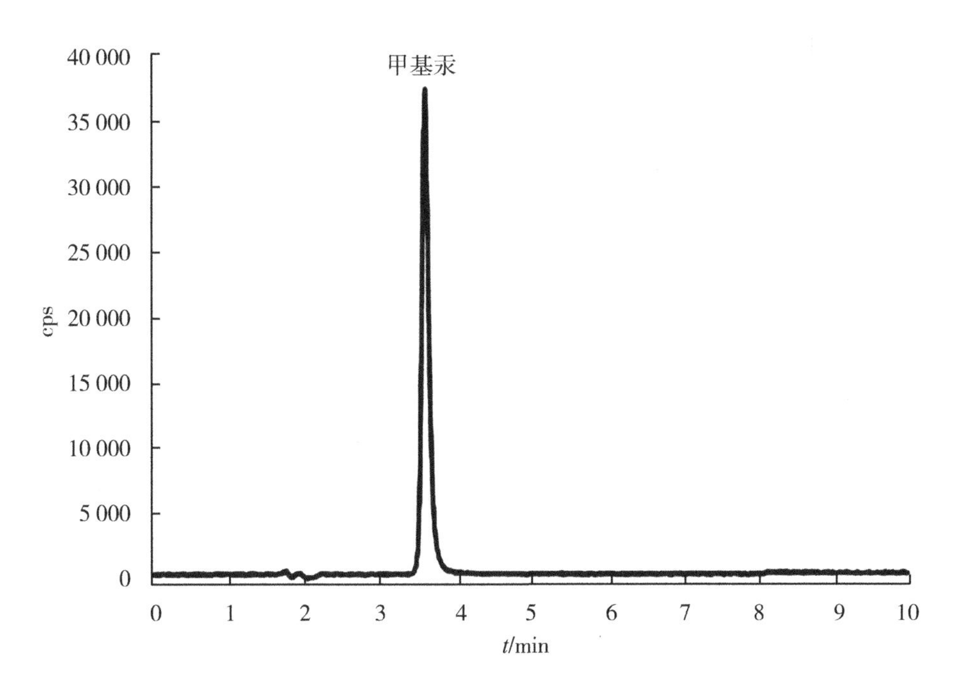

图 D. 2　参考试样（深海鳕鱼）色谱图（LC-ICP-MS 法）

参考试样（大米）色谱图（LC-ICP-MS 法）见图 D. 3。

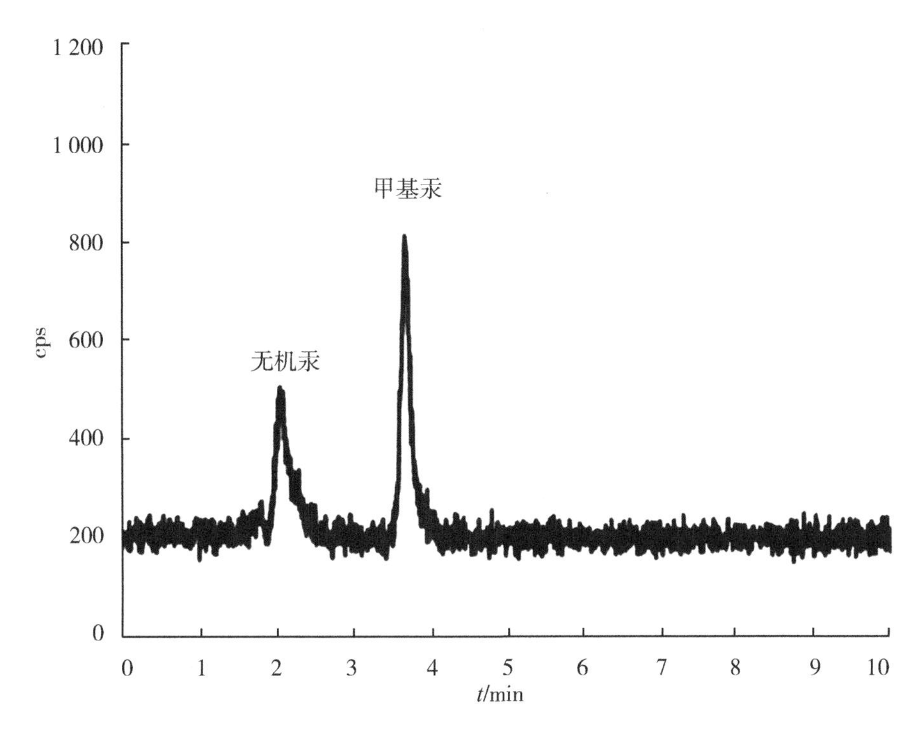

图 D. 3　参考试样（大米）色谱图（LC-ICP-MS 法）

参考试样（食用菌）色谱图（LC-ICP-MS 法）见图 D.4。

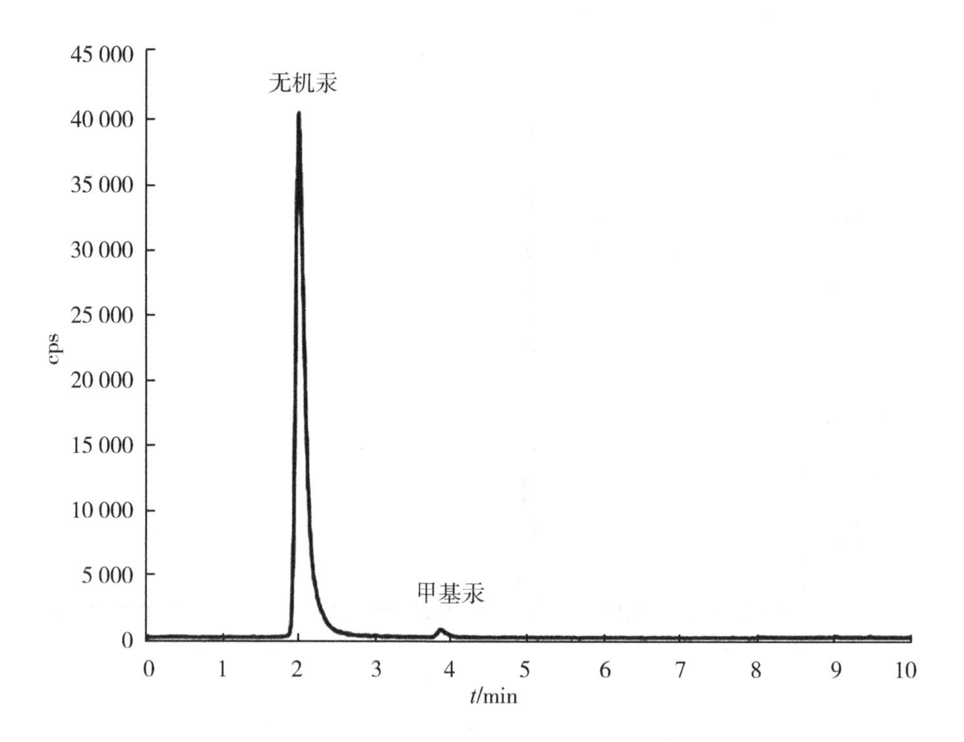

图 D.4　参考试样（食用菌）色谱图（LC-ICP-MS 法）

中华人民共和国国家标准

GB 5009.11—2014
代替 GB/T 5009.11—2003

食品安全国家标准
食品中总砷及无机砷的测定

2015-09-21 发布　　2016-03-02 实施

中华人民共和国国家卫生和计划生育委员会　发布

前　言

本标准代替 GB/T 5009.11—2003《食品中总砷及无机砷的测定》。

本标准与 GB/T 5009.11—2003 相比，主要变化如下：

——标准名称修改为“食品安全国家标准　食品中总砷及无机砷的测定”。

——取消了食品中总砷测定的砷斑法及硼氢化物还原比色法，取消了食品中无机砷测定的原子荧光法和银盐法。

——增加了食品中总砷测定的电感耦合等离子体质谱法（ICP-MS）；

——增加了食品中无机砷测定的液相色谱-原子荧光光谱法（LC-AFS）和液相色谱-电感耦合等离子体质谱法（LC-ICP-MS）。

食品安全国家标准
食品中总砷及无机砷的测定

1　范围

本标准第一篇规定了食品中总砷的测定方法。本标准第二篇规定了食品中无机砷含量测定的液相色谱-原子荧光光谱法、液相色谱-电感耦合等离子体质谱法。

本标准第一篇第一法、第二法和第三法适用于各类食品中总砷的测定。第二篇适用于稻米、水产动物、婴幼儿谷类辅助食品、婴幼儿罐装辅助食品中无机砷（包括砷酸盐和亚砷酸盐）含量的测定。

第一篇　总砷的测定

第一法　电感耦合等离子体质谱法

2　原理

样品经酸消解处理为样品溶液，样品溶液经雾化由载气送入ICP炬管中，经过蒸发、解离、原子化和离子化等过程，转化为带电荷的离子，经离子采集系统进入质谱仪，质谱仪根据质荷比进行分离。对于一定的质荷比，质谱的信号强度与进入质谱仪的离子数成正比，即样品浓度与质谱信号强度成正比。通过测量质谱的信号强度对试样溶液中的砷元素进行测定。

3　试剂和材料

注：除非另有说明，本方法所用试剂均为优级纯，水为GB/T 6682规定的一级水。

3.1　试剂

3.1.1　硝酸（HNO_3）：MOS级（电子工业专用高纯化学品）、BV（Ⅱ）级。

3.1.2　过氧化氢（H_2O_2）

3.1.3　质谱调谐液：Li、Ni、Y、Ce、Ti、Co，推荐使用浓度为10ng/mL。

3.1.4　内标储备液：Ge浓度为100μg/mL。

3.1.5　氢氧化钠（NaOH）。

3.2　试剂配制

3.2.1　硝酸溶液（2+98）：量取20mL硝酸，缓缓倒入980mL水中，混匀。

3.2.2　内标溶液Ge或Y（1.0μg/mL）：取1.0mL内标溶液，用硝酸溶液（2+98）稀释并定容至100mL。

3.2.3　氢氧化钠溶液（10 000g/L）：称取10.0g氢氧化钠，用水溶解并定容至100mL。

3.3　标准品

三氧化二砷（As_2O_3）标准品：纯度≥99.5%。

3.4　标准溶液配制

3.4.1　砷标准储备液（100mg/L，按As计）：准确称取于100℃干燥2h的三氧化二砷0.0132g，加1mL氢氧化钠溶液（100g/L）和少量水溶解，转入100mL容量瓶中，加入适量盐酸调整其酸度近中性，用水稀释至刻度。4℃避光保存，保存期1年。或购买经国家认证并授予标准物质证书的标准溶液物质。

3.4.2　砷标准使用液（1.00mg/L，按As计）：准确吸取1.00mL砷标准储备液（100mg/L）于100mL容量瓶中，用硝酸溶液（2+98）稀释定容至刻度。现用现配。

4 仪器和设备

注：玻璃器皿及聚四氟乙烯消解内罐均需以硝酸溶液（1+4）浸泡24h，用水反复冲洗，最后用去离子水冲洗干净。

4.1 电感耦合等离子体质谱仪（ICP-MS）。

4.2 微波消解系统。

4.3 压力消解器。

4.4 恒温干燥箱（50~300℃）。

4.5 控温电热板（50~200℃）。

4.6 超声水浴箱。

4.7 天平：感量为0.1mg和1mg。

5 分析步骤

5.1 试样预处理

5.1.1 在采样和制备过程中，应注意不使试样污染。

5.1.2 粮食、豆类等样品去杂物后粉碎均匀，装入洁净聚乙烯瓶中，密封保存备用。

5.1.3 蔬菜、水果、鱼类、肉类及蛋类等新鲜样品，洗净晾干，取可食部分匀浆，装入洁净聚乙烯瓶中，密封，于4℃冰箱冷藏备用。

5.2 试样消解

5.2.1 微波消解法

蔬菜、水果等含水分高的样品，称取2.0~4.0g（精确至0.001g）样品于消解罐中，加入5mL硝酸，放置30min；粮食、肉类、鱼类等样品，称取0.2~0.5g（精确至0.001g）样品于消解罐中，加入5mL硝酸，放置30min，盖好安全阀，将消解罐放入微波消解系统中，根据不同类型的样品，设置适宜的微波消解程序（表A.1~表A.3），按相关步骤进行消解，消解完全后赶酸，将消化液转移至25mL容量瓶或比色管中，用少量水洗涤内罐3次，合并洗涤液并定容至刻度，混匀。同时做空白试验。

5.2.2 高压密闭消解法

称取固体试样0.2~1.0g（精确至0.001g），湿样1.0~5.0g（精确至0.001g）或取液体试样2.00~5.00mL于消解内罐中，加入5mL硝酸浸泡过夜。盖好内盖，旋紧不锈钢外套，放入恒温干燥箱，140~160℃保持3~4h，自然冷却至室温，然后缓慢旋松不锈钢外套，将消解内罐取出，用少量水冲洗内盖，放在控温电热板上于120℃赶去棕色气体。取出消解内罐，将消化液转移至25mL容量瓶或比色管中，用少量水洗涤内罐3次，合并洗涤液并定容至刻度，混匀。同时做空白试验。

5.3 仪器参考条件

RF功率1 550W；载气流速1.14L/min；采样深度7mm；雾化室温度2℃；Ni采样锥，Ni截取锥。

质谱干扰主要来源于同量异位素、多原子、双电荷离子等，可采用最优化仪器条件、干扰校正方程校正或采用碰撞池、动态反应池技术方法消除干扰。砷的干扰校正方程为：$^{75}As={}^{75}As-{}^{77}M$（3.127）$+{}^{83}M$（2.733）$-{}^{83}M$（2.757）；采用内标校正、稀释样品等方法校正非质谱干扰。砷的m/z为75，选^{72}Ge为内标元素。

推荐使用碰撞/反应池技术，在没有碰撞/反应池技术的情况下使用干扰方程消除干扰的影响。

5.4 标准曲线的制作

吸取适量砷标准使用液（1.00mg/L），用硝酸溶液（2+98）配制砷浓度分别为0ng/mL、1.0ng/mL、5.0ng/mL、10ng/mL、50ng/mL和100ng/mL的标准系列溶液。

当仪器真空度达到要求时，用调谐液调整仪器灵敏度、氧化物、双电荷、分辨率等各项指标，当仪器各项指标达到测定要求，编辑测定方法、选择相关消除干扰方法，引入内标，观测内标灵敏度、脉冲与模拟模式的线性拟合，符合要求后，将标准系列引入仪器。进行相关数据处理，绘制标准曲线、计算回归方程。

5.5　试样溶液的测定

相同条件下，将试剂空白、样品溶液分别引入仪器进行测定。根据回归方程计算出样品中砷元素的浓度。

6　分析结果的表述

试样中砷含量按式（1）计算：

$$X=\frac{(C-C_o)\times V\times 1\,000}{m\times 1\,000\times 1\,000} \qquad \cdots\cdots\cdots\cdots (1)$$

式中：

X——试样中砷的含量，单位为毫克每千克（mg/kg）或毫克每升（mg/L）；

C——试样消化液中砷的测定浓度，单位为纳克每毫升（ng/mL）；

C_o——试样空白消化液中砷的测定浓度，单位为纳克每毫升（ng/mL）；

V——试样消化液总体积，单位为毫升（mL）；

m——试样质量，单位为克或毫升（g 或 mL）；

1 000——换算系数。

计算结果保留 2 位有效数字。

7　精密度

在重复性条件下获得的 2 次独立测定结果的绝对差值不得超过算术平均值的 20%。

8　其他

称样量为 1g，定容体积为 25mL 时，方法检出限为 0. 003mg/kg，方法定量限为 0. 010mg/kg。

第二法　氢化物发生原子荧光光谱法

9　原理

食品试样经湿法消解或干灰化法处理后，加入硫脲使五价砷预还原为三价砷，再加入硼氢化钠或硼氢化钾使还原生成砷化氢，由氩气载入石英原子化器中分解为原子态砷，在高强度砷空心阴极灯的发射光激发下产生原子荧光，其荧光强度在固定条件下与被测液中的砷浓度成正比，与标准系列比较定量。

10　试剂和材料

注：除非另有说明，本方法所用试剂均为优级纯，水为 GB/T6682 规定的一级水。

10.1　试剂

10.1.1　氢氧化钠（NaOH）。

10.1.2　氢氧化钾（KOH）。

10.1.3　硼氢化钾（KBH_4）：分析纯。

10.1.4　硫脲（$CH_4N_2O_2S$）：分析纯。

10.1.5　盐酸（HCl）。

10.1.6　硝酸（HNO_3）。

10.1.7　硫酸（H_2SO_4）。

10.1.8　高氯酸（$HClO_4$）。

10.1.9　硝酸镁［$Mg(NO_3)_2\cdot 6H_2O$］：分析纯。

10.1.10 氧化镁（MgO）：分析纯。

10.1.11 抗坏血酸（$C_6H_8O_6$）。

10.2 试剂配制

10.2.1 氢氧化钾溶液（5g/L）：称取5.0g氢氧化钾，溶于水并稀释至1 000mL。

10.2.2 硼氢化钾溶液（20g/L）：称取硼氢化钾20.0g，溶于1 000mL 5g/L氢氧化钾溶液中，混匀。

10.2.3 硫脲+抗坏血酸溶液：称取10.0g硫脲，加约80mL水，加热溶解，待冷却后加入10.0g抗坏血酸，稀释至100mL。现用现配。

10.2.4 氢氧化钠溶液（100g/L）：称取10.0g氢氧化钠，溶于水并稀释至100mL。

10.2.5 硝酸镁溶液（150g/L）：称取15.0g硝酸镁，溶于水并稀释至100mL。

10.2.6 盐酸溶液（1+1）：量取100mL盐酸，缓缓倒入100mL水中，混匀。

10.2.7 硫酸溶液（1+9）：量取硫酸100mL，缓缓倒入900mL水中，混匀。

10.2.8 硝酸溶液（2+98）：量取硝酸20mL，缓缓倒入980mL水中，混匀。

10.3 标准品

三氧化二砷（As_2O_3）标准品：纯度≥99.5%。

10.4 标准溶液配制

10.4.1 砷标准储备液（100mg/L，按As计）：准确称取于100℃干燥2h的三氧化二砷0.013 2g，加100g/L氢氧化钠溶液1mL和少量水溶解，转入100mL容量瓶中，加入适量盐酸调整其酸度近中性，加水稀释至刻度。4℃避光保存，保存期一年。或购买经国家认证并授予标准物质证书的标准溶液物质。

10.4.2 砷标准使用液（1.00mg/L，按As计）：准确吸取1.00mL砷标准储备液（100mg/L）于100mL容量瓶中，用硝酸溶液（2+98）稀释至刻度。现用现配。

11 仪器和设备

注：玻璃器皿及聚四氟乙烯消解内罐均需以硝酸溶液（1+4）浸泡24h，用水反复冲洗，最后用去离子水冲洗干净。

11.1 原子荧光光谱仪。

11.2 天平：感量为0.1mg和1mg。

11.3 组织匀浆器。

11.4 高速粉碎机。

11.5 控温电热板：50~200℃。

11.6 马弗炉。

12 分析步骤

12.1 试样预处理

见5.1。

12.2 试样消解

12.2.1 湿法消解

固体试样称取1.0~2.5g、液体试样称取5.0~10.0g（或mL）（精确至0.001g），置于50~100mL锥形瓶中，同时做2份试剂空白溶液。加硝酸20mL，高氯酸4mL，硫酸1.25mL，放置过夜。次日置于电热板上加热消解。若消解液处理至1mL左右时仍有未分解物质或色泽变深，取下放冷，补加硝酸5~10mL，再消解至2mL左右，如此反复2~3次，注意避免炭化。继续加热至消解完全后，再持续蒸发至高氯酸的白烟散尽，硫酸的白烟开始冒出。冷却，加水25mL，再蒸发至冒硫酸白烟。冷却，用水将内溶物转入25mL容量瓶或比色管中，加入硫脲+抗坏血酸溶液2mL，补加水至刻度，混匀，放置30min，待测。按同一操作方法做空白试验。

12.2.2　干灰化法

固体试样称取 1.0~2.5g，液体试样取 4.00mL（g）（精确至 0.001g），置于 50~100mL 坩埚中，同时做 2 份试剂空白溶液。加 150g/L 硝酸镁 10mL 混匀，低热蒸干，将 1g 氧化镁覆盖在干渣上，于电炉上炭化至无黑烟，移入 550℃ 马弗炉灰化 4h。取出放冷，小心加入盐酸溶液（1+1）10mL 以中和氧化镁并溶解灰分，转入 25mL 容量瓶或比色管，向容量瓶或比色管中加入硫脲+抗坏血酸溶液 2mL，另用硫酸溶液（1+9）分次洗涤坩埚后合并洗涤液至 25mL 刻度，混匀，放置 30min，待测。按同一操作方法做空白试验。

12.3　仪器参考条件

负高压：260V；砷空心阴极灯电流：50~80mA；载气：氩气；载气流速：500mL/min；屏蔽气流速：800mL/min；测量方式：荧光强度；读数方式：峰面积。

12.4　标准曲线制作

取 25mL 容量瓶或比色管 6 支，依次准确加入 1.00μg/mL 砷标准使用液 0.00mL、0.10mL、0.25mL、0.50mL、1.5mL 和 3.0mL（分别相当于砷浓度 0.0ng/mL、4.0ng/mL、10ng/mL、20ng/mL、60ng/mL、120ng/mL），各加硫酸溶液（1+9）12.5mL，硫脲+抗坏血酸溶液 2mL，补加水至刻度，混匀后放置 30min 后测定。

仪器预热稳定后，将试剂空白、标准系列溶液依次引入仪器进行原子荧光强度的测定。以原子荧光强度为纵坐标，砷浓度为横坐标绘制标准曲线，得到回归方程。

12.5　试样溶液的测定

相同条件下，将样品溶液分别引入仪器进行测定。根据回归方程计算出样品中砷元素的浓度。

13　分析结果的表述

试样中总砷含量按式（2）计算：

$$X=\frac{(C-C_o)\times V\times 1\,000}{m\times 1\,000\times 1\,000} \quad \cdots\cdots\cdots\cdots(2)$$

式中：

X——试样中砷的含量，单位为毫克每千克（mg/kg）或毫克每升（mg/L）；

C——试样被测液中砷的测定浓度，单位为纳克每毫升（ng/mL）；

C_o——试样空白消化液中砷的测定浓度，单位为纳克每毫升（ng/mL）；

V——试样消化液总体积，单位为毫克（mL）；

m——试样质量，单位为克（g）或毫升（mL）；

1 000——换算系数。

计算结果保留 2 位有效数字。

14　精密度

在重复性条件下获得的 2 次独立测定结果的绝对差值不得超过算术平均值的 20%。

15　检出限

称样量为 1g，定容体积为 25mL 时，方法检出限为 0.010mg/kg，方法定量限为 0.040mg/kg。

第三法　银盐法

16　原理

试样经消化后，以碘化钾、氯化亚锡将高价砷还原为三价砷，然后与锌粒和酸产生的新生态氢生成砷化氢，经银盐溶液吸收后，形成红色胶态物，与标准系列比较定量。

17 试剂和材料

注：除非另有说明，本方法所用试剂均为优级纯，水为GB/T6682规定的一级水。

17.1 试剂

17.1.1 硝酸（HNO_3）。

17.1.2 硫酸（H_2SO_4）。

17.1.3 盐酸（HCl）。

17.1.4 高氯酸（$HClO_4$）。

17.1.5 三氯甲烷（$CHCl_3$）：分析纯。

17.1.6 二乙基二硫代氨基甲酸银［（C_2H_5）$_2NCS_2Ag$］：分析纯。

17.1.7 氯化亚锡（$SnCl_2$）：分析纯。

17.1.8 硝酸镁［Mg（NO_3）$_2$·$6H_2O$］：分析纯。

17.1.9 碘化钾（KI）：分析纯。

17.1.10 氧化镁（MgO）：分析纯。

17.1.11 乙酸铅（$C_4H_6O_4Pb \cdot 3H_2O$）：分析纯。

17.1.12 三乙醇胺（$C_6H_{15}NO_3$）：分析纯。

17.1.13 无砷锌粒：分析纯。

17.1.14 氢氧化钠（NaOH）。

17.1.15 乙酸。

17.2 试剂配制

17.2.1 硝酸-高氯酸混合溶液（4+1）：量取80mL硝酸，加入20mL高氯酸，混匀。

17.2.2 硝酸镁溶液（150g/L））：称取15g硝酸镁，加水溶解并稀释定容至100mL。

17.2.3 碘化钾溶液（150g/L）：称取15g碘化钾，加水溶解并稀释定容至100mL，贮存于棕色瓶中。

17.2.4 酸性氯化亚锡溶液：称取40g氯化亚锡，加盐酸溶解并稀释至100mL，加入数颗金属锡粒。

17.2.5 盐酸溶液（1+1）：量取100mL盐酸，缓缓倒入100mL水中，混匀。

17.2.6 乙酸铅溶液（100g/L）：称取11.8g乙酸铅，用水溶解，加入1～2滴乙酸，用水稀释定容至100mL。

17.2.7 乙酸铅棉花：用乙酸铅溶液（100g/L）浸透脱脂棉后，压除多余溶液，并使之疏松，在100℃以下干燥后，贮存于玻璃瓶中。

17.2.8 氢氧化钠溶液（200g/L）：称取20g氢氧化钠，溶于水并稀释至100mL。

17.2.9 硫酸溶液（6+94）：量取6.0mL硫酸，慢慢加入80mL水中，冷却后再加水稀释至100mL。

17.2.10 二乙基二硫代氨基甲酸银-三乙醇胺-三氯甲烷溶液：称取0.25g二乙基二硫代氨基甲酸银置于乳钵中，加少量三氯甲烷研磨，移入100mL量筒中，加入1.8mL三乙醇胺，再用三氯甲烷分次洗涤乳钵，洗涤液一并移入量筒中，用三氯甲烷稀释至100mL，放置过夜。滤入棕色瓶中贮存。

17.3 标准品

三氧化二砷（As_2O_3）标准品：纯度≥99.5%。

17.4 标准溶液配制

17.4.1 砷标准储备液（100mg/L，按As计）：准确称取于100℃干燥2h的三氧化二砷0.1320g，加5mL氢氧化钠溶液（200g/L），溶解后加25mL硫酸溶液（6+94），移入1 000mL容量瓶中，加新煮沸冷却的水稀释至刻度，贮存于棕色玻塞瓶中。4℃避光保存。保存期1年。或购买经国家认证并授予标准物质证书的标准物质。

17.4.2 砷标准使用液（1.00mg/L，按As计）：吸取1.00mL砷标准储备液（100mg/L）于100mL容量

瓶中，加 1mL 硫酸溶液（6+94），加水稀释至刻度。现用现配。

18　仪器和设备

注：所用玻璃器皿均需以硝酸溶液（1+4）浸泡 24h，用水反复冲洗，最后用去离子水冲洗干净。

18.1　分光光度计。

18.2　测砷装置：见图 1。

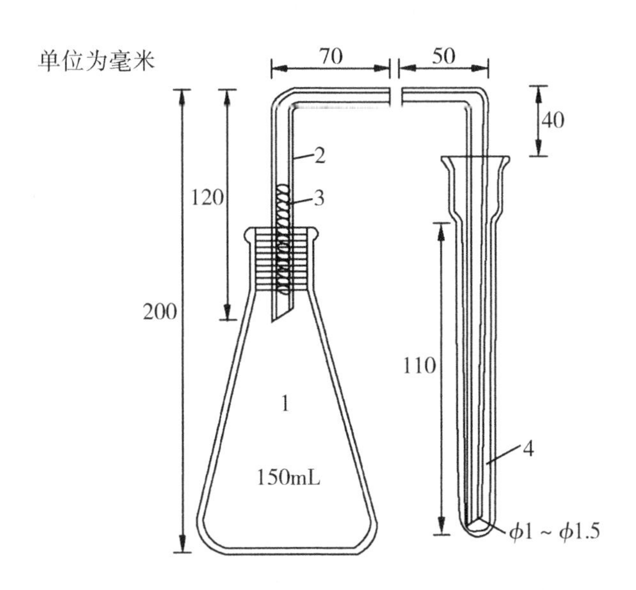

图 1　测砷装置图

1. 150mL 锥形瓶；2. 导气管；3. 乙酸铅棉花；4. 10mL 刻度离心管。

18.2.1　100～150mL 锥形瓶：19 号标准口。

18.2.2　导气管：管口 19 号标准口或经碱处理后洗净的橡皮塞与锥形瓶密合时不应漏气。管的另一端管径为 1.0mm。

18.2.3　吸收管：10mL 刻度离心管作吸收管用。

19　试样制备

19.1　试样预处理

见 5.1。

19.2　试样溶液制备

19.2.1　硝酸-高氯酸-硫酸法

19.2.1.1　粮食、粉丝、粉条、豆干制品、糕点、茶叶等及其他含水分少的固体食品

称取 5.0～10.0g 试样（精确至 0.001g），置于 250～500mL 定氮瓶中，先加少许水湿润，加数粒玻璃珠、10～15mL 硝酸-高氯酸混合液，放置片刻，小火缓缓加热，待作用缓和，放冷。沿瓶壁加入 5mL 或 10mL 硫酸，再加热，至瓶中液体开始变成棕色时，不断沿瓶壁滴加硝酸-高氯酸混合液至有机质分解完全。加大火力，至产生白烟，待瓶口白烟冒净后，瓶内液体再产生白烟为消化完全，该溶液应澄清透明无色或微带黄色，放冷。（在操作过程中应注意防止爆沸或爆炸）加 20mL 水煮沸，除去残余的硝酸至产生白烟为止，如此处理 2 次，放冷。将冷后的溶液移入 50mL 或 100mL 容量瓶中，用水洗涤定氮瓶，洗涤液并入容量瓶中，放冷，加水至刻度，混匀。定容后的溶液每 10mL 相当于 1g 试样，相当加入硫酸量 1mL。取与消化试样相同量的硝酸-高氯酸混合液和硫酸，按同一方法做空白试验。

19.2.1.2　蔬菜、水果

称取 25.0～50.0g（精确至 0.001g）试样，置于 250～500mL 定氮瓶中，加数粒玻璃珠、10～15mL 硝

酸-高氯酸混合液，以下按19.2.1.1自“放置片刻”起依法操作，但定容后的溶液每10mL相当于5g试样，相当于加入硫酸1mL。按同一操作方法做空白试验。

19.2.1.3　酱、酱油、醋、冷饮、豆腐、腐乳、酱腌菜等

称取10.0~20.0g试样（精确至0.001g），或吸取10.0~20.0mL液体试样，置于250~500mL定氮瓶中，加数粒玻璃珠、5~15mL硝酸-高氯酸混合液。以下按19.2.1.1自“放置片刻”起依法操作，但定容后的溶液每10mL相当于2g或2mL试样。按同一操作方法做空白试验。

19.2.1.4　含酒精性饮料或含二氧化碳饮料

吸取10.00~20.00mL试样，置于250~500mL定氮瓶中，加数粒玻璃珠，先用小火加热除去乙醇或二氧化碳，再加5~10mL硝酸-高氯酸混合液，混匀后，以下按19.2.1.1自“放置片刻”起依法操作，但定容后的溶液每10mL相当于2mL试样。按同一操作方法做空白试验。

19.2.1.5　含糖量高的食品

称取5.0~10.0g试样（精确至0.001g），置于250~500mL定氮瓶中，先加少许水使湿润，加数粒玻璃珠、5~10mL硝酸-高氯酸混合后，摇匀。缓缓加入5mL或10mL硫酸，待作用缓和停止起泡沫后，先用小火缓缓加热（糖分易炭化），不断沿瓶壁补加硝酸-高氯酸混合液，待泡沫全部消失后，再加大火力，至有机质分解完全，发生白烟，溶液应澄明无色或微带黄色，放冷。以下按19.2.1.1自“加20mL水煮沸”起依法操作。按同一操作方法做空白试验。

19.2.1.6　水产品

称取试样5.0~10.0g（精确至0.001g）（海产藻类、贝类可适当减少取样量），置于250~500mL定氮瓶中，加数粒玻璃珠、5~10mL硝酸-高氯酸混合液，混匀后，以下按19.2.1.1自“沿瓶壁加入5mL或10mL硫酸”起依法操作。按同一操作方法做空白试验。

19.2.2　硝酸-硫酸法

以硝酸代替硝酸-高氯酸混合液进行操作。

19.2.3　灰化法

19.2.3.1　粮食、茶叶及其他含水分少的食品

称取试样5.0g（精确至0.001g），置于坩埚中，加1g氧化镁及10mL硝酸镁溶液，混匀，浸泡4h。于低温或置水浴锅上蒸干，用小火炭化至无烟后移入马弗炉中加热至550℃，灼烧3~4h，冷却后取出。加5mL水湿润后，用细玻棒搅拌，再用少量水洗下玻棒上附着的灰分至坩埚内。放水浴上蒸干后移入马弗炉550℃灰化2h，冷却后取出。加5mL水湿润灰分，再慢慢加入10mL盐酸溶液（1+1），然后将溶液移入50mL容量瓶中，坩埚用盐酸溶液（1+1）洗涤3次，每次5mL，再用水洗涤3次，每次5mL，洗涤液均并入容量瓶中，再加水至刻度，混匀。定容后的溶液每10mL相当于1g试样，其加入盐酸量不少于（中和需要量除外）1.5mL。全量供银盐法测定时，不必再加盐酸。按同一操作方法做空白试验。

19.2.3.2　植物油

称取5.0g试样（精确至0.001g），置于50mL瓷坩埚中，加10g硝酸镁，再在上面覆盖2g氧化镁，将坩埚置小火上加热，至刚冒烟，立即将坩埚取下，以防内容物溢出，待烟小后，再加热至炭化完全。将坩埚移至马弗炉中，550℃以下灼烧至灰化完全，冷后取出。加5mL水湿润灰分，再缓缓加入15mL盐酸溶液（1+1），然后将溶液移入50mL容量瓶中，坩埚用盐酸溶液（1+1）洗涤5次，每次5mL，洗涤液均并入容量瓶中，加盐酸溶液（1+1）至刻度，混匀。定容后的溶液每10mL相当于1g试样，相当于加入盐酸量（中和需要量除外）1.5mL。按同一操作方法做空白试验。

19.2.3.3　水产品

称取试样5.0g置于坩埚中（精确至0.001g），加1g氧化镁及10mL硝酸镁溶液，混匀，浸泡4h。以下按19.2.3.1自“于低温或置水浴锅上蒸干”起依法操作。

20　分析步骤

吸取一定量的消化后的定容溶液（相当于5g试样）及同量的试剂空白液，分别置于150mL锥形瓶

中，补加硫酸至总量为5mL，加水至50~555mL。

20.1　标准曲线的绘制

分别吸取0mL、2.0mL、4.0mL、6.0mL、8.0mL、10.0mL砷标准使用液（相当0μg、2.0μg、4.0μg、6.0μg、8.0μg、10.0μg）置于6个150mL锥形瓶中，加水至40mL，再加10mL盐酸溶液（1+1）。

20.2　用湿法消化液

于试样消化液、试剂空白液及砷标准溶液中各加3mL碘化钾溶液（150g/L）、0.5mL酸性氯化亚锡溶液，混匀，静置15min。各加入3g锌粒，立即分别塞上装有乙酸铅棉花的导气管，并使管尖端插入盛有4mL银盐溶液的离心管中的液面下，在常温下反应45min后，取下离心管，加三氯甲烷补足4mL。用1cm比色杯，以零管调节零点，于波长520nm处测吸光度，绘制标准曲线。

20.3　用灰化法消化液

取灰化法消化液及试剂空白液分别置于150mL锥形瓶中。吸取0mL、2.0mL、4.0mL、6.0mL、8.0mL、10.0mL砷标准使用液（相当0μg、2.0μg、4.0μg、6.0μg、8.0μg、10.0μg砷），分别置于150mL锥形瓶中，加水至43.5mL，再加6.5mL盐酸。以下按20.2自“于试样消化液”起依法操作。

21　分析结果的表述

试样中的砷含量按式（3）进行计算：

$$X = \frac{(A_1 - A_2) \times V_1 \times 1\,000}{m \times V_2 \times 1\,000 \times 1\,000} \qquad \cdots\cdots\cdots\cdots(3)$$

式中：

X——试样中砷的含量，单位为毫克每千克（mg/kg）或毫克每升（mg/L）；

A_1——测定用试样消化液中砷的质量，单位为纳克（ng）；

A_2——试剂空白液中砷的质量，单位为纳克（ng）；

V_1——试样消化液的总体积，单位为毫升（mL）；

m——试样质量（体积），单位为克（g）或毫升（mL）；

V_2——测定用试样消化液的体积，单位为毫升（mL）。

计算结果保留2位有效数字。

22　精密度

在重复性条件下获得的2次独立测定结果的绝对差值不得超过算术平均值的20%。

23　检出限

称样量为1g，定容体积为25mL时，方法检出限为0.2mg/kg，方法定量限为0.7mg/kg。

第二篇　食品中无机砷的测定

第一法　液相色谱-原子荧光光谱法（LC-AFS）

24　原理

食品中无机砷经稀硝酸提取后，以液相色谱进行分离，分离后的目标化合物在酸性环境下与KBH_4反应，生成气态砷化合物，以原子荧光光谱仪进行测定。按保留时间定性，外标法定量。

25　试剂和材料

注：除非另有说明，本方法所用试剂均为优级纯，水为GB/T6682规定的一级水。

25.1 试剂

25.1.1 磷酸二氢铵（（$NH_4H_2PO_4$）：分析纯。

25.1.2 硼氢化钾（KBH_4）：分析纯。

25.1.3 氢氧化钾（KOH）。

25.1.4 硝酸（HNO_3）。

25.1.5 盐酸（HCl）

25.1.6 氨水（$NH_3 \cdot H_2O$）

25.1.7 正己烷［$CH_3(CH_2)_4CH_3$］。

25.2 试剂配制

25.2.1 盐酸溶液20%（体积分数）：量取200mL盐酸，溶于水并稀释至1 000mL。

25.2.2 硝酸溶液（0.15mol/L）：量取10mL硝酸，溶于水并稀释至1 000mL。

25.2.3 氢氧化钾溶液（1100g/L）：称取10g氢氧化钾，溶于水并稀释至100mL。

25.2.4 氢氧化钾溶液（5g/L）：称取5g氢氧化钾，溶于水并稀释至1 000mL。

25.2.5 硼氢化钾溶液（30g/L）：称取30g硼氢化钾，用5g/L氢氧化钾溶液溶解并定容至1 000mL。现用现配。

25.2.6 磷酸二氢铵溶液（20mmol/L）：称取2.3g磷酸二氢铵，溶于1 000mL水中，以氨水调节pH值至8.0，经0.45μm水系滤膜过滤后，于超声水浴中超声脱气30min，备用。

25.2.7 磷酸二氢铵溶液（1mmol/L）：量取20mmol/L磷酸二氢铵溶液50mL，水稀释至1 000mL，以氨水调pH值至9.0，经0.45μm水系滤膜过滤后，于超声水浴中超声脱气30min，备用。

25.2.8 磷酸二氢铵溶液（15mmol/L）：称取1.7g磷酸二氢铵，溶于1 000mL水中，以氨水调节pH值至6.0，经0.45μm水系滤膜过滤后，于超声水浴中超声脱气30min，备用。

25.3 标准品

25.3.1 三氧化二砷（As_2O_3）标准品：纯度≥99.5%。

25.3.2 砷酸二氢钾（KH_2AsO_4）标准品：纯度≥99.5%。

25.4 标准溶液配制

25.4.1 亚砷酸盐［As（Ⅲ）］标准储备液（100mg/L，按As计）：准确称取三氧化二砷0.013 2g，加100g/L氢氧化钾溶液1mL和少量水溶解，转入100mL容量瓶中，加入适量盐酸调整其酸度近中性，加水稀释至刻度。4℃保存，保存期1年。或购买经国家认证并授予标准物质证书的标准溶液物质。

25.4.2 砷酸盐［As（Ⅴ）］标准储备液（100mg/L，按As计）：准确称取砷酸二氢钾0.024 0g，水溶解，转入100mL容量瓶中并用水稀释至刻度。4℃保存，保存期1年。或购买经国家认证并授予标准物质证书的标准溶液物质。

25.4.3 As（Ⅲ）、As（Ⅴ）混合标准使用液（1.00mg/L，按As计）：分别准确吸取1.0mL As（Ⅲ）标准储备液（100mg/L）、1.0mL As（Ⅴ）标准储备液（100mg/L）于100mL容量瓶中，加水稀释并定容至刻度。现用现配。

26 仪器和设备

注：所用玻璃器皿均需以硝酸溶液（1+4）浸泡24h，用水反复冲洗，最后用去离子水冲洗干净。

26.1 液相色谱-原子荧光光谱联用仪（LCC-AFS）：由液相色谱仪（包括液相色谱泵和手动进样阀）与原子荧光光谱仪组成。

26.2 组织匀浆器。

26.3 高速粉碎机。

26.4 冷冻干燥机。

26.5 离心机：转速≥8 000r/min。

26.6　pH 值计：精度为 0.01。
26.7　天平：感量为 0.1mg 和 1mg。
26.8　恒温干燥箱（50~300℃）。
26.9　C_{18}净化小柱或等效柱。

27　分析步骤

27.1　试样预处理

见 5.1。

27.2　试样提取

27.2.1　稻米样品

称取约 1.0g 稻米试样（准确至 0.001g）于 50mL 塑料离心管中，加入 20mL 0.15mol/L 硝酸溶液，放置过夜。于 90℃恒温箱中热浸提 2.5h，每 0.5h 振摇 1min。提取完毕，取出冷却至室温，8 000r/min离心 15min，取上层清液，经 0.45μm 有机滤膜过滤后进样测定。按同一操作方法做空白试验。

27.2.2　水产动物样品

称取约 1.0g 水产动物湿样（准确至 0.001g），置于 50mL 塑料离心管中，加入 20mL 0.15mol/L 硝酸溶液，放置过夜。于 90℃恒温箱中热浸提 2.5h，每 0.5h 振摇 1min。提取完毕，取出冷却至室温，8 000r/min离心 15min。取 5mL 上清液置于离心管中，加入 5mL 正己烷，振摇 1min 后，8 000r/min离心 15min，弃去上层正己烷。按此过程重复 1 次。吸取下层清液，经 0.45μm 有机滤膜过滤及 C_{18}小柱净化后进样。按同一操作方法做空白试验。

27.2.3　婴幼儿辅助食品样品

称取婴幼儿辅助食品约 1.0g（准确至 0.001g）于 15mL 塑料离心管中，加入 10mL 0.15mol/L 硝酸溶液，放置过夜。于 90℃恒温箱中热浸提 2.5h，每 0.5h 振摇 1min，提取完毕，取出冷却至室温。8 000r/min离心 15min。取 5mL 上清液置于离心管中，加入 5mL 正己烷，振摇 1min，8 000r/min 离心 15min，弃去上层正己烷。按此过程重复 1 次。吸取下层清液，经 0.45μm 有机滤膜过滤及 C_{18}小柱净化后进行分析。按同一操作方法做空白试验。

27.3　仪器参考条件

27.3.1　液相色谱参考条件

色谱柱：阴离子交换色谱柱（柱长 250mm，内径 4mm），或等效柱。阴离子交换色谱保护柱（柱长 10mm，内径 4mm），或等效柱。

流动相组成：

a）等度洗脱流动相：15mmol/L 磷酸二氢铵溶液（pH 值 6.0），流动相洗脱方式：等度洗脱。流动相流速：1.0mL/min；进样体积：100μL。等度洗脱适用于稻米及稻米加工食品。

b）梯度洗脱：流动相 A：1mmol/L 磷酸二氢铵溶液（pH 值 9.0）；流动相 B：20mmol/L 磷酸二氢铵溶液（pH 值 8.0）。（梯度洗脱程序见附录 A 中的表 A.4）。流动相流速：1.0mL/min；进样体积：100μL。梯度洗脱适用于水产动物样品、含水产动物组成的样品、含藻类等海产植物的样品以及婴幼儿辅助食品。

27.3.2　原子荧光检测参考条件

负高压：320V；砷灯总电流：90mA；主电流/辅助电流：55/355/35；原子化方式：火焰原子化；原子化器温度：中温。

载液：20%盐酸溶液，流速 4mL/min；还原剂：30g/L 硼氢化钾溶液，流速 4mL/min；载气流速：400mL/min；辅助气流速：400mL/min。

27.4　标准曲线制作

取 7 支 10mL 容量瓶，分别准确加入 1.00mg/L 混合标准使用液 0mL、0.05mL、0.10mL、0.20mL、0.30mL、0.50mL 和 1.00mL，加水稀释至刻度，此标准系列溶液的浓度分别为 0ng/mL、5.0ng/mL、10.0ng/mL、20.0ng/mL、30.0ng/mL、50.0ng/mL 和 100.0ng/mL。

吸取标准系列溶液 100μL 注入液相色谱-原子荧光光谱联用仪进行分析，得到色谱图，以保留时间定性。以标准系列溶液中目标化合物的浓度为横坐标，色谱峰面积为纵坐标，绘制标准曲线。标准溶液色谱图见附录 B 中的图 B. 1、图 B. 2。

27. 5 试样溶液的测定

吸取试样溶液 100μL 注入液相色谱-原子荧光光谱联用仪中，得到色谱图，以保留时间定性。根据标准曲线得到试样溶液中 As（Ⅲ）与 As（Ⅴ）含量，As（Ⅲ）与 As（Ⅴ）含量的加和为总无机砷含量，平行测定次数不少于 2 次。

28 分析结果的表述

试样中无机砷的含量按式（4）计算：

$$X = \frac{(C - C_o) \times V \times 1\,000}{m \times 1\,000 \times 1\,000} \qquad \cdots\cdots\cdots\cdots (4)$$

式中：

X——样品中无机砷的含量（以 As 计），单位为毫克每千克（mg/kg）；

C_o——空白溶液中无机砷化合物浓度，单位为纳克每毫升（ng/mL）；

C——测定溶液中无机砷化合物浓度，单位为纳克每毫升（ng/mL）；

V——试样消化液体积，单位为毫升（mL）；

m——试样质量，单位为克（g）；

1 000——换算系数。

总无机砷含量等于 As（Ⅲ）含量与 As（Ⅴ）含量的加和。

计算结果保留 2 位有效数字。

29 精密度

在重复性条件下获得的 2 次独立测定结果的绝对差值不得超过算术平均值的 20%。

30 其他

本方法检出限：取样量为 1g，定容体积为 20mL 时，检出限为：稻米 0. 02mg/kg、水产动物 0. 03mg/kg、婴幼儿辅助食品 0. 02mg/kg；定量限为：稻米 0. 05mg/kg、水产动物 0. 08mg/kg、婴幼儿辅助食品 0. 05mg/kg。

第二法 液相色谱-电感耦合等离子体质谱法（LC-ICP-MS）

31 原理

食品中无机砷经稀硝酸提取后，以液相色谱进行分离，分离后的目标化合物经过雾化由载气送入 ICP 炬焰中，经过蒸发、解离、原子化、电离等过程，大部分转化为带正电荷的正离子，经离子采集系统进入质谱仪，质谱仪根据质荷比进行分离测定。以保留时间定性和质荷比定性，外标法定量。

32 试剂和材料

注：除非另有说明，本方法所用试剂均为优级纯，水为 GB/T6682 规定的一级水。

32. 1 试剂

32. 1. 1 无水乙酸钠（$NaCH_3COO$）：分析纯。

32. 1. 2 硝酸钾（KNO_3）：分析纯。

32. 1. 3 磷酸二氢钠（NaH_2PO_4）：分析纯。

32. 1. 4 乙二胺四乙酸二钠（$C_{10}H_{14}N_2Na_2O_8$）：分析纯。

32. 1. 5 硝酸（HNO_3）。

32.1.6　正己烷［$CH_3(CH_2)_4CH_3$］。
32.1.7　无水乙醇（CH_3CH_2OH）
32.1.8　氨水（$NH_3 \cdot H_2O$）。

32.2　试剂配制

32.2.1　硝酸溶液（0.15mol/L）：量取10mL硝酸，加水稀释至1 000mL。
32.2.2　流动相A相：含10mmol/L无水乙酸钠、3mmol/L硝酸钾、10mmol/L磷酸二氢钠、0.2mmol/L乙二胺四乙酸二钠的缓冲液（pH值10）。分别准确称取0.820g无水乙酸钠、0.303g硝酸钾、1.56g磷酸二氢钠、0.075g乙二胺四乙酸二钠，用水定容至1 000mL，氨水调节pH值为10，混匀。经0.45μm水系滤膜过滤后，于超声水浴中超声脱气30min，备用。
32.2.3　氢氧化钾溶液（10 000g/L）：称取10g氢氧化钾，加水溶解并稀释至100mL。

32.3　标准品

32.3.1　三氧化二砷（As_2O_3）标准品：纯度≥99.5%。
32.3.2　砷酸二氢钾（KH_2AsO_4）标准品：纯度≥99.5%。

32.4　标准溶液配制

32.4.1　亚砷酸盐［As（Ⅲ）］标准储备液（100mg/L，按As计）：准确称取三氧化二砷0.013 2g，加1mL氢氧化钾溶液（100g/L）和少量水溶解，转入100mL容量瓶中，加入适量盐酸调整其酸度近中性，加水稀释至刻度。4℃保存，保存期1年。或购买经国家认证并授予标准物质证书的标准溶液物质。
32.4.2　砷酸盐［As（Ⅴ）］标准储备液（100mg/L，按As计）：准确称取砷酸二氢钾0.024 0g，水溶解，转入100mL容量瓶中并用水稀释至刻度。4℃保存，保存期1年。或购买经国家认证并授予标准物质证书的标准物质。
32.4.3　As（Ⅲ）、As（Ⅴ）混合标准使用液（1.00mg/L，按As计）：分别准确吸取1.0mL As（Ⅲ）标准储备液（100mg/L）、1.0mL As（Ⅴ）标准储备液（100mg/L）于100mL容量瓶中，加水稀释并定容至刻度。现用现配。

33　仪器和设备

注：所用玻璃器皿均需以硝酸溶液（1+4）浸泡24h，用水反复冲洗，最后用去离子水冲洗干净。

33.1　液相色谱-电感耦合等离子质谱联用仪（LC-ILC-ICP/MS）：由液相色谱仪与电感耦合等离子质谱仪组成。
33.2　组织匀浆器。
33.3　高速粉碎机。
33.4　冷冻干燥机。
33.5　离心机：转速≥8 000r/min。
33.6　pH值计：精度为0.01。
33.7　天平：感量为0.1mg和1mg。
33.8　恒温干燥箱（500~300℃）。

34　分析步骤

34.1　试样预处理

见5.1。

34.2　试样提取

34.2.1　稻米样品

见27.2.1。

34.2.2　水产动物样品

见27.2.2。

34.2.3　婴幼儿辅助食品样品

见27.2.3。

34.3　仪器参考条件

34.3.1　液相色谱参考条件

色谱柱：阴离子交换色谱分析柱（柱长250mm，内径4mm），或等效柱。阴离子交换色谱保护柱（柱长10mm，内径4mm）或等效柱。

流动相：（含10mmol/L无水乙酸钠、3mmol/L硝酸钾、10mmol/L磷酸二氢钠、0.2mmol/L乙二胺四乙酸二钠的缓冲液，氨水调节pH值为10）：无水乙醇=99：1（体积比）。

洗脱方式：等度洗脱。

进样体积：50μL。

34.3.2　电感耦合等离子体质谱仪参考条件

RF入射功率1 550W；载气为高纯氩气；载气流速0.85L/min；补偿气0.15L/min。泵速0.3rps；检测质量数m/z=75（As），m/z=35（Cl）。

34.4　标准曲线制作

分别准确吸取1.00nmg/L混合标准使用液0mL、0.025mL、0.05mL、0.10mL、0.50mL和1.00mL于6个10mL容量瓶，用水稀释至刻度，此标准系列溶液的浓度分别为0ng/mL、2.5ng/mL、5ng/mL、10ng/mL、50ng/mL和100ng/mL。

用调谐液调整仪器各项指标，使仪器灵敏度、氧化物、双电荷、分辨率等各项指标达到测定要求。

吸取标准系列溶液50μL注入液相色谱-电感耦合等离子质谱联用仪，得到色谱图，以保留时间定性。以标准系列溶液中目标化合物的浓度为横坐标，色谱峰面积为纵坐标，绘制标准曲线。标准溶液色谱图见附录B中的图B.3。

34.5　试样溶液的测定

吸取试样溶液50μL注入液相色谱-电感耦合等离子质谱联用仪，得到色谱图，以保留时间定性。根据标准曲线得到试样溶液中As（Ⅲ）与As（Ⅴ）含量，As（Ⅲ）与As（Ⅴ）含量的加和为总无机砷含量，平行测定次数不少于2次。

35　分析结果的表述

试样中无机砷的含量按式（5）计算：

$$X=\frac{(C-C_o)\times X\times 1\ 000}{m\times 1\ 000\times 1\ 000} \quad \cdots\cdots\cdots\cdots(5)$$

式中：

X——样品中无机砷的含量（以As计），单位为毫克每千克（mg/kg）；

C_o——空白溶液中无机砷化合物浓度，单位为纳克每毫升（ng/mL）；

C——测定溶液中无机砷化合物浓度，单位为纳克每毫升（ng/mL）；

V——试样消化液体积，单位为毫升（mL）；

m——试样质量，单位为克（g）；

1 000——换算系数。

总无机砷含量等于As（Ⅲ）含量与As（Ⅴ）含量的加和。

计算结果保留2位有效数字。

36　精密度

在重复性条件获得的2次独立测定结果的绝对差值不得超过算术平均值的20%。

37　其他

本方法检出限：取样量为1g，定容体积为20mL时，方法检出限为：稻米0.01mg/kg、水产动物

0.02mg/kg、婴幼儿辅助食品0.01mg/kg；方法定量限为：稻米0.03mg/kg、水产动物0.06mg/kg、婴幼儿辅助食品0.03mg/kg。

附　录　A
微波消解参考条件

粮食、蔬菜类试样微波消解参考条件见表A.1。

表A.1　粮食、蔬菜类试样微波消解参考条件

步骤	功率		升温时间（min）	控制温度（℃）	保持时间（min）
1	1 200W	100%	5	120	6
2	1 200W	100%	5	160	6
3	1 200W	100%	5	190	20

乳制品、肉类、鱼肉类试样微波消解参考条件见表A.2。

表A.2　乳制品、肉类、鱼肉类试样微波消解参考条件

步骤	功率		升温时间（min）	控制温度（℃）	保持时间（min）
1	1 200W	100%	5	120	6
2	1 200W	100%	5	180	10
3	1 200W	100%	5	190	15

油脂、糖类试样微波消解参考条件见表A.3。

表A.3　油脂、糖类试样微波消解参考条件

步骤	功率（%）	温度（℃）	升温时间（min）	保温时间（min）
1	50	50	30	5
2	70	75	30	5
3	80	100	30	5
4	100	140	30	7
5	100	180	30	5

流动相梯度洗脱程序见表A.4。

表A.4　流动相梯度洗脱程序

组成	时间（min）					
	0	8	10	20	22	32
流动相A（%）	100	100	0	0	100	100
流动相B（%）	0	0	100	100	0	0

附　录　B
色谱图

标准溶液色谱图（LC-AFS 法，等度洗脱）见图 B. 1。

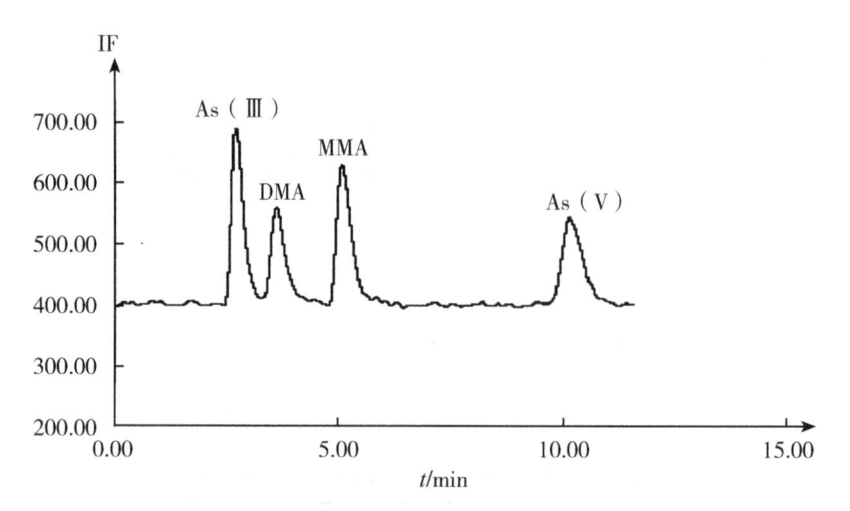

图 B. 1　标准溶液色谱图（LC-AFS 法，等度洗脱）

As（Ⅲ）—亚砷酸；DMA—二甲基砷；MMA——甲基砷；As（V）—砷酸。

标准溶液色谱图（LC-AFS 法，梯度洗脱）见图 B. 2。

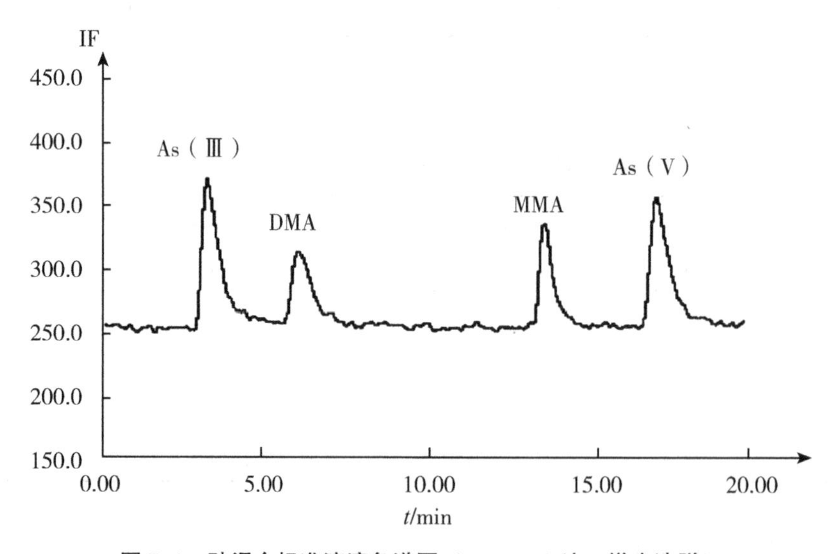

图 B. 2　砷混合标准溶液色谱图（LC-AFS 法，梯度洗脱）

As（Ⅲ）—亚砷酸；DMA—二甲基砷；MMA——甲基砷；As（V）—砷酸。

标准溶液色谱图（LC-ICP-MS 法）见图 B. 3。

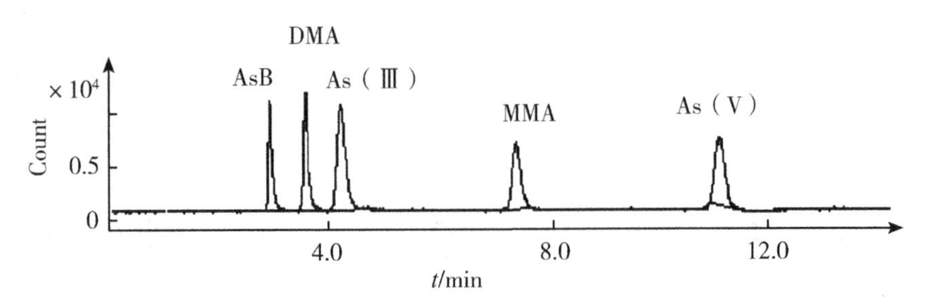

图 B.3　砷混合标准溶液色谱图（LC-ICP-MS 法，等度洗脱）

AsB—砷甜菜碱；As（Ⅲ）—亚砷酸；DMA—二甲基砷；MMA——甲基砷；As（V）—砷酸。

中华人民共和国国家标准

GB 5009.268—2016

食品安全国家标准　食品中多元素的测定

2016-12-2 发布　　2017-06-23 实施

中华人民共和国国家卫生和计划生育委员会
国家食品药品监督管理总局　发布

前　言

本标准代替 GB 5413.21—2010《食品安全国家标准婴幼儿食品和乳品中钙、铁、锌、钠、钾、镁、铜和锰的测定》的第二法、GB/T 23545—2009《白酒中锰的测定　电感耦合等离子体原子发射光谱法》、GB/T 23374—2009《食品中铝的测定　电感耦合等离子体质谱法》、GB/T 18932.11—2002《蜂蜜中钾、磷、铁、钙、锌、铝、钠、镁、硼、锰、铜、钡、钛、钒、镍、钴、铬含量的测定方法电感耦合等离子体原子发射光谱（ICP-AES）法》、SN/T 0856—2011《进出口罐头食品中锡的检测方法》的第二法、SN/T 2208—2008《水产品中钠、镁、铝、钙、铬、铁、镍、铜、锌、砷、锶、钼、镉、铅、汞、硒的测定微波消解-电感耦合等离子体-质谱法》、SN/T 2056—2008《进出口茶叶中铅、砷、镉、铜、铁含量的测定　电感耦合等离子体原子发射光谱法》、SN/T2049—2008《进出口食品级磷酸中铜、镍、铅、锰、镉、钛的测定　电感耦合等离子体原子发射光谱法》、SN/T2207—2008《进出口食品添加剂 DL-酒石酸中砷、钙、铅含量的测定　电感耦合等离子体原子发射光谱法》、NY/T 1653—2008《蔬菜、水果及制品中矿质元素的测定　电感耦合等离子体发射光谱法》。

本标准与 GB 5413.21—2010 的第二法相比，主要变化如下：

——标准名称修改为“食品安全国家标准　食品中多元素的测定”；

——增加了电感耦合等离子体质谱法作为第一法；

——修改电感耦合等离子体发射光谱法作为第二法；

——修改了适用范围；

——修改了试样制备部分内容；

——修改了试样消解部分内容；

——增加了方法检出限及定量限。

食品安全国家标准
食品中多元素的测定

1 范围

本标准规定了食品中多元素测定的电感耦合等离子体质谱法（ICP-MS）和电感耦合等离子体发射光谱法（ICP-OES）。

第一法适用于食品中硼、钠、镁、铝、钾、钙、钛、钒、铬、锰、铁、钴、镍、铜、锌、砷、硒、锶、钼、镉、锡、锑、钡、汞、铊、铅的测定；第二法适用于食品中铝、硼、钡、钙、铜、铁、钾、镁、锰、钠、镍、磷、锶、钛、钒、锌的测定。

第一法 电感耦合等离子体质谱法（ICP-MS）

2 原理

试样经消解后，由电感耦合等离子体质谱仪测定，以元素特定质量数（质荷比，m/z）定性，采用外标法，以待测元素质谱信号与内标元素质谱信号的强度比与待测元素的浓度成正比进行定量分析。

3 试剂和材料

除非另有说明，本方法所用试剂均为优级纯，水为 GB/T6682 规定的一级水。

3.1 试剂

3.1.1 硝酸（HNO_3）：优级纯或更高纯度。

3.1.2 氩气（Ar）：氩气（≥99.995%）或液氩。

3.1.3 氦气（He）：氦气（≥99.995%）。

3.1.4 金元素（Au）溶液（1 000mg/L）。

3.2 试剂配制

3.2.1 硝酸溶液（5+95）：取 50mL 硝酸，缓慢加入 950mL 水中，混匀。

3.2.2 汞标准稳定剂：取 2mL 金元素（Au）溶液，用硝酸溶液（5+95）稀释至 1 000mL，用于汞标准溶液的配制。

注：汞标准稳定剂亦可采用 2g/L 半胱氨酸盐酸盐+硝酸（5+95）混合溶液，或其他等效稳定剂。

3.3 标准品

3.3.1 元素贮备液（1 000mg/L 或 100mg/L）：铅、镉、砷、汞、硒、铬、锡、铜、铁、锰、锌、镍、铝、锑、钾、钠、钙、镁、硼、钡、锶、钼、铊、钛、钒和钴，采用经国家认证并授予标准物质证书的单元素或多元素标准贮备液。

3.3.2 内标元素贮备液（1 000mg/L）：钪、锗、铟、铑、铼、铋等采用经国家认证并授予标准物质证书的单元素或多元素内标标准贮备液。

3.4 标准溶液配制

3.4.1 混合标准工作溶液：吸取适量单元素标准贮备液或多元素混合标准贮备液，用硝酸溶液（5+95）逐级稀释配成混合标准工作溶液系列，各元素质量浓度见表 A. 1。

注：依据样品消解溶液中元素质量浓度水平，适当调整标准系列中各元素质量浓度范围。

3.4.2 汞标准工作溶液：取适量汞贮备液，用汞标准稳定剂逐级稀释配成标准工作溶液系列，浓度范围见表 A. 1。

3.4.3　内标使用液：取适量内标单元素贮备液或内标多元素标准贮备液，用硝酸溶液（5+95）配制合适浓度的内标使用液，内标使用液浓度见 A. 2。

注：内标溶液既可在配制混合标准工作溶液和样品消化液中手动定量加入，也可由仪器在线加入。

4　仪器和设备

4.1　电感耦合等离子体质谱仪（ICP-MS）。

4.2　天平：感量为 0. 1mg 和 1mg。

4.3　微波消解仪：配有聚四氟乙烯消解内罐。

4.4　压力消解罐：配有聚四氟乙烯消解内罐。

4.5　恒温干燥箱。

4.6　控温电热板。

4.7　超声水浴箱。

4.8　样品粉碎设备：匀浆机、高速粉碎机。

5　分析步骤

5.1　试样制备

5.1.1　固态样品

5.1.1.1　干样

豆类、谷物、菌类、茶叶、干制水果、焙烤食品等低含水量样品，取可食部分，必要时经高速粉碎机粉碎均匀；对于固体乳制品、蛋白粉、面粉等呈均匀状的粉状样品，摇匀。

5.1.1.2　鲜样

蔬菜、水果、水产品等高含水量样品必要时洗净，晾干，取可食部分匀浆均匀；对于肉类、蛋类等样品取可食部分匀浆均匀。

5.1.1.3　速冻及罐头食品

经解冻的速冻食品及罐头样品，取可食部分匀浆均匀。

5.1.2　液态样品

软饮料、调味品等样品摇匀。

5.1.3　半固态样品

搅拌均匀。

5.2　试样消解

注：可根据试样中待测元素的含量水平和检测水平要求选择相应的消解方法及消解容器。

5.2.1　微波消解法

称取固体样品 0. 2~0. 5g（精确至 0. 001g，含水分较多的样品可适当增加取样量至 1g）或准确移取液体试样 1. 00~3. 00mL 于微波消解内罐中，含乙醇或二氧化碳的样品先在电热板上低温加热除去乙醇或二氧化碳，加入 5~10mL 硝酸，加盖放置 1h 或过夜，旋紧罐盖，按照微波消解仪标准操作步骤进行消解（消解参考条件见表 B. 1）。冷却后取出，缓慢打开罐盖排气，用少量水冲洗内盖，将消解罐放在控温电热板上或超声水浴箱中，于 100℃加热 30min 或超声脱气 2~5min，用水定容至 25mL 或 50mL，混匀备用，同时做空白试验。

5.2.2　压力罐消解法

称取固体干样 0. 2~1g（精确至 0. 001g，含水分较多的样品可适当增加取样量至 2g）或准确移取液体试样 1. 00~5. 00mL 于消解内罐中，含乙醇或二氧化碳的样品先在电热板上低温加热除去乙醇或二氧化碳，加入 5mL 硝酸，放置 1h 或过夜，旋紧不锈钢外套，放入恒温干燥箱消解（消解参考条件见表 B. 1），于 150~170℃消解 4h，冷却后，缓慢旋松不锈钢外套，将消解内罐取出，在控温电热板上或超声水浴箱中，于100℃加热30min或超声脱气2~5min，用水定容至25mL或50mL，混匀备用，同时做空白试验。

5.3 仪器参考条件

5.3.1 仪器操作条件见表B.2；元素分析模式见表B.3。

注：对没有合适消除干扰模式的仪器，需采用干扰校正方程对测定结果进行校正，铅、镉、砷、钼、硒、钒等元素干扰校正方程见表B.4。

5.3.2 测定参考条件：在调谐仪器达到测定要求后，编辑测定方法，根据待测元素的性质选择相应的内标元素，待测元素和内标元素的m/z见表B.5。

5.4 标准曲线的制作

将混合标准溶液注入电感耦合等离子体质谱仪中，测定待测元素和内标元素的信号响应值，以待测元素的浓度为横坐标，待测元素与所选内标元素响应信号值的比值为纵坐标，绘制标准曲线。

5.5 试样溶液的测定

将空白溶液和试样溶液分别注入电感耦合等离子体质谱仪中，测定待测元素和内标元素的信号响应值，根据标准曲线得到消解液中待测元素的浓度。

6 分析结果的表述

6.1 低含量待测元素的计算

试样中低含量待测元素的含量按式（1）计算：

$$X = \frac{(\rho - \rho_0) \times V \times f}{m \times 1\,000} \qquad \cdots\cdots\cdots\cdots (1)$$

式中：

X——试样中待测元素含量，单位为毫克每千克或毫克每升（mg/kg或mg/L）；

ρ——试样溶液中被测元素质量浓度，单位为微克每升（μg/L）；

ρ_0——试样空白液中被测元素质量浓度，单位为微克每升（μg/L）；

V——试样消化液定容体积，单位为毫升（mL）；

f——试样稀释倍数；

m——试样称取质量或移取体积，单位为克或毫升（g或mL）；

1 000——换算系数。

计算结果保留3位有效数字。

6.2 高含量待测元素的计算

试样中高含量待测元素的含量按式（2）计算：

$$X = \frac{(\rho - \rho_0) \times V \times f}{m} \qquad \cdots\cdots\cdots\cdots (2)$$

式中：

X——试样中待测元素含量，单位为毫克每千克或毫克每升（mg/kg或mg/L）；

ρ——试样溶液中被测元素质量浓度，单位为毫克每升（mg/L）；

ρ_0——试样空白液中被测元素质量浓度，单位为毫克每升（mg/L）；

V——试样消化液定容体积，单位为毫升（mL）；

f——试样稀释倍数；

m——试样称取质量或移取体积，单位为克或毫升（g或mL）。

计算结果保留3位有效数字。

7 精密度

样品中各元素含量大于1mg/kg时，在重复性条件下获得的2次独立测定结果的绝对差值不得超过算术平均值的10%；小于或等于1mg/kg且大于0.1mg/kg时，在重复性条件下获得的2次独立测定结果的绝对差值不得超过算术平均值的 15%；小于或等于 0. 1mg/kg 时，在重复性条件下获得的 2 次独立测定结果的绝对差值不得超过算术平均值的 20%。

8　其他

固体样品以 0. 5g 定容体积至 50mL，液体样品以 2mL 定容体积至 50mL 计算，本方法各元素的检出限和定量限见表 1。

表 1　电感耦合等离子体质谱法（ICP-MS）检出限及定量限

序号	元素名称	元素符号	检出限 1（mg/kg）	检出限 2（mg/L）	定量限 1（mg/kg）	定量限 2（mg/L）
1	硼	B	0. 1	0. 03	0. 3	0. 1
2	钠	Na	1	0. 3	3	1
3	镁	Mg	1	0. 3	3	1
4	铝	Al	0. 5	0. 2	2	0. 5
5	钾	K	1	0. 3	3	1
6	钙	Ca	1	0. 3	3	1
7	钛	Ti	0. 02	0. 005	0. 05	0. 02
8	钒	V	0. 002	0. 000 5	0. 005	0. 002
9	铬	Cr	0. 05	0. 02	0. 2	0. 05
10	锰	Mn	0. 1	0. 03	0. 3	0. 1
11	铁	Fe	1	0. 3	3	1
12	钴	Co	0. 001	0. 000 3	0. 003	0. 001
13	镍	Ni	0. 2	0. 05	0. 5	0. 2
14	铜	Cu	0. 05	0. 02	0. 2	0. 05
15	锌	Zn	0. 5	0. 2	2	0. 5
16	砷	As	0. 002	0. 000 5	0. 005	0. 002
17	硒	Se	0. 01	0. 003	0. 03	0. 01
18	锶	Sr	0. 2	0. 05	0. 5	0. 2
19	钼	Mo	0. 01	0. 003	0. 03	0. 01
20	镉	Cd	0. 002	0. 000 5	0. 005	0. 002
21	锡	Sn	0. 01	0. 003	0. 03	0. 01
22	锑	Sb	0. 01	0. 003	0. 03	0. 01
23	钡	Ba	0. 02	0. 005	0. 05	0. 02
24	汞	Hg	0. 001	0. 000 3	0. 003	0. 001
25	铊	Tl	0. 000 1	0. 000 03	0. 000 3	0. 000 1
26	铅	Pb	0. 02	0. 005	0. 05	0. 02

第二法　电感耦合等离子体发射光谱法（ICP-OES）

9　原理

样品消解后，由电感耦合等离子体发射光谱仪测定，以元素的特征谱线波长定性；待测元素谱线信号强度与元素浓度成正比进行定量分析。

10　试剂和材料

除非另有说明，本方法所用试剂均为优级纯，水为 GB/T6682 规定的一级水。

10.1　试剂

10.1.1　硝酸（HNO_3）：优级纯或更高纯度。

10.1.2　高氯酸（$HClO_4$）：优级纯或更高纯度。

10.1.3　氩气（Ar）：氩气（≥99.995%）或液氩。

10.2　试剂配制

10.2.1　硝酸溶液（5+95）：取 50mL 硝酸，缓慢加入 950mL 水中，混匀。

10.2.2　硝酸-高氯酸（10+1）：取 10mL 高氯酸，缓慢加入 100mL 硝酸中，混匀。

10.3　标准品

10.3.1　元素贮备液（1 000mg/L 或 10 000mg/L）：钾、钠、钙、镁、铁、锰、镍、铜、锌、磷、硼、钡、铝、锶、钒和钛，采用经国家认证并授予标准物质证书的单元素或多元素标准贮备液。

10.3.2　标准溶液配制：精确吸取适量单元素标准贮备液或多元素混合标准贮备液，用硝酸溶液（5+95）逐级稀释配成混合标准溶液系列，各元素质量浓度见表 A.2。

注：依据样品溶液中元素质量浓度水平，可适当调整标准系列各元素质量浓度范围。

11　仪器和设备

11.1　电感耦合等离子体发射光谱仪。

11.2　天平：感量为 0.1mg 和 1mg。

11.3　微波消解仪：配有聚四氟乙烯消解内罐。

11.4　压力消解器：配有聚四氟乙烯消解内罐。

11.5　恒温干燥箱。

11.6　可调式控温电热板。

11.7　马弗炉。

11.8　可调式控温电热炉。

11.9　样品粉碎设备：匀浆机、高速粉碎机。

12　分析步骤

12.1　试样制备

同 5.1。

12.2　试样消解

注：可根据试样中目标元素的含量水平和检测水平要求选择相应的消解方法及消解容器。

12.2.1　微波消解法

同 5.2.1。

12.2.2　压力罐消解法

同 5.2.2。

12.2.3　湿式消解法

准确称取 0.5~5g（精确至 0.001g）或准确移取 2.00~10.0mL 试样于玻璃或聚四氟乙烯消解器皿中，含乙醇或二氧化碳的样品先在电热板上低温加热除去乙醇或二氧化碳，加 10mL 硝酸-高氯酸（10+1）混合溶液，于电热板上或石墨消解装置上消解，消解过程中消解液若变棕黑色，可适当补加少量混合酸，直至冒白烟，消化液呈无色透明或略带黄色，冷却，用水定容至 25mL 或 50mL，混匀备用；同时做空白试验。

12.2.4　干式消解法

准确称取 1~5g（精确至 0.01g）或准确移取 10.0~15.0mL 试样于坩埚中，置于 500~550℃的马弗炉中灰化 5~8h，冷却。若灰化不彻底有黑色炭粒，则冷却后滴加少许硝酸湿润，在电热板上干燥后，移入马弗炉中继续灰化成白色灰烬，冷却取出，加入 10mL 硝酸溶液溶解，并用水定容至 25mL 或 50mL，混匀备用；同时做空白试验。

12.3　仪器参考条件

优化仪器操作条件，使待测元素的灵敏度等指标达到分析要求，编辑测定方法、选择各待测元素合适分析谱线，仪器操作参考条件见 B.3.1，待测元素推荐分析谱线见表 B.6。

12.4　标准曲线的制作

将标准系列工作溶液注入电感耦合等离子体发射光谱仪中，测定待测元素分析谱线的强度信号响应值，以待测元素的浓度为横坐标，其分析谱线强度响应值为纵坐标，绘制标准曲线。

12.5　试样溶液的测定

将空白溶液和试样溶液分别注入电感耦合等离子体发射光谱仪中，测定待测元素分析谱线强度的信号响应值，根据标准曲线得到消解液中待测元素的浓度。

13　分析结果的表述

试样中待测元素的含量按式（3）计算：

$$X = \frac{(\rho - \rho_0) \times V \times f}{m \times 1\,000} \quad \cdots\cdots\cdots\cdots (3)$$

式中：

X——试样中待测元素含量，单位为毫克每千克或毫克每升（mg/kg 或 mg/L）

ρ——试样溶液中被测元素质量浓度，单位为毫克每升（mg/L）；

ρ_0——试样空白液中被测元素质量浓度，单位为毫克每升（mg/L）

V——试样消化液定容体积，单位为毫升（mL）；

f——试样稀释倍数；

m——试样称取质量或移取体积，单位为克或毫升（g 或 mL）。

计算结果保留 3 位有效数字。

14　精密度

同第 7 章。

15　其他

固体样品以 0.5g 定容体积至 50mL，液体样品以 2mL 定容体积至 50mL 计算，本方法各元素的检出限和定量限见表 2。

表 2　电感耦合等离子体发射光谱法（ICP-OES）检出限及定量限

序号	元素名称	元素符号	检出限 1（mg/kg）	检出限 2（mg/L）	定量限 1（mg/kg）	定量限 2（mg/L）
1	铝	Al	0.5	0.2	2	0.5

（续表）

序号	元素名称	元素符号	检出限 1 (mg/kg)	检出限 2 (mg/L)	定量限 1 (mg/kg)	定量限 2 (mg/L)
2	硼	B	0. 2	0. 05	0. 5	0. 2
3	钡	Ba	0. 1	0. 03	0. 3	0. 1
4	钙	Ca	5	2	20	5
5	铜	Cu	0. 2	0. 05	0. 5	0. 2
6	铁	Fe	1	0. 3	3	1
7	钾	K	7	3	30	7
8	镁	Mg	5	2	20	5
9	锰	Mn	0. 1	0. 03	0. 3	0. 1
10	钠	Na	3	1	10	3
11	镍	Ni	0. 5	0. 2	2	0. 5
12	磷	P	1	0. 3	3	1
13	锶	Sr	0. 2	0. 05	0. 5	0. 2
14	钛	Ti	0. 2	0. 05	0. 5	0. 2
15	钒	V	0. 2	0. 05	0. 5	0. 2
16	锌	Zn	0. 5	0. 2	2	0. 5

注：样品前处理方法为微波消解法及压力罐消解法。

附　录　A
标准溶液系列质量浓度

ICP-MS 方法中元素标准溶液系列质量浓度参见表 A. 1。

表 A. 1　ICP-MS 方法中元素的标准溶液系列质量浓度

序号	元素	单位	标准溶液系列质量浓度					
			系列 1	系列 2	系列 3	系列 4	系列 5	系列 6
1	B	μg/L	0	10. 0	50. 0	100	300	500
2	Na	mg/L	0	0. 400	2. 00	4. 00	12. 0	20. 0
3	Mg	mg/L	0	0. 400	2. 00	4. 00	12. 0	20. 0
4	Al	mg/L	0	0. 100	0. 500	1. 00	3. 00	5. 00
5	K	mg/L	0	0. 400	2. 00	4. 00	12. 0	20. 0
6	Ca	mg/L	0	0. 400	2. 00	4. 00	12. 0	20. 0
7	Ti	μg/L	0	10. 0	50. 0	100	300	500
8	V	μg/L	0	1. 00	5. 00	10. 0	30. 0	50. 0
9	Cr	μg/L	0	1. 00	5. 00	10. 0	30. 0	50. 0
10	Mn	μg/L	0	10. 0	50. 0	100	300	500
11	Fe	mg/L	0	0. 100	0. 500	1. 00	3. 00	5. 00
12	Co	μg/L	0	1. 00	5. 00	10. 0	30. 0	50. 0
13	Ni	μg/L	0	1. 00	5. 00	10. 0	30. 0	50. 0

（续表）

序号	元素	单位	标准溶液系列质量浓度					
			系列 1	系列 2	系列 3	系列 4	系列 5	系列 6
14	Cu	μg/L	0	10.0	50.0	100	300	500
15	Zn	μg/L	0	10.0	50.0	100	300	500
16	As	μg/L	0	1.00	5.00	10.0	30.0	50.0
17	Se	μg/L	0	1.00	5.00	10.0	30.0	50.0
18	Sr	μg/L	0	20.0	100	200	600	1 000
19	Mo	μg/L	0	0.100	0.500	1.00	3.00	5.00
20	Cd	μg/L	0	1.00	5.00	10.0	30.0	50.0
21	Sn	μg/L	0	0.100	0.500	1.00	3.00	5.00
22	Sb	μg/L	0	0.100	0.500	1.00	3.00	5.00
23	Ba	μg/L	0	10.0	50.0	100	300	500
24	Hg	μg/L	0	0.100	0.500	1.00	1.50	2.00
25	Tl	μg/L	0	1.00	5.00	10.0	30.0	50.0
26	Pb	μg/L	0	1.00	5.00	10.0	30.0	50.0

ICP-MS 方法中内标元素使用液参考浓度：由于不同仪器采用的蠕动泵管内径有所不同，当在线加入内标时，需考虑使内标元素在样液中的浓度，样液混合后的内标元素参考浓度范围为 25~100μg/L，低质量数元素可以适当提高使用液浓度。

ICP-OES 方法中元素标准溶液系列质量浓度见表 A.2。

表 A.2 ICP-OES 方法中元素的标准溶液系列质量浓度

序号	元素	单位	标准溶液系列质量浓度					
			系列 1	系列 2	系列 3	系列 4	系列 5	系列 6
1	Al	mg/L	0	0.500	2.00	5.00	8.00	10.00
2	B	mg/L	0	0.050 0	0.200	0.500	0.800	1.00
3	Ba	mg/L	0	0.050 0	0.200	0.500	0.800	1.00
4	Ca	mg/L	0	5.00	20.0	50.0	80.0	100
5	Cu	mg/L	0	0.025 0	0.100	0.250	0.400	0.500
6	Fe	mg/L	0	0.250	1.00	2.50	4.00	5.00
7	K	mg/L	0	5.00	20.0	50.0	80.0	100
8	Mg	mg/L	0	5.00	20.0	50.0	80.0	100
9	Mn	mg/L	0	0.025 0	0.100	0.250	0.400	0.500
10	Na	mg/L	0	5.00	20.0	50.0	80.0	100
11	Ni	mg/L	0	0.250	1.00	2.50	4.00	5.00
12	P	mg/L	0	5.00	20.0	50.0	80.0	100
13	Sr	mg/L	0	0.050 0	0.200	0.500	0.800	1.00
14	Ti	mg/L	0	0.050 0	0.200	0.500	0.800	1.00
15	V	mg/L	0	0.025 0	0.100	0.250	0.400	0.500
16	Zn	mg/L	0	0.250	1.00	2.50	4.00	5.00

附 录 B
仪器参考条件

B.1 消解仪操作参考条件

消解仪操作参考条件参考表 B.1。

表 B.1 样品消解仪参考条件

消解方式	步骤	控制温度（℃）	升温时间（min）	恒温时间
微波消解	1	120	5	5min
	2	150	5	10min
	3	190	5	20min
压力罐消解	1	80	—	2h
	2	120	—	2h
	3	160~170	—	4h

B.2 电感耦合等离子体质谱仪（ICP-MS）

B.2.1 仪器操作参考条件见表 B.2。

表 B.2 电感耦合等离子体质谱仪操作参考条件

参数名称	参数	参数名称	参数
射频功率	1 500W	雾化器	高盐/同心雾化器
等离子体气流量	15L/min	采样锥/截取锥	镍/铂锥
载气流量	0.80L/min	采样深度	8~10mm
辅助气流量	0.40L/min	采集模式	跳峰（Spectrum）
氦气流量	4~5mL/min	检测方式	自动
雾化室温度	2℃	每峰测定点数	1~3
样品提升速率	0.3r/s	重复次数	2~3

B.2.2 元素分析模式参考表 B.3。

表 B.3 电感耦合等离子体质谱仪元素分析模式

序号	元素名称	元素符号	分析模式	序号	元素名称	元素符号	分析模式
1	硼	B	普通/碰撞反应池	5	钾	K	普通/碰撞反应池
2	钠	Na	普通/碰撞反应池	6	钙	Ca	碰撞反应池
3	镁	Mg	碰撞反应池	7	钛	Ti	碰撞反应池
4	铝	Al	普通/碰撞反应池	8	钒	V	碰撞反应池

（续表）

序号	元素名称	元素符号	分析模式	序号	元素名称	元素符号	分析模式
9	铬	Cr	碰撞反应池	18	锶	Sr	普通/碰撞反应池
10	锰	Mn	碰撞反应池	19	钼	Mo	碰撞反应池
11	铁	Fe	碰撞反应池	20	镉	Cd	碰撞反应池
12	钴	Co	碰撞反应池	21	锡	Sn	碰撞反应池
13	镍	Ni	碰撞反应池	22	锑	Sb	碰撞反应池
14	铜	Cu	碰撞反应池	23	钡	Ba	普通/碰撞反应池
15	锌	Zn	碰撞反应池	24	汞	Hg	普通/碰撞反应池
16	砷	As	碰撞反应池	25	铊	Tl	普通/碰撞反应池
17	硒	Se	碰撞反应池	26	铅	Pb	普通/碰撞反应池

B. 2. 3　元素干扰校正方程参考表 B. 4。

表 B. 4　元素干扰校正方程

同位素	推荐的校正方程
^{51}V	$[^{51}V] = [51] + 0.3524x[52] - 3.108x[53]$
^{75}As	$[^{75}As] = [75] - 3.1278x[77] + 1.0177x[78]$
^{78}Se	$[^{78}Se] = [78] - 0.1869x[76]$
^{98}Mo	$[^{98}Mo] = [98] - 0.146x[99]$
^{114}Cd	$[^{114}Cd] = [114] - 1.6285x[108] - 0.0149x[118]$
^{208}Pb	$[^{208}Pb] = [206] + [207] + [208]$

注：1. ［X］为质量数 X 处的质谱信号强度-离子每秒计数值（CPS）。

2. 对于同量异位素干扰能够通过仪器的碰撞/反应模式得以消除的情况下，除铅元素外，可不采用干扰校正方程。

3. 低含量铬元素的测定需采用碰撞/反应模式。

B. 2. 4　待测元素和内标元素同位素（m/z）的选择参考表 B. 5。

表 B. 5　待测元素推荐选择的同位素和内标元素

序号	元素	m/z	内标	序号	元素	m/z	内标
1	B	11	$^{45}Sc/^{72}Ge$	6	Ca	43	$^{45}Sc/^{72}Ge$
2	Na	23	$^{45}Sc/^{72}Ge$	7	Ti	48	$^{45}Sc/^{72}Ge$
3	Mg	24	$^{45}Sc/^{72}Ge$	8	V	51	$^{45}Sc/^{72}Ge$
4	A1	27	$^{45}Sc/^{72}Ge$	9	Cr	52/53	$^{45}Sc/^{72}Ge$
5	K	39	$^{45}Sc/^{72}Ge$	10	Mn	55	$^{45}Sc/^{72}Ge$

（续表）

序号	元素	m/z	内标	序号	元素	m/z	内标
11	Fe	56/57	^{45}Sc/^{72}Ge	19	Mo	95	^{103}Rh/^{115}In
12	Co	59	^{72}Ge/^{103}Rh/^{115}In	20	Cd	111	^{103}Rh/^{115}In
13	Ni	60	^{72}Ge/^{103}Rh/^{115}In	21	Sn	118	^{103}Rh/^{115}In
14	Cu	63/65	^{72}Ge/^{103}Rh/^{115}In	22	Sb	123	^{103}Rh/^{115}In
15	Zn	66	^{72}Ge/^{103}Rh/^{115}In	23	Ba	137	^{103}Rh/^{115}In
16	As	75	^{72}Ge/^{103}Rh/^{115}In	24	Hg	200/202	^{18}5Re/^{209}Bi
17	Se	78	^{72}Ge/^{103}Rh/^{115}In	25	Tl	205	^{18}5Re/^{209}Bi
18	Sr	88	^{103}Rh/^{115}In	26	Pb	206/207/208	^{18}5Re/^{209}Bi

B.3 电感耦合等离子体发射光谱仪

B.3.1 仪器操作参考条件

B.3.1.1 观测方式：垂直观测，若仪器具有双向观测方式，高浓度元素，如钾、钠、钙、镁等元素采用垂直观测方式，其余采用水平观测方式。

B.3.1.2 功率：1 150W。

B.3.1.3 等离子气流量：15L/min。

B.3.1.4 辅助气流量：0.5L/min。

B.3.1.5 雾化气气体流量：0.65L/min。

B.3.1.6 分析泵速：50r/min。

B.3.2 待测元素推荐的分析谱线

待测元素推荐的分析谱线参考表 B.6。

表 B.6 待测元素推荐的分析谱线

序号	元素名称	元素符号	分析谱线波长（nm）
1	铝	Al	396.15
2	硼	B	249.6/249.7
3	钡	Ba	455.4
4	钙	Ca	315.8/317.9
5	铜	Cu	324.75
6	铁	Fe	239.5/259.9
7	钾	K	766.49
8	镁	Mg	279.079
9	锰	Mn	257.6/259.3
10	钠	Na	589.59
11	镍	Ni	231.6
12	磷	P	213.6
13	锶	Sr	407.7/421.5

（续表）

序号	元素名称	元素符号	分析谱线波长（nm）
14	钛	Ti	323.4
15	钒	V	292.4
16	锌	Zn	206.2/213.8

第四节　微生物的检验方法标准

中华人民共和国国家标准

GB 4789.1—2016

食品安全国家标准　食品微生物学检验总则

2016-12-23 发布　　2017-06-23 实施

中华人民共和国国家卫生和计划生育委员会
国家食品药品监督管理总局　发布

前　言

本标准代替 GB4789. 1—2010《食品安全国家标准　食品微生物学检验　总则》。

本标准与 GB4789. 1—2010 相比，主要变化如下：

——增加了附录 A，微生物实验室常规检验用品和设备；

——修改了实验室基本要求；

——修改了样品的采集；

——修改了检验；

——修改了检验后样品的处理；

——删除了规范性引用文件。

食品安全国家标准
食品微生物学检验总则

1　范围

本标准规定了食品微生物学检验基本原则和要求。

本标准适用于食品微生物学检验。

2　实验室基本要求

2.1　检验人员

2.1.1　应具有相应的微生物专业教育或培训经历，具备相应的资质，能够理解并正确实施检验。

2.1.2　应掌握实验室生物安全操作和消毒知识。

2.1.3　应在检验过程中保持个人整洁与卫生，防止人为污染样品。

2.1.4　应在检验过程中遵守相关安全措施的规定，确保自身安全。

2.1.5　有颜色视觉障碍的人员不能从事涉及辨色的实验。

2.2　环境与设施

2.2.1　实验室环境不应影响检验结果的准确性。

2.2.2　实验区域应与办公区域明显分开。

2.2.3　实验室工作面积和总体布局应能满足从事检验工作的需要，实验室布局宜采用单方向工作流程，避免交叉污染。

2.2.4　实验室内环境的温度、湿度、洁净度及照度、噪声等应符合工作要求。

2.2.5　食品样品检验应在洁净区域进行，洁净区域应有明显标示。

2.2.6　病原微生物分离鉴定工作应在二级或以上生物安全实验室进行。

2.3　实验设备

2.3.1　实验设备应满足检验工作的需要，常用设备见 A.1。

2.3.2　实验设备应放置于适宜的环境条件下，便于维护、清洁、消毒与校准，并保持整洁与良好的工作状态。

2.3.3　实验设备应定期进行检查和/或检定（加贴标识）、维护和保养，以确保工作性能和操作安全。

2.3.4　实验设备应有日常监控记录或使用记录。

2.4　检验用品

2.4.1　检验用品应满足微生物检验工作的需求，常用检验用品见 A.2。

2.4.2　检验用品在使用前应保持清洁和/或无菌。

2.4.3　需要灭菌的检验用品应放置在特定容器内或用合适的材料（如专用包装纸、铝箔纸等）包裹或加塞，应保证灭菌效果。

2.4.4　检验用品的储存环境应保持干燥和清洁，已灭菌与未灭菌的用品应分开存放并明确标识。

2.4.5　灭菌检验用品应记录灭菌的温度与持续时间及有效使用期限。

2.5　培养基和试剂

培养基和试剂的制备和质量要求按照 GB4789.28 的规定执行。

2.6　质控菌株

2.6.1　实验室应保存能满足实验需要的标准菌株。

2.6.2　应使用微生物菌种保藏专门机构或专业权威机构保存的、可溯源的标准菌株。

2.6.3　标准菌株的保存、传代按照 GB4789.28 的规定执行。

2.6.4　对实验室分离菌株（野生菌株），经过鉴定后，可作为实验室内部质量控制的菌株。

3　样品的采集

3.1　采样原则

3.1.1　样品的采集应遵循随机性、代表性的原则。

3.1.2　采样过程遵循无菌操作程序，防止一切可能的外来污染。

3.2　采样方案

3.2.1　根据检验目的、食品特点、批量、检验方法、微生物的危害程度等确定采样方案。

3.2.2　采样方案分为二级和三级采样方案。二级采样方案设有 n、c 和 m 值，三级采样方案设有 n、c、m 和 M 值。

n：同一批次产品应采集的样品件数；

c：最大可允许超出 m 值的样品数；

m：微生物指标可接受水平限量值（三级采样方案）或最高安全限量值（二级采样方案）；

M：微生物指标的最高安全限量值。

注：1. 按照二级采样方案设定的指标，在 n 个样品中，允许有 $\leq c$ 个样品其相应微生物指标检验值大于 m 值。

2. 按照三级采样方案设定的指标，在 n 个样品中，允许全部样品中相应微生物指标检验值小于或等于 m 值；允许有 $\leq c$ 个样品其相应微生物指标检验值在 m 值和 M 值之间；不允许有样品相应微生物指标检验值大于 M 值。

例如：$n=5$，$c=2$，$m=100$CFU/g，$M=1\ 000$CFU/g。含义是从一批产品中采集 5 个样品，若 5 个样品的检验结果均小于或等于 m 值（≤ 100CFU/g），则这种情况是允许的；若 ≤ 2 个样品的结果（X）位于 m 值和 M 值之间（100CFU/g $< X \leq$ 1 000CFU/g），则这种情况也是允许的；若有 3 个及以上样品的检验结果位于 m 值和 M 值之间，则这种情况是不允许的；若有任一样品的检验结果大于 M 值（$>$1 000CFU/g），则这种情况也是不允许的。

3.2.3　各类食品的采样方案按食品安全相关标准的规定执行。

3.2.4　食品安全事故中食品样品的采集。

a）由批量生产加工的食品污染导致的食品安全事故，食品样品的采集和判定原则按 3.2.2 和 3.2.3 执行。重点采集同批次食品样品。

b）由餐饮单位或家庭烹调加工的食品导致的食品安全事故，重点采集现场剩余食品样品，以满足食品安全事故病因判定和病原确证的要求。

3.3　各类食品的采样方法

3.3.1　预包装食品

3.3.1.1　应采集相同批次、独立包装、适量件数的食品样品，每件样品的采样量应满足微生物指标检验的要求。

3.3.1.2　独立包装小于、等于 1 000g 的固态食品或小于、等于 1 000mL 的液态食品，取相同批次的包装。

3.3.1.3　独立包装大于 1 000mL 的液态食品，应在采样前摇动或用无菌棒搅拌液体，使其达到均质后采集适量样品，放入同一个无菌采样容器内作为一件食品样品；大于 1 000g的固态食品，应用无菌采样器从同一包装的不同部位分别采取适量样品，放入同一个无菌采样容器内作为一件食品样品。

3.3.2　散装食品或现场制作食品

用无菌采样工具从 n 个不同部位现场采集样品，放入 n 个无菌采样容器内作为 n 件食品样品。每件样品的采样量应满足微生物指标检验单位的要求。

3.4　采集样品的标记

应对采集的样品进行及时、准确的记录和标记，内容包括采样人、采样地点、时间、样品名称、来源、批号、数量、保存条件等信息。

3.5　采集样品的贮存和运输

3.5.1　应尽快将样品送往实验室检验。

3.5.2　应在运输过程中保持样品完整。

3.5.3　应在接近原有贮存温度条件下贮存样品，或采取必要措施防止样品中微生物数量的变化。

4　检验

4.1　样品处理

4.1.1　实验室接到送检样品后应认真核对登记，确保样品的相关信息完整并符合检验要求。

4.1.2　实验室应按要求尽快检验。若不能及时检验，应采取必要的措施，防止样品中原有微生物因客观条件的干扰而发生变化。

4.1.3　各类食品样品处理应按相关食品安全标准检验方法的规定执行。

4.2　样品检验

按食品安全相关标准的规定进行检验。

5　生物安全与质量控制

5.1　实验室生物安全要求

应符合 GB 19489 的规定。

5.2　质量控制

5.2.1　实验室应根据需要设置阳性对照、阴性对照和空白对照，定期对检验过程进行质量控制。

5.2.2　实验室应定期对实验人员进行技术考核。

6　记录与报告

6.1　记录

检验过程中应即时、客观地记录观察到的现象、结果和数据等信息。

6.2　报告

实验室应按照检验方法中规定的要求，准确、客观地报告检验结果。

7　检验后样品的处理

7.1　检验结果报告后，被检样品方能处理。

7.2　检出致病菌的样品要经过无害化处理。

7.3　检验结果报告后，剩余样品和同批产品不进行微生物项目的复检。

附　录　A
微生物实验室常规检验用品和设备

A.1　设备

A.1.1　称量设备：天平等。

A.1.2　消毒灭菌设备：干烤/干燥设备，高压灭菌、过滤除菌、紫外线等装置。

A.1.3　培养基制备设备：pH 值计等。

A.1.4　样品处理设备：均质器（剪切式或拍打式均质器）、离心机等。

A.1.5　稀释设备：移液器等。

A.1.6　培养设备：恒温培养箱、恒温水浴等装置。

A.1.7　镜检计数设备：显微镜、放大镜、游标卡尺等。

A.1.8　冷藏冷冻设备：冰箱、冷冻柜等。

A. 1. 9 生物安全设备：生物安全柜。

A. 1. 10 其他设备。

A. 2 检验用品

A. 2. 1 常规检验用品：接种环（针）、酒精灯、镊子、剪刀、药匙、消毒棉球、硅胶（棉）塞、吸管、吸球、试管、平皿、锥形瓶、微孔板、广口瓶、量筒、玻棒及L形玻棒、pH值试纸、记号笔、均质袋等。

A. 2. 2 现场采样检验用品：无菌采样容器、棉签、涂抹棒、采样规格板、转运管等。

中华人民共和国国家标准

GB 4789.3—2016

食品安全国家标准　食品微生物学检验
大肠菌群计数

2016-12-23 发布　　2017-06-2 实施

中华人民共和国国家卫生和计划生育委员会
国家食品药品监督管理总局　发布

前　言

本标准代替 GB 4789. 3—2010《食品安全国家标准　食品微生物学检验　大肠菌群计数》、GB/T 4789. 32—2002《食品卫生微生物学检验　大肠菌群的快速检测》和 SN/T 0169—2010《进出口食品中大肠菌群、粪大肠菌群和大肠杆菌检测方法》大肠菌群计数部分。

本标准与 GB4789. 3—2010 相比，主要变化如下：

——增加了检验原理；

——修改了适用范围；

——修改了典型菌落的形态描述；

——修改了第二法平板菌落数的选择；

——修改了第二法证实试验；

——修改了第二法平板计数的报告。

食品安全国家标准
食品微生物学检验　大肠菌群计数

1　范围

本标准规定了食品中大肠菌群（Coliforms）计数的方法。

本标准第一法适用丁大肠菌群含量较低的食品中大肠菌群的计数，第二法适用于大肠菌群含量较高的食品中大肠菌群的计数。

2　术语和定义

2.1　大肠菌群　Coliforms

在一定培养条件下能发酵乳糖、产酸产气的需氧和兼性厌氧革兰氏阴性无芽孢杆菌。

2.2　最可能数　Mostprobablenumber

MPN 基于泊松分布的一种间接计数方法。

3　检验原理

3.1　MPN 法

MPN 法是统计学和微生物学结合的一种定量检测法。待测样品经系列稀释并培养后，根据其未生长的最低稀释度与生长的最高稀释度，应用统计学概率论推算出待测样品中大肠菌群的最大可能数。

3.2　平板计数法

大肠菌群在固体培养基中发酵乳糖产酸，在指示剂的作用下形成可计数的红色或紫色、带有或不带有沉淀环的菌落。

4　设备和材料

除微生物实验室常规灭菌及培养设备外，其他设备和材料如下。

4.1　恒温培养箱：36℃±1℃。

4.2　冰箱：2~5℃。

4.3　恒温水浴箱：46℃±1℃。

4.4　天平：感量 0.1g。

4.5　均质器。

4.6　振荡器。

4.7　无菌吸管：1mL（具 0.01mL 刻度）、10mL（具 0.1mL 刻度）或微量移液器及吸头。

4.8　无菌锥形瓶：容量 500mL。

4.9　无菌培养皿：直径 90mm。

4.10　pH 值计或 pH 值比色管或精密 pH 值试纸。

4.11　菌落计数器。

5　培养基和试剂

5.1　月桂基硫酸盐胰蛋白胨（laurylsulfatetryptose，LST）肉汤：见 A.1。

5.2　煌绿乳糖胆盐（briliantgren lactosebile，BGLB）肉汤：见 A.2。

5.3　结晶紫中性红胆盐琼脂（violetredbileagar，VRBA）：见 A.3。

5.4　无菌磷酸盐缓冲液：见 A.4。

5.5　无菌生理盐水：见 A.5。

5.6　1mol/LNaOH 溶液：见 A.6。

5.7 1mol/L HCl 溶液：见 A.7。

第一法 大肠菌群 MPN 计数法

6 检验程序

大肠菌群 MPN 计数的检验程序见图 1。

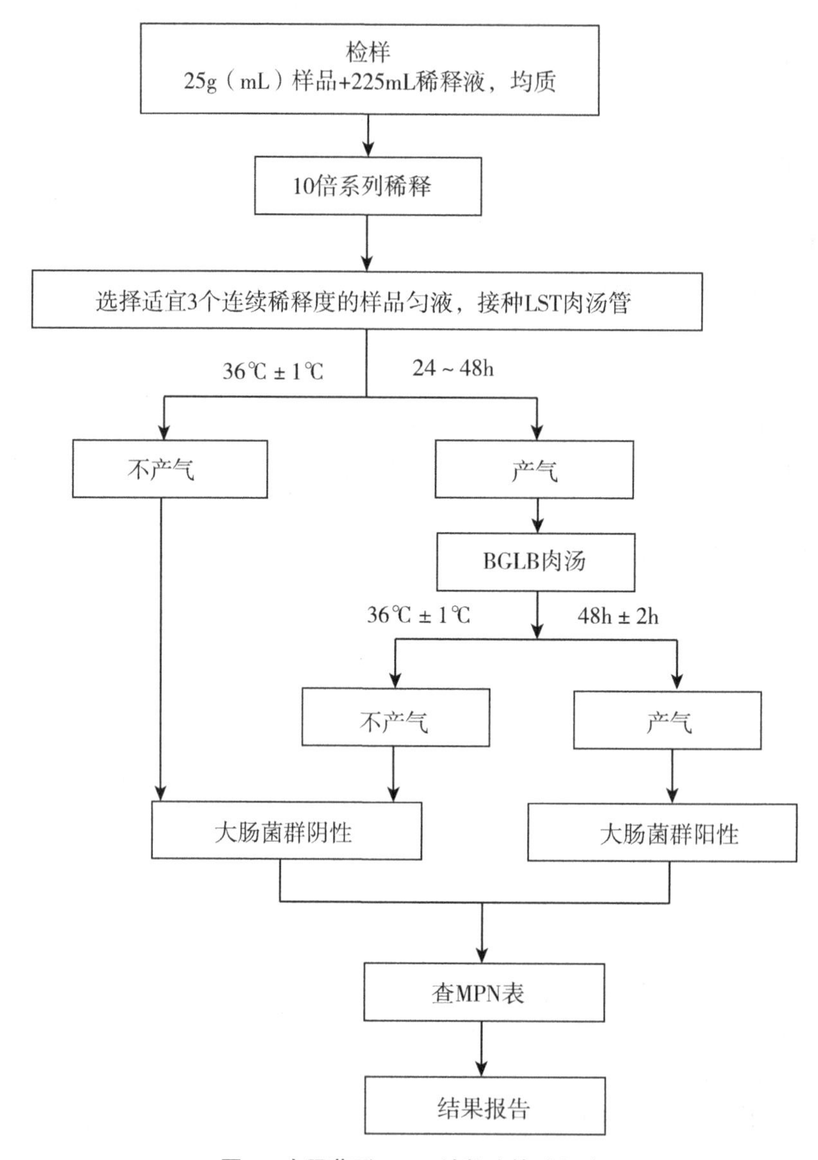

图 1 大肠菌群 MPN 计数法检验程序

7 操作步骤

7.1 样品的稀释

7.1.1 固体和半固体样品：称取 25g 样品，放入盛有 225mL 磷酸盐缓冲液或生理盐水的无菌均质杯内，8 000~10 000r/min均质 1~2min，或放入盛有 225mL 磷酸盐缓冲液或生理盐水的无菌均质袋中，用拍击式均质器拍打 1~2min，制成 1：10 的样品匀液。

7.1.2 液体样品：以无菌吸管吸取 25mL 样品置盛有 225mL 磷酸盐缓冲液或生理盐水的无菌锥形瓶（瓶

内预置适当数量的无菌玻璃珠）或其他无菌容器中充分振摇或置于机械振荡器中振摇，充分混匀，制成1：10的样品匀液。

7.1.3　样品匀液的 pH 值应在 6.5~7.5，必要时分别用 1mol/L NaOH 或 1mol/L HCl 调节。

7.1.4　用 1mL 无菌吸管或微量移液器吸取 1：10 样品匀液 1mL，沿管壁缓缓注入 9mL 磷酸盐缓冲液或生理盐水的无菌试管中（注意吸管或吸头尖端不要触及稀释液面），振摇试管或换用 1 支 1mL 无菌吸管反复吹打，使其混合均匀，制成 1：100 的样品匀液。

7.1.5　根据对样品污染状况的估计，按上述操作，依次制成十倍递增系列稀释样品匀液。每递增稀释 1 次，换用 1 支 1mL 无菌吸管或吸头。从制备样品匀液至样品接种完毕，全过程不得超过 15min。

7.2　初发酵试验

每个样品，选择 3 个适宜的连续稀释度的样品匀液（液体样品可以选择原液），每个稀释度接种 3 管月桂基硫酸盐胰蛋白胨（LST）肉汤，每管接种 1mL（如接种量超过 1mL，则用双料 LST 肉汤），36℃±1℃培养 24h±2h，观察倒管内是否有气泡产生，24h±2h 产气者进行复发酵试验（证实试验），如未产气则继续培养至 48h±2h，产气者进行复发酵试验。未产气者为大肠菌群阴性。

7.3　复发酵试验（证实试验）

用接种环从产气的 LST 肉汤管中分别取培养物 1 环，移种于煌绿乳糖胆盐肉汤（BGLB）管中，36℃±1℃培养 48h±2h，观察产气情况。产气者，计为大肠菌群阳性管。

7.4　大肠菌群最可能数（MPN）的报告

按 7.3 确证的大肠菌群 BGLB 阳性管数，检索 MPN 表（附录 B），报告每 g（mL）样品中大肠菌群的 MPN 值。

第二法　大肠菌群平板计数法

8　检验程序

大肠菌群平板计数法的检验程序见图 2。

9　操作步骤

9.1　样品的稀释

按 7.1 进行。

9.2　平板计数

9.2.1　选取 2~3 个适宜的连续稀释度，每个稀释度接种 2 个无菌平皿，每皿 1mL。同时取 1mL 生理盐水加入无菌平皿做空白对照。

9.2.2　及时将 15~20mL 融化并恒温至 46℃的结晶紫中性红胆盐琼脂（VRBA）倾注于每个平皿中。小心旋转平皿，将培养基与样液充分混匀，待琼脂凝固后，再加 3~4mL VRBA 覆盖平板表层。翻转平板，置于 36℃±1℃培养 18~24h。

9.3　平板菌落数的选择

选取菌落数在 15~150CFU 的平板，分别计数平板上出现的典型和可疑大肠菌群菌落（如菌落直径较典型菌落小）。典型菌落为紫红色，菌落周围有红色的胆盐沉淀环，菌落直径为 0.5mm 或更大，最低稀释度平板低于 15CFU 的记录具体菌落数。

9.4　证实试验

从 VRBA 平板上挑取 10 个不同类型的典型和可疑菌落，少于 10 个菌落的挑取全部典型和可疑菌落。分别移种于 BGLB 肉汤管内，36℃±1℃培养 24~48h，观察产气情况。凡 BGLB 肉汤管产气，即可报告为大肠菌群阳性。

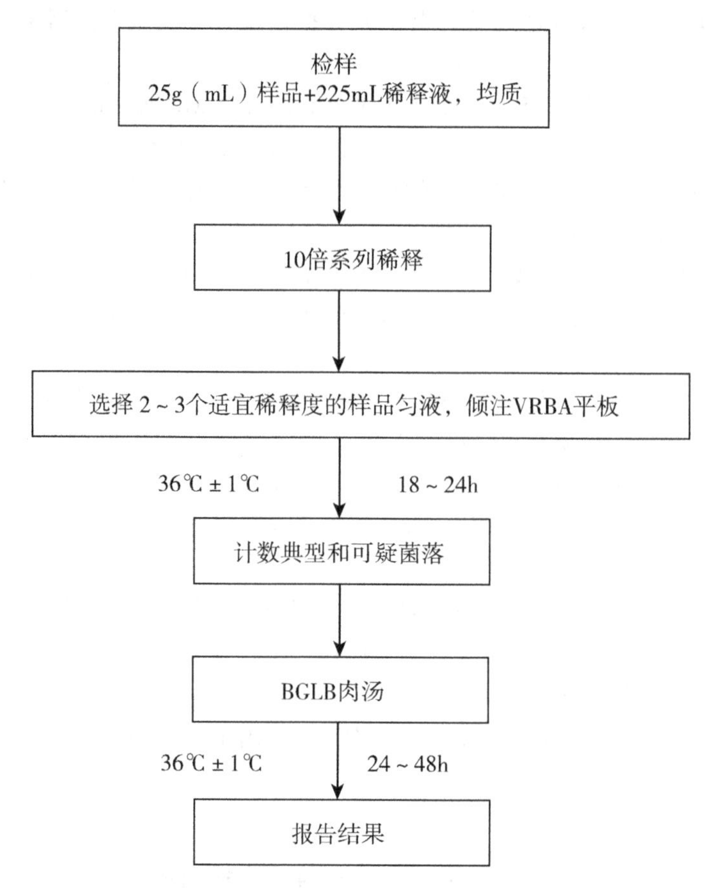

图 2　大肠菌群平板计数法检验程序

9.5　大肠菌群平板计数的报告

经最后证实为大肠菌群阳性的试管比例乘以 9.3 中计数的平板菌落数，再乘以稀释倍数，即为每 g（mL）样品中大肠菌群数。例：10-4 样品稀释液 1mL，在 VRBA 平板上有 100 个典型和可疑菌落，挑取其中 10 个接种 BGLB 肉汤管，证实有 6 个阳性管，则该样品的大肠菌群数为：$100\times6/10\times10^4$/g（mL）= 6.0×10^5 CFU/g（mL）。若所有稀释度（包括液体样品原液）平板均无菌落生长，则以小于 1 乘以最低稀释倍数计算。

附　录　A
培养基和试剂

A.1　月桂基硫酸盐胰蛋白胨（LST）肉汤

A.1.1　成分

胰蛋白胨或胰酪胨	20.0g
氯化钠	5.0g
乳糖	5.0g
磷酸氢二钾（K_2HPO_4）	2.75g
磷酸二氢钾（KH_2PO_4）	2.75g
月桂基硫酸钠	0.1g
蒸馏水	1 000mL

A. 1. 2　制法

将上述成分溶解于蒸馏水中，调节 pH 值至 6. 8±0. 2。分装到有玻璃小倒管的试管中，每管 10mL。121℃高压灭菌 15min。

A. 2　煌绿乳糖胆盐（BGLB）肉汤

A. 2. 1　成分

蛋白胨	10. 0g
乳糖	10. 0g
牛胆粉（oxgal 或 oxbile）溶液	200mL
0. 1%煌绿水溶液	13. 3mL
蒸馏水	800mL

A. 2. 2　制法

将蛋白胨、乳糖溶于约 500mL 蒸馏水中，加入牛胆粉溶液 200mL（将 20. 0g 脱水牛胆粉溶于 200mL 蒸馏水中，调节 pH 值至 7. 0~7. 5），用蒸馏水稀释至 975mL，调节 pH 值至 7. 2±0. 1，再加入 0. 1%煌绿水溶液 13. 3mL，用蒸馏水补足到 1 000mL，用棉花过滤后，分装到有玻璃小倒管的试管中，每管 10mL。121℃高压灭菌 15min。

A. 3　结晶紫中性红胆盐琼脂（VRBA）

A. 3. 1　成分

蛋白胨	7. 0g
酵母膏	3. 0g
乳糖	10. 0g
氯化钠	5. 0g
胆盐或 3 号胆盐	1. 5g
中性红	0. 03g
结晶紫	0. 002g
琼脂	15~18g
蒸馏水	1 000mL

A. 3. 2　制法

将上述成分溶于蒸馏水中，静置几分钟，充分搅拌，调节 pH 值至 7. 4±0. 1。煮沸 2min，将培养基融化并恒温至 45~50℃倾注平板。使用前临时制备，不得超过 3h。

A. 4　磷酸盐缓冲液

A. 4. 1　成分

磷酸二氢钾（KH_2PO_4）	34. 0g
蒸馏水	500mL

A. 4. 2　制法

贮存液：称取 34. 0g 的磷酸二氢钾溶于 500mL 蒸馏水中，用大约 175mL 的 1mol/L 氢氧化钠溶液调节 pH 值至 7. 2±0. 2，用蒸馏水稀释至 1 000mL后贮存于冰箱。

稀释液：取贮存液 1. 25mL，用蒸馏水稀释至 1 000mL，分装于适宜容器中，121℃高压灭菌 15min。

A. 5　无菌生理盐水

A. 5. 1　成分

氯化钠	8. 5g
蒸馏水	1 000mL

A. 5. 2　制法

称取 8. 5g 氯化钠溶于 1 000mL 蒸馏水中，121℃高压灭菌 15min。

A.6 1mol/L NaOH 溶液

A.6.1 成分

NaOH	40.0g
蒸馏水	1 000mL

A.6.2 制法

称取 40g 氢氧化钠溶于 1 000mL 无菌蒸馏水中。

A.7 1mol/L HCl 溶液

A.7.1 成分

HCl	90mL
蒸馏水	1 000mL

A.7.2 制法

移取浓盐酸 90mL，用无菌蒸馏水稀释至 1 000mL。

附 录 B

每 g（mL）检样中大肠菌群最可能数（MPN）的检索见表 B.1。

表 B.1 大肠菌群最可能数（MPN）检索表

阳性管数			MPN	95%可信限		阳性管数			MPN	95%可信限	
0.10	0.01	0.001		下限	上限	0.10	0.01	0.001		下限	上限
0	0	0	<3.0	—	9.5	2	2	0	21	4.5	42
0	0	1	3.0	0.15	9.6	2	2	1	28	8.7	94
0	1	0	3.0	0.15	11	2	2	2	35	8.7	94
0	1	1	6.1	1.2	18	2	3	0	29	8.7	94
0	2	0	6.2	1.2	18	2	3	1	36	8.7	94
0	3	0	9.4	3.6	38	3	0	0	23	4.6	94
1	0	0	3.6	0.17	18	3	0	1	38	8.7	110
1	0	1	7.2	1.3	18	3	0	2	64	17	180
1	0	2	11	3.6	38	3	1	0	43	9	180
1	1	0	7.4	1.3	20	3	1	1	75	17	200
1	1	1	11	3.6	38	3	1	2	120	37	420
1	2	0	11	3.6	42	3	1	3	160	40	420
1	2	1	15	4.5	42	3	2	0	93	18	420
1	3	0	16	4.5	42	3	2	1	150	37	420
2	0	0	9.2	1.4	38	3	2	2	210	40	430
2	0	1	14	3.6	42	3	2	3	290	90	1 000
2	0	2	20	4.5	42	3	3	0	240	42	1 000
2	1	0	15	3.7	42	3	3	1	460	90	2 000
2	1	1	20	4.5	42	3	3	2	1 100	180	4 100
2	1	2	27	8.7	94	3	3	3	>1100	420	—

注：1. 本表采用 3 个稀释度［0.1g（mL）、0.01g（mL）、0.001g（mL）］，每个稀释度接种 3 管。

2. 表内所列检样量如改用 1g（mL）、0.1g（mL）和 0.01g（mL）时，表内数字应相应降低 10 倍；如改用 0.01g（mL）、0.001g（mL）和 0.000 1g（mL）时，则表内数字应相应增高 10 倍，其余类推。

中华人民共和国国家标准

GB 4789.4—2016

食品安全国家标准　食品微生物学检验
沙门氏菌检验

2016-12-23 发布　　2017-06-23 实施

中华人民共和国国家卫生和计划生育委员会
国家食品药品监督管理总局　发布

前　　言

本标准代替 CB 4789. 4—2010《食品安全国家标准　食品微生物学检验　沙门氏菌检验》、SN 0170—1992《出口食品沙门氏菌属（包括亚利柔那菌）检验方法》、SN/T 2552. 5—2010《乳及乳制品卫生微生物学检验方法　第 5 部分：沙门氏菌检验》。

整合后的标准与 GB 4789. 4—2010 相比，主要变化如下：

——修改了检测流程和血消学检测操作程序；

——修改了附录 A 和附录 B。

食品安全国家标准
食品微生物学检验　沙门氏菌检验

1　范围

本标准规定了食品中沙门氏菌（Salmorelle）的检验方法。

本标准适用于食品中沙门氏菌的检验

2　设备和材料

除微生物实验室常规灭菌及培养设备外，其他设备和材料如下。

2.1　冰箱.2~5℃。

2.2　恒温培养箱：36℃±1℃，42℃±1℃。

2.3　均质器。

2.4　振荡器。

2.5　电子天平：感量0.1g。

2.6　无菌锥形瓶：容量500mL，250mL。

2.7　无菌吸管：1mL（具0.01mL刻度），10mL（具01mL刻度），或微量移液器及吸头。

2.8　无菌培养皿：直径60mm，90mm。

2.9　无菌试管：3mm×50mm，10mm×75mm。

2.10　pH值计或pH值比色管或精密pH值试纸。

2.11　全自动微生物生化鉴定系统。

2.12　无菌毛细管。

3　培养基和试剂

3.1　缓冲蛋白胨水（BPW）：见A.1。

3.2　四硫磺酸钠煌绿（TTB）增菌液：见A.2。

3.3　亚硒酸盐胱氨酸（SC）增菌液：见A.3。

3.4　亚硫酸铋（BS）琼脂：见A.4.

3.5　HE琼脂：见A.5。

3.6　木糖赖氨酸脱氧胆盐（XID）琼脂：见A.6。

3.7　沙门氏菌属显色培养基。

3.8　三糖铁（TSI）琼脂：见A.7。

3.9　蛋白胨水、靛基质试剂：见A.8。

3.10　尿素琼脂（pH值7.2）：见A.9。

3.11　氰化钾（KCN）培养基：见A.10.

3.12　赖氨酸脱羧酶试验培养基：见A.11。

3.13　糖发酵管：见A.12。

3.14　邻硝基酚β-D半乳糖苷（ONPG）培养基：见A.13。

3.15　半固体琼脂：见A.14。

3.16　丙二酸钠培养基：见A.15。

3.17　沙门氏菌O、H和Vi诊断血清。

3.18　生化鉴定试剂盒。

4 检验程序

沙门氏菌检验程序见图 1。

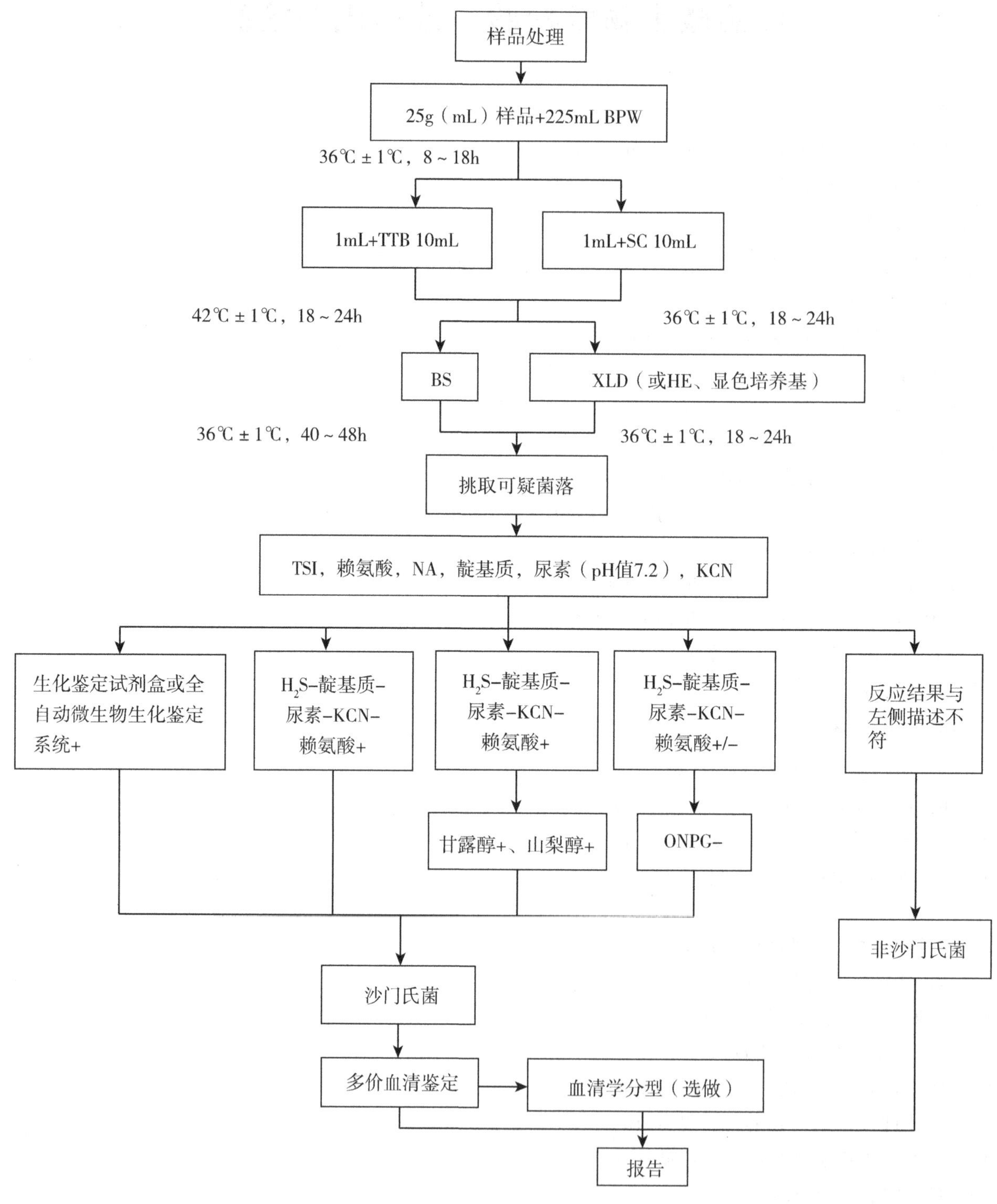

图 1 沙门氏菌检验程序

5 操作步骤

5.1 预增菌

无菌操作称取 25g（mL）样品，置于盛有 225mLBPW 的无菌均质杯或合适容器内，以 8 000~

10 000r/min均质 1~2min，或置于盛有 225mLBPW 的无菌均质袋中，用拍击式均质器拍打 1~2min。若样品为液态，不需要均质，振荡混匀。如需调整 pH 值，用 1mol/L 无菌 NaOH 或 HCl 调 pH 值至 6.8±0.2。无菌操作将样品转至 500mL 锥形瓶或其他合适容器内（如均质杯本身具有无孔盖，可不转移样品），如使用均质袋，可直接进行培养，于 36℃±1℃ 培养 8~18h。如为冷冻产品，应在 45℃以下不超过 15min，或 2~5℃不超过 18h 解冻。

5.2 增菌

轻轻摇动培养过的样品混合物，移取 1mL，转种于 10mL TTB 内，于 42℃±1℃培养 18~24h。同时，另取 1mL，转种于 10mLSC 内，于 36℃±1℃培养 18~24h。

5.3 分离

分别用直径 3mm 的接种环取增菌液 1 环，划线接种于一个 BS 琼脂平板和一个 XLD 琼脂平板（或 HE 琼脂平板或沙门氏菌属显色培养基平板），于 36℃±1℃分别培养 40~48h（BS 琼脂平板）或 18~24h（HE 琼脂平板、XLD 琼脂平板、沙门氏菌属显色培养基平板），观察各个平板上生长的菌落，各个平板上的菌落特征见表 1。

表 1 沙门氏菌属在不同选择性琼脂平板上的菌落特征

选择性琼脂平板	沙门氏菌
BS 琼脂	菌落为黑色有金属光泽、棕褐色或灰色，菌落周围培养基可呈黑色或棕色；有些菌株形成灰绿色的菌落，周围培养基不变
HE 琼脂	蓝绿色或蓝色，多数菌落中心黑色或几乎全黑色；有些菌株为黄色，中心黑色或几乎全黑色
XLD 琼脂	菌落呈粉红色，带或不带黑色中心，有些菌株可呈现大的带光泽的黑色中心，或呈现全部黑色的菌落；有些菌株为黄色菌落，带或不带黑色中心
沙门氏菌属显色培养基	按照显色培养基的说明进行判定

5.4 生化试验

5.4.1 自选择性琼脂平板上分别挑取 2 个以上典型或可疑菌落，接种三糖铁琼脂，先在斜面划线，再于底层穿刺；接种针不要灭菌，直接接种赖氨酸脱羧酶试验培养基和营养琼脂平板，于 36℃±1℃培养 18~24h，必要时可延长至 48h。在三糖铁琼脂和赖氨酸脱羧酶试验培养基内，沙门氏菌属的反应结果见表 2。

表 2 沙门氏菌属在三糖铁琼脂和赖氨酸脱羧酶试验培养基内的反应结果

三糖铁琼脂				赖氨酸脱羧酶试验培养基	初步判断
斜面	底层	产气	硫化氢		
K	A	+（-）	+（-）	+	可疑沙门氏菌属
K	A	+（-）	+（-）	-	可疑沙门氏菌属
A	A	+（-）	+（-）	+	可疑沙门氏菌属
A	A	+/-	+/-	-	非沙门氏菌
K	K	+/-	+/-	+/-	非沙门氏菌

注：K，产碱，A，产酸；+，阳性，-，阴性；+（-），多数阳性，少数阴性；+/-，阳性或阴性。

5.4.2 接种三糖铁琼脂和赖氨酸脱羧酶试验培养基的同时，可直接接种蛋白胨水（供做靛基质试验）、尿素琼脂（pH 值 7.2）、氰化钾（KCN）培养基，也可在初步判断结果后从营养琼脂平板上挑取可疑菌落接种。于 36℃±1℃培养 18~24h，必要时可延长至 48h，按表 3 判定结果。将已挑菌落的平板储存于 2~

5℃或室温至少保留24h，以备必要时复查。

表3　沙门氏菌属生化反应初步鉴别表

反应序号	硫化氢（H_2S）	靛基质	pH值7.2尿素	氰化钾（KCN）	赖氨酸脱羧酶
A1	+	-	-	-	+
A2	+	+	-	-	+
A3	-	-	-	-	+/-

注：+阳性；-阴性；+/-阳性或阴性。

5.4.2.1　反应序号A1：典型反应判定为沙门氏菌属。如尿素、KCN和赖氨酸脱羧酶3项中有1项异常，按表4可判定为沙门氏菌。如有2项异常为非沙门氏菌。

表4　沙门氏菌属生化反应初步鉴别表

pH值7.2尿素	氰化钾（KCN）	赖氨酸脱羧酶	判定结果
-	-	-	甲型副伤寒沙门氏菌（要求血清学鉴定结果）
-	+	+	沙门氏菌Ⅳ或Ⅴ（要求符合本群生化特性）
+	-	+	沙门氏菌个别变体（要求血清学鉴定结果）

注：+表示阳性；-表示阴性。

5.4.2.2　反应序号A2：补做甘露醇和山梨醇试验，沙门氏菌靛基质阳性变体2项试验结果均为阳性，但需要结合血清学鉴定结果进行判定。

5.4.2.3　反应序号A3：补做ONPG。ONPG阴性为沙门氏菌，同时赖氨酸脱羧酶阳性，甲型副伤寒沙门氏菌为赖氨酸脱羧酶阴性。

5.4.2.4　必要时按表5进行沙门氏菌生化群的鉴别。

表5　沙门氏菌属各生化群的鉴别

项目	Ⅰ	Ⅱ	Ⅲ	Ⅳ	Ⅴ	Ⅵ
卫矛醇	+	+	-	-	+	-
山梨醇	+	+	+	+	+	-
水杨苷	-	-	-	+	-	-
ONPG	-	-	+	-	+	-
丙二酸盐	-	+	+	-	-	-
KCN	-	-	-	+	+	-

注：+表示阳性；-表示阴性。

5.4.3　如选择生化鉴定试剂盒或全自动微生物生化鉴定系统，可根据5.4.1的初步判断结果，从营养琼脂平板上挑取可疑菌落，用生理盐水制备成浊度适当的菌悬液，使用生化鉴定试剂盒或全自动微生物生化鉴定系统进行鉴定。

5.5　血清学鉴定

5.5.1　检查培养物有无自凝性

一般采用1.2%~1.5%琼脂培养物作为玻片凝集试验用的抗原。首先排除自凝集反应，在洁净的玻片上滴加一滴生理盐水，将待试培养物混合于生理盐水滴内，使成为均一性的混浊悬液，将玻片轻轻摇动30~60s，在黑色背景下观察反应（必要时用放大镜观察），若出现可见的菌体凝集，即认为有自凝性，反之无自凝性。对无自凝的培养物参照下面方法进行血清学鉴定。

5.5.2　多价菌体抗原（O）鉴定

在玻片上划出2个约1cm×2cm的区域，挑取1环待测菌，各放1/2环于玻片上的每一区域上部，在其中一个区域下部加1滴多价菌体（O）抗血清，在另一区域下部加入1滴生理盐水，作为对照。再用无菌的接种环或针分别将2个区域内的菌苔研成乳状液。将玻片倾斜摇动混合1min，并对着黑暗背景进行观察，任何程度的凝集现象皆为阳性反应。O血清不凝集时，将菌株接种在琼脂量较高的（如2%~3%）培养基上再检查；如果是由于Vi抗原的存在而阻止了O凝集反应时，可挑取菌苔于1mL生理盐水中做成浓菌液，于酒精灯火焰上煮沸后再检查。

5.5.3　多价鞭毛抗原（H）鉴定

操作同5.5.2。H抗原发育不良时，将菌株接种在0.55%~0.65%半固体琼脂平板的中央，待菌落蔓延生长时，在其边缘部分取菌检查；或将菌株通过接种装有0.3%~0.4%半固体琼脂的小玻管1~2次，自远端取菌培养后再检查。

5.6　血清学分型（选做项目）

5.6.1　O抗原的鉴定

用A~F多价O血清做玻片凝集试验，同时用生理盐水做对照。在生理盐水中自凝者为粗糙型菌株，不能分型。被A~F多价O血清凝集者，依次用O4；O3、O10；O7；O8；O9；O2和O11因子血清做凝集试验。根据试验结果，判定O群。被O3、O10血清凝集的菌株，再用O10、O15、O34、O19单因子血清做凝集试验，判定E1、E4各亚群，每一个O抗原成分的最后确定均应根据O单因子血清的检查结果，没有O单因子血清的要用2个O复合因子血清进行核对。

不被A~F多价O血清凝集者，先用9种多价O血清检查，如有其中1种血清凝集，则用这种血清所包括的O群血清逐一检查，以确定O群。每种多价O血清所包括的O因子如下：

O多价1　A，B，C，D，E，F群（并包括6，14群）
O多价2　13，16，17，18，21群
O多价3　28，30，35，38，39群
O多价4　40，41，42，43群
O多价5　44，45，47，48群
O多价6　50，51，52，53群
O多价7　55，56，57，58群
O多价8　59，60，61，62群
O多价9　63，65，66，67群

5.6.2　H抗原的鉴定

属于A~F各O群的常见菌型，依次用表6所述H因子血清检查第1相和第2相的H抗原。

表6　A~F群常见菌型O抗原表

O群	第1相	第2相
A	a	无
B	g，f，s	无
B	i，b，d	2
C1	k，v，r，c	5，z15
C2	b，d，r	2，5
D（不产气的）	d	无

（续表）

O群	第1相	第2相
D（产气的）	g，m，p，q	无
E1	h，v	6，w，x
E4	g，s，t	无
E4	i	

不常见的菌型，先用8种多价H血清检查，如有其中1种或2种血清凝集，则再用这1种或2种血清所包括的各种H因子血清逐一检查，以第1相和第2相的H抗原。8种多价H血清所包括的H因子如下：

H多价1　a，b，c，d，i

H多价2　eh，enx，enz_{15}，fg，gms，gpu，gp，gq，mt，gz_{51}

H多价3　k，r，y，z，z_{10}，lv，lw，lz_{13}，lz_{28}，lz_{40}

H多价4　1，2；1，5；1，6；1，7；z_6

H多价5　z_4，z_{23}，z_4，z_{24}，z_4z_{32}，z_{29}，z_{35}，z_{36}，z_{38}

H多价6　z_{39}，z_{41}，z_{42}，z_{44}

H多价7　z_{52}，z_{53}，z_{54}，z_{55}

H多价8　z_{56}，z_{57}，z_{60}，z_{61}，z_{62}

每一个H抗原成分的最后确定均应根据H单因子血清的检查结果，没有H单因子血清的要用两个H复合因子血清进行核对。

检出第1相H抗原而未检出第2相H抗原的或检出第2相H抗原而未检出第1相H抗原的，可在琼脂斜面上移种1~2代后再检查。如仍只检出一个相的H抗原，要用位相变异的方法检查其另一个相。单相菌不必做位相变异检查。

位相变异试验方法如下。

简易平板法：将0.35%~0.4%半固体琼脂平板烘干表面水分，挑取因子血清1环，滴在半固体平板表面，放置片刻，待血清吸收到琼脂内，在血清部位的中央点种待检菌株，培养后，在形成蔓延生长的菌苔边缘取菌检查。

小玻管法：将半固体管（每管1~2mL）在酒精灯上熔化并冷却至50℃，取已知相的H因子血清0.05~0.1mL，加入于熔化的半固体内，混匀后，用毛细吸管吸取分装于供位相变异试验的小玻管内，待凝固后，用接种针挑取待检菌，接种于一端。将小玻管平放在平皿内，并在其旁放一团湿棉花，以防琼脂中水分蒸发而干缩，每天检查结果，待另一相细菌解离后，可以从另一端挑取细菌进行检查。培养基内血清的浓度应有适当的比例，过高时细菌不能生长，过低时同一相细菌的动力不能抑制。一般按原血清1：(200~800)的量加入。

小倒管法：将两端开口的小玻管（下端开口要留一个缺口，不要平齐）放在半固体管内，小玻管的上端应高出于培养基的表面，灭菌后备用。临用时在酒精灯上加热熔化，冷却至50℃，挑取因子血清1环，加入小套管中的半固体内，略加搅动，使其混匀。待凝固后，将待检菌株接种于小套管中的半固体表层内，每天检查结果，待另一相细菌解离后，可从套管外的半固体表面取菌检查，或转种1%软琼脂斜面，于36℃培养后再做凝集试验。

5.6.3　Vi抗原的鉴定

用Vi因子血清检查。已知具有Vi抗原的菌型有：伤寒沙门氏菌，丙型副伤寒沙门氏菌，都柏林沙门氏菌。

5.6.4　菌型的判定

根据血清学分型鉴定的结果，按照附录 B 或有关沙门氏菌属抗原表判定菌型。

6　结果与报告

综合以上生化试验和血清学鉴定的结果，报告 25g（mL）样品中检出或未检出沙门氏菌。

附　录　A
培养基和试剂

A.1　缓冲蛋白胨水（BPW）

A.1.1　成分

蛋白胨	10.0g
氯化钠	5.0g
磷酸氢二钠（含 12 个结晶水）	9.0g
磷酸二氢钾	1.5g
蒸馏水	1 000mL

A.1.2　制法

将各成分加入蒸馏水中，搅混均匀，静置约 10min，煮沸溶解，调节 pH 值至 7.2±0.2，高压灭菌 121℃，15min。

A.2　四硫磺酸钠煌绿（TTB）增菌液

A.2.1　基础液

蛋白胨	10.0g
牛肉膏	5.0g
氯化钠	3.0g
碳酸钙	45.0g
蒸馏水	1 000mL

除碳酸钙外，将各成分加入蒸馏水中，煮沸溶解，再加入碳酸钙，调节 pH 值至 7.0±0.2，高压灭菌 121℃，20min。

A.2.2　硫代硫酸钠溶液

硫代硫酸钠（含 5 个结晶水）	
蒸馏水	50.0g
高压灭菌 121℃，20min。	加至 100mL

A.2.3　碘溶液

碘　片	20.0g
碘化钾	25.0g
蒸馏水	加至 100mL

将碘化钾充分溶解于少量的蒸馏水中，再投入碘片，振摇玻瓶至碘片全部溶解为止，然后加蒸馏水至规定的总量，贮存于棕色瓶内，塞紧瓶盖备用。

A.2.4　0.5%煌绿水溶液

煌绿	0.5g
蒸馏水	100mL

溶解后，存放暗处，不少于 1d，使其自然灭菌。

A. 2. 5　牛胆盐溶液

牛胆盐　　10. 0g

蒸馏水　　100mL

加热煮沸至完全溶解，高压灭菌 121℃，20min。

A. 2. 6　制法

基础液　　900mL

硫代硫酸钠溶液　　100mL

碘溶液　　20. 0mL

煌绿水溶液　　2. 0mL

牛胆盐溶液　　50. 0mL

临用前，按上列顺序，以无菌操作依次加入基础液中，每加入一种成分，均应摇匀后再加入另一种成分。

A. 3　亚硒酸盐胱氨酸（SC）增菌液

A. 3. 1　成分

蛋白胨　　5. 0g

乳糖　　4. 0g

磷酸氢二钠　　10. 0g

亚硒酸氢钠　　4. 0g

L-胱氨酸　　0. 01g

蒸馏水　　1 000mL

A. 3. 2　制法

除亚硒酸氢钠和 L-胱氨酸外，将各成分加入蒸馏水中，煮沸溶解，冷却至 55℃以下，以无菌操作加入亚硒酸氢钠和 1g/L L-胱氨酸溶液 10mL（称取 0. 1g L-胱氨酸，加 1mol/L 氢氧化钠溶液 15mL，使溶解，再加无菌蒸馏水至 100mL 即成，如为 DL-胱氨酸，用量应加倍）。摇匀，调节 pH 值至 7. 0±0. 2。

A. 4　亚硫酸铋（Bs）琼脂

A. 4. 1　成分

蛋白胨　　10. 0g

牛肉膏　　5. 0g

葡萄糖　　5. 0g

硫酸亚铁　　0. 3g

磷酸氢二钠　　4. 0g

煌绿　　0. 025g 或 5. 0g/L 水溶液 5. 0mL

柠檬酸铋铵　　2. 0g

亚硫酸钠　　6. 0g

琼脂　　18. 0~20. 0g

蒸馏水　　1 000mL

A. 4. 2　制法

将前 3 种成分加入 300mL 蒸馏水（制作基础液），硫酸亚铁和磷酸氢二钠分别加入 20mL 和 30mL 蒸馏水中，柠檬酸铋铵和亚硫酸钠分别加入另一 20mL 和 30mL 蒸馏水中，琼脂加入 600mL 蒸馏水中。然后分别搅拌均匀，煮沸溶解。冷却至 80℃左右时，先将硫酸亚铁和磷酸氢二钠混匀，倒入基础液中，混匀。将柠檬酸铋铵和亚硫酸钠混匀，倒入基础液中，再混匀。调节 pH 值 7. 5±0. 2，随即倾入琼脂液中，混合均匀，冷至 50~55℃。加入煌绿溶液，充分混匀后立即倾注平皿。

注：本培养基不需要高压灭菌，在制备过程中不宜过分加热，避免降低其选择性，贮于室温暗处，超

过48h会降低其选择性，本培养基宜于当天制备，第二天使用。

A.5　HE琼脂（HektoenEntericAgar）

A.5.1　成分

蛋白胨	12.0g
牛肉膏	3.0g
乳糖	12.0g
蔗糖	12.0g
水杨素	2.0g
胆盐	20.0g
氯化钠	5.0g
琼脂	18.0~20.0g
蒸馏水	1 000mL
0.4%溴麝香草酚蓝溶液	16.0mL
Andrade指示剂	20.0mL
甲液	20.0mL
乙液	20.0mL

A.5.2　制法

将前面7种成分溶解于400mL蒸馏水内作为基础液；将琼脂加入600mL蒸馏水内。然后分别搅拌均匀，煮沸溶解。加入甲液和乙液于基础液内，调节pH值至7.5±0.2。再加入指示剂，并与琼脂液合并，待冷至50~55℃倾注平皿。

注：①本培养基不需要高压灭菌，在制备过程中不宜过分加热，避免降低其选择性。

②甲液的配制

硫代硫酸钠	34.0g
柠檬酸铁铵	4.0g
蒸馏水	100mL

③乙液的配制

去氧胆酸钠	10.0g
蒸馏水	100mL

④Andrade指示剂

酸性复红	0.5g
1mol/L氢氧化钠溶液	6.0mL
蒸馏水	100mL

将复红溶解于蒸馏水中，加入氢氧化钠溶液。数小时后如复红褪色不全，再加氢氧化钠溶液1~2mL。

A.6　木糖赖氨酸脱氧胆盐（XLD）琼脂

A.6.1　成分

酵母膏	3.0g
L-赖氨酸	5.0g
木糖	3.75g
乳糖	7.5g
蔗糖	7.5g
去氧胆酸钠	2.5g
柠檬酸铁铵	0.8g
硫代硫酸钠	6.8g

氯化钠　　5.0g
琼脂　　15.0g
酚红　　0.08g
蒸馏水　　1 000mL

A.6.2　制法

除酚红和琼脂外，将其他成分加入400mL蒸馏水中，煮沸溶解，调节pH值至7.4±0.2。另将琼脂加入600mL蒸馏水中，煮沸溶解。

将上述两溶液混合均匀后，再加入指示剂，待冷至50~55℃倾注平皿。

注：本培养基不需要高压灭菌，在制备过程中不宜过分加热，避免降低其选择性，贮于室温暗处。本培养基宜于当天制备，第二天使用。

A.7　三糖铁（TSI）琼脂

A.7.1　成分

蛋白胨　　20.0g
牛肉膏　　5.0g
乳糖　　10.0g
蔗糖　　10.0g
葡萄糖　　1.0g
硫酸亚铁铵（含6个结晶水）0.2g
酚红　　0.025g或5.0g/L溶液5.0mL
氯化钠　　5.0g
硫代硫酸钠　　0.2g
琼脂　　12.0g
蒸馏水　　1 000mL

A.7.2　制法

除酚红和琼脂外，将其他成分加入400mL蒸馏水中，煮沸溶解，调节pH值至7.4±0.2。另将琼脂加入600mL蒸馏水中，煮沸溶解。

将上述两溶液混合均匀后，再加入指示剂，混匀，分装试管，每管2~4mL，高压灭菌121℃ 10min或115℃ 15min，灭菌后制成高层斜面，呈橘红色。

A.8　蛋白胨水、靛基质试剂

A.8.1　蛋白胨水

蛋白胨（或胰蛋白胨）　　20.0g
氯化钠　　5.0g
蒸馏水　　1 000mL

将上述成分加入蒸馏水中，煮沸溶解，调节pH值至7.4±0.2，分装小试管，121℃高压灭菌15min。

A.8.2　靛基质试剂

A.8.2.1　柯凡克试剂：将5g对二甲氨基苯甲醛溶解于75mL戊醇中，然后缓慢加入浓盐酸25mL。

A.8.2.2　欧-波试剂：将1g对二甲氨基苯甲醛溶解于95mL 95%乙醇内，然后缓慢加入浓盐酸20mL。

A.8.3　试验方法

挑取小量培养物接种，在36℃±1℃培养1~2d，必要时可培养4~5d。加入柯凡克试剂约0.5mL，轻摇试管，阳性者于试剂层呈深红色；或加入欧-波试剂约0.5mL，沿管壁流下，覆盖于培养液表面，阳性者于液面接触处呈玫瑰红色。

注：蛋白胨中应含有丰富的色氨酸。每批蛋白胨买来后，应先用已知菌种鉴定后方可使用。

A.9　尿素琼脂（pH7.2）

A.9.1　成分

蛋白胨	5.0g
氯化钠	1.0g
葡萄糖	2.0g
磷酸二氢钾	3.0mL
0.4%酚红	20.0g
琼脂	1 000mL
蒸馏水	100mL
20%尿素溶液	1.0g

A.9.2　制法

除尿素、琼脂和酚红外，将其他成分加入400mL蒸馏水中，煮沸溶解，调节pH值至7.2±0.2。另将琼脂加入600mL蒸馏水中，煮沸溶解。

将上述两溶液混合均匀后，再加入指示剂后分装，121℃高压灭菌15min。冷却至50~55℃，加入经除菌过滤的尿素溶液。尿素的最终浓度为2%。分装于无菌试管内，放成斜面备用。

A.9.3　试验方法

挑取琼脂培养物接种，在36℃±1℃培养24h，观察结果。尿素酶阳性者由于产碱而使培养基变为红色。

A.10　氰化钾（KCN）培养基

A.10.1　成分

蛋白胨	10.0g
氯化钠	5.0g
磷酸二氢钾	0.225g
磷酸氢二钠	5.64g
蒸馏水	1 000mL
0.5%氰化钾	20.0mL

A.10.2　制法

将除氰化钾以外的成分加入蒸馏水中，煮沸溶解，分装后121℃高压灭菌15min。放在冰箱内使其充分冷却。每100mL培养基加入0.5%氰化钾溶液2.0mL（最后浓度为1：10 000），分装于无菌试管内，每管约4mL，立刻用无菌橡皮塞塞紧，放在4℃冰箱内，至少可保存2个月。同时，将不加氰化钾的培养基作为对照培养基，分装试管备用。

A.10.3　试验方法

将琼脂培养物接种于蛋白胨水内成为稀释菌液，挑取1环接种于氰化钾（KCN）培养基。并另挑取1环接种于对照培养基。在36℃±1℃培养1~2d，观察结果。如有细菌生长即为阳性（不抑制），经2d细菌不生长为阴性（抑制）。

注：氰化钾是剧毒药，使用时应小心，切勿沾染，以免中毒。夏天分装培养基应在冰箱内进行。试验失败的主要原因是封口不严，氰化钾逐渐分解，产生氢氰酸气体逸出，以致药物浓度降低，细菌生长，因而造成假阳性反应。试验时对每一环节都要特别注意。

A.11　赖氨酸脱羧酶试验培养基

A.11.1　成分

蛋白胨	5.0g
酵母浸膏	3.0g
葡萄糖	1.0g

蒸馏水	1 000mL
1.6%溴甲酚紫-乙醇溶液	1.0mL
L-赖氨酸或 DL-赖氨酸	0.5g/100mL 或 1.0g/100mL

A.11.2 制法

除赖氨酸以外的成分加热溶解后，分装每瓶 100mL，分别加入赖氨酸。L-赖氨酸按 0.5%加入，DL-赖氨酸按 1%加入。调节 pH 值至 6.8±0.2。对照培养基不加赖氨酸。分装于无菌的小试管内，每管 0.5mL，上面滴加一层液体石蜡，115℃高压灭菌 10min。

A.11.3 试验方法

从琼脂斜面上挑取培养物接种，于 36℃±1℃培养 18~24h，观察结果。氨基酸脱羧酶阳性者由于产碱，培养基应呈紫色。阴性者无碱性产物，但因葡萄糖产酸而使培养基变为黄色。对照管应为黄色。

A.12 糖发酵管

A.12.1 成分

牛肉膏	5.0g
蛋白胨	10.0g
氯化钠	3.0g
磷酸氢二钠（含 12 个结晶水）	2.0g
0.2%溴麝香草酚蓝溶液	12.0mL
蒸馏水	1 000mL

A.12.2 制法

A.12.2.1 葡萄糖发酵管按上述成分配好后，调节 pH 值至 7.4±0.2。按 0.5%加入葡萄糖，分装于有一个倒置小管的小试管内，121℃高压灭菌 15min。

A.12.2.2 其他各种糖发酵管可按上述成分配好后，分装每瓶 100mL，121℃高压灭菌 15min。另将各种糖类分别配好 10%溶液，同时高压灭菌。将 5mL 糖溶液加入 100mL 培养基内，以无菌操作分装小试管。

注：蔗糖不纯，加热后会自行水解者，应采用过滤法除菌。

A.12.3 试验方法

从琼脂斜面上挑取小量培养物接种，于 36℃±1℃培养，一般 2~3d。迟缓反应需观察 14~30d。

A.13 邻硝基酚 β-D 半乳糖苷（ONPG）培养基

A.13.1 成分

邻硝基酚 β-D 半乳糖苷（ONPG） （O-Nitrophenyl-β-D-galactopyranoside）	60.0mg
0.01mol/L 磷酸钠缓冲液（pH 值 7.5）	10.0mL
1%蛋白胨水（pH 值 7.5）	30.0mL

A.13.2 制法

将 ONPG 溶于缓冲液内，加入蛋白胨水，以过滤法除菌，分装于无菌的小试管内，每管 0.5mL，用橡皮塞塞紧。

A.13.3 试验方法

自琼脂斜面上挑取培养物 1 满环接种于 36℃±1℃培养 1~3h 和 24h 观察结果。如果 β-半乳糖苷酶产生，则于 1~3h 变黄色，如无此酶则 24h 不变色。

A.14 半固体琼脂

A.14.1 成分

牛肉膏	0.3g
蛋白胨	1.0g
氯化钠	0.5g

琼脂　　0.35~0.4g
蒸馏水　　100mL

A.14.2　制法

按以上成分配好，煮沸溶解，调节 pH 值至 7.4±0.2，分装小试管。121℃高压灭菌 15min。直立凝固备用。

注：供动力观察、菌种保存、H 抗原位相变异试验等用。

A.15　丙二酸钠培养基

A.15.1　成分

酵母浸膏　　1.0g
硫酸铵　　2.0g
磷酸氢二钾　　0.6g
磷酸二氢钾　　0.4g
氯化钠　　2.0g
丙二酸钠　　3.0g
0.2%溴麝香草酚蓝溶液　　12.0mL
蒸馏水　　1 000mL

A.15.2　制法

除指示剂以外的成分溶解于水，调节 pH 值至 6.8±0.2，再加入指示剂，分装试管，121℃高压灭菌 15min。

A.15.3　试验方法

用新鲜的琼脂培养物接种，于 36℃±1℃培养 48h，观察结果。阳性者由绿色变为蓝色。

附　录　B
常见沙门氏菌抗原

常见沙门氏菌抗原见表 B.1。

表 B.1　常见沙门氏菌抗原表

菌名	拉丁菌名	O 抗原	H 抗原	
			第 1 相	第 2 相
A　群				
甲型副伤寒沙门氏菌	S，ParatyphiA	1，2，12	a	[1，5]
B　群				
基桑加尼沙门氏菌	S，Kisangani	1，4，[5]，12	a	1，2
阿雷查瓦莱塔沙门氏菌	S，Arechavaleta	4，[5]，12	a	1，7
马流产沙门氏菌	S，Abortusequi	4，12	—	e，n，x
乙型副伤寒沙门氏菌	S，Paratyphi B	1，4，[5]，12	b	1，2
利密特沙门氏菌	S，Limete	1，4，12，[27]	b	1，5
阿邦尼沙门氏菌	S，Abony	1，4，[5]，12，27	b	e，n，x

（续表）

菌名	拉丁菌名	O 抗原	H 抗原	
			第 1 相	第 2 相
维也纳沙门氏菌	S，Wien	1，4，12，[27]	b	l，w
伯里沙门氏菌	S，Bury	4，12，[27]	c	z_6
斯坦利沙门氏菌	S，Stanley	1，4，[5]，12，[27]	d	1，2
圣保罗沙门氏菌	S，Saintpaul	1，4，[5]，12	e，h	1，2
里定沙门氏菌	S，Reading	1，4，[5]，12	e，h	1，5
彻斯特沙门氏菌	S，Chester	1，4，[5]，12	e，h	e，n，x
德尔卑沙门氏菌	S，Derby	1，4，[5]，12	f，g	[1，2]
阿贡纳沙门氏菌	S，Agona	1，4，[5]，12	f，g，s	[1，2]
埃森沙门氏菌	S，Essen	4，12	g，m	—
加利福尼亚沙门氏菌	S，California	4，12	g，m，t	[z_{67}]
金斯敦沙门氏菌	S，Kingston	1，4，[5]，12，[27]	g，s，t	[1，2]
布达佩斯沙门氏菌	S，Budapest	1，4，12，[27]	g，t	—
鼠伤寒沙门氏菌	S，Typhimurium	1，4，[5]，12	i	1，2
拉古什沙门氏菌	S，Lagos	1，4，[5]，12	i	1，5
布雷登尼沙门氏菌	S，Bredeney	1，4，12，[27]	l，v	1，7
基尔瓦沙门氏菌Ⅱ	S，KilwaⅡ	4，12	l，w	e，n，x
海德尔堡沙门氏菌	S，H eidelberg	1，4，[15]，12	r	1，2
印地安纳沙门氏菌	S，Indiana	1，4，12	z	1，7
斯坦利维尔沙门氏菌	S，Stanleyville	1，4，[5]，12，[27]	z_4，z_{23}	[1，2]
伊图里沙门氏菌	S，Ituri	1，4，12	10	1，5
		C1　群		
奥斯陆沙门氏菌	S，O slo	6，7，14	a	e，n，x
爱丁保沙门氏菌	S，Edinburg	6，7，14	b	1，5
布隆方丹沙门氏菌Ⅱ	S，BloemfonteinⅡ	6，7	b	[e，n，x]：z_{42}
丙型副伤寒沙门氏菌	S，Paratyphi C	6，7，[Vi]	c	1，5
猪霍乱沙门氏菌	S，Choleraesuis	6，7	c	1，5
猪伤寒沙门氏菌	S，Typhisuis	6，7	c	1，5
罗米他沙门氏菌	S，Lomita	6，7	e，h	1，5
布伦登卢普沙门氏菌	S，Braenderup	6，7，14	e，h	e，n，z_{15}

（续表）

菌名	拉丁菌名	O 抗原	H 抗原	
			第 1 相	第 2 相
里森沙门氏菌	S，Rissen	6，7，14	f，g	—
蒙得维的亚沙门氏菌	S，Montevideo	6，7，14	g，m，[p]，s	[1，2，7]
里吉尔沙门氏菌	S，Riggil	6，7	g，[t]	—
奥雷宁堡沙门氏菌	S，ranieburg	6，7，14	m，t	[2，5，7]
奥里塔蔓林沙门氏菌	S，ritamerin	6，7	i	1，5
汤卜逊沙门氏菌	S，Thompson	6，7，14	k	1，5
康科德沙门氏菌	S，Concord	6，7	l，v	1，2
伊鲁木沙门氏菌	S，Irumu	6，7	l，v	1，5
姆卡巴沙门氏菌	S，Mkamba	6，7	l，v	1，6
波恩沙门氏菌	S，Bonn	6，7	l，v	e，n，x
波茨坦沙门氏菌	S，Potsdam	6，7，14	l，v	e，n，z_{15}
格但斯克沙门氏菌	S，Gdansk	6，7，14	l，v	6
维尔肖沙门氏菌	S，Virchow	6，7，14	r	1，2
婴儿沙门氏菌	S，Infantis	6，7，14	r	1，5
巴布亚沙门氏菌	S，Papuana	6，7	r	e，n，z_{15}
巴累利沙门氏菌	S，Bareilly	6，7，14	y	1，5
哈特福德沙门氏菌	S，H artford	6，7	y	e，n，x
三河岛沙门氏菌	S，Mikawasima	6，7，14	y	e，n，z_{15}
姆班达卡沙门氏菌	S，Mbandaka	6，7，14	10	e，n，z_{15}
田纳西沙门氏菌	S，Tennessee	6，7，14	29	[1，2，7]
布伦登卢普沙门氏菌	S，Braenderup	6，7，14	e，h	e，n，z_{15}
耶路撒冷沙门氏菌	S，J erusalem	6，7，14	10	l，w
		C2　群		
习志野沙门氏菌	S，Narashino	6. 8	a	e，n，x
名古屋沙门氏菌	S，Nagoya	6，8	b	1，5
加瓦尼沙门氏菌	S，Gatuni	6，8	b	e，n，x
慕尼黑沙门氏菌	S，Muenchen	6，8	d	1，2
曼哈顿沙门氏菌	S，Manhattan	6，8	d	1，5
纽波特沙门氏菌	S，Newport	6，8，20	e，h	1，2
科特布斯沙门氏菌	S，Kottbus	6，8	e，h	1，5

（续表）

菌名	拉丁菌名	O 抗原	H 抗原	
			第 1 相	第 2 相
茨昂威沙门氏菌	S，Tshiongwe	6，8	e，h	e，n，z_{15}
林登堡沙门氏菌	S，Lindenburg	6，8	i	1，2
塔科拉迪沙门氏菌	S，Takoradi	6，8	i	1，5
波那雷恩沙门氏菌	S，Bonariensis	6，8	i	e，n，x
利齐菲尔德沙门氏菌	S，Litchfield	6，8	l，v	1，2
病牛沙门氏菌	S，Bovismorbificans	6，8，20	r，[i]	1，5
查理沙门氏菌	S，Chailey	6，8	z_4，z_{23}	e，n，z_{15}
		C3　群		
巴尔多沙门氏菌	S，Bardo	8	e，h	1，2
依麦克沙门氏菌	S，Emek	8，20	g，m，s	—
肯塔基沙门氏菌	S，Kentucky	8，20	i	6
		D　群		
仙台沙门氏菌	S，Sendai	1，9，12	a	1，5
伤寒沙门氏菌	S，Typhi	9，12，[Vi]	d	—
塔西沙门氏菌	S，Tarshyne	9，12	d	1，6
伊斯特本沙门氏菌	S，Eastbourne	1，9，12	e，h	1，5
以色列沙门氏菌	S，Israel	9，12	e，h	e，n，z_{15}
肠炎沙门氏菌	S，Enteritidis	1，9，12	g，m	[1，7]
布利丹沙门氏菌	S，Blegdam	9，12	g，m，q	—
沙门氏菌Ⅱ	Salmonella Ⅱ	1，9，12	g，m，[s]，t	[1，5，7]
都柏林沙门氏菌	S，Dublin	1，9，12，[Vi]	g，p	—
芙蓉沙门氏菌	S，Seremban	9，12	i	1，5
巴拿马沙门氏菌	S，Panama	1，9，12	l，v	1，5
戈丁根沙门氏菌	S，Goettingen	9，12	l，v	e，n，z_{15}
爪哇安纳沙门氏菌	S，J aviana	1，9，12	L，z_{28}	1，5
鸡-雏沙门氏菌	S. Gallinarum-Pullorum	1，9，12	—	—
		E1　群		
奥凯福科沙门氏菌	S. O kefoko	3，10	c	z_6
瓦伊勒沙门氏菌	S. Vejle	3，{10}，{15}	e，h	1，2
明斯特沙门氏菌	S. Muenster	3，{10}{15}{15，34}	e，h	1，5

（续表）

菌名	拉丁菌名	O 抗原	H 抗原	
			第 1 相	第 2 相
鸭沙门氏菌	S. Anatum	3, {10} {15} {15, 34}	e, h	1, 6
纽兰沙门氏菌	S. Newlands	3, {10}, {15, 34}	e, h	e, n, x
火鸡沙门氏菌	S. Meleagridis	3, {10} {15} {15, 34}	e, h	l, w
雷根特沙门氏菌	S. Regent	3, 10	f, g, [s]	[1, 6]
西翰普顿沙门氏菌	S. Westhampton	3, {10} {15} {15, 34}	g, s, t	—
阿姆德尔尼斯沙门氏菌	S. Amounderness	3, 10	i	1, 5
新罗歇尔沙门氏菌	S. New-Rochelle	3, 10	k	l, w
恩昌加沙门氏菌	S. Nchanga	3, {10} {15}	l, v	1, 2
新斯托夫沙门氏菌	S. Sinstorf	3, 10	l, v	1, 5
伦敦沙门氏菌	S. London	3, {10} {15}	l, v	1, 6
吉韦沙门氏菌	S. Give	3, {10} {15} {15, 34}	l, v	1, 7
鲁齐齐沙门氏菌	S. Ruzizi	3, 10	l, v	e, n, z_{15}
乌干达沙门氏菌	S. Uganda	3, {10} {15}	l, z_{13}	1, 5
乌盖利沙门氏菌	S. Ughelli	3, 10	r	1, 5
韦太夫雷登沙门氏菌	S. Weltevreden	3, {10} {15}	r	z_6
克勒肯威尔沙门氏菌	S. Clerkenwell	3, 10	z	l, w
列克星敦沙门氏菌	S. Lexington	3, {10} {15} {15, 34}	z_{10}	1, 5
		E4 群		
萨奥沙门氏菌	S. Sao	1, 3, 19	e, h	e, n, z_{15}
卡拉巴尔沙门氏菌	S. Calabar	1, 3, 19	e, h	l, w
山夫登堡沙门氏菌	S. Senftenberg	1, 3, 19	g, [s], t	—
斯特拉特福沙门氏菌	S. Stratford	1, 3, 19	i	1, 2
塔克松尼沙门氏菌	S. Taksony	1, 3, 19	i	z_6
索恩保沙门氏菌	S. Schoeneberg	1, 3, 19	z	e, n, z_{15}
		F 群		
昌丹斯沙门氏菌	S. Chandans	11	d	[e, n, x]
阿柏丁沙门氏菌	S. Aberdeen	11	i	1, 2
布里赫姆沙门氏菌	S. Brijbhumi	11	i	1, 5
威尼斯沙门氏菌	S. Veneziana	11	i	e, n, x
阿巴特图巴沙门氏菌	S. Abaetetuba	11	k	1, 5

（续表）

菌名	拉丁菌名	O 抗原	H 抗原	
			第 1 相	第 2 相
鲁比斯劳沙门氏菌	S. Rubislaw	11	r	e，n，x
其他群				
浦那沙门氏菌	S. Poona	1，13，22	z	1，6
里特沙门氏菌	S. Ried	1，13，22	z_4，z_{23}	[e，n，z_{15}]
密西西比沙门氏菌	S. Mississippi	1，13，23	b	1，5
古巴沙门氏菌	S. Cubana	1，13，23	z_{29}	—
苏拉特沙门氏菌	S. Surat	[1]，6，14，[25]	r，[i]	e，n，z_{15}
松兹瓦尔沙门氏菌	S. Sundsvall	[1]，6，14，[25]	z	e，n，x
非丁伏斯沙门氏菌	S. H vittingfoss	16	b	e，n，x
威斯敦沙门氏菌	S. Weston	16	e，h	z_6
上海沙门氏菌	S. Shanghai	16	l，v	1，6
自贡沙门氏菌	S. Zigong	16	l，w	1，5
巴圭达沙门氏菌	S. Baguida	21	z_4，z_{23}	—
迪尤波尔沙门氏菌	S. Dieuoppeul	28	i	1，7
卢肯瓦尔德沙门氏菌	S. Luckenwalde	28	z_{10}	e，n，z_{15}
拉马特根沙门氏菌	S. Ramatgan	30	k	1，5
阿德莱沙门氏菌	S. Adelaide	35	f，g	—
旺兹沃思沙门氏菌	S. Wandsworth	39	b	1，2
雷俄格伦德沙门氏菌	S. Riogrande	40	b	1，5
莱瑟沙门氏菌	S. Lethe Ⅱ	41	g，t	—
达莱姆沙门氏菌	S. Dahlem	48	k	e，n，z_{15}
沙门氏菌Ⅲ b	S. almonella Ⅲ b	61	l，v	1，5，7

注：关于表内符号的说明。

{} = {} 内 O 因子具有排他性。在血清型中 {} 内的因子不能与其他 {} 内的因子同时存在，例如在 O：3，10 群中当菌株产生 O：15 或 O：15，34 因子时它替代了 O：10 因子。

[ ] =O（无下划线）或 H 因子的存在或不存在与噬菌体转化无关，例如 O：4 群中的 [5] 因子。H 因子在 [ ] 内时表示在野生菌株中罕见，例如极大多数 S. Paratyphi A 具有一个位相（a），罕有第 2 相（1，5）菌株。因此，用 1，2，12：a：[1，5] 表示。

—=下划线时表示该 O 因子是由噬菌体溶原化产生的。

中华人民共和国国家标准

GB/T 4789.19—2003
代替 GB/T 4789.19—1994

食品卫生微生物学检验 蛋与蛋制品检验

Microbiological examination of food hygiene—Examination of egg and egg products

2003-08-11 发布　　2004-01-01 实施

中华人民共和国卫生部
中国国家标准化管理委员会　发布

前　言

本标准对 GB/T 4789. 19—1994　《食品卫生微生物学检验　蛋与蛋制品检验》进行修订。

本标准与 GB/T 4789. 19—1994 相比主要修改如下：

——按照 GB/T 1. 1—2000 对标准文本的格式和文字进行修改；

——修改并规范原标准中的“设备和材料”；

——按新修订的食品卫生标准将蛋制品重新分类；

——修改和规范“引用标准”。

本标准自实施之日起，GB/T 4789. 19—1994 同时废止。

本标准由中华人民共和国卫生部提出并归口。

本标准起草单位：中国疾病预防控制中心营养与食品安全所。

本标准主要起草人：计融、付萍、姚景会。

本标准于 1984 年首次发布，1994 年第一次修订，本次为第二次修订。

食品卫生微生物学检验
蛋与蛋制品检验

1　范围

本标准规定了蛋与蛋制品检验的基本要求和检验方法。

本标准适用于鲜蛋及蛋制品的检验。

2　规范性引用文件

下列文件中的条款通过本标准的引用而成为本标准的条款。凡是注日期的引用文件，其随后所有的修改单（不包括勘误的内容）或修订版均不适用于本标准，然而，鼓励根据本标准达成协议的各方研究是否可使用这些文件的最新版本。凡是不注日期的引用文件，其最新版本适用于本标准。

GB/T 4789.1　食品卫生微生物学检验　总则

GB/T 4789.2　食品卫生微生物学检验　菌落总数测定

GB/T 4789.3　食品卫生微生物学检验　大肠菌群测定

GB/T 4789.4　食品卫生微生物学检验　沙门氏菌检验

GB/T 4789.5　食品卫生微生物学检验　志贺氏菌检验

3　设备和材料

3.1　现场采样用品

3.1.1　采样箱。

3.1.2　带盖搪瓷盘。

3.1.3　灭菌塑料袋。

3.1.4　灭菌带塞广口瓶。

3.1.5　灭菌电钻和钻头。

3.1.6　灭菌搅拌棒。

3.1.7　灭菌金属制双层旋转式套管采样器。

3.1.8　灭菌铝铲、勺子。

3.1.9　灭菌玻璃漏斗。

3.1.10　75%酒精棉球。

3.1.11　乙醇。

3.2　实验室检验用品

见 GB/T 4789.2、GB/T 4789.3、GB/T 4789.4、GB/T 4789.5。

4　培养基和试剂

见 GB/T 4789.2、GB/T 4789.3、GB/T 4789.4、GB/T 4789.5。

5　操作步骤

5.1　样品的采取和送检

见 GB/T 4789.1。

5.1.1　鲜蛋、糟蛋、皮蛋：用流水冲洗外壳，再用75%酒精棉涂擦消毒后放入灭菌袋内，加封作好标记后送检。

5.1.2　巴氏杀菌冰全蛋、冰蛋黄、冰蛋白：先将铁听开处用75%酒精棉球消毒，再将盖开启，用灭菌电钻由顶到底斜角钻入，徐徐钻取检样，然后抽出电钻，从中取出250g，检样装入灭菌广口瓶中，标明后送检。

5.1.3　巴氏杀菌全蛋粉、蛋黄粉、蛋白片：将包装铁箱上开口处用75%酒精棉球消毒，然后将盖开启，用灭菌的金属制双层旋转式套管采样器斜角插入箱底，使套管旋转收取检样，再将采样器提出箱外，用灭菌小匙自上、中、下部收取检样，装入灭菌广口瓶中，每个检样质量不少于100g，标明后送检。

5.1.4　对成批产品进行质量鉴定时的采样数量如下。

巴氏杀菌全蛋粉、蛋黄粉、蛋白片等产品以生产1日或1班生产量为一批检验沙门氏菌时，按每批总量的5%抽样（即每100箱中抽验五箱，每箱一个检样），但每批最少不得少于3个检样。测定菌落总数和大肠菌群时，每批按装听过程前、中、后取样3次，每次取样100g，每批合为1个检样。

巴氏杀菌冰全蛋、冰蛋黄、冰蛋白等产品按生产批号在装听时流动取样。检验沙门氏菌时，冰蛋黄及冰蛋白按每250kg取样1件，巴氏消毒冰全蛋按每500kg取样1件。菌落总数测定和大肠菌群测定时，在每批装听过程前、中、后取样3次，每次取样100g合为1个检样。

5.2　检样的处理

5.2.1　鲜蛋、糟蛋、皮蛋外壳：用灭菌生理盐水浸湿的棉拭子充分擦拭蛋壳，然后将棉拭子直接放入培养基内增菌培养，也可将整只蛋放入灭菌小烧杯或平皿中，按检样要求加入定量灭菌生理盐水或液体培养基，用灭菌棉拭子将蛋壳表面充分擦洗后，以擦洗液作为检样检验。

5.2.2　鲜蛋蛋液：将鲜蛋在流水下洗净，待干后再用75%酒精棉消毒蛋壳，然后根据检验要求，打开蛋壳取出蛋白、蛋黄或全蛋液，放入带有玻璃珠的灭菌瓶内，充分摇匀待检。

5.2.3　巴氏杀菌全蛋粉、蛋白片、蛋黄粉：将检样放入带有玻璃珠的灭菌瓶内，按比例加入灭菌生理盐水充分摇匀待检。

5.2.4　巴氏杀菌冰全蛋、冰蛋白、冰蛋黄：将装有冰蛋检样的瓶浸泡于流动冷水中，使检样融化后取出，放入带有玻璃珠的灭菌瓶中充分摇匀待检。

5.2.5　各种蛋制品沙门氏菌增菌培养：以无菌手续称取检样，接种于亚硒酸盐煌绿或煌绿肉汤等增菌培养基中（此培养基预先置于盛有适量玻璃珠的灭菌瓶内），盖紧瓶盖，充分摇匀，然后放入36℃±1℃温箱中，培养20h±2h。

5.2.6　接种以上各种蛋与蛋制品的数量及培养基的数量和成分：凡用亚硒酸盐煌绿增菌培养时，各种蛋与蛋制品的检样接种数量都为30g，培养基数量都为150mL。凡用煌绿肉汤进行增菌培养时，检样接种数量、培养基数量和浓度见表1

表1　检样接种数量、培养基数量和浓度

检样种类	检样接种数量	培养基数量（mL）	煌绿浓度（g/mL）
巴氏杀菌全蛋粉	6g（加24mL灭菌水）	120	1/6 000~1/4 000
蛋黄粉	6g（加24mL灭菌水）	120	1/6 000~1/4 000
鲜蛋液	6mL（加24mL灭菌水）	120	1/6 000~1/4 000
蛋白片	6g（加24mL灭菌水）	150	1/1 000 000
巴氏杀菌冰全蛋	30g	150	1/6 000~1/4 000
冰蛋黄	30g	150	1/6 000~1/4 000
冰蛋白	30g	150	1/60 000~1/50 000

（续表）

检样种类	检样接种数量	培养基数量（mL）	煌绿浓度（g/mL）
鲜蛋、糟蛋、皮蛋	30g	150	1/6 000～1/4 000

注：煌绿应在临用时加入肉汤中，煌绿浓度系以检样和肉汤的总量计算。

5.3　检验方法

——菌落总数测定：按 GB/T 4789.2 执行；

——大肠菌群测定：按 GB/T 4789.3 执行；

——沙门氏菌检验：按 GB/T 4789.4 执行；

——志贺氏菌检验：按 GB/T 4789.5 执行。